Die raffinierten Sexpraktiken der Tiere

Olivia Judson

Die raffinierten Sexpraktiken der Tiere

Fundierte Antworten auf die brennendsten Fragen

Aus dem Amerikanischen von Hainer Kober

HEYNE

Titel der amerikanischen Originalausgabe:
Dr. Tatiana's Sex Advice to all Creation.
Erschienen 2002 bei Metropolitan Books, Henry Holt
Company, LLC, New York

Redaktion: Johann Lankes, München

Der Wilhelm Heyne Verlag ist ein Verlag der
Ullstein Heyne List GmbH & Co. KG.
Umschlaggestaltung: Hauptmann und Kampa Werbeagentur,
München–Zürich
Umschlagillustration: Die Illustratoren/Carsten Mell, Hamburg
http://www.heyne.de
Satz: Franzis print & media GmbH, München
Druck und Bindung: GGP Media, Pößneck
Printed in Germany 2003

ISBN 3-453-86923-0

Für Horace, der mich schreiben lehrte

Inhalt

Agonie und Ekstase

Eine einleitende Bemerkung von Dr. Tatiana

In meinem Geschäft werden mir eine Menge Fragen gestellt. Viele betreffen Dinge, die sich Menschen in ihren wildesten Fantasien nicht träumen lassen. Doch die häufigste Frage ist ziemlich trivial: Warum sind Sie Sexpertin geworden? Ganz einfach, ich beschloss, mich der Sexualität zu widmen, als ich erkannte, dass nichts im Leben wichtiger, interessanter – und verstörender ist.

Ohne Sex wäre die Natur um viele ihrer prachtvollsten und schönsten Erscheinungsformen ärmer. Pflanzen würden nicht blühen. Vögel nicht singen. Hirsche keine Geweihe tragen. Herzen nicht klopfen. Doch fragen Sie eine zufällig ausgewählte Stichprobe von Lebewesen, was Sex ist, und Sie werden höchst unterschiedliche Antworten erhalten. Menschen und viele andere Arten werden sagen: Sex, das ist die Kopulation. Von Fröschen und den meisten Fischen werden Sie hören, es sei das Herausspritzen von Eiern und Spermien in gemeinsamen Laichschauern. Skorpione, Tausendfüßler und Salamander werden Ihnen erklären, Sex finde statt, sobald Bündel von Spermien auf dem Boden abgelegt werden, das Weibchen sich darauf setze und warte, dass sie explodierten und sich in ihren Fortpflanzungstrakt ergössen. Nach Auskunft von Seeigeln wäre es die Ausschüttung von Eiern und Spermien ins Meer, in der Hoffnung, dass sie von den Wogen in irgendeiner Weise zusammengeführt werden. Bei

Blütenpflanzen heißt Sexualität, ihren Blütenstaub dem Wind oder einem Insekt anzuvertrauen, auf dass er einer empfängnisbereiten weiblichen Blüte zugetragen werde.

Um Erfolg zu haben, sind alle diese Methoden auf einen ganzen Katalog unterschiedlicher Maßnahmen angewiesen. Eine männliche Blüte, die ihren Blütenstaub an so viele Partner wie möglich verteilen möchte, muss nicht weibliche Blüten, sondern Bienen betören. Andere Geschöpfe müssen sich in glanzvolle Kostüme werfen, sich mit ausgefallenen Federkleidern oder gewagter Flossenpracht schmücken, müssen stundenlang singen und tanzen, unerhörte Heldentaten vollbringen, immer neue Nester und Behausungen bauen. Kurzum, sie verschwenden außerordentliche Energiemengen, um zu rufen: »Wähle *mich*, wähle *mich*.« Und all das – wozu?

Tatsächlich sind all diese verschiedenen Praktiken nur Mittel zum Zweck. Der eigentliche Geschlechtsakt – der Akt, um dessentwillen die Evolution alle diese Mätzchen hervorgebracht hat – ist die Mischung von Genen, die Erzeugung eines Individuums mit einer neuen genetischen Ausstattung. Für einen unglücklichen Organismus, der allein in einer Single-Bar herumhängt, mag die Genmischung nicht der Mühe wert erscheinen. Doch im großen Plan der Dinge ist sie von fundamentaler Bedeutung. Warum das so ist, wird klar, wenn wir uns einmal grundsätzlich überlegen, auf welchen Prinzipien die Evolution beruht.

Die meisten von uns, die wir in die Hektik unserer täglichen Geschäfte verstrickt sind, dürften den Sinn des Lebens aus dem Blick verloren haben. Doch aus evolutionärer Sicht ist klar, welchen Sinn das Leben hat: Überleben und Fortpflanzung. Wenn Ihnen eines von beiden nicht gelingt, nehmen Sie Ihre Gene mit ins Grab. Glückt Ihnen beides, geben Sie Ihre Gene an Ihre Kinder weiter. Unvermeidlich – so ist das Leben – gelingt es einigen Organismen besser als anderen, zu überleben und sich fortzupflanzen. Hätten alle absolut gleiche Gene, lägen Unterschiede im Überleben und Fortpflanzen am Glück und nicht an den Genen. Doch gewöhnlich haben Individuen unterschiedliche Gene. Wenn ein bestimmtes Gen seinem Träger einen Vorteil im

Hinblick auf Überleben und Fortpflanzung verschafft, breitet es sich aus.

Dieser einfache Prozess, der von Charles Darwin und Alfred Russel Wallace im 19. Jahrhundert entdeckt wurde, ist der Hauptmechanismus der Evolution. Wir bezeichnen ihn als natürliche Selektion. Manchmal ist er rasch und leicht zu erkennen. Nehmen wir an, in der Umwelt träte ein Gift auf – ein Antibiotikum oder ein Insektizid. Und nehmen wir weiter an, es hinge von einem bestimmten Gen ab, ob die betroffenen Organismen das Gift überleben. Diejenigen, die nicht über das Gen verfügen, sterben – ihre Gene werden aus der Population »deselektiert«. Im Extremfall hat kein Organismus das Resistenzgen, alle gehen zugrunde und die Population stirbt aus. Meist sind jedoch einige Individuen vom Glück begünstigt und besitzen ein Gen, das ihnen ermöglicht, dem Gift zu widerstehen. Da nur diese Individuen überleben und sich fortpflanzen, verändert sich die genetische Ausstattung der Population dergestalt, dass schließlich alle ihre Mitglieder resistent sind.

Daher ist die genetische Variabilität von entscheidender Bedeutung: keine genetische Variabilität, keine Evolution. Doch woher kommt die genetische Variabilität? Es gibt zwei Hauptursachen: Mutation und – Sexualität. Mutation, Zufallsveränderungen der in den Genen enthaltenen Information, ist der primitivere der beiden Gründe. Mutationen erwachsen aus Fehlern, die dem genetischen Kopiermechanismus der Zelle unterlaufen. Da kein Schreiber perfekt ist, sind einige Fehler unvermeidlich – was durchaus in Ordnung ist. Während Sexualität neue Kombinationen von bereits vorhandenen Genen bewirkt, erzeugt die Mutation vollkommen neue Gene – und liefert damit das Rohmaterial für die Evolution. Ohne Mutation käme die Evolution zum Stillstand.

Doch die Mutation allein genügt noch nicht. Von Zeit zu Zeit sorgt die Evolution dafür, dass Organismen auf den Sex verzichten und sich stattdessen ungeschlechtlich vermehren. Wenn das der Fall ist, sind alle Unterschiede zwischen Eltern und Kindern definitionsgemäß auf Mutation zurückzuführen. Häufig erleben die ungeschlechtlichen Organismen zunächst einen Aufschwung. Doch ihr Glück ist nicht von Dauer. Aus Gründen, die wir noch nicht verstehen, folgt auf den Verlust der Sexualität fast immer rasches Aussterben. Offenbar sind wir ohne Sex zum Untergang verurteilt.

Was nicht heißen soll, dass die Sexualität das Leben leicht macht. Egal wie gut Ihre Überlebensfertigkeiten sind – Sie mögen sich meisterhaft darauf verstehen, Ihren natürlichen Feinden zu entkommen, Nahrung zu wittern, Krankheiten zu trotzen –, das alles nützt Ihnen nichts, wenn Sie keinen Paarungspartner finden, beeindrucken und verführen können. Schlimmer noch, die Erfolge, die Sie als Verführer feiern, gefährden häufig Ihr Überleben. Wenn Sie ein Vogel sind, macht Sie ein farbenfroher, eindrucksvoller Federschwanz vielleicht zum Hahn im Korb – vielleicht aber auch zum Mittagessen für eine Katze. Ganz schlimm: Der Wettbewerb um Paarungspartner ist häufig extrem hart.

Letztlich läuft das alles darauf hinaus, dass die Notwendigkeit, einen Paarungspartner zu finden und zu verführen, zu den mächtigsten Kräften der Evolution gehört. Es gibt wohl keinen anderen Aspekt des Lebens, der eine üppigere Vielfalt von Taktiken und Strategien, ein überraschenderes Spektrum von Formen und Verhaltensweisen hervorbringt. Im Vergleich dazu erscheinen die Tricks, um kein Opfer von Raubtieren zu werden, vorhersagbar und begrenzt. Zu ihnen gehören in der Regel eines oder mehrere der folgenden Merkmale: sich in Gruppen aufhalten, sich schnell bewegen, mit der Umgebung visuell verschmelzen, schrecklich aussehen, mit einer Schale oder scharfen Körperteilen ausgerüstet sein. Doch die Tricks, die dazu dienen, einen Paarungspartner zu finden, sind von schier grenzenloser Vielfalt. Das ist auch der Grund, warum die Lebewesen so viele Fragen dazu haben.

Und der Grund, warum ich es mir zur Lebensaufgabe gemacht habe, sie zu beantworten. Auf den folgenden Seiten habe ich Beispiele aus der Korrespondenz vieler Jahre zusammengestellt. Dabei habe ich mich bemüht, Fragen auszuwählen, die die Interessen aller Geschöpfe ansprechen – Promiskuität, Untreue, Homosexualität und Ähnliches. Fragen zu verwandten Bereichen habe ich in Kapiteln zusammengefasst, denen jeweils eine denkbar kurze Einleitung vorangestellt ist und die mit einer Zusammenfassung meiner Ratschläge enden.

Die Kapitel ihrerseits sind drei Teilen zugeordnet. Im ersten Teil – »Die Huren des Krieges entfesseln« – lege ich die Gründe dar, warum Männchen und Weibchen so häufig unterschiedliche Erwartungen aneinander – und an das Leben – stellen, und erörtere einige der Konsequenzen, die sich daraus ergeben. Im zweiten Teil – »Die Evolution des Sittenverfalls« – befasse ich mich mit Situationen, in denen dieser Interessenkonflikt am heftigsten ist – und manchmal zu entsetzlichen Ergebnissen wie Vergewaltigung und Kannibalismus führt. Dieser Teil endet mit einem kurzen Kapitel über ein extrem vereinzeltes und abnormes Evolutionsphänomen: die Monogamie.

Der letzte Abschnitt geht noch einen Schritt weiter und stellt die Frage: »Sind Männer notwendig?« Hier behandle ich verschiedene Fragen, die mit der Evolution der Geschlechter und der Sexualität zu tun haben. In dem Versuch herauszufinden, warum die Sexualität so wichtig für den langfristigen evolutionären Erfolg ist, bringt das Schlusskapitel eine Diskussion mit dem einzigen bislang bekannten Organismus, dem es gelungen ist, Millionen und Abermillionen Jahre ohne Sex zu überleben.

Was ist zu meinen Methoden zu bemerken? Um meine Leser möglichst umfassend zu unterrichten, habe ich die wissenschaftliche Literatur gesichtet, hunderte von Büchern und Aufsätzen gelesen. Ich habe Spezialisten auf so entlegenen Gebieten wie Zwergmännchen und Riesenspermien interviewt. Wenn die Wissenschaft keine Antwort weiß, was häufig der Fall ist, habe ich nach bestem Wissen und Gewissen Vermutungen angestellt, die sich auf meine Kenntnisse und mein Verständnis der natürlichen Selektion stützten. Gelegentlich bin ich aufgrund meiner Untersuchungen zu Schlussfolgerungen gelangt, die von der herrschenden Lehrmeinung abweichen; daher wiege ich mich in der Hoffnung, dass dieses Buch zumindest einen kleinen Beitrag zu den fortdauernden Debatten leisten kann. Ganz im Sinne dieser offenen wissenschaftlichen Forschung habe ich am Ende des Buches alle meine Quellen angegeben.

Meine Erfahrung hat mir gezeigt, dass die meisten Organismen lieber bei ihrem volkstümlichen oder Trivialnamen genannt werden möchten als bei ihrem lateinischen Namen – schließlich spricht ja auch kaum ein Mensch von sich als *Homo sapiens* –, daher verwende ich lateinische Namen nur, wenn es aus Gründen der Klarheit erforderlich ist oder wenn der Organismus, um den es geht, zu unbekannt (oder zu snobistisch) ist, um einen Trivialnamen zu besitzen. Schließlich möchte ich den vielen Lebewesen, die mir geschrieben haben, dafür danken, dass sie mir gestattet haben, ihre Probleme intimster Art öffentlich zu erörtern. Ohne sie wäre dieses Buch nicht möglich gewesen.

TEIL I

Die Huren des Krieges entfesseln

Der Kampf der Geschlechter ist kein Mythos. Erfolg bei der geschlechtlichen Fortpflanzung ist das Kernstück des evolutionären Prozesses. Doch häufig bedeutet mehr Erfolg für sie weniger Erfolg für ihn. Das Ergebnis? Ein ewiger Krieg – und eine verblüffende Vielfalt von Strategien.

Kapitel eins

Eine Skizze des Schlachtfelds

Jungen sind promisk und Mädchen keusch, richtig? Falsch. Der Kampf der Geschlechter entbrennt, weil es bei den meisten Arten die Mädels mit der Treue nicht genau genug nehmen.

Liebe Dr. Tatiana,

ich heiße Twiggy und bin eine Stabschrecke. Es ist mir sehr peinlich, dass ich Ihnen schreibe, während ich mich paare, aber mein Partner und ich kopulieren nun schon seit zehn Wochen. Ich bin total genervt, aber er lässt noch kein Zeichen von Ermattung erkennen. Es sagt, er liebe mich halt so sehr, aber ich glaube, er ist einfach verrückt. Was kann ich tun, damit er von mir ablässt?

Hab den Sex satt in Indien

Wer hätte gedacht, dass eine Stabschrecke zu den unermüdlichsten Liebhabern der Welt gehört? Zehn Wochen! Ich kann verstehen, dass Sie die Nase voll haben. Doch Ihr Verdacht, Twiggy, stimmt nur zur Hälfte. Ihr Geliebter *ist* verrückt, aber nicht vor Liebe, sondern vor Eifersucht. Dadurch, dass er sich ununterbrochen mit Ihnen paart, hat er die Garantie, dass kein anderer die Möglichkeit hat, Ihnen nahe zu kommen. Gut, dass er nur halb so lang ist wie Sie, da lastet er nicht so schwer auf Ihnen, wenn Sie ihn mit sich herumtragen.

Ist Ihr Fall ungewöhnlich? Nun, er ist extrem, aber keinesfalls einzigartig. In vielen Arten legen die Männchen ein äußerst Besitz ergreifendes Verhalten ihren Paarungspartnerinnen gegenüber an den Tag. Nehmen Sie etwa das Erdhörnchen *Spermophilus brunneus,* ein seltenes Geschöpf, das nur in Idaho lebt, weshalb sein einheimischer Name auch Idaho Ground Squirrel lautet. Das Männchen lässt seine Partnerin nicht aus den Augen und folgt ihr überall hin. Geht sie in den Bau, setzt er sich vor den Eingang, damit sie nicht heraus kann – und niemand anders hinein. Schlimmer noch, er fängt mit jedem Männchen, das sich zufällig nähert, Streit an. Oder betrachten wir den Blattkäfer *Chrysochus colbaltinus.* Nach dem Sex – der kurz ist nach Insektenmaßstab, lediglich zehn Minuten oder so – bleibt das Männchen auf dem Rücken des Weibchens sitzen, nicht um ihr süße Worte ins Ohr zu flüstern, sondern weil er sie nur auf diese Weise am Rumpoussieren hindern kann.

Doch um ehrlich zu sein, die Männer haben gute Gründe für ihr Besitz ergreifendes Verhalten. Bei den meisten Arten hüpfen die Mädels, wenn sie nur die geringste Chance bekommen, mit dem Nächstbesten ins Bett. »Nicht doch«, höre ich Sie rufen. »Ist es nicht ein allgemeines Naturgesetz, dass Männchen promisk und Weibchen keusch sind?« Das war in der Tat lange Zeit eine weit verbreitete Ansicht. Doch heute wissen wir, dass diese Vorstellung unsinnig ist.

Der Mann, der dieser Auffassung zu wissenschaftlicher Anerkennung verhalf, war A. J. Bateman. 1948 veröffentlichte er einen Artikel in der wissenschaftlichen Zeitschrift *Heredity,* in der er behauptete, er habe bewiesen, dass die Evolution die Männchen dazu bestimmt habe, Sex zu haben, und die Weibchen, Kinder zu bekommen. Seine Behauptungen stützten sich auf Experimente, die er an der Fruchtfliege *Drosophila melanogaster* vorgenommen hatte. Das ist eine dieser kleinen Fliegen, die sich zu reifem Obst oder Weingläsern hingezogen fühlen und auf keinen Fall mit der größeren Stubenfliege zu verwechseln sind, die eine Vorliebe für Kot und Dreck hat. *Drosophila* hat wohl an die zweitausend Arten vorzuweisen, von denen allein mehr als vierhundert auf Hawaii leben. Über die meisten von ihnen wissen wir herzlich wenig. Doch *Drosophila melanogaster* ist ein Hätschelkind der Genetiker und zusammen mit dem Wurm, der Maus und dem Menschen eines der meistuntersuchten Tiere auf der Erde.

Nachdem Bateman gleiche Zahlen von ausgewachsenen Männchen und Weibchen drei oder vier Tage lang zusammen in kleinen Flaschen eingesperrt hatte, bemerkte er, dass die Männchen es darauf anlegten, sich so häufig wie möglich zu paaren, indem sie eifrig die Flügel schlugen für jedes Mädel, das ihnen seine Aufmerksamkeit schenkte. Zeigte sich ein Weibchen interessiert, wurden die Bemühungen des Männchens drängender, es leckte ihre Genitalien, drückte zärtlich ihre Flügel auseinander und bestieg sie. Meistens wurden die Männchen jedoch enttäuscht. Bateman beobachtete, dass die weiblichen Fliegen in der Regel alle Avancen von mehr als ein oder zwei Bewerbern zurückwiesen. In Übereinstimmung mit dieser Beobachtung stellte er auch fest, dass Männchen zwar umso mehr Kinder hatten, je größer die Zahl ihrer Paarungspartnerinnen war, dass dies auf die Weibchen hingegen nicht zutraf.

Um seine Ergebnisse zu erklären, berief sich Bateman auf einen, wie er meinte, grundsätzlichen Unterschied der Geschlechter – Männchen produzieren große Mengen winziger, billiger Spermien, Weibchen wenige große und kostspielige Eizellen. Weiterhin bemerkte er, dass die Weibchen vieler Arten Spermien tage-, monate- und in einigen Fällen sogar jahrelang speichern können, was im Prinzip bedeutet, dass die Spermien einer Paarung ein ganzes Leben vorhalten können. Daher sei, so Bateman, ein Männchen mühelos in der Lage, alle Eizellen vieler Weibchen zu befruchten. Der Fortpflanzungserfolg der Weibchen sei folglich durch die Rate ihrer Eizellproduktion begrenzt, während Männchen nur eingeschränkt seien durch die Anzahl der Weibchen, die sie fänden und verführten. Woraufhin Bateman im Brustton der Überzeugung erklärte, Männchen (die der Menschen eingeschlossen) seien von Natur aus Schürzenjäger, während Weibchen (auch hier unter Einbeziehung der Menschen) von Natur aus keusch seien – und nur in den allerseltensten Fällen würden sie den Paarungsabsichten der Männchen anders als mit Gleichgültigkeit oder übertriebener Feindseligkeit begegnen. So gesehen, Twiggy, ist die Hartnäckigkeit Ihres Partners seltsam und unerklärlich: Statt sich unbeirrt an Ihnen festzuklammern, sollte er schon längst wieder unterwegs sein, um andere Stabschrecken zu verführen.

Indes, diese Hypothese – »Männer sind Schufte, Frauen sind Heilige« – schlug ein wie eine Bombe. Patriarchen rühmten sie. Feministinnen beschworen sie. Wissenschaftler erklärten und untermauerten sie, indem sie weitere Begründungen nannten, warum Weibchen das natürliche Bestreben hätten, sich nur ein Mal zu paaren – die Gefahr, sich mit Geschlechtskrankheiten anzustecken oder bei der Paarung von Räubern gefressen zu werden. Tatsächlich gibt es einige Arten – etwa die Luzerne-Blattschneiderbiene –, bei denen sich die Weibchen nur einmal paaren. Und es gibt andere Arten, bei denen die Männchen von einem Mädel zum nächsten rasen und so in Rage sind, dass sie es mit allem treiben, was sich rührt: Gelegentlich werden Goldfische von liebestollen Fröschen ertränkt. Aber eine allgemeine Regel? Lachhaft!

Das Bateman-Prinzip hat einen grundsätzlichen Fehler: Es ist falsch. Bei den meisten Arten sind die Mädels eher Huren als Heilige. Statt sich nur einmal zu paaren, tun sie es mit einer ganzen Reihe von Kerlen, und häufig mit viel, viel mehr als nötig, um ihre Eizellen zu befruchten.

Wie kam Bateman zu seiner irrigen Theorie? Dafür gibt es zwei Gründe. Der erste ist reiner Zufall. Wie gesagt, war – und ist – *Drosophila melanogaster* die angesagteste Fruchtfliege in allen Labors der Welt. Und die Weibchen dieser Art sind sehr zurückhaltend, sie paaren sich in der Regel nur einmal in der Woche. Bei anderen Arten von *Drosophila* wäre Bateman zu anderen Ergebnissen gekommen: Beispielsweise gönnen sich die Weibchen von *Drosophila hydei* jeden Morgen etliche Kopulationen. Doch selbst bei *Drosophila melanogaster* sind die Weibchen beileibe nicht so tugendhaft, wie Bateman meinte. Das Problem lag darin – und das ist der zweite Grund für seinen Irrtum –, dass seine Experimente zu kurz angelegt waren. Hätte er sie nur eine Woche länger durchgeführt, hätte er, wie wir heute wissen, entdeckt, dass die Weibchen von *Drosophila melanogaster* ihren sexuellen Appetit zurückgewinnen – und dass diejenigen, die sich nur einmal paaren, weniger Kinder haben als ihre leichtfertigeren Schwestern.

Dass es mehr als dreißig Jahre dauerte, bis man die Lücken in Batemans Theorie entdeckte, liegt zum Teil daran, dass sie so schlüssig klingt. Außerdem schienen die Beobachtungen sie zu bestätigen. Tausende und abertausende von Stunden, die mit der Beobachtung von Säugetieren und Vögeln in ihrem natürlichen Umfeld zugebracht wurden, ergaben keinen Hinweis darauf, dass Weibchen zu häufiger Treulosigkeit ihren Partnern gegenüber neigen könnten. Allerdings ist das nicht die ganze Geschichte. Selbst als Wissenschaftler bemerkten, dass die Weibchen einiger Arten – besonders in der Insektenwelt – sich mit vielen Männchen paaren, begriffen sie nicht sogleich die volle Bedeutung dieser Beobachtung. Paarten sich Weibchen häufiger als erwartet, nahm man an, es liege eine »Fehlfunktion« vor oder die Männchen hätten sie vom rechten Wege abgebracht, nicht aber, die Weibchen könnten daraus Vorteile ziehen.

In den 1980er-Jahren vermochten die Biologen dank der Entwicklung raffinierterer genetischer Techniken herauszufinden, wer tatsächlich wessen Kinder hatte. Und sie entdeckten etwas Erstaunliches, etwas, was niemand vorhergesehen hatte. Dass es nämlich in der gesamten Tierwelt – von den Stabschrecken bis zu den Schimpansen – kaum treue Weibchen gibt.

Auf dieses Entdeckung folgte rasch eine zweite, noch überraschendere: Bei einer Art nach der anderen erwies sich, dass zügellose Promiskuität keineswegs eine Fehlfunktion ist, sondern dass die Weibchen durchaus von ihr profitieren. Meine Aktenordner quellen über von Beispielen. Um nur einige wenige, zufällig herausgegriffene zu nennen: Die Weibchen von Wildkaninchen und Weißschwanz-Präriehunden zeigen eine höhere Empfängnishäufigkeit, wenn sie sich in der Brunst mit mehreren Partnern paaren. Das Weibchen der Zauneidechse brütet umso mehr Eier aus, je mehr Liebhaber es hatte. Beim Zweistreifen-Lippfisch *(Halichoeres bivittatus)* – ein blasser Fisch, der auf Korallenriffen lebt – werden in der Regel mehr Eier befruchtet, wenn das Weibchen den Laich in Gesellschaft einer Gruppe von Männchen ablegt, als wenn sie nur mit einem Männchen zusammen ist.

Diese Entdeckungen haben zu einer Neubewertung männlicher und weiblicher Verhaltensweisen geführt, die noch nicht abgeschlossen ist. Eine Schlussfolgerung ist indessen unausweichlich. Wenn Weibchen sich mit mehr als einem Männchen paaren, hält der Krieg, wie wir noch sehen werden, Einzug in die Boudoirs und in seinem Kielwasser tummeln sich die Kobolde der Zwietracht.

* * * * * * * *

Liebe Dr. Tatiana,

mein Freund ist der hübscheste Bärenmaki, den ich je gesehen habe. Er hat wunderschönes goldenes Fell auf dem Rücken und cremefarbenes Fell am Bauch. Er riecht wunderbar und hat die zierlichsten Hände und Füße, die Sie sich vorstellen können. Nur eines befremdet mich. Bitte sagen Sie mir, Dr. Tatiana, warum ist sein Penis mit so riesigen Stacheln bewehrt?

Entgeistert in Gabun

Damit er Sie besser kitzeln kann, meine Liebe. Jedenfalls möchte ich wetten, dass das ein wesentlicher Grund ist. Bärenmakis sind ziemlich unbekannte Verwandte der Galagos – kleine, nachtaktive Primaten, die in Bäumen leben und entfernte Verwandte der Menschen- und der langschwänzigen Affen sind. Wenn Sie sich Ihre Vettern ansehen, werden Sie feststellen, dass Ihr Liebster kein Einzelfall ist. Galagos und viele andere Primaten haben monströse Penisse – von denen viele aussehen wie mittelalterliche Folterinstrumente. Sie sind mit Stacheln, Höckern und Borsten versehen, häufig absonderlich verdreht und von unheimlicher Gestalt. Im Vergleich dazu ist der Penis des Menschen langweilig, höchstens ob seiner Größe erwähnenswert.

Sie müssen wissen, dass Penisse weit mehr Zwecken dienen als nur der Samenabgabe. Paaren sich die Weibchen mit einer ganzen Anzahl von Männchen, wird jeder der einander ablösenden Partner einen größeren Anteil ihrer Kinder zeugen, wenn es seinen Spermien gelingt, ans Ziel zu gelangen. Ein Männchen, das es schafft, seine Partnerin so zu stimulieren, dass sie mehr von seinen Spermien als von denen seiner Nebenbuhler aufnimmt, oder der die Spermien seiner Konkurrenten irgendwie beseitigen kann, gibt eine größere Anzahl seiner Gene weiter als seine weniger kunstfertigen Rivalen.

Folglich ist die erste Konsequenz weiblicher Promiskuität, dass Männchen unter einem stärkeren Druck stehen, sich in allen Aspekten der Liebe auszustechen. Und für diese Aufgabe ist der Penis ein wichtiges Werkzeug.

Nehmen Sie die Kleinlibellen. Diese Insekten – wie der Name verrät, nahe Verwandte der Großlibellen – sehen süß und unschuldig aus, wenn sie sich an einem schwülen Sommertag an den Flussufern tummeln. Doch sie haben einige der fantastischsten Penisformen entwickelt. Der typische Penis einer Kleinlibelle weist einen Ballon – einen aufblasbaren Ballon – und zwei Hörner an der Spitze auf, dazu lange Borsten an den Seiten. Bei der Kleinlibelle *Calopteryx maculata* benutzt das Männchen dieses Furcht erregende Werkzeug dazu, zunächst einmal die fremden Spermien aus dem Weibchen zu entfernen, bevor er dort die eigenen deponiert. Doch in der nächsten Verwandtschaft – *Calopteryx haemorrhoidalis asturica* – dient der Penis als Instrument der Überredung: Wenn das Männchen geschickten Gebrauch von ihm macht, kann es das Weibchen dazu veranlassen, die Spermien früherer Liebhaber auszustoßen. Dagegen besitzt der Nachtfalter *Olceclostera seraphica* Genitalien, die einem Musikinstrument ähneln: Das Männchen reibt Teile seiner Geschlechtsorgane gegeneinander und ruft dadurch Schwingungen hervor, die seine Gefährtin in höchste Aufregung versetzen. Bei den Termiten indessen paart sich das Weibchen in der Regel nur mit einem Männchen – und männliche Termiten haben glatte Genitalien ohne Verzierungen, die sich von Art zu Art nur wenig unterscheiden.

Der Penis ist natürlich nicht die einzige Möglichkeit, andere Männchen auszustechen. Betrachten Sie nur die Seespinne *Inachus phalangium,* ein Geschöpf, das im Schutz der Tentakeln von Seeanemonen lebt. Das Männchen sondert ein spezielles Gelee ab, mit dem er die Spermien früherer Partner in einer Ecke des Fortpflanzungstrakts seiner Partnerin versiegelt, um sicher zu gehen, dass sie sich nicht mit seinem Samen vermischen. Wir können aber auch die Heckenbraunelle nehmen, einen Vogel, der wie ein Spatz aussieht, nachdem er sich in Asche gewälzt hat. Die meisten Vogelmännchen – ausgenommen Schwäne, Enten und Strauße – haben keine Penisse. Stattdessen kopulieren Männchen und Weibchen, indem sie rasch ihre Genitalöffnungen zusammenpressen. Hört sich wenig befriedigend an. Doch selbst ohne Penis haben männliche Heckenbraunellen eine Methode gefunden, um sich der Spermien von Rivalen zu entledigen. Vor dem Sex bearbeitet das Männchen die Genitalregion seiner Gefährtin mit zärtlichen Schnabelhieben. Manchmal fühlt sie sich dadurch veranlasst, alle Spermien, die sie gesammelt hat, wieder auszuscheiden. Noch exotischer geht es bei dem Büffelweber zu, einem afrikanischen Vogel, der in kleinen Gemeinschaften lebt. Das Weibchen ist hemmungslos promisk. Offenbar in Reaktion darauf hat das Männchen einen Pseudophallus entwickelt, ein stabförmiges Anhangsgebilde, mit dem sich keine

Spermien übertragen lassen. Beim Sex reibt er diesen Stab rund eine halbe Stunde an den Genitalien des Weibchens – bis er schließlich aus seiner Geschlechtsöffnung ejakuliert und allem Anschein nach einen heftigen Orgasmus hat. Das Männchen, das ein Weibchen am wirkungsvollsten zu stimulieren weiß, hat vermutlich die besten Aussichten, dass das Weibchen seine Spermien verwendet.

All das lässt uns ahnen, warum der Penis Ihres Freundes so Besorgnis erregend aussieht. Bei Primaten und Insekten gilt die Faustregel, dass in Arten, bei denen die Weibchen jeweils nur mit einem Männchen Umgang haben, die Penisse klein und uninteressant sind. Schauen Sie sich doch den Gorilla an – ein Riesenkerl mit einem winzigen Ding. Ein männlicher Gorilla kann bis zu 210 Kilogramm wiegen, aber sein Penis bringt es nur auf klägliche fünf Zentimeter Länge und weist nicht einen Höcker oder Stachel auf. Die Argentinische Schwarzkopfruderente stellt ihn locker in den Schatten. Die Ente selbst ist winzig klein, doch ihr Penis, der mit dem des Straußes mithalten kann, ist zwanzig Zentimeter lang – und mit Stacheln bewehrt. Nun ist ein männlicher Gorilla in der Regel Herr über eine kleine Gruppe und muss sich nicht allzu häufig Gedanken über die Spermien von Rivalen machen. Doch wenn ich ein Gorillafräulein wäre, hätte ich schon das Gefühl, ein bisschen zu kurz zu kommen: Soweit sich das beurteilen lässt, sind die Weibchen promiskuitiverer Primatenarten orgasmusfähiger als die Gorillaweibchen. Daher nehme ich an, dass der Penis Ihres Gefährten so prachtvoll mit Stacheln bestückt ist, weil die Weibchen des Bärenmaki gern einmal fremdgehen. Doch was soll die theoretische Erörterung der Frage, ob die Evolution die Stacheln Ihnen zur Lust oder zu Reinigungszwecken hervorgebracht hat? Finden Sie es doch einfach heraus!

Liebe Dr. Tatiana,

ich bin eine Bienenkönigin und besorgt. Alle meine Liebhaber lassen ihre Genitalien in mir zurück und fallen tot zur Erde. Ist das normal?

Perplex in Cloverhill

So sieht für Ihre Liebhaber das Ende nun einmal aus – mit einem Knalleffekt, nicht langsam und qualvoll. Erreicht eine männliche Honigbiene den Höhepunkt, explodiert sie und ihre Genitalien reißen sich mit einem scharfen Geräusch von ihrem Körper los. Ich kann schon verstehen, dass Sie das befremdlich finden. Warum geschieht das? Nun, Sie müssen wissen, Majestät, dass Ihre Liebhaber absichtlich explodieren. Dadurch, dass sie ihre Genitalien in Ihnen zurücklassen, schotten sie Sie gewissermaßen ab. Jedes Männchen hofft auf diese Weise zu erreichen, dass Sie sich mit keinem anderen paaren können. Mit anderen Worten, sein verstümmeltes Glied ist als Bienenversion eines Keuschheitsgürtels gedacht.

Vielleicht finden Sie, das sei nicht die richtige Art, eine Königin zu behandeln. Doch selbst Königinnen bleiben vom Kampf der Geschlechter nicht verschont. Leider scheint mir Ihre Situation das ganze Ausmaß der komplexen und dynamischen Interessenkonflikte deutlich zu machen, die aus weiblicher Promiskuität erwachsen.

Um zu sehen, wie sich dieser Konflikt entfaltet, wollen wir die Angelegenheit zunächst vom Standpunkt des Männchens aus betrachten. Seine Lage ist verzweifelt. Eine junge Königin wie Sie macht nur ein paar Tage Hochzeit, bevor sie mit der Eiablage beginnt. Danach haben Sie mit Sex nichts mehr am Hut, denn Sie sind fortan damit beschäftigt, Ihre halbe Million Kinder zu kriegen. Doch seine Aussichten, sich überhaupt mit Ihnen zu paaren, sind von Anfang an nicht besonders gut. Als Honigbienen-Königin haben Sie Sex im Flug: Sie steigen in den Himmel auf und kopulieren mit jedem Männchen, das Sie erreicht. Der Konkurrenzdruck kann beträchtlich sein. Manchmal versammeln sich bis zu 25 000 Männchen, um sich um Sie zu bewerben. Dabei paaren Sie sich nicht mehr als zwanzig Mal, sodass die meisten männlichen Honigbienen unberührt sterben. Jedes Männchen, das erhört wird, hat nichts zu verlieren, wenn es explodiert: Die Chancen, dass es sich in seinem Leben noch einmal paaren könnte, stehen denkbar schlecht. Aber mehr noch, der Vorgang kann ihm Vorteile bringen. Wenn er Sie mit den Trümmern seiner Genitalien blockiert und dadurch nur ein einziges anderes Männchen daran hindert, sich mit Ihnen zu paaren, befruchtet er einen größeren Teil Ihrer Eier – mit dem Erfolg, dass er einen größeren Teil seiner Gene an die nächste Generation weitergibt.

Das Problem liegt allerdings darin, das seinen Interessen zwar am besten gedient ist, wenn Sie sich nur mit ihm paaren, dass Sie aber besser beraten sind, wenn Sie mehrere Liebhaber erhören. Tatsächlich liefe eine Königin, die sich nur ein einziges Mal paarte, Gefahr, die Hälfte ihrer Brut zu verlieren. Warum? Weil das Geschlecht bei Honigbienen auf höchst komplizierte Weise bestimmt wird.

Gewöhnlich schlüpfen männliche Honigbienen aus unbefruchteten Eiern, Weibchen aus befruchteten. Doch Bienen haben ein Gen, das so genannte geschlechtsbestimmende Gen, das dieses Verfahren durcheinander bringen kann. Wenn sich eine Königin mit einem Männchen paart, das die gleiche Version dieses Gens besitzt wie sie, dann schlüpfen aus der Hälfte der befruchteten Eier Söhne – und zwar sterile Söhne. Anstelle einer Mischung aus fleißigen Töchtern, die unermüdlich arbeiten, um ihre Geschwister aufzuziehen, und einiger fruchtbarer Männchen, die auf die eine Chance in ihrem Leben warten, vor Lust zu explodieren, bestünde die Hälfte Ihrer Kinder aus nichtsnutzigen, unfruchtbaren Männchen – die die fleißigen Töchter bei lebendigem Leibe auffressen würden. Ein derartiger Personalabbau beschwört die Gefahr herauf, dass der Bruterfolg ausbleibt. Paart sich also die Bienenkönigin mit mehreren Männchen statt nur mit einem, befruchtet jedes Männchen, dessen geschlechtsbestimmendes Gen dem ihren entspricht, einen kleineren Anteil ihrer Eier. Auf diese Weise ist gewährleistet, dass nur ein geringer Bruchteil ihrer Nachkommenschaft aus sterilen Männchen besteht. Je häufiger sich eine Königin paart, desto größer ist also die Wahrscheinlichkeit, dass sie eine Katastrophe verhindert.

Das ist noch nicht alles. Offenkundig können sich Männchen auch einen Vorteil verschaffen, wenn es ihnen gelingt, die Absichten früherer Liebhaber zu durchkreuzen, indem sie alle Hindernisse beseitigen und ihrerseits das Weibchen begatten. So liegt der Gedanken nahe, dass die männlichen Honigbienen im Zuge der Evolution aufgerüstet und sich mit Vorrichtungen ausgestattet haben, die ihnen ermöglichen, den Keuschheitsgürtel zu beseitigen. Und dies trifft zu. Wenn Sie genau hinschauen, erkennen Sie, dass jede männliche Honigbiene auf der Spitze ihres Phallus ein haariges Gebilde sitzen hat, mit dem sich die abgetrennten Genitalien des Vorgängers entfernen lassen.

Daraus resultiert das folgende evolutionäre Szenario. Es gab einmal eine Zeit, da paarten sich Bienenköniginnen nur mit einem Männchen. Dann trat eine mutante Königin auf, die sich mit mehr als einem Partner paarte. Sie war in puncto Vermehrung erfolgreicher als ihre tugendhaften Schwestern, woraufhin sich das Gen für Mehrfachpaarung in der Honigbienenpopulation ausbreitete. Dann trat ein Männchen auf, das die Königin per Explosion daran hinderte, sich erneut begatten zu lassen. Die Gene für explodierende Männchen breiteten sich in der Population aus. In einem Gegen-Gegenzug entwickelte die König Strategien, die den Vorteil des Männchens konterkarierten, entweder indem sie den Pfropf selbst entfernte oder von den Arbeiterinnen entfernen ließ (dieser Schritt dürfte sich rasch entwickelt haben, weil keine Königin, bei der man den Pfropf nicht entfernt hätte, in der Lage gewesen wäre, Eier zu legen). Das veranlasste die Männchen, einen Gegen-Gegen-Gegenzug zu entwickeln. Und so fort.

Wie Sie sich denken können, ist eine solche Situation alles andere als ungewöhnlich. Im Allgemeinen sind die Männchen immer die Verlierer, wenn sich die Weibchen wiederholt paaren.

Jedes Männchen, das ein Weibchen daran hindern kann, sich mit Rivalen zu paaren, zeugt mehr Kinder als ein weniger besitzergreifender Rivale und bringt daher eine größere Anzahl seiner Gene unters Volk. So wird es Sie nicht überraschen zu hören, dass Keuschheitsgürtel eine beliebte evolutionäre Erfindung sind, sehr beliebt bei Fledermäusen, Ratten, Würmern, Schlangen, Spinnen, Schmetterlingen, Fruchtfliegen, Meerschweinchen, Eichhörnchen und Schimpansen – die Liste ließe sich beliebig fortsetzen. Ich muss allerdings einräumen, dass die meisten dieser Burschen die traditionelle Methoden – Zement und Klebstoff – der Amputation ihrer Genitalien vorziehen. Bei vielen Arten von Nagetieren haben die Männchen beispielsweise riesige Drüsen, mit denen sie harte, gummiartige Pfropfen absondern, die sie nach abgeschlossener Kopulation tief im Fortpflanzungstrakt ihrer Partnerin verstauen. Der Pfropf, den die Hausmaus herstellt, ist so hart, das selbst ein Skalpell von ihm abgleitet. Sobald er sich in einem Weibchen festgesetzt hat, führen alle Versuche, ihn zu entfernen, zu schweren Verletzungen der Gebärmutter.

Doch ehrlich, die Männchen können einem Leid tun. Immer wenn wiederholte Paarung von Vorteil für das Weibchen ist, wird es sich allen Kontrollversuchen des Männchens entziehen. Überall dort, wo die Evolution die Männchen mit Kontrollmechanismen ausgestattet hat, haben die Weibchen Gegenmechanismen entwickelt. Was dazu geführt hat, dass nicht alle Keuschheitsgürtel so wirksam sind, wie sie sein könnten. Beispielsweise dreht sich das Weibchen des Östlichen Fuchshörnchens gleich nach dem Paarungsakt herum und zieht den Pfropf heraus (gelegentlich frisst es ihn auch – wie köstlich!). Die Männchen dürften ebenfalls unter dem Selektionsdruck gestanden haben, Methoden zu entwickeln, um solche Pfropfen zu entfernen. So ist im Zuge der Evolution auch diese Fertigkeit wiederholt aufgetreten. Bei der männlichen Wanderratte ist der Penis fast wie ein Greiforgan entwickelt. Mit geradezu gymnastischer Geschicklichkeit lässt er sich dazu verwenden, Pfropfen zu entfernen, die frühere Liebhaber deponiert haben, wobei er wie ein Toilettenreiniger mit Saugwirkung arbeitet.

Wie Sie sehen, ist der Geschlechterkampf ein Zweifrontenkrieg. Interessenkonflikte zwischen Männchen und Weibchen haben zur Folge, dass jede neue Waffe oder Verhaltensweise, die das eine Geschlecht entwickelt, Merkmale des anderen Geschlechts begünstigt, mit denen sich diese Entwicklung unterlaufen lässt. Gleichzeitig haben sich die Männchen im Zuge ihrer Evolution Methoden zugelegt, die ihnen erlauben, die Absichten aller früherer und zukünftiger Liebhaber eines Weibchens zu durchkreuzen. Wenn Sie die lange Kette der Generationen überblicken, werden Sie Zeuge einer gewaltigen Evolutionsschlacht.

Männer, ihr steckt in einer bösen Zwickmühle. Die weibliche Promiskuität bringt eure Gene in Gefahr. Was nützt es euch, jede Frau, die euch unter die Augen kommt, zu verführen, wenn keine von euren Spermien Gebrauch macht. Das Promiskuitätspotenzial einer Frau beschneidet das eure und übt einen nachdrücklichen Einfluss auf eure Evolution aus. Statt die Zahl der Mädels, die ihr verführt, zu maximieren – das heißt, statt euch wie Schufte aufzuführen –, solltet ihr versuchen, die Zahl der befruchteten Eier oder Eizellen zu maximieren. Für manche Männer wird es manchmal darauf hinauslaufen, noch mehr Schürzen hinterherzujagen. In anderen Fällen dagegen dürften Schufte, die ihre Spermien auf eine größtmögliche Zahl von weiblichen Wesen verteilen, mit weniger Nachkommen gesegnet werden als treuere Liebhaber. Daher werden die Gene für schuftiges Verhalten in der Population allmählich an Bedeutung verlieren. Weit besser tätet ihr daran, euch festzuklammern wie die Stabschrecke, zu explodieren wie die Honigbiene oder andere Verhaltensweisen zu entwickeln – merkwürdigere, als ihr in euren merkwürdigsten Träumen zu träumen wagt.

Kapitel zwei

Die Kosten sind entsetzlich

Es ist nicht einfach, männlichen Geschlechts zu sein. Besonders, wenn Sie Spermien herstellen müssen, die zwanzigmal so lang sind wie Sie selbst. Oder für jedes Ejakulat Milliarden und Abermilliarden Spermien produzieren. Oder gezwungen sind, ihre Gefährtin hundertmal am Tag zu begatten, um sie zu befriedigen. Oder irgendeine andere Großtat sexueller Leistungsfähigkeit vollbringen müssen.

Liebe Dr. Tatiana,

ich bin ein Staffelschwanz Malurus splendens *und mache mir Sorgen um meinen Mann. Ständig läuft er zum Arzt, weil der davon überzeugt ist, seine Spermienzählung sei zu niedrig und wir seien nicht in der Lage, Kinder zu bekommen. Dabei ejakuliert er jedes Mal acht Milliarden Spermien, weshalb ich mir nicht vorstellen kann, dass irgendein Mangel vorliegt. Hat er wirklich ein Problem oder ist er einfach nur neurotisch?*

Außer sich in Australien

Zum Arzt, ja? Ich will Ihnen eines sagen, ihr Lover ist kein Hypochonder, sondern ein Lügner. Seine »Arzttermine« sind fadenscheinige Ausreden für Liebesabenteuer. Männchen von *Malurus splendens* sind berüchtigt für ihre Neigung zum Fremdgehen. Ich will Ihnen einen Tipp geben. Ob ein Staffelschwanz-Männchen auf Freiersfüßen geht, erkennen Sie daran, dass er für seine Angebetete ein rosa Blütenblatt im Schnabel trägt. Warum rosa? Weil es hübsch aussieht, wenn er dazu seine schillernden Backenfedern aufplustert.

Doch die tatsächliche Frage, die sich stellt, lautet: Warum benötigt ein Vogel, der kleiner als meine Faust ist, ein Ejakulat mit mehr als acht Milliarden Spermien? Beim Menschen enthält die durchschnittliche Portion nur so um die 180 Millionen Samenfäden. Und selbst diese Zahl erscheint, richtig bedacht, etwas übertrieben. Alle diese Spermien für eine kleine Eizelle. Warum?

Die Spermienzahlen sind ein grober Anhaltspunkt für die Schwierigkeiten, die sich auf dem Weg zur Eizelle häufen. Sind Sie beispielsweise ein Baum, hängt die Menge Pollen, die Sie herstellen, weitgehend davon ab, wie Sie ihn unter die Leute bringen. Betrachten wir die Feigenbäume. Einige Arten werden von fleißigen Wespen bestäubt, Wespen, die den Pollen eifrig sammeln und verteilen. Diese Feigenbäume können sparsam mit ihrem Pollen umgehen. Andere Feigenarten sind auf träge Wespen angewiesen und daher zu verschwenderischem Verhalten gezwungen. Folglich sollte man meinen, dass in Arten wie der Ihren und der meinen, in denen das Männchen seinen Samen persönlich abliefert, die Spermienzählung niedriger ausfällt.

Nicht unbedingt. Bei einigen Arten – der Fische zum Beispiel – kommen die Männchen und Weibchen zusammen, doch statt zu kopulieren, legen sie Eier und Samen im Wasser ab. Und tatsächlich übertrifft in diesen Fällen die Anzahl der Spermien nicht wesentlich die Zahl der Eier. Doch wenn wir uns den Vögeln, Säugetieren und anderen Gruppen zuwenden, die sich paaren, wandelt sich das Bild. Hier beobachten wir, dass Männchen die meisten Spermien bei Arten herstellen, in denen die Weibchen – Trommelwirbel bitte – Schlampen sind.

Wir nehmen an, dass zwei Faktoren für die hohen Spermienzählungen bei Arten verantwortlich sind, in denen die Mädels promisk sind. Den ersten bezeichnen Biologen als »Spermienkonkurrenz« – richtig, die Spermien verschiedener Männchen wetteifern darin, Eizellen zu befruchten. Wird die Spermienkonkurrenz per Losverfahren entschieden – je mehr Lose Sie kaufen, desto größer Ihre Chance zu gewinnen –, dann haben die Männchen, die die meisten Spermien produzieren, die besten Aussichten, die Eier eines Weibchens zu befruchten. Und wenn die Anzahl der Spermien, die sie herstellen, eine genetische Basis haben, führt im Laufe der Zeit der wiederholte Erfolg von Männchen mit hohen Spermienzählungen zu einer Steigerung der Spermienzahl, die jedes Männchen produziert. Infolge dieser Entwicklung müssten Männchen, die unter dem Druck einer regelmäßigen Spermienkonkurrenz stehen, im Laufe der Zeit im Verhältnis zu ihrer Körpergröße voluminösere Testikel – Spermienfabriken – entwickelt haben. Tatsächlich hat sich in einem Experiment mit Kotfliegen – behaarten Fliegen, die sich für Paarung und Eiablage frische Kuhfladen wählen – erwiesen, dass die Testikelgröße sich in Reaktion auf Spermienkonkurrenz bereits nach zehn Generationen verändert.

In letzter Konsequenz wäre daraus zu schließen, dass Männchen, die überhaupt keine Spermienkonkurrenz zu befürchten haben, nur so viel Spermien produzieren, dass sie jede Eizelle befruchten können. Leider sind nur wenige Männer in dieser glücklichen Lage. Zweifellos sind die Männchen einer bestimmten Gruppe zu ihnen zu zählen – der Seepferdchen und ihrer engen Vettern, der Seenadeln. (Seenadeln sehen wie Seepferdchen aus, nur dass sie gestreckt und stromlinienförmig sind.) Diese Männchen sind berühmt für ihre Schwangerschaften. In der Regel legt das Weibchen ihre Eier in den Brutbeutel des Männchens ab, das sie dort befruchtet – daher besteht keine Gefahr, dass seine Spermien mit denen eines anderen Männchens zu tun bekommen. Die meisten Seepferdchenarten haben keine Spermienzählung vornehmen lassen. Doch in einem Fall ist es geschehen, dem der Seenadel *Syngnathus schlegeli,* einer Art, die häufig in den Seegrasfeldern vor den Küsten Japans vorkommt, und tatsächlich, die Spermienzählung ist verschwindend gering ausgefallen.

Der zweite Faktor, von dem man meint, er könne der Grund für hohe Spermienzählungen sein, ist der Umstand, dass die Spermien auf ihrem Weg durch den weiblichen Fortpflanzungstrakt in ungeheuren Zahlen zugrunde gehen: Von den vielen Millionen, die losgeschickt werden, gelingt es nur ganz wenigen, ihr Ziel zu erreichen. Seit mehr als 300 Jahren wird dieses ungeheure Spermiensterben beobachtet und kommentiert, doch bisher hat man noch keine überzeugende Erklärung dafür gefunden.

Sie müssen nämlich wissen, dass die weiblichen Fortpflanzungstrakte den Spermien häufig einen äußerst unfreundlichen Empfang bereiten. Niemand weiß, warum sie das tun. Doch statt die Spermien zu hätscheln und ihnen ihren Weg möglichst leicht zu machen, wie man erwarten sollte, herrscht in den Fortpflanzungstrakten Gefahr und Verrat. So kann es den Spermien passieren, dass sie verdaut, verjagt oder zusammengetrieben und ausgeschieden werden. Sogar bei Arten, in denen die Weibchen Spermien jahrelang speichern, behalten sie nur einen geringen Teil der Spermien, die sie empfangen. Eine Bienenkönigin, die sich mit siebzehn Liebhabern paart, empfängt beispielsweise 102 Millionen Spermien (sechs Millionen von jedem Lover), doch von denen behält sie nur 5,3 Millionen zur Befruchtung ihrer Eier. Bei Arten, die keine Spermien speichern, kommt es zu einem fürchterlichen Gemetzel.

Beim Menschen beginnen die Spermien ihre Odyssee beispielsweise in der sauren Umgebung der Vagina. Doch Säure ist tödlich für Spermien (weshalb strategisch platzierte Zitronenscheiben ein recht gutes, wenn auch etwas primitives Verhütungsmittel sind), daher setzen weniger als zehn Prozent ihre Reise fort. Die Überlebenden müssen dann den Gebärmutterhals durchqueren, eine enge, mit Schleim bedeckte Passage, die auch unter günstigsten Umständen wiederum nur zehn Prozent die Fortsetzung der Reise gestattet. Doch der Schleim ist nur eine der Tücken, die der Gebärmutterhals bereithält. Beim ersten

Anzeichen von Spermien überschwemmen weiße Blutkörperchen – die Fußsoldaten des Immunsystems – den Gebärmutterhals und die Schleimhaut der Gebärmutter, wobei sie jeden Eindringling vernichten, dem sie begegnen. Beim Wildkaninchen sammelt sich binnen einer Stunde nach der Paarung eine gewaltige Armee von weißen Blutkörperchen am Gebärmutterhals. Beim Menschen steht das Heer schon eine Viertelstunde nach dem Geschlechtsverkehr bereit und nach vier Stunden ist die Zahl auf mehr als eine Milliarde angestiegen. Kommen die Spermien dann endlich im Eileiter an – dem Ort, an dem befruchtungsfähige Eizellen anzutreffen sein könnten –, ist ihre Zahl von Millionen und Abermillionen auf ein paar hundert geschrumpft. Was der Grund dafür ist, dass Männer mit einer Spermienzählung von 50 Millionen – einer doch recht stolzen Zahl – mit hoher Wahrscheinlichkeit unfruchtbar sind.

Das Ausmaß der Feindseligkeit ist sehr viel schwerer zu messen, als die Spermien zu zählen, denn wir wissen nicht, auf welche Weise die Feindseligkeit sich von Art zu Art oder sogar von Individuum zu Individuum innerhalb einer Art verändert. Ich nehme jedoch an, dass Weibchen auf wachsende Spermienzahlen mit einer Intensivierung der Feindseligkeit ihres Fortpflanzungstrakts reagieren. Das wiederum würde Männchen begünstigen, die mehr Spermien herstellen. Beim Wildkaninchen zum Beispiel hängt die Anzahl der Spermien, die in den verschiedenen Abschnitten des Genitalsystems eintreffen, davon ab, wie viele Spermien zu der gefährlichen Reise aufgebrochen sind. Doch was gewinnen Weibchen durch diese Feindseligkeit? Im Endeffekt scheint sie doch kontraproduktiv zu sein: Ist die Feindseligkeit zu entschieden, werden die Eizellen nicht befruchtet, und das Weibchen bekommt keine Jungen. Laut einer Hypothese sorgt die Feindseligkeit dafür, dass es nur den durchsetzungsfähigsten Spermien gelingt, Eizellen zu befruchten. Eine andere besagt, die Feindseligkeit habe sich ursprünglich als Abwehrmechanismus gegen Infektionen entwickelt. Daraufhin hätten sich die männlichen Versuche ergeben, die Abwehrmechanismen zu überwinden. Tatsächlich enthält der Samen des Menschen und vieler anderer Säugetiere Substanzen, von denen wir wissen, dass sie die weibliche Immunantwort unterdrücken. Als Gegenmaßnahme zu männlichen Bestrebungen, eine Immunsuppression zu bewirken, hätten die Weibchen daraufhin ihre Immunantwort verstärkt – und so hätte sich eine unaufhaltsame Eskalation von Reaktion und Gegenreaktion ergeben.

Was mich wieder zu der Frage zurückführt, warum Ihr Ehemann so viele Spermien braucht. In den Gesellschaften von *Malurus splendens* leben die Paare zusammen und ziehen ihre Kinder gemeinsam auf – doch die freie Liebe herrscht vor. *Malurus splendens* ist außerordentlich promisk, daher haben die meisten Weibchen neben ihrem Ehemann noch mindestens einen Liebhaber. Infolgedessen herrscht heftige Spermienkonkurrenz. Häufig ist keines der Jungen in einem Nest tatsächlich von dem Männchen gezeugt, das sie aufzieht. Wie steht es mit Ihnen? Haben Sie vielleicht selber ein bisschen gesündigt, als Ihr Mann fremdging?

••••••••

Liebe Dr. Tatiana,

ich habe gehört, es dauert drei Wochen, um nur ein einziges Spermium herzustellen. Offenbar liegt es daran, dass es einen Schwanz braucht, der zwanzigmal so lang ist wie mein ganzer Körper. Das finde ich schrecklich ungerecht: Ich bin nur eine kleine Fruchtfliege – Drosophila bifurca. *Kann ich irgendwo eine Prothese bekommen?*

In Erwartung eines Spermiums in Ohio

Leider gibt es keinen Markt für künstliche Spermienschwänze: Sie müssen ihn schon selbst machen. Aber Sie haben natürlich Recht – es ist nicht fair. Warum muss eine Fruchtfliege von drei

Millimeter Länge – kleiner als dieser Gedankenstrich – ein Spermium herstellen, das 58 Millimeter misst? Ein Mensch ist viel größer als Sie, kommt aber mit einem tausendfach kleineren Spermium aus. Würde ein Mann ein Spermium produzieren, das – auf seine Größenordnung übertragen – genauso lang wäre wie das Ihre, könnte es sich mit einem Blauwal messen. Das würde ich gerne einmal sehen!

Im Gegensatz zur Spermienzahl wissen wir wenig über die Evolution von Spermiengröße und -form. Mit Sicherheit lässt sich nur sagen, dass Spermien in der Regel kleiner und einfacher bei Arten sind, bei denen die Eier außerhalb des Weibchens befruchtet werden.

Betrachten wir zunächst die Spermienform. Ein konventionelles Spermium sieht wie eine Kaulquappe aus, mit großem Kopf und einem sich schlängelnden Schwanz. Doch bei vielen Arten weichen die Spermien von diesem Grundmodell ab. Eine häufig verwendete Erfindung ist das Tandem-Spermium – Spermien, die immer zu zweit schwimmen. Man trifft sie an bei Amerikanischen Opossums, Wasserkäfern, Tausendfüßlern, Silberfischchen und einigen Meeresschnecken. Auch Haken sind sehr in Mode. Hakenförmige Spermien haben Koalabären, Nagetiere und Grillen. Die Beintastler, winzige insektenartige Geschöpfe, waren die ersten Frisbee-Fans: ihre Spermien sind flache Scheiben. Flusskrebse haben Spermien, die Feuerrädern gleichen. Einige Landschnecken produzieren Korkenzieher. Bärtige Spermien – Spermien mit hundert Schwänzen – trifft man bei manchen Termitenarten an. Spulwürmer arbeiten mit amöbenartigen Spermien: Die schwimmen nicht, sondern kriechen. Diese ganze Vielfalt – noch bevor wir uns den Spermatophoren zugewandt haben, Samenpaketen, wie sie von vielen Lebewesen verwendet werden. Nach einem längeren Schäferstündchen übergibt der Riesenoktopus zum Beispiel eine Spermatophore, die eine riesige Bombe ist. Über einen Meter lang, enthält sie mehr als zehn Millionen Spermien und explodiert im Fortpflanzungstrakt des Weibchens.

Da sich diese verschiedenen Formen unabhängig voneinander in unterschiedlichen Gruppen entwickelt haben, müssen sie immer irgendwelche Vorteile bieten. Haken könnten den Spermien zum Beispiel erleichtern, sich durch den Fortpflanzungstrakt zu kämpfen – doch meines Wissens ist das nie nachgewiesen worden. Die möglichen Vorteile anderer Formen? Da wären meine Vermutungen nicht besser als die Ihren. Doch soweit sich das beurteilen lässt, weist die Spermienform keinen Zusammenhang mit der weiblichen Promiskuität auf.

Vermutlich aber die Spermiengröße. Bei Spulwürmern haben große Spermien mehr Erfolg beim Befruchten von Eiern, offenbar weil sie schneller kriechen als kleine Spermien und von Rivalen nicht so leicht beiseite gestoßen werden können. Ähnliches beobachten wir bei der Wurzelmilbe, einem Pflanzenschädling, bei dem die Männchen, die die größten Spermien produzieren, mehr Eier befruchten als Männchen, deren Spermien winzig sind. Tatsächlich können wir als allgemeine Regel festhalten, dass dort, wo Weibchen promisk sind, die Männchen nicht nur mehr Spermien herstellen, sondern auch größere. Allerdings lässt sich die Ausprägung beider Merkmale nicht ins Unendliche steigern. Irgendwann muss die Produktion immer größerer Spermien dazu führen, dass sie nur noch in kleineren Mengen hergestellt werden können. Bei den meisten Arten schließt der Zwang, die Zahlen hoch zu halten, wahrscheinlich eine nennenswerte Steigerung der Spermiengröße aus.

Bei einigen wenigen Arten sind die Zahlen aber offenbar verringert worden, um riesige Spermien zu bilden. In der Ruhmeshalle für Riesenspermien finden wir eine bunte Vielfalt von Tieren. Obwohl Sie, *Drosophila bifurca,* amtierender Meister sind, ist in den letzten hundert Jahren der Titel für die umfangreichsten Spermien-Produzenten an verschiedene Arten gegangen: die Federflügler, Rückenschwimmer, Muschelkrebse (kleine Garnelen, die wie weiße Bohnen auf Beinen aussehen), Zecken, die australische Landschnecke *Hedleyella falconeri,* den Gemalten Scheibenzüngler und viele andere Arten der Fruchtfliege. Von den Spermien der Muschelkrebse heißt es übrigens, sie würden miteinander kämpfen und sich gegenseitig in Stücke reißen – obwohl das meines Wissens noch nie im Labor untersucht worden ist.

Leider ist die Beschäftigung mit Riesenspermien noch nicht weit über das Stadium des staunenden Glotzens hinausgelangt, daher kann ich nicht viel darüber sagen, warum Tiere gigantische Geschlechtszellen bilden. Doch soweit wir wissen, haben große Spermien nichts mit großen Eizellen zu tun, obwohl man diesen Gedanken einmal in Erwägung gezogen hat. Die Forschung hat sich mit Eizellen nicht so intensiv beschäftigt wie mit Spermien (bei Arten, deren Befruchtung im Körperinneren stattfindet, sind Spermien leichter zu beobachten), doch andere Fruchtfliegen stellen sowohl größere Eizellen als auch kleinere Samenzellen her, als bei Ihrer Art üblich. Nach einer anderen Vermutung sind die Riesenspermien ein Geschenk des Männchens an das Weibchen, um ihre Eier mit Nahrung zu versorgen. Doch bei vielen Arten mit Riesenspermien gelangt nur ein winziger Teil der Samen- in die Eizelle, daher bin ich auch von dieser Erklärung nicht recht überzeugt. Könnten Riesenspermien den weiblichen Fortpflanzungstrakt blockieren und dadurch als Keuschheitsgürtel dienen? Das mag auf die Federflügler zutreffen, bei denen die Riesenspermien eines Männchens offenbar den Fortpflanzungstrakt des Weibchens vollkommen ausfüllen, sodass kein weiterer hinzugefügt werden kann. Das gilt jedoch nicht für Muschelkrebse: Die Weibchen haben ein bizarres System der Spermienspeicherung, denn die Samenzellen werden in einem Bereich gelagert, der keine direkte Öffnung zur Eikammer hat. Damit ein Ei befruchtet werden kann, muss das Spermium eines Muschelkrebses sein Wartezimmer und den Körper des Weibchens verlassen, um die Eikammer zu erreichen. Bei Ihrem härtesten Konkurrenten *Drosophila hydei* (Spermium von 23 Millimeter Länge) paart sich das Weibchen nicht nur wiederholt, sondern die verschiedenen Spermien, die sie empfängt, vermischen sich auch. Paart es sich also mit verschiedenen Kerlen an einem Tag, zeugt jeder einen gleichen Anteil ihrer Brut.

Trotzdem muss es gute Gründe für diese enorme Spermiengröße geben. Denn überall dort, wo man ihren Produktionsaufwand maß, hat er sich als beträchtlich erwiesen. Während Ihr entfernter Verwandter *Drosophila melanogaster* (Spermienlänge

1,91 Millimeter) sich schon wenige Stunden, nachdem er aus der Puppe geschlüpft ist, paaren kann, müssen Sie mindestens siebzehn Tage warten – die Zeit, die es Sie kostet, Ihre enormen Testikel auszubilden. Doch die Situation könnte schlimmer sein. Wenn Sie allen Schwierigkeiten aus dem Weg gehen, können Sie sechs Monate leben – eine lange Zeit für eine Fruchtfliege. So gesehen ist es gar nicht so unerträglich, dass Sie siebzehn Tage warten müssen, um Ihre Jungfräulichkeit zu verlieren. Bei einer anderen Verwandten, *Drosophila pachea* (Spermium 16,53 Millimeter), ist das Männchen die erste Hälfte seines erwachsenen Lebens unfähig zur Fortpflanzung. Und noch etwas, worauf Sie stolz sein können: Während die meisten Männchen Millionenheere aufmarschieren lassen müssen, genügen Ihnen offenbar ein paar gute Spermien.

••••••••

Liebe Dr. Tatiana,

ich bin eine wütende Fruchtfliege Drosophila melanogaster. *Als ich eine Made war, hörte ich, dass Spermien spottbillig seien, leicht herzustellen und leicht abzugeben. Also habe ich sie fröhlich ausgeteilt, sobald ich geschlechtsreif war. Ohne Rücksicht auf Verluste. Doch ich bin einer Lüge aufgesessen: Obwohl ich erst einen Teil meines Lebens als ausgewachsene Fliege hinter mir habe, sind mir alle Spermien ausgegangen. Kein Mädel will mehr etwas von mir wissen. Wen kann ich verklagen?*

Leer in London

Unser Freund Bateman trägt da einen Gutteil Verantwortung. »Spermien sind billig«, lautete eine seiner Lieblingsthesen. Doch das ist das größte Märchen überhaupt. Und sosehr ich es bedaure, dass man Ihnen einen solchen Bären aufgebunden hat und Sie sich nun in einer so misslichen Lage befinden, so kann ich doch nicht umhin, eine gewisse Befriedigung darüber zu empfinden, dass ausgerechnet *Drosophila melanogaster*, Batemans Vorzeigeorganismus, Probleme dieser Art offenbart.

Um es noch einmal zu wiederholen: Bateman vertrat die Auffassung, da eine Samenzelle mit geringerem Aufwand herzustellen sei als eine Eizelle, würde die Fortpflanzung bei Männchen und Weibchen von unterschiedlichen Faktoren eingeschränkt. Bei Weibchen seien es die Eizellen, die produziert werden könnten, bei Männchen die Weibchen, die verführt werden könnten. Nach dieser Auffassung stehen Spermien in praktisch unbegrenzter Menge zur Verfügung und jede Eizelle hat gute Aussichten, befruchtet zu werden.

Allzu häufig ist das nicht der Fall. Im Meer kommen viele Tiere – von Schwämmen bis zu Seeigeln – nicht mit ihren Paarungspartnern in Kontakt, sondern entlassen ihre Spermien einfach ins Wasser. Einige Arten übergeben ihre Eizellen auch dem Meer. Das kann bedeuten, dass manche Spermien große Schwierigkeiten haben, eine Eizelle zu finden. Bei diesen Arten bleibt unter Umständen ein großer Prozentsatz der Eier unbefruchtet. Kein Wunder, dass einige Schwämme sich als Vulkane aufspielen und ihre Spermien in Intervallen zwischen zehn Minuten und einer halben Stunde wie große, dicke Rauchwolken ausstoßen.

Aber auch die Pflanzen an Land können es schwer haben. Bestäuber – Tiere wie die Bienen, die die Zwischenträgerdienste übernehmen – können sich als unzuverlässig erweisen und den Pollen lieber auffressen als ihn abzuliefern, daher wird die Befruchtung bei Pflanzen häufig eingeschränkt durch die Pollenmenge, die sie empfangen. Die dreiste Waldblume Dreiblatt-Feuerkolben produziert zehnmal so viel Samen, wenn sie von einem Wissenschaftler und nicht von einer Fliege bestäubt wird. Auch sind solche Schwierigkeiten nicht auf Organismen beschränkt, die sich auf die Unwägbarkeiten von Meeresströmungen oder Winden verlassen müssen oder die von den Launen lebendiger Zwischenträger abhängig sind. Der Zitronensalmler, ein kleiner Fisch, der im Amazonas lebt, kann alle Eier befruchten, die ein Weibchen an einem Tag legt. Sein Befruchtungserfolg nimmt jedoch mit der Zahl der befruchteten Eier ab, und er gelangt rasch an einen Punkt, wo er besseren Gebrauch von seiner Energie macht, wenn er sich zurückzieht und weitere Spermien produziert, als noch mehr Weibchen zu bezirzen. Kein Wunder, dass weibliche Zitronensalmler allem Anschein nach Männchen bevorzugen, die sie noch nicht beim Befruchten fremden Laichs beobachtet haben. Beim Blaukopf-Lippfisch, einem im Atlantik lebenden Korallenfisch, gehen die größten Männchen sparsam mit ihren Spermien um und geben ihn nur widerwillig her – häufig in Mengen, die für die Weibchen nicht ausreichen.

Das Problem liegt natürlich darin, dass die meisten Männchen nicht nur eine Samenzelle für jeweils eine Eizelle herstellen. Vielmehr produzieren sie hunderte, tausende oder Millionen von Spermien pro Ei. Das ist ein ziemlicher Aufwand. Die männliche Prärie-Strumpfbandnatter braucht vierundzwanzig Stunden Erholung nach dem Sex (der zugegebenermaßen in der Regel ziemlich heftig ist). Dem männlichem Zebrafinken, einem kleinen Vogel mit schwarz-weißen Streifen, der sich in drei Stunden dreimal paart, gehen die Spermien vollkommen aus – und er braucht fünf Tage, um neue zu bilden. Volle fünfzehn Tage muss das Männchen der Blaukrabbe warten, um seine Vorräte aufzufüllen. Sogar Schafböcke, die angeblich Samenvorräte für fünfundneunzig Ejakulationen vorhalten (beim durchschnittlichen Mann reichen sie für anderthalb), müssen feststellen, dass sich ihre Spermienzählungen schon bald im freien Fall befinden. Nach sechs Tagen Sex können die Spermien, die ein Schafbock ejakuliert, von zehn Milliarden auf weniger als fünfzig Millionen zurückgehen – eine Schwelle, unterhalb deren er seiner Aufgabe kaum noch gerecht werden kann. Einige Schlangen fallen sogar glattweg in Ohnmacht. Die Kreuzotter verliert zu Beginn der Fortpflanzungsperiode eine Menge Gewicht, obwohl sie nichts tut, als in der Sonne zu liegen und Spermien zu produzieren – auch eine Möglichkeit, Kalorien zu verbrennen.

Doch den entscheidenden Beweis, dass Spermien häufig der limitierende Faktor sind, liefern die Zwitter oder Hermaphroditen – Organismen wie Gartenwegschnecken und andere Schnecken, die zugleich männlich und weiblich sind. Nach der Theorie des unbegrenzten Spermienvorrats sollten Zwittern die Eizellen lange vor den Samenzellen ausgehen, folglich müssten sie, wenn sie die Wahl hätten, die männliche Rolle der weiblichen vorziehen. Doch bei vielen Arten ist das keineswegs der Fall.

Nehmen wir *Caenorhabditis elegans*, einen winzigen, durchsichtigen Fadenwurm, der sich der besonderen Gunst von Genetikern erfreut. *C. elegans* unterscheidet sich insofern von den meisten Zwittern, als er in zwei Geschlechtern vorkommt: zwittrig und männlich. Bei konventionellen Zwittern gibt es zwei Möglichkeiten der Paarung. Entweder erfolgt sie bilateral – beide Partner befruchten sich gegenseitig. Oder sie ist unilateral – der eine Paarungspartner übernimmt die männliche und der andere die weibliche Rolle. Doch bei *C. elegans* können sich die Zwitter nicht paaren, sondern stellen sowohl Spermien als auch Eier her und sie vermögen sich selbst zu befruchten. (Männchen produzieren natürlich nur Spermien.) Einem Zwitter von *C. elegans*, der keinem Männchen begegnet, gehen die Samenzellen aus, nachdem er rund dreihundert Eier gelegt hat. Dass die Spermien zuerst zu Ende gehen, wissen wir, weil das Tier anschließend noch eine Zeit lang unbefruchtete Eier legt – manchmal bis zu hundert.

Doch vielleicht ist *C. elegans* ja ein Sonderfall. Bei der Zwitterform werden Eier und Spermien nicht gleichzeitig gebildet, sondern zuerst die Samenzellen. Daraus folgt, dass sie, je länger sie Spermien herstellt, umso länger mit der Eierproduktion warten muss und daher auch umso älter ist, wenn sie mit der Fortpflanzung beginnt. Zu viel Aufschub ist schlecht. Für diese Würmer gilt: Je früher du anfängst, desto mehr Nachkommen kriegst du wahrscheinlich.

Doch *C. elegans* und seine Verwandten sind keineswegs die einzigen Zwitter, denen die Spermien ausgehen. Spermienlimitierung finden wir auch bei Nacktschnecken, Seehasen, Süßwasserschnecken und Süßwasserplattwürmern. (Obwohl diese Organismen ziemlich ähnlich wirken, sind sie doch nur entfernt verwandt. Sie sind unabhängig voneinander zu ihrem Aussehen und ihrer Lebensweise gelangt.) Beim Süßwasserplattwurm *Dugesia gonocephala* (einem bilateralen Begatter) dauert die Herstellung der Samenpakete zwei Tage, daher gehen die Individuen sparsam mit ihren Spermien um und rücken nicht mehr heraus, als sie erhalten: Sie hören in dem Augenblick auf, weitere Spermien abzusondern, wo ihr Paarungspartner es tut. Bei der Nacktschnecke *Navanax inermis* (einem unilateralen Begatter) scheinen die Individuen häufiger die weibliche als die männliche Rolle zu wählen – das Gegenteil dessen, was zu erwarten wäre, wenn die Spermien unbegrenzt wären.

Und falls noch irgendjemand Zweifel daran hegen sollte, dass die männliche Rolle kostspielig sein kann, lassen Sie uns die Bananenschnecke betrachten – riesige gelbe Schnecken, die man im Nordwesten der USA antrifft. Bei diesen Zwittern erfolgt die Begattung unilateral – und bei einigen Arten dieser Schnecken haben die Individuen nur einen einzigen Schuss als Männchen, egal, wie ihre Spermienzählung ausfällt. Die Penisse von Bananenschnecken sind gigantisch und komplex. Häufig bleibt der Penis bei der Begattung stecken. Dann beißt die Schnecke oder ihr Partner am Ende des Paarungsaktes den störenden Phallus ab. Er wächst nicht mehr nach: Von da an spielt die Schnecke nur noch die weibliche Rolle.

Nach diesen Vorbemerkungen wollen wir uns Ihre Situation etwas genauer anschauen. Offenbar leiden Männchen von *Drosophila melanogaster* unter zwei Arten paarungsbedingter Sterilität. Die erste ist vorübergehend: Nach einem Paarungsakt muss sich das Männchen einen Tag lang ausruhen und seine Samenvorräte auffüllen, bevor es wieder paarungsfähig ist. Die zweite Art ist augenscheinlich von Dauer. Leider erlauben die bisher durchgeführten Experimente keinen Rückschluss darauf, wie rasch die überdauernde Sterilität auftritt. Wir wissen lediglich, dass Männchen, denen man alle zwei Tage zwei Weibchen darbietet, am 34. Tag vollkommen und irreversibel steril sind – bereits nach der Hälfte ihres erwachsenen Lebens. Vielleicht paaren sich männliche Fliegen unter natürlichen Bedingungen nicht so oft – oder leben nicht so lange –, dass diese Eigenart zum Problem wird. Vielleicht. Vielleicht aber auch nicht. Es ist sicherlich kein Zufall, dass sich die Weibchen Ihrer Art, wie vieler anderer auch, am liebsten von unberührten Milchgesichtern begatten lassen.

••••••••

Liebe Dr. Tatiana,

meine Löwin ist eine Nymphomanin. Jedes Mal, wenn sie in Brunst ist, will sie vier oder fünf Tage und Nächte hindurch alle halbe Stunde Sex haben. Ich bin völlig geschafft – aber ich möchte nicht, dass sie es merkt. Können Sie mir irgendwelche Mittel zur Steigerung der sexuellen Leistungsfähigkeit empfehlen?

Sexmaschinen sind wir nicht in der Serengeti

Solche Mittel gibt es, aber sie sind leider noch nicht für Löwen genehmigt. Und im Übrigen sollten Sie sich schämen. Ein starker, großer Löwe wie Sie müsste es doch eigentlich ohne derartige Hilfsmittel schaffen. Ich habe schon von Löwen gehört, die 157 Mal in 55 Stunden zwei verschiedene Weibchen begattet haben. Ehrlich.

Doch schauen wir uns einmal die Gründe für die exorbitanten sexuellen Bedürfnisse Ihrer Freundin an. Das Problem besteht darin, dass sie unter richtiggehender Sexsucht leidet. Derartiges Suchtverhalten tritt hier in zwei Arten auf. Bei Typ I braucht das Weibchen ein hohes Maß an sexueller Stimulation, um trächtig zu werden. Bei Typ II kopuliert das Männchen wie besessen, nicht um das Weibchen zu stimulieren, sondern um dafür zu sorgen, dass alle Nachkommen eines Wurfs tatsächlich von ihm sind. Ihre Geliebte ist eine klassische Typ-I-Sexsüchtige. Das Krankheitsbild ist nicht auf Löwen beschränkt: Die Weibchen von Wanderratten, Goldhamstern und Kaktusmäuschen brauchen ebenfalls intensive Stimulation, bevor sie empfangen können. Doch Löwinnen sind besonders anspruchsvoll in dieser Beziehung. Man schätzt, dass weniger als ein Prozent aller Paarungsakte tatsächlich zu Nachkommen führt. Kein Wunder, dass Löwen so viel Zeit mit Dösen verbringen.

Was bewirkt die ganze Stimulation? Einige Arten – etwa Wildkaninchen, Frettchen und Hauskatzen – haben ohne entsprechende Stimulation keinen Eisprung. Andere – Wanderratten zum Beispiel – haben zwar spontane Ovulationen, bleiben aber ohne ausreichende Stimulation nicht trächtig, selbst wenn ihre Eizellen befruchtet worden sind. Und Löwen? Üblicherweise geht man von der Annahme aus, Löwen seien wie Hauskatzen und hätten keinen Eisprung ohne Stimulation. Doch die einschlägige Informationsbeschaffung bei gefährlichen Wildtieren ist, nun ja, gefährlich, daher wissen wir es nicht genau.

Doch egal, was für ein Mechanismus am Werk ist, das Rätsel bleibt dasselbe. Intensive Stimulation ist äußerst aufwändig. Übertriebener Aufwand kann sich unter natürlichen Bedingungen nicht lange halten, wenn er nicht Vorteile bringt. Hätte eine Löwin weniger Stimulation gebraucht, um trächtig zu werden – und hätte es keine Nachteile mit sich gebracht –, wäre die sexuelle Aktivität der Löwen rasch zurückgegangen. Doch das war nicht der Fall. Also erhebt sich die Frage: Warum brauchen Löwinnen so viel sexuelle Zuwendung, um trächtig zu werden?

Möglicherweise hat es etwas mit der Beschaffenheit der Löwengesellschaft zu tun. Löwinnen leben in Familienverbänden zusammen, die man als Rudel bezeichnet. Mit dem Rudel lebt ein Trupp Männchen, die Übernahmeversuche anderer Männchenbanden abwehren. Werden die angestammten Männchen besiegt, übernehmen die neuen das Rudel und töten alle Jungen, die sie finden können – der Verlust der Jungen beendet die Laktation der Weibchen und versetzt sie wieder in Brunst. Aus Sicht der Weibchen ist also ein häufiger Wechsel der Männchen schlecht. Deshalb möchten sich die Weibchen vielleicht mit dem extremen Virilitätstest, den sie ihren Männchen abverlangen, davon überzeugen, dass diese weiterhin im Vollbesitz ihrer Kräfte und damit in der Lage sind, das Rudel noch ein paar Jahre zu verteidigen. Für diese Vermutung spricht die Beobachtung, dass in der ersten Zeit nach der Übernahme durch neue Männchen die Fruchtbarkeit der Löwinnen offenbar zurückgeht – als wollte die Damenriege ihre neuen Gefährten erst einmal testen. Doch das ist bestenfalls eine Teilerklärung für den außergewöhnlichen Aufwand. Auch wenn die Löwinnen ihre Löwen kennen, lassen sie sich noch immer mehrere hundert Mal von ihnen begatten, wenn sie in Brunst sind.

Könnte weibliche Promiskuität der Grund für diese Extravaganz sein? Zumindest ließe sich mit ihr die Typ-I-Sexsucht einiger Arten erklären. Bei Goldhamstern ist beispielsweise zu beobachten, dass ein Weibchen nicht auf die Avancen eines anderen Männchens anspricht, wenn es von seinem Partner hinreichend stimuliert wird. Bei Wanderratten kann heftige Stimulation nicht immer verhindern, dass sich ein Weibchen auch anderen Partnern zuwendet – doch wenn ihr erster Liebhaber für ausreichende Stimulation gesorgt hat, ist er mit höherer Wahrscheinlichkeit der Vater ihrer Kinder. Und bei Haubenmeisen, kleinen Singvögeln, betteln die Weibchen ständig um Sex. Ein Männchen, das den sexuellen Wünschen seiner Partnerin nicht nachkommen kann, muss damit rechnen, dass sie ihn zum Hahnrei macht. Bei Löwen liegen die Dinge jedoch nicht so eindeutig. Löwen sind schwerer zu beobachten als Hamster oder Haubenmeisen, daher haben die Informationen über die Promiskuität von Löwinnen eher anekdotischen Charakter. Nach einigen Berichten separiert sich eine brünstige Löwin einige Tage lang vom Rudel. Gewiss, die genetische Analyse zeigt, dass die Jungen in einem Wurf nur selten mehr als einen Vater haben, doch das besagt nicht viel. Wenn Löwinnen wie Ratten sind (verzeihen Sie mir den Vergleich), kommt in der Vaterschaft der Kleinen weniger die Tugend der Mutter als die außerordentliche sexuelle Leistungsfähigkeit des einen oder des anderen ihrer Paarungspartner zum Ausdruck.

Wie lässt sich die Frage klären? Da ein Experiment ganz offensichtlich nicht infrage kommt, könnten wir die Löwen mit anderen Katzenarten vergleichen: Alle Katzen sind miteinander verwandt, daher haben ähnliche Verhaltensweisen unter Umständen ähnliche Ursachen. Leider lässt ein Vergleich die ganze Angelegenheit noch rätselhafter erscheinen: Zwar findet man bei einigen Katzenarten eine ähnliche Paarungsfrequenz wie bei Löwen, aber sonst kaum übereinstimmende Merkmale. Beispielsweise kann die Sexsucht nicht durch den Umstand erklärt werden, dass Löwen in Gruppen leben. Auch solitär lebende Katzen wie Leoparden und Tiger kopulieren wie besessen, wenn das Weibchen in der Brunst ist. Es ist darüber hinaus keine besondere Eigenheit der Großkatzen. Zwar legen Katzen wie Pumas, Leoparden, Tiger und Jaguare das gleiche Paarungsverhalten wie die Löwen an den Tag. Geparden und Schneeleoparden hingegen nicht. Dafür erweist sich die Sandkatze – eine wenig bekannte Art, die von Nagetieren in den Wüsten des Nahen Ostens und Zentralasiens lebt – in puncto Sex als äußerst hemmungslos. Andere Kleinkatzen wie Rotluchs und Langschwanzkatze sind dagegen durchaus zurückhaltend. Ob die Weibchen dieser Arten Neigung zur Promiskuität haben oder nicht, ist uns leider so gut wie unbekannt. Beim gegenwärtigen Wissensstand meine ich, dass die weibliche Promiskuität die beste Hypothese ist, um das Verhalten von Löwinnen zu erklären, doch ein ehrliches Geschworenengericht müsste wohl zu dem Ergebnis kommen, dass die Beweise nicht ausreichen.

Lassen Sie mich zum Abschluss noch einen Gedanken äußern: Die Wasserwanze *Abedus herberti* leidet unter Sexsucht vom Typ II: Das Männchen bleibt auf dem Weibchen hocken, damit sich kein anderes Männchen über sie hermachen kann. Der Grund ist, dass die Männchen dieser Wasserwanze hochmotivierte Väter sind, die die Eier auf ihrem Rücken herumtragen und den Jungen dann beim Schlüpfen helfen. Die Weibchen von *Abedus herberti* lehnen es ab, sich mit Männchen zu paaren, die schon mit einer Brut belastet sind, daher haben die meisten Männchen nur die Möglichkeit, sich mit einem Weibchen zurzeit zu paaren. Sie machen das Beste daraus. Ich habe mir sagen lassen, ein Männchen habe in sechsunddreißig Stunden mehr als hundert Mal kopuliert – oder fast einmal pro Ei. Sie wollen sich doch wohl nicht von einer Wasserwanze beschämen lassen?

* * * * * * * *

Liebe Dr. Tatiana

ich glaube, ich bin missgebildet. Ich bin eine »langschwänzige« Tanzfliege, Rhamphomyia longicauda, *aber Nacht für Nacht muss ich das Mauerblümchen spielen. Die Kerle machen eine Bogen um mich, gar nicht zu reden davon, dass sie etwa versuchten, mich mit einem opulenten Abendessen zu verführen. Mir ist aufgefallen, dass alle anderen Mädels wie fliegende Untertassen aussehen, ich dagegen wie eine ganz normale Fliege. Kann ich irgendetwas dagegen tun?*

Quasimoda in Delaware

Ihr Fall ist kurios. In der Kultur der langschwänzigen Tanzfliege gehören Essen und Sex traditionell zusammen. Eine Stunde vor Sonnenuntergang fängt das Männchen ein geeignetes Insekt – eine saftige Eintagsfliege beispielsweise – und begibt sich dann auf die Suche nach einem Weibchen, dem er seine Beute als Geschenk darreicht, sodass sie fressen kann, während er sie begattet. Die Weibchen versammeln sich und erwarten die Männchen. Im Gegensatz zu vielen anderen Insekten haben die langschwänzigen Tanzfliegen jedoch keine Stelldicheins an Hügeln und Baumstümpfen. Sie treffen sich auf Waldlichtungen, wo sich die Körper der Weibchen als Silhouetten gegen den Himmel abzeichnen.

Die Männchen dieser Art sind wählerisch und geben die Insekten, die sie gefangen haben, mit Vorliebe den größten Weibchen. Was der Grund dafür ist, wissen wir nicht genau. In einer Art Ihrer näheren Verwandtschaft optieren die Männchen für dicke Weibchen, weil bei diesen die Eiablage unmittelbar bevorsteht. Folglich ist das Risiko geringer, dass das Weibchen in der Zwischenzeit jemand anders erhört. In Ihrem Fall ist die Größe jedoch kein Hinweis darauf, dass demnächst die Eiablage erfolgt. Trotzdem sind bei vielen Arten, von den Insekten bis zu den Fischen, größere Weibchen fruchtbarer als kleinere, daher kann Ihre Größe Aufschluss darüber geben, wie viele Eier Sie produzieren können. Wie dem auch sei, die Evolution versah die Weibchen der langschwänzigen Tanzfliege mit einer ungewöhnlichen Art, ihre Größe unter Beweis zu stellen. Sie verfügen über zwei aufblasbare Säcke, einen zu jeder Seite des Hinterleibs. Bevor sich ein Weibchen auf der Party zeigt, setzt sie sich auf einen Busch und schnappt wie verrückt nach Luft: Sie bläst sich zum Drei- oder Vierfachen ihrer normalen Breite auf. Versuchen Sie es einmal. Ich prophezeie Ihnen, es wird Ihnen den Fliegenden-Untertassen-Appeal verleihen.

Bei vielen Arten paaren sich die Weibchen nur mit Männchen, die Geschenke mitbringen. Männchen, die keine Gaben anzubieten haben, werden abgelehnt. Führen die Männchen zu kleine Geschenke mit sich, werden sie häufig dadurch bestraft, dass sie das Weibchen nur kurz begatten dürfen. Das könnte eine Erklärung dafür sein, dass sich die Listspinne, die einzige bekannte Spinne, die Geschenke macht, weshalb sie auch manchmal Brautgeschenkspinne genannt wird, die Mühe macht, ihre Morgengabe in Seide einzuwickeln. Je mehr Seide, desto länger braucht das Weibchen für die Mahlzeit, auch wenn diese eher mager ausfällt. Vielleicht bringt die prächtige Verpackung das Weibchen dazu, die Armseligkeit des Inhalts zu übersehen.

Geschenke können viele Formen annehmen und unterscheiden sich von Art zu Art. Häufig handelt es sich um essbare Sekretionen, die Proteine und andere Nährstoffe enthalten. Nehmen Sie nur die tropische Schabe *Xestoblatta hamata*. Nach dem Sex tun sich die Weibchen an den Analsekretionen ihrer Partner gütlich, wobei sie diese sozusagen direkt aus dem Topf essen. Bei vielen Arten werden die Sekretionen nicht oral aufgenommen, sondern in einem Paket mit den Spermien geliefert. Bei dem Falter *Utetheisa ornatrix* überreicht das Männchen seiner Partnerin während des Paarungsakts eine chemische Substanz, die sie vor Spinnen schützt. Spinnen finden das Weibchen dann so eklig, dass sie es aus dem Netz befreien, wenn es sich darin fängt, indem sie die Fäden durchtrennen, in denen es sich verfangen hat. Eine bizarre Variante praktizieren die Paarungspartner des schönen, scharlachroten Wespen-Falters: Hier spinnt das Männchen seine Gefährtin mit Fäden ein, die mit dem Spinnen-Abschreckstoff getränkt sind. Allerdings sind nicht alle Geschenke so praktisch. Bei den Ballonfliegen – die mit den Tanzfliegen verwandt sind – produzieren die Männchen große weiße Seidenballons, mit denen die Weibchen spielen können, während die Männchen sie begatten.

Je aufwändiger die Geschenke werden, desto sorgfältiger überlegen sich die Männchen, wen sie mit ihrer Freigebigkeit auszeichnen. Schließlich würden Sie ja auch nicht jede Erstbeste ins »Ritz« ausführen. Bei Heuschrecken der Art *Anabrus simplex* – flugunfähige Vettern der Grillen und Laubheuschrecken – befindet sich das Männchen nach einer solchen Paarung in einer fatalen Situation. Es sezerniert sein Geschenk – und verliert dabei ein Viertel seiner Körpermasse. Sie können darauf wetten, dass diese Burschen höchst wählerisch sind und aus dem Kreis der Bewerberinnen nur die größten auswählen. Viele Schmetterlinge erleiden ähnliche Einbußen; nachdem sich ein Männchen gepaart hat, dauert es eine ganze Zeit, bis es wieder ein so umfangreiches Geschenk produzieren kann. Kein Wunder, dass auch männliche Schmetterlinge lange wählen, bevor sie sich zum Liebesakt entschließen.

Bei den langschwänzigen Tanzfliegen ist es allerdings nicht die Aufwändigkeit des Geschenks, die die Jungs so wählerisch macht, sondern die Situation, die dieses Vorgehen ihnen erlaubt. Die Weibchen der langschwänzigen Tanzfliegen haben nämlich die

Fähigkeit zur Jagd verloren und sind in ihrer Ernährung vollkommen auf die Männchen angewiesen. Also blasen Sie sich lieber auf, um die Kerle zu beeindrucken.

••••••••

Um sich als Männchen zu beweisen, ist mehr erforderlich, als nur die Hosen runterzulassen. Ein guter Liebhaber zu sein verlangt körperliche Anstrengung, besonders bei Arten, in denen Weibchen mehr als einen Paarungspartner bevorzugen. Dann sind Spermien alles andere als billig. Sie müssen nicht nur riesige Mengen von Spermien ejakulieren, sondern sind unter Umständen auch nur selten zu Ejakulationen in der Lage. Das sind schlechte Nachrichten. Wenn ein Weibchen mit Ihren Bemühungen nicht zufrieden ist, macht sie nicht viel Federlesens. Sie sucht sich einen Ersatz für Sie. Bevor Sie mit irgendeiner taufrischen jungen Miss ins Bett hüpfen, die zufällig vorbeikommt, sollten Sie daher der Worte gedenken, die Lord Chesterfield, ein Engländer des 18. Jahrhunderts, wählte, um seinem Sohn den Sex zu erklären: »Die Lust ist von kurzer Dauer, die Position lächerlich und die Kosten sind entsetzlich.«

Kapitel drei

Früchte der Erkenntnis

Warum gehen Weibchen so häufig fremd? Weil lockere Frauenzimmer in der Regel mehr und gesündere Kinder haben als sittenstrenge. Die Gründe dafür unterscheiden sich aber von Art zu Art außerordentlich.

Liebe Dr. Tatiana,

ich heiße Vikram, bin ein Hindublatthühnchen und gehöre zu einem Harem. Das Nest habe ich gebaut und alles aufs Beste vorbereitet, aber mein Weibchen schenkt mir weder Aufmerksamkeit noch Eier zum Bebrüten. Was mache ich falsch?

Vernachlässigter Hausmann in Tamil Nadu

Sprechen Sie lauter, rufen Sie, schreien Sie, bis Sie heiser sind. Anders können Sie die Aufmerksamkeit eines weiblichen Hindublatthühnchens nicht auf sich lenken, während es auf eleganten Krallen über Seerosenblätter schreitet. Schließlich ist diese

Dame ein viel beschäftigter Vogel. Sie hat ein großes Territorium zu verteidigen, sich mit anderen Männchen zu paaren, Eier zu legen. Sie werden schwerlich an Ihr Ziel kommen, wenn Sie wie ein schlaffer Sack herumhängen und Trübsal blasen – Sie müssen sich schon Gehör verschaffen.

Weibliche Hindublatthühnchen haben die Dinge fest im Griff. Sie paaren sich mit allen Männchen in ihrem Harem (oft bis zu vieren), bedenken eines der Männchen mit einem Gelege, legen weitere Eier. Die Männchen übernehmen die gesamte Brutpflege. Solange ein Männchen brütet oder Junge füttert, ist es von allen Paarungspflichten entbunden. Ein Weibchen mit einem Harem kann auf diese Weise vier Mal so viele Junge haben wie ein Weibchen mit nur einem Partner. Wir sehen, was sich mit ein bisschen Unterstützung schaffen lässt.

Mehr Hilfe ist ein Grund, warum viele Frauen promisk sind. Nehmen wir den Nandu, einen flugunfähigen südamerikanischen Vogel, der an den Strauß erinnert. Ein Männchen empfängt Eier von mehreren Weibchen. Er brütet die Eier aus und zieht alle Jungen auf. Zu bestimmten Jahreszeiten sieht man die Männchen mit ihrem Nachwuchs über die Pampa wandern. Leise pfeift das Männchen, um die Kleinen beisammenzuhalten. Die Weibchen sind derweilen unterwegs, um sich zu paaren und weitere Gelege für anderen Männchen zu legen. Dieses System – die Männchen kümmern sich um die Jungen mehrerer Weibchen, und die Weibchen verteilen ihre Nachkommen auf mehrere Männchen – ist besonders bei Fischen verbreitet.

Selbst bei Arten, bei denen die Weibchen nicht so schamlos promisk sind, bekommen diese unter Umständen mehr Hilfe, wenn sie fremdgehen. Bei Rotschulterstärlingen – die, wie ihr Name vermuten lässt, rote Epauletten haben – kommt jedes Männchen, mit dem sich das Weibchen eingelassen hat, zur Verteidigung seines Nestes herbeigeflogen, wenn es angegriffen wird. Manchmal ist das eine heikle Gratwanderung: Hat der offizielle Liebhaber eines Weibchens den Verdacht, dass sie ihn betrügt, hört er möglicherweise auf, ihr zu helfen. Bei der Rohrammer zum Beispiel, einem kleinen braunen Singvogel, unternehmen die Männchen keine großen Anstrengungen, die Jungen zu füttern, wenn sie argwöhnen, die Nachkommen seien nicht von ihnen.

Derlei Erwägungen scheinen Hindublatthühnchen jedoch kein Kopfzerbrechen zu bereiten. Soweit wir wissen – die genetischen Analysen sind noch nicht ganz abgeschlossen –, ziehen die Männchen ständig ein paar Junge auf, die nicht von ihnen sind. Warum tun sie sich das an? Weil sie keine Wahl haben. Bei den Hindublatthühnchen haben die Weibchen das Heft in der Hand. Das Weibchen ist im Durchschnitt 60 Prozent schwerer als das Männchen, das entweder spurt oder rausfliegt. Wie hat sich ein solches System entwickelt? Ich wünschte, ich könnte es Ihnen sagen. Ich bin sicher, viele Frauen wären brennend an der Antwort interessiert.

••••••••

Liebe Dr. Tatiana,

ich bin ein Goldbürzel-Honiganzeiger und im Besitz einer erstklassigen Immobilie, einer Felswand, die mehrere riesige Bienennester aufweist. Viele Mädels besuchen mich und schlafen mit mir. Sie tun es, sagen sie, weil sie mich lieben, aber ich glaube, der wahre Grund ist, dass sie sich hinterher am Bienenwachs gütlich tun wollen. Mittlerweile glaube ich, dass sie das mit allen Jungs machen. Können Sie mich beruhigen?

Wachs-am im Himalaya

Honigmond für Honigwabe? Hört sich für mich nach einem fairen Deal an. Schließlich haben Sie etwas, was die Mädels wollen – Bienenwachs. Und die haben etwas, was Sie wollen – Eier, die es zu befruchten gilt. Also sehe ich keinen Grund, warum die

Mädels Sex umsonst liefern oder warum sie sich von einem einzigen Kerl aushalten lassen sollten. Außerdem gibt es einen Gedanken, mit dem Sie sich trösten können. Die Weibchen des Goldbürzel-Honiganzeigers mögen keine Vorbilder an Tugend sein, aber sie schlafen sich auch nicht wahllos durch die Gegend – keineswegs. Sie paaren sich nur mit Männchen, die im Besitz von Revieren – und damit von Bienenwachs – sind, was immerhin eine Menge Kerle ausschließt.

So ist das nun mal, Jungs, der Weg ins Bett einer Frau führt häufig durch ihren Magen. Erinnert ihr euch noch an die langschwänzigen Tanzfliegen? Nun, auch die Weibchen vieler anderer Arten wollen für Sex Nahrung haben. Es gibt verschiedene Möglichkeiten, den Appetit eines hübschen Fräuleins zu stillen. Ihr könnt ein Revier mit Nahrungsmitteln verteidigen, die die Weibchen brauchen, und für den Zutritt zum Gelände mindestens einen Paarungsakt verlangen. Zweitens könnt ihr Nahrung erbeuten und sie dem Weibchen geben. Drittens könnt ihr unter Verwendung der Nahrung, die ihr gegessen habt, Geschenke sezernieren – obwohl ich euch das nur empfehle, wenn ihr Insekten seid.

Leider aber könnt ihr euch mit Nahrungsmitteln zwar Sex, aber keine Liebe erkaufen. Bei Arten, in denen Weibchen Sex gegen Nahrung tauschen, essen lockere Frauenzimmer in der Regel besser – und haben mehr Nachkommen. Nehmt den Braunen Grashüpfer. Wenn sie die Wahl haben, treiben es die Weibchen dieser Art für einen leckeren Happen mit bis zu 25 verschiedenen Männchen. Promiske Weibchen legen häufiger Eier – und mehr Eier pro Eiablage – als Weibchen, die nur einmal Gelegenheit gehabt haben, sich zu paaren. Besonders in schlechten Zeiten, in denen die Nahrung knapp ist, entschädigt das locker für die anderthalb Stunden, die der Grashüpfer-Sex dauert. Beim Rübenweißling, einem Geschöpf, das man auf feuchten Wiesen antrifft, ejakuliert ein jungfräuliches Männchen ein Samenpaket, das rund fünfzehn Prozent seines Körpergewichts umfasst. Neben Spermien enthält das Paket auch nahrhafte Substanzen, mit dem Erfolg, dass Weibchen, die mit mehreren jungfräulichen Männchen Sex haben, mehr und größere Eier legen und länger leben als Weibchen, die sich mit einem Lover begnügen. Sind die Liebhaber nicht mehr unberührt, ist die Neigung der Weibchen zur Promiskuität sogar noch ausgeprägter. Männchen, die sich bereits gepaart haben, können ihr Samenpaket nicht mehr so reichlich ausstatten: Es ist nur noch halb so groß wie in ruhmreichen jungfräulichen Tagen. Diese Einbuße an Nahrhaftigkeit machen die Weibchen wett, indem sie sich mit einer entsprechend größeren Zahl von Kerlen einlassen.

Das Leben ist hart. Mädels, ihr dürft nicht vergessen, dass die Jungs teilweise enorme Mühen auf sich nehmen, um die Nahrungsmittel zu finden oder herzustellen – und dann ist noch nicht einmal gewährleistet, dass ihr von dem Samen des Burschen, mit dem ihr es treibt, auch tatsächlich Gebrauch macht. Diese Beobachtung hat eine hitzige Kontroverse über die Frage ausgelöst, warum sich die Jungs überhaupt die Mühe machen, die Mädels durchzufüttern. Die einen vertreten die Auffassung, ein nettes Dinner diene dem Burschen nur als Mittel, um der Süßen an die Wäsche zu gehen. Andere meinen, er versuche lediglich, ein guter Vater zu sein, indem er dem Weibchen wichtige Nährstoffe zukommen lasse, die sie an ihre Eizellen weitergebe – womit er erreiche, dass seine Kinder einen guten Start ins Leben hätten. Man hat die Eier von vielen hundert Arten untersucht, um festzustellen, ob Nährstoffe, die die Weibchen von den Männchen erhalten hatten, tatsächlich in den Eiern nachzuweisen waren. Die Ergebnisse fielen unterschiedlich aus. Manchmal lässt das Weibchen die Nährstoffe den Eiern zugute kommen und manchmal verwendet sie sie auch für sich. Dann wieder wandern die Nährstoffe, die ein Männchen dem Weibchen gegeben hat, in die Eier, die ein anderes Männchen befruchtet hat. Doch das sollte euch nicht überraschen. Ein Mädel wird immer mit den Männern schlafen, die am meisten zu bieten haben; was sie dann mit den Kindern anfängt, ist ihre Sache. Das Männchen kann nur hoffen, dass es ihm gelingt, sie zu befriedigen. Hoffen ist schließlich erlaubt.

* * * * * * * *

Liebe Dr. Tatiana,

ich bin ein männlicher Juwelflussbarsch und habe mir sagen lassen, dass die lockeren Frauenzimmer für unsere Spezies immer prägender werden, weil sie mehr Junge haben als alle anderen Weibchen. Wie kann ich dieser Aufweichung aller moralischer Werte in der Juwelbarsch-Gesellschaft Einhalt gebieten?

Moralisch entrüstet in Baja California

Richtig ist, dass bei vielen Arten die Weibchen, die sich am häufigsten paaren, mehr und gesündere Kinder haben als Mädels, die nicht so leicht zu haben sind. Doch keine Sorge: Für Ihre Art scheint das nicht zuzutreffen. Ja, die Weibchen des Juwelflussbarsches lassen nichts anbrennen, sie machen Jagd auf die Männchen, statt sich selber jagen zu lassen. Doch auch die stattlichen Weibchen, die am ehesten mehrere Männchen bezirzen können, haben keine größeren oder gesünderen Embryos als die Weibchen, die sich nur einmal paaren.

Warum machen die Barschfräuleins dann Jagd auf die Herren der Schöpfung? Das weiß niemand so recht. Eine Vermutung lautet, dass sie sich dadurch gegen eine mögliche Sterilität ihrer Paarungspartner absichern wollen. Alles in allem halte ich das für keine überzeugende Erklärung des promiskuitiven Verhaltens: Bei den meisten Arten paaren sich die Weibchen sehr viel häufiger als erforderlich, um Sterilität zu vermeiden. Ebenso wenig kann ich mir die verbreitete Auffassung zu Eigen machen, dass sich Weibchen, die Spermien speichern, nur dann erneut paaren, wenn ihr Vorrat zur Neige geht. Natürlich kann einem Weibchen der Spermienvorrat ausgehen. Doch bei den meisten Arten sind die Weibchen schon längst wieder auf Männerfang, bevor Spermienmangel für sie zum Problem wird. Und wenn ich schon dabei bin, Ideen ad acta zu legen, lassen Sie mich auch gleich mit derjenigen Schluss machen, nach der Weibchen promisk sind, um die genetische Vielfalt ihrer Nachkommen zu erhöhen. Genetische Vielfalt ist immer eine Konsequenz weiblicher Promiskuität, jedoch selten ein Grund.

Um jedoch auf den Juwelflussbarsch zurückzukommen, die Theorie, dass promiske Weibchen sich gegen männliche Sterilität absichern möchten, ist einleuchtend. Der Juwelflussbarsch ist ein ungewöhnlicher Fisch. Statt Eier und Spermien ins Meer abzulegen wie so viele andere Fische, paaren sich die Männchen und Weibchen, indem er Samenpakete in ihre Genitalöffnung absondert. Noch ungewöhnlicher ist der Umstand, dass die Weibchen keine Eier legen, sondern regelrecht gebären. Doch es liegt ein langer Zeitraum – von mehreren Monaten – zwischen Paarung und Befruchtung der Eier. Inzwischen haben die Männchen alles Interesse am Sex verloren und ihre Testikel auf Wintergröße geschrumpft. Hätte sich ein Weibchen nun nur einmal gepaart und erwiese sich ihr Partner als steril, verlöre es die Brut eines ganzen Jahres. Das wollen Sie doch sicherlich nicht, oder?

Allerdings werfen Sie eine interessante Frage auf. Wenn die Neigung zur Promiskuität genetisch bedingt ist, dann wird promiskes Verhalten in der Tat häufiger werden, wenn sittenlose Frauenzimmer mehr Kinder haben als ihre monogamen Geschlechtsgenossinnen. Das ist nun einmal der Lauf der natürlichen Selektion. Leider wissen wir jedoch nicht viel über die Gene, die weibliches Sexualverhalten in der Tierwelt beeinflussen, ganz zu schweigen von der Welt des Juwelflussbarsches. Mit Sicherheit kann ich nur sagen, dass sowohl bei der Fruchtfliege *Drosophila melanogaster* als auch bei der Feldgrille *Gryllus integer* die Weibchen Unterschiede in Hinblick auf ihren Lebenswandel aufweisen und dass dieses verschiedenartige Verhalten weitgehend auf genetische Abweichungen zurückgeht. Also, Jungs, schaut euch die Mutter eurer Freundin gut an – wenn sie ein heißer Feger war, spricht einiges dafür, dass es eure Freundin auch ist.

••••••••

Liebe Dr. Tatiana,

ich leide unter schrecklicher Existenzangst. Ich bin eine Stielaugenfliege Cyrtodiopsis dalmanni *und jede Nacht stehen die Mädels Schlange, um mit mir zu schlafen, doch selten sehe ich eines von ihnen zweimal. Schlimmer noch, nur wenige meiner Besucherinnen sind Jungfrauen – und ich weiß, dass sie Nacht für Nacht auf die Suche nach anderen Jungs gehen. Wonach suchen sie und warum kann ich sie nicht befriedigen?*

Unzulänglichkeitsgefühle in Malaysia

Sie haben Recht, die Weibchen der Stielaugenfliegen sind außerordentlich promisk. Aber sie sind auch sehr wählerisch. Weibchen Ihrer Art fühlen sich unwiderstehlich von Kerlen angezogen, deren Stiele so gewaltig sind, dass ihre Augen weiter auseinander liegen, als ihr Körper lang ist. Mit Einbruch der Tropendämmerung versammeln sich Stielaugenfliegen, wie Sie aus eigener Erfahrung wissen, an Flussufern, wo sie sich einen Platz für die Nacht auf den Wurzelfasern einrichten, die aus den Uferböschungen hervorragen. Weibchen suchen bevorzugt Wurzeln auf, die von dem Männchen mit den längsten Stielen beansprucht werden – und in den Morgenstunden paaren sie sich mit ihm, bevor sie sich auf die Futtersuche eines neuen Tages begeben.

Wie Sie sehen, behaupten die Mädels vielleicht, dass sie auf der Suche nach einem lieben, einfühlsamen und ihnen treu ergebenen Mann seien – und dass die Persönlichkeit wichtiger als das Aussehen sei –, doch in Wahrheit sind die Weibchen bei Ihnen, wie bei vielen anderen Arten, Körperfanatiker. Das ist der Grund, warum in der Regel die Männchen lächerlich lange Schwänze und abenteuerlichen Kopfschmuck haben – oder Augen, die am Ende langer, steifer Stiele sitzen.

Darwin war über die extravaganten Ornamente und Verzierungen vieler Männchen in der Tierwelt verblüfft. Die Evolution der Waffen war leicht zu erklären, die der Verzierungen nicht. Allzu häufig scheinen Ornamente der natürlichen Selektion entgegenzuwirken, indem sie das Überleben erschweren. Der Schwanz des Pfaus mag ja prächtig anzuschauen sein – aber haben Sie jemals einen Pfau fliegen sehen? Es ist ein höchst lächerlicher Anblick. Mühsam torkelt er durch die Luft, eine leichte Beute für jeden vorbeikommenden Tiger.

Um zu erklären, warum die Evolution riesige Schwänze und anderen eitlen Tand hervorgebracht hat, obwohl er offenkundig das Risiko der Eigentümer erhöht, gefressen zu werden, verfiel Darwin auf eine Idee, die noch radikaler als die der Evolution durch natürliche Selektion war. Er nannte sie »sexuelle Selektion«: Männchen hätten diese Verzierungen, weil sich Weibchen am liebsten mit den schönsten Männchen paarten. Da schöne Männchen infolgedessen mehr Kinder hätten, sei gesteigerter Sexappeal mehr als eine Entschädigung für die Gefahren, die der Besitz eines riesigen Schwanzes mit sich bringe.

Man machte sich über Darwin lustig. Die Weibchen in der Tierwelt mit Schönheitssinn? Lächerlich. Die Weibchen diejenigen, die wählen? Absurd. Doch wie gewöhnlich hatte er Recht. Heutzutage bestreitet niemand, dass Weibchen in vielen Arten aktiv entscheiden, mit wem sie Sex haben, oder dass sie mit ihren Vorlieben die Männchen zur evolutionären Ausbildung extravaganter Verzierungen treiben können. Heftig diskutiert wird allerdings noch die Frage, was sie dazu bringt, die längsten Augenstiele oder die längsten Schwanzfedern zu wählen. Ist es nur Sexappeal? Oder noch etwas anderes?

Theoretisch könnte es beides sein. Reiner Sexappeal könnte sich mittels eines Mechanismus entwickeln, den man als »Fishers Runaway-Prozess« bezeichnet – den Vorteil, Söhne zu haben, die sexy sind. Wer ist Fisher? Ronald Fisher war einer der großen mathematischen Genetiker des 20. Jahrhunderts. Nach seinem Modell ist der weibliche Geschmack zunächst willkürlich: Mädchen mögen lange Schwanzfedern, sagen wir, einfach weil es der Fall ist. Doch aus diesem Grund paaren sich die Männchen mit den längsten Schwanzfedern am häufigsten. Weibchen, die

Männchen mit den längsten Schwanzfedern bevorzugen, haben Söhne mit den längsten Schwanzfedern (Söhne, die sexy sind) – die sich abermals am häufigsten paaren. Und so fort. Das Ergebnis? Die Schwanzfedern werden länger und länger. Wann hört es auf? Ein Endpunkt dieser Entwicklung könnte erreicht sein, wenn die Nachteile noch längerer Schwanzfedern – etwa, dass man einem Raubtier als leichte Beute dient – den Vorteil, etwas mehr Sexappeal zu besitzen, überwiegen.

Eine andere Möglichkeit könnte sein, dass die Schönheit nicht auf die Oberfläche beschränkt wäre. Nach der Hypothese der »guten Gene« teilen lächerlich lange Schwänze, abenteuerlicher Kopfschmuck oder absurd lange Augenstiele den Mädels nicht nur mit, dass ein Bursche die Gene für lange Schwänze, abenteuerlichen Kopfschmuck und so fort hat, sondern dass er auch ganz allgemein gute Gene hat. Mit anderen Worten, die Männchen mit den längsten Schwanzfedern sind die besten: Sie sind in der besten Form, weil sie die besten Gene haben – und ihre Nachkommen haben die besten Aussichten zu überleben.

Im Prinzip erscheint sowohl der Runaway-Prozess wie die Theorie der guten Gene sinnvoll. Doch wie gewöhnlich lässt sich kaum entscheiden, was Mutter Natur im Einzelfall im Sinn gehabt hat. Lassen Sie mich einige Beispiele anführen.

Wenn Biologen wild lebende Vögel untersuchen, legen sie ihnen häufig kleine farbige Ringe um die Beine, sodass erkennbar ist, welche Strecken die Vögel zurücklegen. Natürlich sind Ringe kein Merkmal, das vererbt werden kann. Trotzdem erweist sich, dass Weibchen des Zebrafinken Männchen, die rote Ringe vorzuweisen haben, außerordentlich sexy finden, so sexy, dass sie ihnen ein Extragelege präsentieren. Grüne Ringe dagegen können sie nicht aus der Reserve locken. Vielleicht finden die Weibchen ja, dass sich das Grün mit dem Orange der Beine beißt; auf jeden Fall haben Männchen, die grüne Ringe tragen, kein Glück bei den Frauen.

Doch obwohl die eben geschilderte Vorliebe der Zebrafinken zeigt, dass Weibchen einen Paarungspartner auch nur auf der Grundlage von Sexappeal auswählen können – die Voraussetzung für einen Runaway-Prozess –, ist es in natürlichen Situationen oft außerordentlich schwierig zu entscheiden, ob die Weibchen sich mit jemandem paaren, weil sie ihn sexy finden oder weil sie auf gute Gene hoffen. Ein Beispiel für diese Schwierigkeiten liefern uns die Pfauen. Jungvögel, die von Pfauenmännchen mit prächtigeren Schwanzfedern gezeugt wurden, überleben in größerer Zahl als Junge, die schlichter aussehende Männchen als Väter haben – was auf den ersten Blick die Hypothese der guten Gene untermauert. Allerdings besteht immer die Möglichkeit, dass der Effekt einfach darauf zurückzuführen ist, dass sich Weibchen, die sich mit sexuell attraktiven Männchen paaren, sorgsamer um ihre Nachkommen kümmern. Bei den Stockenten ist es so, dass eine Ente, die sich mit dem sexuell attraktivsten Erpel paart, größere Eier legt als nach der Paarung mit einem hässlichen Burschen. Große Eier sind ein entscheidender Faktor für das frühe Überleben der Jungen. Doch es zeigt sich, dass die Gene eines Enterichs keinerlei Einfluss auf die Größe der Eier hat. Der Größenunterschied lässt sich allein mit der liebevollen Fürsorge der Mutter erklären. Warum die Mühe? Niemand weiß es. Vielleicht kommt Fisher hier wieder durch die Hintertür herein: Enten, die sexuell attraktive Paarungspartner haben, umhegen ihre Sprösslinge möglicherweise mit größerer Fürsorge, weil sie instinktiv wissen, dass ihre Jungen zu sexuell attraktiven Enten heranwachsen. Passiert so etwas auch bei Pfauen? Auch das wissen wir nicht. Zwar verändert sich bei Pfauhennen die Eigröße nicht, doch könnten weniger auffällige Veränderungen stattfinden. Beispielsweise erhöhen weibliche Zebrafinken, die sich mit attraktiven Männchen paaren, die Testosteronkonzentration in ihren Eiern – was dazu führt, dass die Jungen rascher wachsen.

Ihre Situation, mein stieläugiger Freund, ist ähnlich komplex. Wenn sich Weibchen mit Ihnen paaren, geht es ihnen dann um gute Gene oder sexuell attraktive Söhne? Es gibt Anhaltspunkte für die Annahme, dass in karger larvaler Umgebung nur wenige Männchen die Gene haben, um prächtige Stiele auszubilden. Abermals spricht dies auf den ersten Blick für die Hypothese der guten Gene: Weibchen wählen die Männchen aus, die am besten in der Lage sind, sich in einer entbehrungsreichen Umgebung zu behaupten. Doch leider können wir über diese Frage nicht entscheiden, solange wir keine Information darüber haben, ob die Nachkommen dieser Männchen besser überleben als der Nachwuchs anderer Männchen. Dadurch dass die Weibchen sich für die Männchen mit den längsten Augenstielen entscheiden, erhöhen sie auch die Aussichten auf sexy Söhne.

••••••••

Liebe Dr. Tatiana,

ich bin ein Pseudoskorpion der Art Cordylochernes scorpiodes. *Sprechender ist mein englischer Name:* harlequin-beetle riding pseudoscorpion, *also der Pseudoskorpion, der auf einem Harlekinbock reitet. Obwohl dieser Name auf mich nicht so recht zutrifft, denn als ich einen Käfer entdeckte, auf dem ich hätte reiten können, durfte ich nicht an Bord. Ein übler Schlägertyp, ein Artgenosse von mir, half meiner Freundin hinauf, aber stieß mich fort, als der Käfer sich in die Lüfte erhob. Fröhlich flog sie mit ihm davon, und ich weiß genau, sie wird es mit ihm treiben, die Schlampe. Derweilen sitz ich hier, ich armer Pseudoskorpion, auf einem vor sich hinfaulenden Baumstamm. Mit meinen Scheren habe ich vorbeifliegenden Harlekinböcken zugewinkt, aber sie sind nicht gelandet. Wie kann ich von diesem Baumstumpf fortkommen und ein Mädchen finden, das mir treu ist?*

In Panama gestrandet

Mann, Sie haben wirklich einen Sack voll Probleme. Beginnen wir zunächst mit dem dringendsten – Sie von diesem Baumstamm herunterzubekommen. Leider wird das Winken mit den Scheren Sie nicht weiterbringen. Das hat einen entscheidenden Grund. *Cordylochernes scorpiodes* lebt auf verfaulenden Baumstämmen, bevorzugt auf den abgebrochenen Ästen von Feigenbäumen. Das ist eigentlich vollkommen in Ordnung, wirft nur das Problem auf, dass ein gegebener Stamm oder Ast früher oder später vollkommen zerfällt; wenn dieser Fall eintritt, sind alle seine Bewohner zum Untergang verurteilt. Daher erhebt sich die Frage, wie können Sie Ihren Baumstamm verlassen, bevor er zu nichts zerfallen ist? Hier kommt der Harlekinbock ins Spiel.

Harlekinböcke sind prachtvolle Tiere mit ihren pechschwarzen Flügeln und den roten, gezackten Streifen. Noch ungewöhnlicher als ihr Aussehen sind allerdings die Orte, die sie sich zum Wohnen aussuchen – verfaulende Baumstämme und Äste. Der Zyklus beginnt, wenn ein weiblicher Harlekinbock seine Eier in einen frisch gefallenen Feigenbaum legt. Die Nachkommen entwickeln sich im Holz und krabbeln nach einigen Monaten ausgewachsen hervor. Das ist Ihr Augenblick. Pseudoskorpione sind winzig – viel kleiner als echte Skorpione (obwohl der eigentliche Unterschied darin besteht, dass Sie keinen Stachel haben). Das heißt, dass Sie sich als blinder Passagier unter den Flügeldecken eines Harlekinbocks verstecken und mit ihm davonfliegen können, wenn dieser zu neuen Baumstämmen aufbricht, um Partner zu finden und Eier zu legen.

Doch wie Sie erfahren mussten, ist der Raum unter den Flügeln begrenzt. Selbst wenn es sich um einen großen Käfer handelt, können sich nicht mehr als dreißig Pseudoskorpione an Bord schmuggeln. Schlimmer noch, ein großer männlicher Pseudoskorpion kann diesen Raum leicht gegen Rivalen verteidigen. Voll verlogener Ritterlichkeit lässt er die Weibchen hinauf und treibt die Männchen zurück. Sobald sich der Harlekinbock in die Lüfte erhebt, hat der Pseudoskorpion mit einer möglichst großen Zahl seiner Reisegefährtinnen Sex. Im gegenwärtigen Augenblick werden wahrscheinlich Ihre schlimmsten Befürchtungen wahr, und Ihre Freundin kauert über einem Paket Spermien, die der »üble Schläger« für sie auf dem Rücken des Harlekinbocks deponiert hat. Das tut mir wirklich Leid. Und leider ist es nicht die einzige schlechte Nachricht. Harlekinböcke, die sich in die Welt aufgemacht haben, zeigen wenig Interesse an alten Baumstämmen, also rechnen Sie nicht damit, dass einer zufällig vorbeikommt. Wenn Sie keinen anderen Käfer entdecken, der hervorgekrochen kommt und den Sie bei dieser Gelegenheit besteigen können, sind Sie auf ewig gestrandet, der hilflose Angehörige einer zum Untergang verurteilten Bevölkerung.

Doch einen kleinen Trost gibt es für Sie. Wenn der Harlekinbock, der Ihre Freundin trägt, einen neuen Baumstamm gefunden hat, werden sie und die anderen Weibchen von Bord gehen. Ihre Freundin wird die Kinder im verfaulenden Holz zur Welt bringen. Da sie die Fähigkeit hat, Spermien zu speichern, werden einige der Kind wahrscheinlich von Ihnen sein. Während Sie auf Ihrer unseligen Insel sitzen, können Sie sich vielleicht mit dem Gedanken an all die Baby-Pseudoskorpione trösten, die Ihnen ähnlich sehen.

Was jedoch Ihren Wunsch angeht, ein Weibchen Ihrer Art zu finden, das treu ist – nun, da können Sie ebenso gut versuchen, das Licht von Schilda einzufangen. Diese Weibchen sind die geborenen Schlampen: Stets verschmähen sie die Aufmerksamkeitsbeweise früherer Liebhaber und sind ausschließlich auf neue Eroberungen aus. Warum? Ganz einfach. Weibchen, die sich mit zwei verschiedenen Männchen paaren, bekommen mit höherer Wahrscheinlichkeit Kinder als Weibchen, die sich zweimal mit demselben Männchen paaren. Allerdings liegt das nicht daran, dass so viele Männchen steril sind, sondern dass Weibchen, die sich nur mit einem Männchen paaren, eher ihre Brut verlieren. Offenbar sind die Gene des Vaters und die Gene der Mutter manchmal unverträglich, sodass sie nicht zusammenwirken können, um Kinder hervorzubringen. Durch die Paarung mit mehreren verschiedenen Männchen vermeiden die Weibchen das Problem.

Ich vermute, dass sich die Vermeidung solcher genetischer Unverträglichkeiten als Grund dafür herausstellen wird, dass so viele Arten promisk sind. Noch ist das eine neue Idee, die bisher nur bei so offenkundigen Kandidaten wie den Honigbienen überprüft worden ist. Doch vermutlich sind Unverträglichkeiten zwischen weiblichen und männlichen Genen ziemlich häufig. Beim Gefleckten Bohnenkäfer hängt beispielsweise die Frage, ob ein Männchen bei der Spermienkonkurrenz erfolgreich ist oder nicht, teilweise von den Genen seiner Paarungspartnerin ab. Ganz gewiss ist genetische Unverträglichkeit bei zahlreichen Arten eine wichtige Ursache für Unfruchtbarkeit.

Zum Beispiel sind beim Menschen möglicherweise zehn Prozent der Paare unfruchtbar. Zehn bis zwanzig Prozent dieser Fälle sind offenbar weder auf Unfruchtbarkeit einer der Partner noch auf genetische Unverträglichkeit zurückzuführen. Außerdem haben einige Frauen trotz gesunder Föten eine Disposition zu spontanen Fehlgeburten. Aber daneben gibt es eben auch die Fälle, wo das Problem aus der Interaktion zwischen Genen der Partner erwächst. Ob das Frauen zur Untreue veranlasst? Ich weiß es nicht.

Trotzdem gibt es interessante Hinweise darauf, dass Menschen möglicherweise von Natur aus Mechanismen haben, die ihnen erlauben, solche Probleme von Anfang an zu vermeiden. Betrachten wir das folgende Experiment. Die Gene, die in der Regel an spontanen Fehlgeburten beteiligt sind, gehören zu einem umfangreichen Genkomplex, der als Haupthistokompatibilitätskomplex oder MHC (nach englisch: *major histocompatibility complex*) bezeichnet wird. Diese Gene spielen eine wichtige Rolle im Rahmen des Immunsystems. Mit ihrer Hilfe lässt sich die Widerstandsfähigkeit gegen Infektionskrankheiten bestimmen und beim Menschen bewirken sie die Abstoßung transplantierter Organe. Zu dem Komplex gehören vielleicht bis zu tausend verschiedene Gene – und einige von ihnen kommen in bis zu tausend verschiedenen Formen vor, sodass sie außergewöhnlich variabel sind. Tatsächlich scheint der MHC jedem Individuum einen besonderen Geruch zu verleihen. Beispielsweise ist es Menschen und Mäusen möglich, den Unterschied zwischen Mäusen, die bis auf den MHC genetisch identisch sind, am Geruch festzustellen. Und in einer Anzahl von Experimenten mit dem hübschen Namen »riechende T-Shirts« – dabei riechen Versuchspersonen an T-Shirts, die einige Tage von Angehörigen des anderen Geschlechts getragen wurden – wurde durchgehend der Geruch von Personen vorgezogen, deren Gene in diesem Komplex von den eigenen verschieden waren. Ja, Sie vermuten richtig. Spontane Fehlgeburten sind häufiger, wenn Partner in bestimmten MHC-Genen übereinstimmen.

Natürlich verlieben sich Frauen nicht in einen Geruch allein, daher ergibt sich kein eindeutiges Muster, wenn Sie überprüfen, wer sich mit wem zusammentut. Sehr interessant ist, dass in den Experimenten mit dem riechenden T-Shirts die einzigen Frauen, welche die Gerüche von Männern mit gleichem MHC mochten, diejenigen waren, die die Pille nahmen. Wir wissen nicht, warum. Doch sicherlich stimmen Sie mir zu, dass es sich um höchst bedenkliche Erkenntnisse handelt, sollten sich die Resultate bestätigen.

••••••••

Liebe Dr. Tatiana,

ich möchte gern anonym bleiben und meine Identität nicht preisgeben, denn es geht in meinem Brief nicht um mich oder meine Art, sondern um meine lärmenden Nachbarn – einen Trupp Schimpansen. Wenn bei denen die Mädchen in Brunst kommen, hebt ein Treiben an, das ein Straßenmädchen zum Erröten bringen könnte. Gestern habe ich gesehen, wie sich ein Mädel in 15 Minuten mit acht verschiedenen Kerlen verlustiert hat. Ein andermal wurde ich Zeuge, wie ein Mädchen mit sieben Burschen regelmäßig Verkehr hatte, 84 Mal in acht Tagen. Warum sind sie solche Nymphomaninnen?

Indigniert und indiskret an der Elfenbeinküste

Damit werfen Sie eine hochinteressante Frage auf. Die ungewöhnliche Promiskuität weiblicher Schimpansen hat viele Wissenschaftler fasziniert, doch um ehrlich zu sein, wir wissen nicht, warum sie es gar so hemmungslos treiben. In der Regel beruft man sich zur Erklärung auf eine von zwei Theorien.

Nach der ersten paaren sich weibliche Schimpansen so promisk, um ein Konkurrenzverhältnis zwischen den Spermien verschiedener Männer herzustellen. Mit anderen Worten, die Spermienkonkurrenz wäre nicht nur die Konsequenz der Paarung des Weibchens mit mehr als einem Männchen, sondern auch die Ursache. Ich weiß, die Theorie klingt ziemlich abenteuerlich, aber da sie bemüht wird, um das unzüchtige Verhalten von Weibchen vieler Arten zu erklären, ist sie sicherlich einer genaueren Prüfung wert. Im Einzelnen liegt ihr der folgende Gedankengang zugrunde.

Die Ausgangsannahme lautet, manchen Männchen gelingt es besser als anderen, Eier zu befruchten. Warum sie diese Fähigkeit besitzen, ist nicht besonders wichtig – wichtig ist nur, dass ihr Vermögen vererbbar ist. Das heißt, die herausragende Veranlagung, Eier zu befruchten, muss eine genetische Basis haben, und diese Gene werden vom Vater auf den Sohn vererbt. Weibchen, die es mit vielen Männchen treiben – und damit Spermienkonkurrenz provozieren –, haben Söhne, die sich besser auf die Befruchtung von Eiern verstehen, als die Söhne von Weibchen, die sich nur einmal paaren.

Allerdings lassen sich bestenfalls Indizienbeweise beibringen. Ich bestreite nicht, dass es möglich ist, aber ich sehe noch keinen schlüssigen Beweis dafür, das ein Spermienwettrennen der Hauptgrund dafür ist, dass Weibchen irgendeiner Art sich wahllos durch die Betten schlafen. Zwar haben sich Biologen endlose Wettbewerbe einfallen lassen, um herauszufinden, wer gewinnt, wenn Spermien in Konkurrenz treten, doch leider unterliegen die Resultate dem Einfluss einer großen Zahl von Variablen. Es gibt keine allgemeine Regel. Manchmal hängt es davon ab, wer sich zuerst auf den Weg macht, dann davon, wer sich seine Zeit am besten einteilt oder wie viele Männchen beteiligt sind – und so fort. Mit Sicherheit sind viele der Variablen nicht genetisch bedingt. Bei der Wanderratte zum Beispiel ist der Fortpflanzungstrakt des Weibchens zweigeteilt – und das Ergebnis der Spermienkonkurrenz weist häufig unterschiedliche Ergebnisse zwischen der linken und der rechten Hälfte auf.

Doch selbst angenommen, Ihnen gelänge der Nachweis, dass einer der Burschen stets die Oberhand gegenüber den anderen behielte, müsste er deshalb seine Überlegenheit noch lange nicht an seine Söhne vererben. Zumindest eine entscheidende Eigenschaft erfolgreicher Spermien kann nicht vom Vater an den Sohn weitergegeben werden – die Leistungsfähigkeit der Motoren, die die Spermien brauchen, um sich zu bewegen. Diese Motoren heißen Mitochondrien. Es handelt sich um winzige zylinderförmige Organellen, die die Energie für die Zellen erzeugen. Bei den meisten Tieren werden die Mitochondrien nur von der Mutter vererbt. Können Motorprobleme die Chancen eines Burschen mindern, möglichst viele Eier zu befruchten? Und wie! Funktionsgestörte Mitochondrien sind eine Ursache für die Unfruchtbarkeit von Männern, Schafböcken und Hähnen, um nur drei Beispiele zu nennen. Umgekehrt haben einige Männer höchst durchschnittliche Spermien, die aber abzischen, als wären sie Turbolader, als hätte jemand Raketenantriebe auf Schubkarren montiert. Sie haben sicherlich erkannt, wo die Schwierigkeit liegt. Der Nachweis allein, dass die Spermien eines Männchens durchgehend wettbewerbsfähiger als die anderer Männchen sind, genügt nicht. Sie müssen außerdem unter Beweis stellen, dass dies an einem ererbten Merkmal liegt. Ich vermute sogar, dass unzuverlässige Motoren erklären können, warum Spermien bei Arten mit Spermienkonkurrenz oft größer, zahlreicher oder komplizierter sind. Alle diese Merkmale sind vererbbar und können unzuverlässige Motoren teilweise wettmachen.

Der zweite Versuch zur Erklärung der Promiskuität von Schimpansenweibchen ist die Verschleierungstheorie: Wenn Weibchen sich mit jedem Männchen paaren, das ihnen unter die Augen kommt, können sie Verwirrung in Hinblick auf die Vaterschaft ihres Kindes stiften. Und lässt sich ein Mädel auf Gangbands der beschriebenen Art ein, kann noch nicht einmal sie selbst wissen, wer der Vater ist. Warum sollte das ein Vorteil sein? Nun, wenn ein Schimpansenmann denkt, das Kind sei seins, wird er vielleicht davon Abstand nehmen, es umzubringen. Kindesmord ist eine reale Gefahr: Gelegentlich töten männliche Schimpansen Säuglinge. Doch ob sie eher dazu neigen, die Jungen von Weibchen umzubringen, mit denen sie sich nicht gepaart haben, ist bislang noch nicht geklärt.

Was nun Sie angeht, so schlage ich Ihnen vor, wenn Ihre biologischen Verhältnisse es erlauben, in eine Gegend zu ziehen, wo Sie in angenehmerer Nachbarschaft leben.

••••••••

Liebe Dr. Tatiana,

ich bin eine Kotfliege und ich habe gerüchteweise vernommen, die Spermien unserer Art würden von den Eiern erwählt. Ist das wahr? Und wenn, was kann ich tun, um meine Spermien attraktiver zu machen?

Der Dandy auf dem Kuhfladen

Eine schwierige Frage. Ob Eier – oder Weibchen – aktiv ein Spermium dem anderen vorziehen, ist umstritten. Natürlich können Weibchen die Spermien bestimmter Männchen zurückweisen. Nehmen Sie beispielsweise den Echten Sepiakalmar. Deren Männchen deponieren irgendwo auf dem Kopf oder den Fangarmen des Weibchens ihre Samenpakete. Das Weibchen wiederum befördert das Samenpaket nun entweder in ihr Samengefäß oder nimmt es und wirft es fort. Oder betrachten wir das Haushuhn. Hennen, die sich mit einem Hahn paaren, der sich am Ende der Hackordnung befindet, stoßen sein Sperma wieder aus, sobald er abgestiegen ist. Doch der Umstand, dass Weibchen die Spermien mehrerer Männchen speichern und dann das Siegersperma wählen, heißt noch lange nicht, dass sie bestimmte Spermien aktiv bevorzugen. Ich kenne nur einen einzigen Fall, in dem ein solcher Vorgang stattzufinden scheint.

Sind Sie jemals einer Rippenqualle oder *Ctenophore* begegnet? Nein? Es gibt ungefähr hundert bekannte Arten, obwohl wir angesichts ihrer Neigung, sich in große Meerestiefen zurückzuziehen, damit rechnen können, dass wir noch viele andere entdecken werden. Für das ungeübte Auge sehen sie wie normale Quallen aus – in der Regel sind sie durchsichtig, leben im offenen Wasser und sind in der Lage, bei Berührung einen brennenden Schmerz zu verursachen. Die Ähnlichkeit ist jedoch nur oberflächlich. Zunächst einmal haben Rippenquallen festere Körper als echte Quallen. Doch der Hauptunterschied ist ein Kamm, um dessentwillen sie auch gelegentlich als Kammquallen bezeichnet werden – acht Grate aus Zilien, die an den Seiten des Körpers verlaufen und von den Tieren synchron bewegt werden, um den länglichen Körper voranzutreiben. Die Melonenqualle, eine der größten Rippenquallenarten, ist wie eine Glocke geformt. Wem schlägt sie? Fragen Sie lieber nicht, falls Sie eine andere Rippenqualle sind, denn dann schlägt sie Ihnen. Die Melonenqualle ist ein gefräßiger Räuber, der mit weit geöffnetem Mund voranschwimmt, um Rippenquallen anderer Arten zu verschlingen. (Verspürt die Melonenqualle keinen Hunger, schließt sie die Mundöffnung, um den Wasserwiderstand zu verringern.) Doch um zu unserem Thema zu kommen, die Melonenqualle hat einige einzigartige Fortpflanzungseigenheiten.

Wie die meisten anderen Rippenquallen ist die Melonenqualle ein Zwitter und legt Eier wie Spermien ins Meer ab. Selbstbefruchtung ist selten: Spermien, die von dem gleichen Tier stammen wie die Eier, werden in der Regel nicht durch die Außenhülle des Eis gelassen. Das alles ist nicht außergewöhnlich. Merkwürdig wird das Geschehen erst nach der Befruchtung des Eis. Solange nur ein Spermium in das Ei gelangt, beginnt das Rippenquallenbaby seine Entwicklung erwartungsgemäß. Doch wenn mehrere Spermien in das Ei eindringen, wird es interessant.

Gelangen mehrere Spermien in eine menschliche Eizelle, entwickelt sie sich nicht. Doch bei vielen Tieren – Haien zum Beispiel – ist die Polyspermie keine Abbruchbedingung, sondern die Norm. Bei unserer Freundin, der Melonenqualle, scheint dieser Vorgang den Schauplatz für eine fortgeschrittene Form der Spermienselektion zu liefern. Der Kern der Eizelle bewegt sich umher und »besichtigt« nacheinander jeden einzelnen Spermienkern, bevor er schließlich »entscheidet«, mit welchem er verschmelzen will. Der Prozess kann Stunden dauern – und der Eizellkern verschmilzt nicht unbedingt mit dem letzten inspizierten Spermium, sondern schwenkt unter Umständen auch um und kehrt zurück zu einem Kern, der zuvor seinen Gefallen gefunden hat. Wie fällt der Eizellkern seine Entscheidung? Das System ist so wenig untersucht worden, dass selbst Spekulationen kaum möglich sind.

Natürlich ist es denkbar, dass auch bei anderen Arten ähnliche Prozesse ablaufen, ohne dass wir Kenntnis davon haben. Das herauszufinden wird jedoch schwierig sein. Schließlich werden die Eier der Melonenqualle außerhalb des Körpers befruchtet und sind daher leicht unter dem Mikroskop zu beobachten. Bei Arten mit interner Befruchtung – beispielsweise allen denen, die sich paaren – lässt sich nur schwer ein Mikroskop zum Schauplatz des Geschehens schaffen. Das heißt, wir sind in Bezug auf die Spermienselektion auf Schlussfolgerungen angewiesen. Der Umstand, dass es einem Männchen gelingt, mehr Eizellen eines Weibchens zu befruchten als ein anderes Männchen, heißt noch lange nicht, dass die Spermien ausdrücklich ausgewählt wurden. Das erfolgreiche Spermium kann auch konkurrenzfähiger oder kompatibler gewesen sein. Möglicherweise ist dies alles aber auch auf den Zufall zurückzuführen. Weibchen der Stockente, die mit einer Spermienmischung verschiedener Erpel besamt wurden, verwenden in der Regel nur die Spermien eines Männchens für ein Gelege. Welcher Erpel der Glückliche ist, ändert sich jedoch mit der Zeit, obwohl das Weibchen immer die gleiche Spermienmischung erhält – was vermuten lässt, dass der Effekt auf eine Spermienklumpung und nicht auf eine aktive Vorliebe für die Spermien eines bestimmten Männchens zurückzuführen ist.

Bezüglich der Kotfliege hat man behauptet, die Entscheidung des Weibchens, lieber die Spermien eines bestimmten Männchens als die eines anderen zu verwenden, hänge davon ab, ob sie ihre Eier auf einem Kuhfladen im Schatten oder in der Sonne ablege. Das ist eine faszinierende Idee, aber außerordentliche Behauptungen verlangen außerordentliche Beweise, wie sie zum gegenwärtigen Zeitpunkt leider nicht vorliegen. An Ihrer Stelle würde ich auf jeden Fall versuchen, meiner Gefährtin nicht die Möglichkeit zu lassen, unter verschiedenen Spermien auszuwählen. Wenn ein Männchen der Kotfliege lange genug kopuliert, kann es die Spermien früherer Männchen verdrängen (um das zu erreichen, müssen sich kleine Männchen länger paaren als große, weil kleine Männchen Spermien langsamer übertragen als große). Nachdem Sie die Spermien Ihrer Vorgänger durch die eigenen verdrängt haben, sollten Sie das Weibchen bewachen, bis es seine Eier abgelegt hat. Unter diesen Umständen brauchen Sie sich keine Sorgen zu machen, denn Ihre Spermien sind die einzigen, die zur Verfügung stehen. Also frisch ans Werk, junger Mann!

••••••••

Sie sehen, dass es für Weibchen viele Gründe gibt, nichts anbrennen zu lassen, obwohl wir sie im Einzelfall nicht unbedingt kennen müssen. Falls Sie jedoch auf einem Ihrer Streifzüge einem Mädel begegnen und dessen Motive kennen möchten, folgt hier eine Checkliste:

- Ihr sind die Spermien ausgegangen.
- Ihre anderen Liebhaber waren unfruchtbar.
- Ihre anderen Liebhaber hatten miserable Gene.
- Ihre anderen Liebhaber hatten unverträgliche Gene.
- Ihre anderen Liebhaber waren hässlich.
- Sie wünscht Vielfalt bei ihren Kindern.
- Sie will Sie als Nahrung haben.

- Sie möchte, dass Sie ihr bei der Aufzucht ihrer Kinder helfen.
- Sie möchte, dass Ihre Spermien an einem Wettbewerb teilnehmen.
- Sie möchte sich oder ihren Eiern die Möglichkeit verschaffen, aus einem breiteren Angebot an Spermien auszuwählen.
- Sie möchte gegenüber allen die wahre Vaterschaft verschleiern.

Sie werden festgestellt haben, dass eine nahe liegende Möglichkeit nicht in der Liste auftaucht – nämlich dass Weibchen viele Liebhaber haben, weil es ihnen Lust bereitet. Diesen Punkt habe ich absichtlich ausgelassen: Wir wissen so gut wie gar nichts über die Evolution der sexuellen Lust. Doch ich möchte wetten, dass sexuelle Lust immer dann von der Evolution begünstigt wird, wenn Weibchen von promiskem Verhalten erhebliche Vorteile zu erwarten haben.

Leute, es ist an der Zeit, ein für alle Mal Schluss zu machen mit der Vorstellung, weibliche Promiskuität sei ein misslicher Zufall – eine »Fehlfunktion«, das Ergebnis von Zwang oder letzter Ausweg, um sich eines lästigen Kerls zu entledigen (man spricht dann von »Zweck-Polyandrie«, ein Begriff, dem die Vorstellung zugrunde liegt, das Männchen höre auf, ein Weibchen zu belästigen, sobald sie ihn rangelassen habe). Was nicht heißen soll, Weibchen würden nie durch Zwang oder Belästigung zu sexuellen Handlungen veranlasst. Oder promiskes Verhalten sei immer von Vorteil. Bei der Wespe *Macrocentrus ancylivorus* zum Beispiel wird ein Weibchen, das sich zu häufig paart, mit Spermien verstopft und kann ihre Eier nicht mehr befruchten. Doch ob es uns nun gefällt oder nicht, bei zahllosen Arten – bei Grashüpfern und Fruchtfliegen, Pseudoskorpionen und Spinnen, Rotschulterstärlingen und Präriehunden – ist es nicht einfach so, dass sich die Weibchen mit vielen Männchen paaren. Sie haben dadurch auch *Vorteile*: Promiske Weibchen bekommen mehr und gesündere Kinder als monogam lebende. Häufig scheint die natürliche Selektion den Flittchen hold zu sein. Tut mir echt Leid, Jungs.

Kapitel vier

Schwerter oder Pistolen?

Die Kunst des Duells beherrscht derjenige, der weiß, wann er zu kämpfen, wann er zu fliehen – und wann er mit schmutzigen Tricks zu arbeiten hat.

Liebe Dr. Tatiana,

Ich bin eine Feigenwespe und in Panik. Alle Männer, die ich kenne, sind schwer gestört. Statt um uns Mädels zu werben, beißen sie sich entzwei. Was kann ich tun, um sie daran zu hindern?

Gib dem Frieden eine Chance in Ribeirão

Leider können Sie gar nichts tun. Ihre Gesellschaft ist eine der gewalttätigsten auf der Erde. Für jede Feigenernte von Ihrem Baum sind Millionen junger Wespen im Kampf gestorben. Deshalb haben Sie alle riesige Köpfe, gewaltige, messerscharfe Mundwerkzeuge und schwer gepanzerte Schultern. Und das ist auch der Grund, warum Sie alle geistesgestört wirken: Bei Ihrer Art heißt es, zu töten oder getötet zu werden. Aber Sie sollten sich keine Gedanken darüber machen. Sobald der Sieger alle Rivalen beseitigt hat, wird er sich mit Ihnen paaren. Warum hat sich ein solches Maß an Brutalität entwickelt? Die Antwort liegt in Ihrer ungewöhnlichen Lebensweise. Überall in den sonnenverwöhnten Tropen leben Affen, Vögel, Nager und Fledermäuse von den Früchten des Feigenbaums. Die Bäume gehören zu den evolutionären Erfolgen der Natur: Uralt und im Überfluss vorhanden, kommen sie in hunderten von verschiedenen Arten und in allen möglichen Formen und Größen vor. Einige, wie zum Beispiel der Banyanbaum, breiten sich seitwärts aus und lassen dicke Wurzeln von ihren Ästen herabwachsen. Andere sind winzige Sträucher. Wieder andere sind Parasiten, die ihre Wirtspflanzen schließlich erdrosseln. Doch egal, wie ihre Lebensweise aussieht, eines haben Feigenbäume gemeinsam: Alle sind sie zur Bestäubung auf Wespen angewiesen. Ohne Wespen können sie sich nicht fortpflanzen. Auf der Hawaii-Insel Kauai zum Beispiel wurden importierte Feigenbäume angepflanzt, ohne dass die dazugehörende Wespenart mit eingeführt wurde, weshalb die Pflanzen nicht in der Lage waren, sich zu vermehren.

Zwar hat jede Feigenart ihre eigene Privatart Wespen, doch die verschiedenen Systeme arbeiten auf sehr ähnliche Weise. Der Zyklus beginnt, wenn ein Weibchen an eine Feigenblüte gelangt, eine geschlossene urnenförmige Blüte mit mehreren hundert winzigen Einzelblüten in ihrem Inneren. Das ganze Gebilde entwickelt sich später zu einer Frucht. Die eintreffende Wespe zwängt sich mühsam ins Innere der Urne, wobei sie nicht selten Flügel und Fühler einbüßt, und befruchtet dort mehrere Einzelblüten. Je nach Wespenart bestäubt sie entweder zufällig, indem sie an den Einzelblüten entlangstreicht, während sie sich innerhalb der Feige umherbewegt, oder sie schmiert den Pollen absichtlich an die entsprechenden Organe der auserkorenen Blüten. Danach legt sie ihre Eier – jeweils eins in den Fruchtknoten einer Einzelblüte. Anschließend stirbt sie.

Wenn ihre Kinder zum Leben erwachen, befinden sie sich innerhalb des Feigensamens – sie sind also äußerst winzig. Jedes

Samenkorn ist lediglich ein oder zwei Millimeter groß. Die jungen Wespen fressen sich hinaus – womit sie eine Bestäubungssteuer erheben, die ein Samenkorn pro Bestäuber beträgt. Das hört sich vielleicht nicht nach viel an, aber es summiert sich. Einige Bäume verlieren mehr als die Hälfte ihrer Samen an den Steuereintreiber. Zuerst kriechen die Männchen heraus und helfen den Weibchen ins Freie. Dann paaren sie sich augenblicklich. Anschließend kauen die Männchen ritterlich einen Ausgang aus der Frucht, sodass die Weibchen hinauskönnen. Da die Männchen keine Flügel haben, sterben sie in der Feige, in der sie geboren wurden. Die Weibchen haben inzwischen Pollen gesammelt und fliegen davon, um eine neue Feige zu suchen, in die sie sich mühsam hineinzwängen – und so fort. (Heißt das nun, dass die Menschen jedes Mal tote Wespen mitessen, wenn sie eine Feige verspeisen? Ja und nein. Nicht alle Feigenarten, die angebaut werden, sind zur Bildung ihrer Früchte auf Wespen angewiesen. Doch bei einigen ist es der Fall – und dann heißt, Feigen zu essen, in der Tat, tote Wespen zu verzehren. Aber das ist nicht der Rede wert. Wie gesagt, die Wespen sind winzig. Und sie sind nicht giftig. Im Gegenteil, sie liefern ein bisschen zusätzliches Eiweiß.)

Sicherlich haben Sie bemerkt, dass ich bislang noch nichts über die kämpfenden männlichen Wespen gesagt habe. Das liegt daran, dass bestäubende Wespen im Allgemeinen dem friedfertigen Typus angehören. Sie sind jedoch nicht die einzigen Bewohner der Feige. Jede Feigenart beherbergt nicht nur die bestäubende Spezies, sondern auch parasitische Wespen – manchmal bis zu 25 verschiedene Arten. Einige sind entartete Bestäuber. Sie leben noch immer von den Feigen, doch die Taschen, die sie sich einst, vor langer Zeit, mit Pollen füllten, bleiben leer. Andere sind Räuber, die von den Bestäubern leben. Wir wissen wenig von der Biologie dieser Parasiten, eines ist uns allerdings bekannt, sie haben häufig eine ausgeprägte Neigung zur Gewalttätigkeit.

Statt sich in die Urne zu zwängen, legen die meisten parasitischen Wespen ihre Eier, indem sie Löcher von außen bohren. Daraus folgt, dass diese Weibchen nicht alle Eier an eine Stelle legen müssen wie die Bestäuber, sondern in der Lage sind, einige wenige Eier an vielen Stellen abzulegen. Zu einer bestimmten Jahreszeit können sie auf der Feigenhaut die Flecken erkennen, die die von den verschiedenen Weibchen gebohrten Löcher hinterlassen haben.

Die Verteilung der Brut auf mehrere Feigen hat eine von zwei Konsequenzen. Bei Arten mit geringer Populationsdichte laufen die Männchen Gefahr, sich allein in einer Feige zu befinden. Kein Wunder also, dass in Fällen, wo diese Wahrscheinlichkeit besteht, die Männchen mit Flügeln ausgestattet sind, sodass sie davonfliegen können, um sich Weibchen außerhalb ihrer Geburtsfeige zu suchen. Doch bei Arten – und die Ihre gehört dazu –, wo Feigen in der Regel überfüllt sind, fliegen die Männchen nicht. Jede Feige wird also wahrscheinlich Paarungspartner beherbergen. Doch leider wird sie auch Rivalen beherbergen. So kommt es zu dem Gemetzel.

Kämpfe auf Leben und Tod sich eine wirksame, aber auch risikoreiche Methode zur Beseitigung von Rivalen. Meist liegt den Männchen wenig daran, sich bis auf den Tod zu bekriegen, es sei denn, sie hätten dadurch viel zu gewinnen – und wenig zu verlieren. Immerhin schließt der Tod jede weitere Chance auf Fortpflanzung aus. Kämpfe auf Leben und Tod finden also mit größter Wahrscheinlichkeit bei Arten wie der Ihren statt, deren Individuen nur eine Fortpflanzungsperiode lang leben. Dieser Umstand allein bewirkt jedoch nicht immer gewalttätiges Verhalten. Zwei weitere Faktoren sind von entscheidender Bedeutung. Erstens, die empfängnisbereiten Weibchen müssen in Zeit und Raum zusammengepfercht sein, mit dem Ergebnis, dass ein Männchen nur die eine Chance hat, sich hier und jetzt zu paaren. Zweitens, durch das Kämpfen muss das Männchen die Zahl der Weibchen erhöhen, mit denen es sich paaren kann: Es wäre sinnlos, Zeit mit Kämpfen zu verschwenden, statt sich zu paaren. Wenn es beispielsweise Weibchen in großer Zahl gäbe und sie sich nur einmal paarten, würden sich die Männchen, die sich paaren, klüger verhalten als die Männchen, die kämpfen – ein interessanter Gedanke, warum Kämpfe bei bestäubenden Wespen praktisch nie beobachtet werden.

Es gibt nur eine begrenzte Zahl anderer Geschöpfe, die in dem Ruf extremer Gewalttätigkeit stehen, und das Wenige, was wir von ihnen wissen, deckt sich mit diesem Szenario. Da sind zum Beispiel die »Saisonfische« oder »anuellen« Arten in Afrika und Südamerika. Ihre Lebensweise hat fast magische Qualität. Sie leben in Pfützen, Tümpeln und Gräben, die über einen Teil des Jahres austrocknen. Dann sterben sie. Nur ihre Eier, die in dem getrockneten Schlamm vergraben sind, überleben und warten dort auf die nächste Regenzeit. Sammeln Sie ein bisschen Schlamm, fügen Sie ein bisschen Wasser hinzu – und schon haben Sie Fische! Man begreift, warum manche Menschen an die Urzeugung glauben. Wenn die Regenzeit kommt, ist die Zeit kurz. Da keine Möglichkeit besteht, sich ein neues Gewässer zu suchen, versucht jeder, der große Fisch im kleinen Teich zu sein: Die Männchen einiger dieser Arten gehören zu den streitlustigsten Fischen, die wir kennen. Wenn ich eine Wette abschließen müsste, würde ich darauf setzen, dass die Kämpfe umso heftiger ausfallen, je eher der Tümpel austrocknet.

Oder nehmen Sie die Rosenberg-Laubfrösche. Diese braunen tropischen Frösche haben Klappmesser entwickelt: An jedem Vorderfuß, unmittelbar über dem Daumen, haben die Männchen einen scharfen, einziehbaren Stachel, der wie eine Sense geformt ist. Meistens tragen sie ihn in einer Art Scheide aus Fleisch verborgen. Doch wenn zwei männliche Frösche kämpfen, fahren sie einander mit diesen Stacheln über die Gesichter, wobei sie nach den Augen und Trommelfellen ihrer Gegner zielen. Zwar ist die Todesrate unter natürlichen Bedingungen nicht bekannt, aber wir wissen, dass die Kämpfe tödlich ausgehen können. Wie unter diesen Umständen zu erwarten, ist der Wettbewerb um Paarungspartnerinnen erbittert. Und entsprechend unserer Hypothese haben Gladiatorfrösche ein kurzes Leben. Auch ohne Kämpfe erleben nur wenige von ihnen mehr als eine Fortpflanzungsperiode.

Das womöglich merkwürdigste Beispiel für Gewalttätigkeit stammt nicht aus der Tierwelt, sondern betrifft eine Pflanze, die Orchidee *Catasetum ochraceum* und ihre Verwandten. Bei dieser Art erhalten die weiblichen Blüten ihren Pollen nur von einem Bestäuber. Unmittelbar nach der Bestäubung schließen sie sich und beginnen, die Frucht zu bilden. Infolgedessen kommt es in dem Bestreben, »der Eine« zu sein, zu einer heftigen Konkurrenz zwischen den männlichen Blüten. Doch da sie Pflanzen sind, können sie es schwerlich Mann gegen Mann ausfechten. Stattdessen richten sie ihre Aggressionen gegen einen unglückseligen Zwischenträger – eine Biene. Die männlichen Blüten greifen jede Biene an, die sich in sie verirrt, indem sie ihr klebrige Pollensäcke auf den Rücken schleudern. Bei einer Art werfen die Blüten die Pollen mit der verblüffenden Geschwindigkeit von 323 Zentimeter pro Sekunde. Da die Pollensäcke dazu noch recht groß sind – sie können bis zu 23 Prozent vom Körpergewicht der Biene aufweisen –, finden die Tiere keinen Gefallen an dieser Behandlung. Nach einem solchen Angriff meiden sie alle männlichen Blüten und suchen nur noch die freundlichen weiblichen Blüten auf.

Doch was die Brutalität angeht, so sind die Wespen in einer Feige ohne Beispiel. Ich kenne einen Wissenschaftler, der die Kämpfe von Feigenwespen näher untersuchen wollte – aber nie schnell genug war. Jedes Mal, wenn er eine Feige aufschnitt, war nur noch ein Männchen übrig, das seine Siege feierte, indem es sich mit allen Weibchen in der Frucht paarte. Sie sehen also, es gibt gute Gründe dafür, dass sich alle Jungs, die Sie kennen, so Furcht erregend aufführen – und da Sie sie nun verstehen, können Sie ihnen vielleicht auch verzeihen, dass sie so irrsinnig sind.

•••••••

Liebe Dr. Tatiana,

vielleicht können Sie mir helfen. Ich weiß nicht, wie mir geschieht. Ich bin ein Afrikanischer Elefant und 27 Jahre alt. Früher fand ich großes Vergnügen an einer Dusche in einem Wasserloch und anderen harmlosen Unterhal-

tungen. Doch die Freude ist aus meinem Leben geschwunden. Ständig bin ich wütend – wenn ich einen anderen Elefantenbullen sehe, möchte ich ihn am liebsten umbringen. Und ich bin vollkommen sexbesessen. Nacht für Nacht habe ich erotische Träume und der Anblick einer schönen Elefantenkuh bringt mich völlig aus der Fassung. Aber das Schlimmste habe ich noch gar nicht verraten: Mein Penis hat sich grün verfärbt. Bin ich krank?

Angstvoll in Amboseli

Unkontrollierbare Aggression, sexuelle Obsession, krankhafte Angst in Bezug auf die sexuelle Gesundheit – klingt höchst normal für einen Burschen Ende zwanzig. Sie sind ein typischer Fall von SINBAD: Single Income, No Babe, Absolutely Desperate (ein Einkommen, kein Mädel, vollkommen verzweifelt). Ihr Pech, dass Sie wahrscheinlich die nächsten zwanzig Jahre in diesem Zustand verharren werden. Weibliche Elefanten ziehen ältere Paarungspartner vor. Bis sie ein bisschen größer geworden sind, werden die Kühe vor ihnen davonlaufen – und Ihre Mütter und Schwestern werden nach den älteren Bullen in der Gegend trompeten, damit sie Sie vertreiben.

Leider fordern die Weibchen vieler Arten die Männchen zu Kämpfen um sie heraus. Wenn es sie überkommt, präsentieren sie sich in sehr auffälliger Weise – und verfolgen dann als interessierte Zuschauer einen Kampf, der um sie entbrennt, bevor sie sich mit dem Sieger paaren. Die Weibchen des Nördlichen See-Elefanten schlagen beispielsweise jedes Mal Lärm, wenn ein Männchen es zu besteigen versucht. Das hat zur Folge, dass alle anderen Männchen vom Strand herbeigerufen werden, selbst diejenigen, die gerade ein Nickerchen gemacht haben. Das Indische Bankivahuhn – Vorfahr unseres Haushuhns – schreit laut, wenn es ein Ei gelegt hat, eine merkwürdige Angewohnheit, teilt es doch auf diese Weise auch hungrigen Raubtieren mit, dass ein frisches Ei auf der Speisekarte steht. Doch offenbar lädt es dadurch auch jeden Hahn in der Umgebung ein, sich an den Kämpfen zu beteiligen, in denen es darum geht, ihr nächstes Ei zu befruchten. Doch nach meiner Ansicht findet man die schlimmsten Übeltäterinnen in dieser Hinsicht bei *Zootermopsis nevadensis*, einer Termite, die sich in faulendem Holz aufhält. Bei dieser Art leben Männchen und Weibchen in der Regel als Paare zusammen. Sie begegnen sich in einem geeigneten Baumstamm und bauen ein Nest. Wenn ein Männchen in dieser Anfangsphase feststellt, dass er seine Partnerin nicht mag, wird er sie wahrscheinlich verlassen. Das Weibchen dagegen lädt in der Regel ein neues Männchen ins Nest ein, was fast immer zu einem Kampf zwischen den beiden Männchen führt. Zwischen den einzelnen Waffengängen pflegt das Weibchen mal das eine Männchen, mal das andere. (In seltenen Fällen wird ein Männchen auch ein neues Weibchen in das Nest bitten – und die beiden Mädels dann veranlassen, miteinander zu kämpfen.) Zwar provozieren weibliche Geparden, soweit ich weiß, keine Kämpfe zwischen Männchen, finden solche Auseinandersetzungen zwischen Bewunderern aber offenbar erregend, denn sie kommen kurz danach in Brunst.

Doch in der Regel entstehen durch weibliche Provokationen keine Leichenberge. Wie heißt es so schön? »Wer kämpft und flieht, der hat gut lachen, kann er doch später Hochzeit machen.« Es hat keinen Sinn zu kämpfen, wenn man weiß, dass man verlieren wird – vor allem, wenn man sich durch Ausreißen die Möglichkeit offen hält, anderswo eine Partnerin zu finden. Das ist der Grund, warum selbst bei Tieren, die nur eine Fortpflanzungsperiode erleben, Kämpfe auf Leben und Tod selten sind. Wenn ein Männchen feststellt, dass ihm ein Geschlechtsgenosse zuvorgekommen ist, dann gibt es vielleicht ein bisschen Geplänkel, doch das ist mehr ein Muskelspiel als echter Krieg. Nehmen wir die Gemeine Spinnmilbe, ein winziges Geschöpf, das sich als Pflanzenschädling einen Namen gemacht hat. Mit ihren Mundwerkzeugen stechen diese Insekten die Zellen an und trinken sie trocken. Obwohl sie Milben sind, besitzen sie die Fähigkeit, Seide herzustellen, genau wie ihre Vettern, die Spinnen. Bei dieser Milbenart jagen die Männchen jugendliche Weibchen – Tiere, die noch ihre letzte Häutung vor sich haben – und halten bei ihnen Wache – nach dem Motto »Wer zuerst kommt, mahlt zuerst«. Ein Wache haltendes Männchen sitzt auf dem Weibchen, die Beine über ihren Leib gelegt. Trifft ein zweites Männchen ein und weigert sich, das Feld zu räumen, obwohl ihm das erste Männchen droht, dann bricht eine Art Kampf aus. Die beiden Männchen wedeln mit den Vorderbeinen und ringen miteinander, wobei sie häufig versuchen, das andere zu Fall zu bringen, indem sie ihm Seidenstränge um die Beine legen. Zwar können auch diese Kämpfe tödlich enden, aber das ist selten. In der Regel zieht sich das kleinere Männchen zurück, bevor es zum Äußersten kommt.

Die Größe ist von entscheidender Bedeutung bei Kämpfen, die als Handgemenge ausgetragen werden. Bei fast allen Tieren, von der *Boa constrictor* bis zum Menschen, hat der größere Teilnehmer in der Regel einen erheblichen Vorteil, mit dem Erfolg, dass der kleinere sich meist zurückzieht. Im Allgemeinen ist es so, dass erbitterte Kämpfe nur dann zustande kommen, wenn beide Kontrahenten meinen, sie könnten gewinnen – das heißt, wenn sie ungefähr von gleicher Größe sind. Infolgedessen haben viele Tiere bizarre Rituale entwickelt, um ihre Gegner abzuschätzen. Erinnern Sie sich noch an diese Fliegen, deren Augen auf den Enden langer, steifer Stiele sitzen? Männchen messen ihre Kraft, indem sie Kopf an Kopf die Länge ihrer Augenspannen vergleichen. Gibt es keinen eindeutigen Unterschied, kämpfen sie. Sonst räumt das Männchen mit der kleineren Augenspanne das Feld. So lässt sich erkennen, bei welchen Arten durch den Kampf der Männchen über die Paarung entschieden wird: Dort ist ein Selektionsmerkmal der Männchen eindeutig die Größe. Beispielsweise hat die Evolution männliche Elefanten mit der Fähigkeit ausgestattet, ihr ganzes Leben lang zu wachsen, statt das Wachstum wie die meisten Säugetiere nach der Pubertät abzuschließen. Während die überwiegende Zahl der Säugetiere nicht mehr weiterwachsen kann, weil ihre Knochen miteinander verwachsen, geschieht das bei einem männlichen Elefanten erst in mittleren Jahren. Das ist der Grund, warum Elefantenbullen doppelt so groß wie Elefantenkühe werden können.

Doch bei Elefanten spielt nicht nur die Größe eine Rolle. Elefantenbullen, und seien sie noch so groß, ist nur zu bestimmten Jahreszeiten nach Kämpfen zumute, wenn sie von einem Hormongewitter gebeutelt werden, das man als Musth bezeichnet. Bei jungen Männchen dauert ein Musth-Anfall nur einige Tage, während er bei den ältesten Bullen bis zu vier Monate anhalten kann. Befindet sich ein Bulle in der Musth, steigt sein Testosteronspiegel im Blut auf das Fünffache des normalen Wertes. Wie nicht anders zu erwarten, hat das nachhaltige Auswirkungen auf das Verhalten des Burschen.

Männchen in Musth zeigen alle Symptome, über die Sie sich beklagen, und noch weitere. Sie wedeln mit den Ohren, schütteln den Kopf und lassen ständig Tropfen stark riechenden Urins fallen – das ist der Grund, warum der Penis diese unglückliche grüne Färbung annimmt, die Sie bei sich festgestellt haben. Musth wirkt sich auch auf die Kommunikation aus. Größtenteils unterhalten sich Elefanten im Infraschallbereich – für Menschen nicht vernehmbar, aber für Elefanten im Umkreis von mehreren Kilometern gut zu hören. Männliche Elefanten gehören in der Regel eher zum starken, schweigsamen Typ – wahrscheinlich, weil ihr Wortschatz im Vergleich zu dem der Weibchen begrenzt ist. (Tatsächlich verhält es sich so, dass männliche Elefanten nicht nur einen kleineren Wortschatz haben, sondern dass die Wortschätze männlicher und weiblicher Elefanten kaum Überschneidungen aufweisen. Elefantenmädchen und Elefantenjungs könnten sich gar nicht über die gleichen Themen unterhalten, selbst wenn sie es wollten. Das kommt mir sehr vertraut vor.) Doch ein Elefant in Musth grollt ständig, womit er seine desperate sexuelle Erregtheit und seine aggressive Wut allen Elefanten in Hörweite mitteilt. Bei Männchen in Musth ist die Wahrscheinlichkeit, dass sie in Streit geraten, sehr viel größer als bei Elefanten, die nicht in Musth sind, und bei jenen ist die Gefahr auch größer, dass die Kämpfe eskalieren. Das klingt nicht ermutigend. Ein ernsthafter Kampf kann in der Hitze der afrikanischen Sonne

Stunden dauern und durchaus tödlich enden. Zwischen den Runden entwurzeln die Streithähne Bäume und werfen sie durch die Gegend. Wenn die beiden Kontrahenten am Ende noch stehen, jagt der Sieger den Verlierer kilometerweit. Das ist wahrscheinlich der Grund, warum große Elefanten in der Musth häufig versuchen, einander aus dem Wege zu gehen – und warum sogar große Bullen einen weiten Bogen um Geschlechtsgenossen machen, die sich in diesem Zustand befinden.

••••••••

Liebe Dr. Tatiana,

Mein Name ist Rob und ich bin eine Bettwanze der Art Xylocoris maculipennis. *Ich habe etwas Merkwürdiges gelesen: Wenn ich Sex mit meinem Freund Fergus habe, gibt er meine Spermien weiter, sobald er das nächste Mal Sex mit Samantha hat. Stimmt das wirklich?*

Spaß in Interlaken, nein, zwischen den Laken

Zunächst einmal sind Sie keine Bettwanze, sondern eine Raubwanze, zwar ein enger Verwandter, aber eben keine Bettwanze. Keine falschen Titel, bitte! Was nun Ihre Frage angeht, so will mir scheinen, Sie haben zu viele frivole französische Druck-Erzeugnisse gelesen (wobei ich fairerweise zugeben muss, dass ich auch einiges von dieser Sorte gelesen habe). Sie beziehen sich da auf eine gern und oft kolportierte Behauptung: Da Sie einen Penis wie eine Nadel für subkutane Injektionen besitzen – und da er bei Arten wie der Ihren durch die Körperwand gejagt wird –, würden Spermien, die einem anderen Männchen injiziert würden, durch dessen Körper bis in die Geschlechtsdrüsen wandern. Das klingt zwar sehr interessant, doch ich habe immer den Eindruck gehabt, es handle sich um eine jener Meldungen, die, wie Journalisten sagen, »zu gut sind, um sie zu überprüfen«. Kurzum, die Antwort lautet, ja, es ist möglich – aber unwahrscheinlich.

Ich habe zwei Gründe für meine Skepsis, einen praktischen und einen theoretischen. Aus praktischer Sicht lässt sich feststellen, dass die oben aufgestellte Behauptung auf schwachen Füßen steht – sich auf fragwürdige Daten gründet – und dass die Experimente an Ihrer Art nie wiederholt wurden. Experimente, die man an verwandten Arten, der Europäischen Bettwanze, durchgeführt hat, haben keinerlei Hinweise dafür erbracht, dass Männchen einander Spermien injizieren. Theoretisch betrachtet, wäre die Situation, die Sie beschreiben, höchst instabil: Jedes Männchen, das sich allen Versuchen, es als Stellvertreter zu missbrauchen, widersetzen könnte, hätte erhebliche Vorteile gegenüber solchen Männchen, die dazu nicht in der Lage wären, mit dem Erfolg, dass sich die Gene für diese Fähigkeit rasch in der Population ausbreiten würden. Genauso war es bei der zu den Seescheiden gehördenden Sternascidie *Botryllus schlosseri.*

Dieses Tier durchläuft Zyklen sowohl geschlechtlicher wie ungeschlechtlicher Fortpflanzung. Es lebt in Kolonien auf Felsen und Riffen. Eine Seescheide ähnelt einem winzigen Fässchen mit einer Ausström- und einer Einströmöffnung am oberen Ende. In einer Seescheidenkolonie sind die Fässchen in ein gelartiges Lager eingebettet. Bei einem Blick auf das ausgewachsene Exemplar kämen Sie wahrscheinlich nie auf die Idee, dass es sich bei diesen Organismen um Tiere handelt, noch dazu um enge Verwandte der Wirbeltiere. Nur die Larven, die wie vereinfachte Kaulquappen aussehen, lassen es erkennen. Wenn eine Larve sich auf einem Felsen niederlässt, verwandelt sie sich in eine ausgewachsene Seescheide und beginnt, sich ungeschlechtlich zu vermehren, indem sie eine Gruppe genetisch identischer Individuen bildet, die einen gemeinsamen Blutkreislauf haben.

Wenn sich benachbarte Kolonien ausdehnen, stoßen sie gelegentlich aufeinander. Dann stehen sie vor einer Entscheidung. Sie können entweder ihre Kräfte vereinigen und zu einer großen Kolonie werden oder sie können sich gegeneinander abgrenzen, eine physische Grenzlinie bilden, die keine der beiden Kolonien überschreiten kann. Verschmelzen die Kolonien miteinander, kann es zu einem unheimlichen Geschehen kommen. Unter Umständen wandern Zellen von den Individuen einer Kolonie durch den gemeinsamen Blutkreislauf und dringen in die Geschlechtsdrüsen aller Individuen der anderen Kolonie ein. Es ist eine feindliche Übernahme: Wenn die Zeit der geschlechtlichen Fortpflanzung gekommen ist, sind die Mitglieder der Verliererkolonie gezwungen, Ei- und Samenzellen mit Genen zu bilden, die nicht ihre eigenen sind. Wie nicht anders zu erwarten, hat das zur Evolution von Mechanismen geführt, mit denen sich die Eroberung der eigenen Geschlechtsdrüsen verhindern lässt. *Botryllus*-Kolonien sind höchst eigen in der Auswahl der Kolonien, mit denen sie sich zusammentun: Ob sie fusionieren oder nicht, hängt von einem komplexen System ab, das für eine weitgehende Übereinstimmung der Gene beider Kolonien sorgt. Diese verschmelzen nur miteinander, wenn sie ähnliche Gene haben – und infolgedessen aller Wahrscheinlichkeit eng verwandt sind. Bei Raub- und Bettwanzen gibt es jedoch keinen Hinweis auf Maßnahmen zur Verhinderung von Keimdrüsen-Invasionen – daher bin ich mir ziemlich sicher, dass es solche Versuche auch nie gegeben hat.

Die Männchen einiger Arten haben jedoch andere, einleuchtendere Arten, ihre Rivalen auszuschalten: Sie machen sie impotent. Derartige Heimtücke ist für mindestens einen Wurm der Gattung Kratzer *(Acanthocephala)* nachgewiesen. Er trägt den aufwändigen Namen *Moniliformis dubius* und ist ein Parasit von Schaben und Ratten. Junge Würmer leben im Darm von Schaben; wenn eine Schabe von einer Ratte gefressen wird, wachsen die Würmer in den Eingeweiden der Ratte heran und haben dort Sex. Nicht gerade romantisch, aber so ist das nun mal. Für uns ist entscheidend, dass weibliche Würmer gleichzeitig reifen, eine Situation, die bekanntlich zu heftigem Wettbewerb führt. Doch hier wird die Rivalität nicht durch Kämpfe ausgetragen, sondern durch Sabotage, durch »Zubetonieren«. Wenn ein Männchen auf ein Weibchen trifft, verschließt er ihre Genitalien nach dem Paarungsakt mit einem Keuschheitsgürtel, der aus einer Art Zement besteht. Wie sich erweist, denken sich die Männchen auch nichts dabei, sich die Genitalien gegenseitig mit Zement zu verkleben, was jede Paarung ausschließt. Liegt es vielleicht einfach daran, dass die Männchen von Kratzern nicht zwischen Männchen und Weibchen unterscheiden können? Vielleicht. Doch es gibt erste Anhaltspunkte dafür, dass ein Männchen, wenn es ein anderes Männchen einzementiert, keine Spermien überträgt. Möglicherweise ist das Ziel dieser Aktion also tatsächlich, die Rivalen impotent zu machen.

Als Kriegslist hat man auch einige rätselhafte Vorkommnisse bei anderen Arten erklärt. Bei Afrikanischen Fledermauswanzen *(Cimex pilosellus)* – großen Wanzen, die schlafenden Fledermäusen das Blut aussaugen – haben beispielsweise die Weibchen am Bauch eine besondere Genitalstruktur, in der sie Spermien empfangen. Diese Struktur ist von dem Ort, wo die Eier befruchtet werden, vollkommen getrennt. Merkwürdigerweise haben die Männchen die gleiche Struktur. Eine Möglichkeit wäre, dass sie den Männchen dazu dient, das Fortpflanzungsbestreben von Rivalen zu hintertreiben, indem sie sie veranlassen, ihre Spermien in dieser Struktur abzulegen. Doch da jedes Männchen, das Männchen und Weibchen unterscheiden könnte, einen beträchtlichen Vorteil hätte, frage ich mich doch, ob das der wirkliche Grund ist, warum die Männchen eine derartige Struktur besitzen.

Ich nehme an, dass solche Kriegslisten sich am ehesten entwickeln, wenn die Männchen ihre Spermien nicht direkt übertragen, sondern sie zu Paketen bündeln – als Spermatophoren –, die sie einfach deponieren und hoffen, dass ein Weibchen vorbeikommt oder dass sie eines dazu bewegen können, ein solches Samenpaket aufzunehmen. Bei einigen Arten hat man beobachtet, dass die Männchen jede Spermatophore, auf die sie treffen, zertrampeln oder auffressen, bei anderen, dass die Männchen ihr eigenes Paket darüberlegen, sodass sich eine Art Samenstalagmit bildet. Einige Männchen drängen sich sogar in dem Augenblick zwischen ein kopulierendes Paar, wo die Spermienablage stattfindet. Der Jordansalamander, eine Amphibie, die wie eine Eidechse aussieht, hat seine Rolle als fünftes Rad am Wagen perfektioniert. Während des Werbeverhaltens führen das Männchen und das Weibchen des Jordansalamanders einen Tanz auf, bei dem er die Führung übernimmt und sie ihm nachfolgt, indem sie mit gespreizten Beinen über seinen Schwanz läuft, bis er seine Spermatophore ablegt. Gelegentlich drängt sich ein zweites Männchen zwischen das werbende Paar und watschelt mit, als sei er das Weibchen. Lässt sich das erste Männchen täuschen und legt es sein Samenpaket ab, macht sich das zweite mit dem Weibchen davon, und der unglückliche Hahnrei muss einige Tage warten, bis er wieder eine Spermatophore produzieren kann. Entweder sind Jordansalamander Dummköpfe oder die Risiken eines solchen Betrugs sind selten, jedenfalls schauen sich die Männchen beim Liebesspiel nie um.

••••••••

Liebe Dr. Tatiana,

es ist ein Fiasko. Ich bin ein Männchen des Dreistachligen Stichlings. Als ich meine Eier bewachte, hörte ich plötzlich ein Geräusch. Ich wandte mich um – nur eine Sekunde lang – und als ich wieder hinsah, waren alle Eier gestohlen. Wer kann so etwas Schreckliches tun und wie kann ich verhindern, dass sich der Vorgang wiederholt?

Will meine Eier zurück in Vancouver

Eierräuber – das ist ein altes Problem. Sie können nicht mehr tun, als wachsam zu sein. Leider laichen die Weibchen vieler Fischarten gern in ein Nest, in dem bereits Eier liegen. Sie werten deren Vorhandensein als Beweis dafür, dass das Nest sicher ist, dass das Männchen, dem es gehört, besonders männlich ist oder seine Vaterrolle ernst nimmt und nicht etwa auf den Gedanken verfällt, seine Babys zu fressen. Erfolg erzeugt Erfolg, könnte man sagen.

Und bei Stichlingen erzeugt es häufig einen Eier-Schwarzmarkt. Womit ich nicht sagen will, dass Sie in den heruntergekommenen Wohnvierteln von Seen und Flüssen finsteren Gestalten begegnen, die gestohlene Eier verkaufen. Nein, der Dieb behält die Eier und trägt sie in sein eigenes Nest, sodass er vorgeben kann, er gehöre einer Art von Übervätern an. Warum sind Stichlinge besonders anfällig für Laichdiebstahl? Genau wissen wir es nicht. Es könnte sein, dass die Eier besonders leicht zu rauben sind: Im Gegensatz zu den Eiern der meisten Fischarten klebt der Laich der Stichlinge in bequemen, gut zu befördernden Klumpen zusammen.

Etwas Ähnliches geht in den Bergregenwäldern von Papua-Neuguinea und in den Regenwäldern Australiens vor sich. Die Aristokraten dieser Wälder sind die Laubenvögel, enge Verwandte der Paradiesvögel. Wie ihre Vettern leben die Laubenvögel vorwiegend von Früchten. Dank ihrer Größe können Laubenvögel Obstbäume leicht in alleinigen Besitz nehmen, indem sie kleinere Vögel verjagen. Wie in aristokratischen Kreisen üblich, haben diese Vögel viel Muße. Daher haben sie natürlich auch ein Steckenpferd, die Kunst.

Männliche Laubenvögel verbringen Wochen damit, kunstvolle »Lauben« zu bauen und auszuschmücken. Je nach Art können diese Gebilde viele Formen annehmen – von Lichtungen, die raffiniert mit Blättern zu Hütten von vier Meter Breite ausgelegt werden, bis hin zu Türmen von mehr als drei Meter Höhe, geflochten aus Zweigen, bemalt mit dem Saft zerquetschter Früchte und geschmückt mit Blumen, Pilzen, Federn, Schlangenhäuten, Muschelschalen, Schmetterlingsflügeln, Käferköpfen – oder irgendetwas anderem, was das Auge des Künstlers gereizt hat. Einem Biologen wurde von einem Laubenvogel beinahe die Kamera gestohlen, weil sie zur Verschönerung einer Laube dienen sollte, ein anderer büßte um Haaresbreite seine Socken ein. Die künstlerischen Stile unterscheiden sich erheblich zwischen den Populationen – sogar zwischen den Populationen einzelner Arten. Während in einem Gebiet Blumen angesagt sein mögen, sind es im nächsten möglicherweise Käferflügel. Außerdem handelt es sich um keine Zufallsanordnung von beliebigem Tand, vielmehr sind die Objekte sorgfältig ausgewählt und angeordnet. Wenn Sie eine Laube betreten und Gegenstände verrücken, befördert der Künstler sie, sobald Sie fort sind, wieder exakt an ihren ursprünglichen Ort. Fügen Sie Objekte hinzu, die vorher nicht da waren, entfernt er sie wieder. Und wenn Sie einen Künstler bei der Arbeit beobachten, können Sie ihn experimentieren sehen – wie er verschiedene Objekte an unterschiedlichen Orten probeweise platziert.

Warum tun die Vögel das? Um bei den Mädels Eindruck zu schinden natürlich. Weibchen kommen zu den Lauben, um sich zu paaren. Eine Möglichkeit, der Laube ein prächtigeres Aussehen zu verleihen als anderen, bieten Diebstahl und Vandalismus. Leider ist auch eine so künstlerische Art wie die der Laubenvögel nicht dagegen gefeit, die eigenen Chancen durch schmutzige Tricks zu verbessern. Stehlen ist sehr beliebt. Seltene oder modische Objekte verschwinden in einer Laube und tauchen in der nächsten wieder auf. Einige Lauben werden regelmäßig beschädigt oder vollkommen zerstört. Wie die Vandalen nähern sich die Eierräuber und andere Diebe heimlich, auf Zehenspitzen durchs Unterholz, und erstarren beim leisesten Geräusch.

Am schlimmsten aber ist der Umstand, dass solches Verhalten oft genug belohnt wird. Bei Arten wie der Ihren oder denen der Laubenvögel scheint es den Weibchen egal zu sein, wie ein Männchen sein Nest mit Eiern gefüllt hat oder wie er zu seiner Sammlung ungewöhnlicher Federn gekommen ist. Sie halten sich an die Burschen, die mit den meisten Eiern oder den schönsten Lauben protzen. Es ist wie bei den meisten Arten. Die netten Jungs kommen immer zu kurz.

Also Jungs, wenn ihr bis zum Kragenknopf voller Aggressionen steckt, liegt es vermutlich daran, dass euer Testosteron kocht. Ruhig Blut! Fangt keinen Streit mit dem ersten Typen an, dem ihr begegnet – und vor allem, lasst euch nicht in Kämpfe um eine Frau hineinziehen. Denkt dran: Es gibt kaum Situationen, in denen es sich wirklich lohnt, den Fehdehandschuh zu werfen und die Sache auszutragen. Wenn ihr Zweifel habt, dann haltet euch an meine *Duellregeln*.

Duellregeln

Sie sollten nur dann zu einem Kampf auf Leben und Tod bereit sein, wenn Sie die folgenden beiden Fragen bejahen können:

1. Haben Sie nur diese eine Chance, sich hier und jetzt zu paaren?
2. Wird der Kampf die Zahl der Mädels erhöhen, mit denen Sie Sex haben könnten?

Sind die Bedingungen zu einer Auseinandersetzung auf Leben und Tod nicht gegeben, kann ein begrenztes Kampfgeschehen aber trotzdem durchaus angebracht sein. Sie sollten allerdings nur kämpfen, wenn Sie glauben, dass Sie gewinnen können. Da die Größe ein vorrangiger Bestimmungsfaktor der Siegeschancen ist, sollten Sie sich immer jemanden suchen, der kleiner ist als Sie. Bevor Sie den Kampf aufnehmen, sollten Sie es mit Einschüchterung versuchen: Lassen Sie die Muskeln spielen, wölben Sie den Brustkasten, schreien Sie, probieren Sie jedes Mittel aus, das Ihren Widersachern deutlich machen kann, dass es keinen Sinn hat, mit Ihnen in den Ring zu steigen. Sollten Sie nach all diesem Vorgeplänkel feststellen, dass Sie weniger Schrecken verbreiten als Ihr Gegner, dann ziehen Sie sich augenblicklich zurück. Wenn Sie bemerken, dass Sie ständig fortlaufen, verzweifeln Sie nicht. Im nächsten Kapitel habe ich Rat für Sie.

Kapitel fünf

Wie man gewinnt, obwohl man ein Verlierer ist

Was ist, wenn Sie arm sind? Was ist, wenn Sie hässlich sind? Was ist, wenn Sie ein Schlappschwanz sind? Was ist, wenn Sie ein armer, hässlicher Schlappschwanz sind? Nur die Ruhe, lesen Sie weiter …

Liebe Dr. Tatiana,

ich bin eine Meerassel Paracerceis sculpta *und habe vor kurzem einen Kampf um eine Schwammzelle gewonnen, in dem ein Harem hübscher Mädchen haust. Doch allmählich gewinne ich den Eindruck, dass einige der Mädchen nicht das sind, was sie vorgeben zu sein: Manche sehen aus wie verkleidete Männer. Leide ich unter Verfolgungswahn?*

Reingelegt am Golf von Kalifornien

Viele Männer teilen Ihre Sorge. Beispielsweise hat sich Julius Caesar von seiner Frau Pompeia scheiden lassen, weil er hörte, sie habe sich von Publius Clodius verführen lassen, einem jungen Mann, der sich als Frau verkleidet zum Fruchbarkeitskult der Bona Dea Zugang verschafft habe, ein Fest, das nur von Frauen besucht werden durfte. Was die Verkleidung anging, hatte Caesar Recht, nicht aber, was die Verführung betraf. Trotzdem hatte er kein Erbarmen mit Pompeia und erklärte: »Caesars Frau muss über jeden Verdacht erhaben sein.«

Allerdings sind Ihre Befürchtungen besser begründet als diejenigen Caesars. Einige männliche Meerasseln sehen den Mädels Ihrer Art schon verflixt ähnlich. Nehmen Sie nur die Größe. Während Sie wahrscheinlich doppelt so groß sind wie ein Weibchen, haben diese Männchen die gleiche Größe wie die Mädels. Oder betrachten Sie die Uropoden – das zu Schwimmflossen umgebildete hintere Fußpaar –, die nur Asseln, Garnelen, Hummer und andere Krebstiere haben. Während Sie enorme Uropoden besitzen, die aussehen, als hätten Sie ein Paar gekrümmte Hörner genommen und sie an Ihrem hinteren Ende befestigt, haben diese Männchen kleine, zarte Uropoden, genau wie die Weibchen. In dieser Verkleidung schmuggeln sich solche Männchen häufig in Harems ein. Je größer der Harem, desto höher das Risiko, das heißt, haben Sie einen großen Harem, fürchte ich sehr, dass sich darin auch einige Männchen befinden, die sich als Weibchen getarnt haben. Und sobald Sie genau hinschauen, werden Sie aller Wahrscheinlichkeit nach feststellen, dass das noch nicht alles ist. Entdecken Sie in Ihrem Harem auch schmächtige, kleine Mitbewohner, sind dies ebenfalls richtige Männchen.

Wie kommt das? Nun, Sie müssen wissen, dass Verschwiegenheit oft der bessere Teil der Tapferkeit ist. Bei Arten wie der Ihren, wo die Weibchen zur Gruppenbildung neigen und daher ein großes Männchen eine Gruppe leicht verteidigen kann, oder bei Arten, in denen große Männchen Territorien mit Beschlag belegen, die die Weibchen besuchen, können kleine Männchen nicht hoffen, sich in direkter Konkurrenz zu behaupten. Die großen Männchen würden Hackfleisch aus ihnen machen. Unter solchen Umständen lassen sich einige Männchen daher raffiniertere Strategien einfallen – Schleichmethoden.

Die sind sehr zahlreich. Besonders bei Fischen ist das Einschleichen sehr verbreitet und bei mehr als 120 Arten dokumentiert. Nehmen wir den Amerikanischen Sonnenbarsch, eine nordamerikanische Süßwasserart. Große Männchen vereinnahmen Territorien, die die Weibchen zum Laichen aufsuchen. Das Männchen kümmert sich um die Eier und die Jungfische. Kleine Männchen ähneln den Weibchen – und verhalten sich wie diese, indem sie mit den großen Männchen genauso flirten wie die Weibchen. Wenn ein echtes Weibchen vorbeikommt, nimmt das falsche Weibchen an dem Werbungsritual teil und stößt seine Spermien im selben Augenblick wie das große Männchen aus. In diesem entscheidenden Moment schießen noch kleinere Männchen aus dem Dunkel heran. Und Caesar bildete sich ein, er hätte Probleme.

Doch was entscheidet darüber, ob sich ein Männchen als Schleicher verhält? Das hängt von den Umständen ab. Bei einigen Arten passen die Männchen ihr Verhalten den Verhältnissen an. Da ist beispielsweise die Kleinlibelle *Calopteryx maculata*. Die Männchen verteidigen ihre Reviere an Flussufern. Doch erschöpfte, alte Männchen sind dazu nicht mehr in der Lage – sie werden von jungen, kräftigen Burschen davongejagt. Deswegen verzweifeln die Alten aber nicht. Sie schmuggeln sich auf das Territorium eines anderen Männchens und versuchen ihr Glück bei den Mädels, während der Revierbesitzer mit Kämpfen oder Kopulieren beschäftigt ist. Ganz ähnlich unternehmen alte, verbrauchte Männchen vom Atlantischen Schwertschwanz keinen Versuch, die Mädels im Meer aufzureißen, wie es jüngere Burschen tun. Stattdessen klettern sie schamlos auf Paare, die bereits am Strand laichen, und geben ihre Spermien einfach dazu.

Ein Männchen kann aber auch in der Frühphase seiner Entwicklung »entscheiden«, dass es ein Schleicher werden möchte. Wenn ein Männchen beispielsweise in einer kritischen Periode seines Wachstums einer nährstoffarmen Umgebung ausgesetzt ist, schaltet es unter Umständen die Gene ab, die die Ausbildung gewaltiger Waffen oder aufwändiger Verzierungen bewirken. Schließlich sind Waffen kostspielig. Es hat keinen Sinn, sie zu tragen, wenn man sich ohnehin keine Hoffnung darauf machen kann, jemals einen Kampf zu gewinnen.

Das scheint mit der Biene *Perdita portalis* zu geschehen. Entweder wachsen die Männchen zu großen, flügellosen Tieren heran, die mit riesigen Mandibeln zum Kampf gerüstet sind, oder sie bleiben klein, bilden Flügel aus und belasten sich nicht mit zu Mandibeln umgewandelten Oberkiefern. Was für eine Form sie annehmen, hängt davon ab, wie viel Futter ihnen ihre Mutter liefert. Männchen, die von ihren Müttern reichlich gefüttert werden, wachsen zu großen Insekten heran, Männchen, die von ihren Müttern knapp gehalten werden, bleiben klein.

Schließlich kann die Veranlagung zum Schleicher auch genetisch angelegt sein – wie in Ihrem Fall. Das System ist einfach und beruht auf einem Gen, das in drei Varianten vorkommt: Alpha, Beta und Gamma. Jede Meerassel Ihrer Art erhält zwei Kopien des Gens, eine von jedem Elternteil. Alpha-Männchen wachsen heran, wenn beide Kopien, die ein männlicher Nachkomme erhält, die Alpha-Varianten des Gens sind. Hat ein Männchen eine Kopie der Beta-Variante, entwickelt es sich zum Beta-Männchen – einem Männchen, das wie ein Weibchen aussieht –, egal, worum es sich bei der zweiten Kopie handelt. Wenn ein Männchen eine Gamma- und eine Alpha-Variante besitzt oder zwei Kopien der Gamma-Variante, ist es ein Gamma-Männchen – eines der »Kleinen«.

Den Weibchen von *Paracerceis sculpta* ist es völlig gleich, mit wem sie sich paaren. Ihnen scheint vor allem an weiblicher Gesellschaft gelegen zu sein. Wenn also Weibchen die Algenfelder verlassen, in denen sie grasen, und in flachere Gewässer schwimmen, um sich zu paaren und Brutpflege zu betreiben, indem sie sich ihre Eier am Körper anheften, werden sie von Schwämmen angezogen, in denen sich schon andere Weibchen aufhalten. Da Weibchen dazu neigen, sich zusammenzuschließen, haben Alpha-Männchen in der Regel entweder keine Paarungspartnerinnen oder mehrere. Daher kämpfen Alpha-Männchen – in Auseinandersetzungen, die bis zu 24 Stunden dauern können – um die Herrschaft über Kolonien, die bereits bestehen. Der Eingang zu einer Schwammzelle ist eine kaminartige Struktur. Dort lauert das revierbesitzende Alpha-Männchen, auf dem Kopf stehend, sodass seine riesigen Uropoden nach oben ragen. Bei einem Kampf versucht der Revierinhaber den Eindringling vom Schwamm zu werfen, während dieser sich an die Außenseite des Schwamms klammert und bemüht ist, den Revierbesitzer aus dem Kamin zu zerren. Wie sich denken lässt, hat der Eindringling bessere Chancen, wenn er größer als sein Gegner ist.

Auch Beta- und Gamma-Männchen fühlen sich von Schwämmen angezogen, die bereits Weibchen beherbergen. Sie sollten sich keine Vorwürfe machen, falls es einigen Gamma-Männchen gelungen sein sollte, sich in den Schwamm zu schmuggeln. Ich bin sicher, Sie haben die tapfersten Anstrengungen unternommen, sie draußen zu halten; jedes Mal, wenn Sie einen erwischt haben, flog er zweifellos im hohen Bogen vom Schwamm. Das Problem ist nur, dass Sie auf dem Kopf stehen und versuchen, diese Burschen mit dem Tastsinn zu erkennen, und dass sie äußerst hartnäckig sind. Wenn die es oft genug versuchen, gelingt es ihnen meist, sich an Ihnen vorbeizuschmuggeln und in den Kamin zu gelangen. Doch die Anwesenheit von Beta-Männchen ist höchst ärgerlich. Diese Typen sehen nicht nur wie Weibchen aus, sie verhalten sich auch wie welche und verschaffen sich Zugang zum Schwamm, indem sie Ihre Avancen dulden. Wirklich – genau wie weibliche Meerasseln gestatten sie Ihnen, sie heftig zu schütteln.

Warum können Sie nicht wenigstens die Beta-Männchen erkennen und sie am Eindringen hindern? Nun, Beta-Männchen umfassen, zumindest soweit sie dem normalen Typus angehören, lediglich vier Prozent der männlichen Population. (Dann kommen die Gamma-Männchen mit fünfzehn Prozent.) Da ist es vielleicht nicht so schlimm, wenn Sie hin und wieder mal ein falsches Weibchen durchlassen. Aber ich höre Sie schon fragen, ob das nicht dazu führe, dass die ganze Population von Transvestiten übernommen werde. Das wage ich zu bezweifeln. Wenn ein Typ Männchen einen klaren und durchgehenden Vorteil über die anderen beiden hat, würde er seine Häufigkeit in der Population so lange steigern, bis die zwei anderen Typen verschwunden wären. Da wir wissen, dass alle drei Typen fortbestehen, können wir daraus schließen, dass jeder in bestimmten Situationen erfolgreich ist, in anderen jedoch nicht.

Ein schlagendes Beispiel dafür, wie das Glück eines Männchens von den anderen Männchen in seiner Umgebung abhängen kann, liefert der Seitfleckenleguan, ein kleines Geschöpf, das auf den Felsvorsprüngen der kalifornischen Küstengebirge lebt. Auch hier kommen die Männchen in drei Spielarten vor: mit orangefarbenem, mit blauem und mit gelbem Hals. Männchen mit orangefarbenem Hals sind groß und aggressiv und markieren weitläufige Reviere. Blauhälse sind kleiner, weniger reizbar und haben kleinere Reviere. Männchen mit gelbem Hals ähneln befruchtungsbereiten Weibchen. Weder kämpfen diese Burschen noch besetzen sie Reviere. Wie Sie sicherlich schon vermutet haben, hat jeder Typus eine andere Art, mit den Mädels umzugehen. Orangehälse sind wüste Schürzenjäger. Sie paaren sich mit allen Weibchen in ihrem Revier und dringen häufig auch in ein Nachbarrevier ein, um sich dort ebenfalls über die Weibchen herzumachen. Die Männchen mit blauem Hals sind nicht an vielen Paarungspartnern interessiert, dafür erweisen sie sich aber als besitzergreifende Liebhaber, die ihre Partnerinnen eifersüchtig bewachen. Gelbhälse sind, richtig vermutet, Schleicher. Sie haben Sex mit Weibchen, wenn andere Männchen nicht hinschauen.

Wie sich herausstellt, ist jede Strategie besser als eine der anderen. Die Wachsamkeit der Blauhälse hat zur Folge, dass sie von Gelbhälsen nur selten Hörner aufgesetzt bekommen, doch Blauhälse können ihre Weibchen nicht gegen die größeren, aggressiveren Orangehälse verteidigen. Orangehälse ihrerseits werden des Öfteren von Gelbhälsen zum Hahnrei gemacht. Das Ergebnis? Ständige Schwankungen. Wenn in einem Jahr die Orangehälse besonders erfolgreich sind, dann sind es im nächsten die Gelbhälse und im übernächsten die Blauhälse – und so fort. Um Erfolg zu haben, müssen Sie der richtige Mann zur richtigen Zeit am richtigen Ort sein.

••••••••

Liebe Dr. Tatiana,

ich bin ein Pfau, ein Blauer Pfau, um genau zu sein, und habe einen kläglichen Schwanz. Er ist nicht sehr groß und einige der Pfauenaugen sind ziemlich daneben. Es sieht aus, als würden sie schielen. Wenn ich meinen Schwanz auffächere, heucheln die Pfauhennen nicht etwa Gleichgültigkeit, sie nehmen mich überhaupt nicht zur Kenntnis. Fällt Ihnen irgendetwas ein, womit ich sie beeindrucken kann?

Unsichtbar in Sri Lanka

Mein Rat lautet, schließen Sie sich einer Bande an. Wenn Sie es allein nicht schaffen, sind Banden häufig ein probates Mittel. Was für einer Bande? Nun, es gibt unterschiedliche davon, und welche infrage kommt, hängt von den Umständen ab. Bei Arten, bei denen einige wenige Männchen Reviere besitzen und sich die anderen Männchen an den Grenzen herumtreiben, nimmt die Bande in der Regel die Form eines locker organisierten Angriffstrupps an, das heißt, die an den Grenzen herumlungernden Männchen dringen gemeinsam in ein Revier ein. Beim Blaukopf-Lippfisch zum Beispiel, einem Korallenfisch in der Karibik, tun sich gelegentlich junge Männchen zusammen, um ein großes Männchen aus seinem Revier zu vertreiben. Trifft ein Weibchen ein, laichen alle jungen Männchen mit ihm.

Ähnliche Invasionen finden gelegentlich in den Kolonien der Mähnenrobbe statt. Bei dieser Art sind die Männchen dreimal so groß wie die Weibchen und tragen, wie ihr Name verrät, eine prächtige Mähne zur Schau. Die größten Männchen bewachen Harems am Strand und jagen die jungen Männchen davon. Doch die Situation der jungen Männchen ist nicht hoffnungslos. Von Zeit zu Zeit bildet sich ein Trupp, der bis zu vierzig dieser jungen Männchen umfassen kann, stürmt auf den Strand und bricht in Harems ein, um sich mit den Weibchen zu paaren oder sie auch wegzuschleppen. Um eine der Haremsdamen zu entführen, packt das Männchen sie mit den Kiefern, schleift sie hinter sich her und versucht, sie gegen die rechtmäßigen Herren zu verteidigen, wobei es sich häufig auf die Dame setzt, um sie am Fliehen zu hindern.

In Ihrem Fall würde ein brachiales Vorgehen allerdings nicht zum Ziel führen. Pfauhennen sitzen nicht in Harems herum. Sie sind sehr viel unabhängiger. Also wäre für Sie der geeignete Trupp eine Balzgruppe – das heißt eine Gruppe von Männchen, die gemeinsames Balzverhalten zeigen.

Balzgruppen sind keine Seltenheit bei Arten wie der Ihren, in denen die Weibchen von den Männchen nichts verlangen als ihre Spermien. (Auch Weibchen können Balzgruppen bilden, doch das geschieht eher selten.) Definitionsgemäß sind Balzgruppen nicht um Nahrungs- oder Nistplätze oder andere Dinge organisiert, die ein Männchen sinnvoll verteidigen könnte. Vielmehr suchen Weibchen Balzgruppen auf, um zu vergleichen und abzuwägen, um festzustellen, wer der heißeste Typ ist. Nachdem das Weibchen gewählt hat, paart es sich und geht wieder seiner Wege. Für das Mädchen ist das ein tolles System. Sie hat Sex mit dem Typ, der ihr am besten gefällt – und braucht seinen Anblick nicht einmal mehr am nächsten Morgen zu ertragen.

Für die Jungs ist die Sache jedoch ziemlich unangenehm. Beurteilt zu werden heißt, konkurrieren zu müssen. Das ist der Grund, warum Arten, bei denen Gruppenbalz üblich ist, einige der erstaunlichsten Talentshows und Schönheitswettbewerbe der Welt entwickelt haben. Bei diesen Veranstaltungen werden die Männchen nicht nach ihrer Persönlichkeit oder ihrer Fähigkeit, mit Kindern umzugehen, beurteilt, sondern nach Aussehen, Stimme, Beweglichkeit oder irgendwelchen anderen Merkmalen, die die Weibchen sexy finden. Bei *Cyrtocara eucinostomus*, einem Fisch, der zehn Zentimeter lang wird, fahren die Weibchen auf Sandburgen ab. Das Männchen baut konische Sandburgen, immer mit einem Maul voll Sand jeweils, mit einem Tempo von vier Maul voll pro Minute. Eine gewaltige Aufgabe. Die größten Sandburgen – und den Weibchen gefallen die höchsten am besten

– brauchen zwei Wochen für ihren Bau und sind an der Basis fast einen Meter breit. Das entspricht nahezu der zehnfachen Länge des Männchens. Beim Hammerkopf, einem großen Flughund in Westafrika, ziehen die Weibchen die Männchen vor, die am lautesten schreien können. Daraus erklärt sich das absonderliche Erscheinungsbild der Männchen. Doppelt so schwer wie ein Weibchen, hat es einen Kopf wie ein Pferd im Profil und einen Kehlkopf, der mehr als die Hälfte seiner Körperhöhle ausfüllt. Während der Fortpflanzungsperiode versammeln sich die Männchen, um jeden Abend und jeden Morgen mehrere Stunden zu rufen, bis die Weibchen ihre Wahl getroffen haben.

Doch wenn das Leben in einer Balzgruppe so schwierig ist, wieso schlage ich Ihnen dann vor, sich einer solchen anzuschließen? Zumal Sie nach eigenem Bekunden keine besonders gute Figur abgeben. Dafür gibt es zwei Gründe.

Der erste ist allgemeiner Natur. In vielen Arten mit Gruppenbalz fühlen sich Weibchen viel stärker zu Gruppen als zu einzelnen Männchen hingezogen – und je größer die Gruppe, desto größer die Anziehungskraft. Da Sie offenbar nicht in der Lage sind, auf Weibchen durch Ihre eigenen Vorzüge anziehend zu wirken, haben Sie nichts zu verlieren, wenn Sie sich einer Gruppe anschließen. (In den Balzgruppen von Pfauen sind, im Unterschied zu denen einiger anderer Arten, auch Männchen geduldet, denen es an Sexappeal gebricht.)

Der zweite Grund ist von besonderer Art und betrifft Ihre spezielle Situation. Es könnte für Sie von Vorteil sein, wenn Sie Ihre Brüder und Halbbrüder fänden und sich mit ihnen zur Gruppenbalz zusammenschlössen. Denn auch wenn Sie selbst nie zur Paarung kommen, können Sie ihnen durch Ihre bloße Anwesenheit helfen, Paarungspartnerinnen anzulocken. Ich weiß, das hört sich nach einem schlechten Geschäft an, aber da Sie und Ihre Brüder viele Gene gemeinsam haben, können Sie Ihre Gene weitergeben, indem Sie Ihren Brüdern helfen, deren Gene zu übertragen. Doch wie finden Sie Ihre Brüder? Machen Sie sich deswegen keine Sorgen. Pfauenbrüder erkennen sich, selbst wenn sie sich noch nie zuvor begegnet sind. Ich weiß nicht, wie. Wie in jeder guten Geheimgesellschaft ist die Antwort (bislang jedenfalls) nur den Pfauen bekannt.

Durch Gruppenbalz mit Ihren Brüdern sind Sie den meisten anderen in Gruppen balzenden Arten überlegen. Die einzige andere Art, in der die Gruppenbalz unter Brüdern stattfindet, ist das Birkhuhn. Weit voraus sind sie natürlich den bunt zusammengewürfelten Halbstarkengangs vieler Arten. Fragen Sie die Mafiosi: Egal, worum es geht, Brüderbanden sind am verlässlichsten. Das bekannteste Beispiel für brüderliche Zusammenarbeit sind die Löwen. Löwinnen leben in Familiengruppen und ziehen ihre Würfe geschlossen auf. Der Fortpflanzungserfolg eines Löwen hängt davon ab, wie lange er bei einer bestimmten Familie von Löwinnen bleiben kann. Und das hängt wiederum davon ab, mit wie vielen Löwen er zusammenarbeitet. Je größer die Löwenkoalition, desto länger kann sie bei einem Rudel bleiben. Dabei erweist sich, dass Koalitionen, die mehr als drei Mitglieder umfassen, sich immer aus Wurfbrüdern zusammensetzen – Brüder, Halbbrüder und gelegentlich auch Vettern. (Löwenpaare können verwandt sein, müssen es aber nicht; Dreiergruppen bestehen entweder aus drei Wurfbrüdern oder zwei Wurfbrüdern und einem Fremden.) Das heißt, Brüder und Vettern, die zur selben Zeit geboren werden – egal, ob klein oder groß, schwach oder stark – haben viel bessere Aussichten, später Nachkommen zu zeugen. Entsprechend werden Löwinnen, die mehrere Söhne gleichzeitig zur Welt bringen, mehr Enkel haben: Ihre Söhne werden in der Lage sein, große Koalitionen zu bilden.

Bemerkenswerterweise scheinen die Löwinnen im Zuge der Evolution genau diese Fähigkeit ausgebildet zu haben. Offenbar können sie die Chancen ihrer Söhne auf Koalitionspartner verbessern. Eine Analyse der Löwengeburten lässt zwei statistisch signifikante Muster erkennen. Das erste zeigt, dass in einem großen Löwenwurf in der Regel mehr Männchen als Weibchen vorhanden sind. Das zweite lässt erkennen, dass bei mehreren gleichzeitigen Würfen in einem Rudel der Anteil männlicher Jungtiere unverhältnismäßig hoch ist. Wie stimmen die Weibchen ihre Geburten zeitlich aufeinander ab? Es wurde bereits erwähnt, dass eine neue Löwengruppe, die ein Rudel übernimmt, zunächst alle vorhandenen Jungen tötet oder davonjagt. Dadurch kommen alle Löwinnen wieder in die Brunst. Infolgedessen werden alle Weibchen etwa gleichzeitig schwanger und gebären auch ungefähr zur selben Zeit. Auf diese Weise entsteht ein umfangreicher Familienverband. (Sobald die Männchen länger mit dem Rudel zusammen sind, lässt die Synchronizität der Geburten nach.) Und natürlich haben die Löwinnen bei der ersten Geburt nach einer Übernahme eher Söhne als Töchter. Wie sie das bewerkstelligen, ist allerdings unbekannt.

Sie sehen also, mein schieläugiger Freund, wenn Ihre Mutter sich ein Beispiel an den Löwen genommen hat, werden Sie Ihre Schwanzfedern nicht umsonst auffächern.

••••••••

Liebe Dr. Tatiana,

ich bin eine Feldgrille Gryllus integer, *Ma'am, und außerordentlich verärgert. Da singe und singe ich, aber kein Mädel lässt sich blicken. Die Letzte, die mir unter die Augen kam, brannte mit einem Mistkerl durch, der im Busch saß und grollend schwieg, und mir blieben nur ein paar Fliegen. Mache ich etwas falsch?*

Knallwütend in Texas

Sie sind der hinterlistigen Strategie »Lass den anderen Typ das Essen zahlen, ich geh mit der Frau nach Hause« aufgesessen. Sicher kennen wir alle Leute, die auf diese Tour reisen. Ich jedenfalls kenne genügend. Doch besonders akut ist das Problem bei Arten, in denen die Männchen ihren Aufenthaltsort allen Weibchen verkünden, die möglicherweise vorbeikommen. Während einige Männchen ihr Bestes geben, liegen andere auf der Lauer.

Bei einigen karibischen Muschelkrebsen – Krebsen, die wie weiße Bohnen aussehen – senden die Männchen sexuell attraktive Lichtblitze aus, während sie sich nach Einbruch der Dämmerung durchs Wasser bewegen. Wie erzeugen sie das Licht? Sie sondern chemische Substanzen ab, die mit Wasser reagieren und einen leuchtenden Fleck hervorrufen. Wenn das Männchen schwimmt, zieht es auf diese Weise eine Leuchtspur hinter sich her. Bestimmte Arten erzeugen Licht in verschiedenen Rhythmen – und damit auch unterschiedliche Leuchtspuren. Gingen Sie jedoch mit einem Netz durchs Wasser, so stießen Sie auf eine Vielzahl Männchen, die sich durchs Wasser schleichen, ohne Blitze abzusondern, wahrscheinlich in der Hoffnung, Weibchen zu erwischen, die von den Lichtimpulsen Signal gebender Männchen angelockt werden.

Parasitismus dieser Art ist offenkundig eine Taktik, deren Erfolg von dem zahlenmäßigen Verhältnis zwischen Parasiten und Signalgebern abhängt. Schließlich können nicht alle Parasiten sein, jemand muss fürs Mittagessen singen. Da es eindeutige Nachteile hat, stumm zu bleiben – die meisten Mädel mögen lieber Sänger als Schweiger –, fragt sich natürlich, warum nicht einfach alle Männchen singen?

Das hat zahlreiche Gründe. Bei Ochsenfröschen zum Beispiel ist schmollendes Schweigen eine Frage der Notwendigkeit und nicht der freien Entscheidung. Ochsenfrösche pflanzen sich in Teichen fort; die größten Männchen singen in dem Revier, das sie besitzen – und verteidigen es mit Nachdruck. Wenn sie einen Eindringling erblicken, veranstalten sie einen Ringkampf mit ihm – und falls sie gewinnen, erteilen sie ihm eine Lektion, indem sie ihn einige Minuten lang unter Wasser drücken. (Warum ertränken sie ihn nicht, damit sie ihn ein für alle Mal los sind? Wer weiß. Vielleicht möchten sie nicht, dass verfaulende Leichen das Wasser verpesten.) Da Größe beim Ringen immer von Vorteil ist, haben die kleinen Burschen selten eine Chance. Daher halten sie sich bedeckt, verstecken sich am Rande eines Reviers im Wasser und schauen nur mit dem Kopf heraus. So getarnt, sind sie bereit, jedes Weibchen zu überfallen, das auf dem Weg zum großen Männchen an ihnen vorbeikommt. Doch bei Feldgrillen wie

Ihnen hat das Schweigen einen anderen Grund. Es hat mit den Fliegen zu tun, die Sie erwähnt haben.

Weibliche Feldgrillen haben eine große Vorliebe für Sänger. Leider gilt das auch für die Weibchen einer anderen Art: Schmarotzerfliegen. Diese legen ihre Larven auf dem Körper des Sängers ab. Die Larven graben sich nach innen und fressen vom Fleisch der Grille. Der Tod tritt nach einer Woche ein. Ob eine Grille ein Sänger oder Schweiger wird, hat in hohem Maße genetische Gründe – einige Männchen sind von Natur aus weniger zum Singen geneigt als andere. Doch ob Schweiger besser dran sind als Sänger, hängt vom Vorkommen der Schmarotzerfliegen ab. In Jahren, in denen es viele Fliegen gibt, haben Schweiger das bessere Ende für sich, und ihre Gene breiten sich aus.

Die Welt ist hässlich und roh. Fransenlippenfledermäuse greifen sich rufende Frösche. Die Fledermäuse kennen sich aus – sie können zwischen Froscharten unterscheiden, die giftig und die schmackhaft sind, die zu groß sind, um mit ihnen fertig zu werden, und die gerade die richtige Größe haben. Blaureiher schnappen sich rufende Grillenmännchen. Der Europäische Halbzehengecko sitzt schweigend vor dem Bau des Grillenmännchens *Gryllodes supplicans* – und fängt sich jedes Weibchen, das kommt, um dem Gesang zu lauschen. So geht es halt zu in der Welt.

Schlimmer noch, einige Räuber machen sich diese Paarungssignale nicht nur zunutze – sie ahmen sie sogar nach. Die Lasso- oder Bolaspinnen zum Beispiel sind chemische Chamäleons. Adulte Weibchen, die träge und füllig sind und in ihrer Farbgebung an Vogelmist erinnern, haben eine ungewöhnliche Jagdtechnik entwickelt. Sie fangen sich ihre Beute, indem sie eine Art Lasso schwingen. Das Lasso besteht aus einer klebrigen Kugel, die am Ende eines Fadens befestigt ist. Den schleudert die Spinne mit einem ihrer Vorderbeine nach vorbeikommenden Insekten. Bei einigen Arten wirbeln die Spinnen das Lasso sogar in einer Weise über dem Kopf, dass sie in jedem Spaghettiwestern mitwirken könnten. Wie locken sie ihre Beute in Reichweite? Wenn sie jagen, sondern sie den Geruch weiblicher Motten ab. Prompt kommen männliche Motten herbeigeflogen, um der

Sache auf den Grund zu gehen. Die armen Burschen. Wenn sie gefangen sind, werden sie in Seide eingesponnen und an einem Faden aufgehängt, bis die Spinne Appetit auf sie hat. (Verschiedene Spinnenarten sondern unterschiedliche Duftstoffe ab – und ziehen verschiedene Mottenarten an.)

Bemerkenswerterweise jagen auch jugendliche und männliche Bolaspinnen, indem sie den Geruch weiblicher Insekten aussenden – in diesem Fall auch, welch amüsanter Zufall, den Geruch weiblicher Schmetterlingsmücken, von Fliegen, die wie winzige Schmetterlinge oder Motten aussehen. Warum jagen die Männchen in gleicher Weise wie die Jugendlichen? In der Regel wachsen Männchen kaum noch, nachdem sie geschlüpft sind (und sind daher viel kleiner als ihre Paarungspartnerinnen). Männchen und jugendliche Spinnen verwenden kein Lasso, wahrscheinlich weil sie zu klein sind, um vernünftigen Gebrauch davon zu machen. Stattdessen fangen sie ihre Beutetiere mit ihren vier Vorderbeinen.

Gelegentlich aber beißt die Beute zurück. Etwa die Grabwespe *Oxybelus exclamans*. Diese Wespen laufen immer Gefahr, dass ihrer Nester von einer Insektenspielart des Kuckucks übernommen wird: von einer Fleischfliege, die ihre Eier in die Zellen eines Wespennestes legt. Nach dem Ausschlüpfen fressen die Fliegenlarven alle Vorräte auf, die die Wespe für die eigene Nachkommenschaft vorgesehen hat. Die männlichen Fleischfliegen treiben sich in der Nähe der Wespennester herum, in der Hoffnung, dort auf weibliche Fliegen zu treffen. Wenn sie nicht aufpassen, kann es diesen unternehmungslustigen jungen Männern passieren, dass *sie* von den Wespen als Nahrung für deren Kinder gefangen werden.

Was nun *Ihr* Problem angeht, so kann ich Ihnen nur raten, sofort den Arzt aufzusuchen, falls Sie noch weiterer solcher Fliegen ansichtig werden. Es könnte sein, dass Sie sich einer größeren Operation unterziehen müssen.

Liebe Dr. Tatiana,

ich bin eine Galapagos-Meerechse und entsetzt über die Art und Weise, wie sich junge Echsen heutzutage aufführen: Ständig begegne ich Gruppen Jugendlicher, die in meine Richtung masturbieren. Es ist widerlich. Ich bin mir sicher, dass sie sich das zu Darwins Zeit nicht getraut hätten. Wie kann ich diesem Treiben Einhalt gebieten?

Angeekelt auf den Galapagos

Ich bekomme viele Briefe von jungen Galapagos-Meerechsen, die sich höchst frustriert darüber äußern, dass sie von den Mädchen ignoriert werden. Heute höre ich zum ersten Mal Klagen von der anderen Seite. Betrachten Sie die Angelegenheit doch einmal aus der Sicht eines jungen Burschen. Da steht er in seiner ganzen Pracht, in geschmackvollem Rot, sein stachliger Kamm volle zwanzig Zentimeter lang vom Kopf bis zum Schwanz – jederzeit bereit, vom verzweifelten Verlangen beseelt, den einen oder anderen seiner Penisse seinem Verwendungszweck zuzuführen (ja doch, wie viele Reptilien besitzt er zwei, einen links und einen rechts). Doch jung und daher noch klein, wie er ist, bekommt er kaum eine Chance dazu. Selbst wenn es ihm gelingen sollte, ein Weibchen zu besteigen, ist die Wahrscheinlichkeit hoch, dass er von einem größeren Geschlechtsgenossen beiseite geschoben wird, bevor er seinen Höhepunkt erreicht. Deshalb wird man wohl leider davon ausgehen müssen, dass sich an dem beklagten Verhalten nichts ändern wird.

Gibt es noch weitere Beispiele für Masturbation? Ja. Bei vielen Primaten masturbieren Individuen beiderlei Geschlechts ausdauernd und häufig. Betrachten wir die Halsbandmangabe, eine rauchgraue Affenart aus Westafrika mit langem Schwanz und extravaganten Haarbüscheln auf den Wangen. Einige Weibchen stimulieren sich während der Paarung selbst mit der Hand.

Männchen und Weibchen des Orang-Utans stimulieren sich mit Sexspielzeugen, die sie aus Blättern oder Zweigen basteln. Eine Schimpansendame, die bei Menschen aufgewachsen war, masturbierte zu einem Exemplar von *Playgirl* mit Fotos nackter Männer, wobei sie das auffaltbare Bild in der Mitte offenbar besonders erregend fand. Auch andere Säugetiere masturbieren. Männliche Rothirsche tun es, indem sie die Spitzen ihrer Geweihe durchs Gras reiben. Die ganze Angelegenheit dauert fünfzehn Sekunden von Anfang bis Orgasmus und während der Fortpflanzungsperiode masturbieren einige Hirsche mehrfach am Tag. Aber geschieht es sonst noch irgendwo, wie bei den Galapagos-Meerechsen, aus Furcht, dabei unterbrochen zu werden? Ehrlich gesagt, die Frage ist noch nicht sehr genau untersucht worden. Dafür hat man einem verwandten Thema sehr viel mehr Aufmerksamkeit geschenkt: großen Hoden.

Große Hoden sind bei kleinen Männchen eine sehr viel beliebtere Methode, um ihre Chancen auf die Befruchtung von Eiern zu erhöhen. Dem liegt eine einfache Logik zugrunde. Bei Arten, bei denen kleine Männchen auf Schleichwege angewiesen sind, um zur Paarung zu kommen, müssen sie mit dem Risiko der Spermienkonkurrenz rechnen. Wie Sie wissen, ist Spermienkonkurrenz häufig wie eine Tombola – je mehr Lose, desto besser die Aussichten. Infolgedessen können kleine Männchen, die einen größeren Anteil ihres Körpers in die Spermienproduktion investieren, mehr Tombolalose kaufen als ihre Konkurrenten – und damit ihre Chancen verbessern, falls sie überhaupt dazu kommen, sich zu paaren. Dagegen brauchen große Männchen, solange sie ihre Weibchen mit einigem Erfolg bewachen, nicht so viele Lose und keine so aufwändige Ausrüstung.

Daher besteht oft keine Beziehung zwischen den Ausmaßen eines Mannes und den Ausmaßen seiner edelsten Teile: Größere Männer sind nicht unbedingt auch besser bestückt. Tatsächlich verhält es sich – leider – manches Mal sogar umgekehrt. Beim Nördlichen Bootsmannfisch prägt sich dieses Missverhältnis in extremer Form aus. Die Männchen haben entweder große Hirne oder große Hoden. Der Hirntypus gräbt höhlenartige Nester unterhalb von Felsen in der Gezeitenzone zwischen Hoch- und Niedrigwasserlinie aus. Sobald ein Männchen ein Nest vorbereitet hat, summt es, um Weibchen anzuziehen. Manchmal summt ein solches Männchen fünfzehn Minuten ohne Pause. Daher hat es große Muskeln zum Summen und zusätzliche Neuronen zur Steuerung der Muskeln. Wenn ein Weibchen eintrifft, legt sie ihre Eier langsam an die Decke des Nestes; während sie damit beschäftigt ist, beginnt das Männchen neben ihr alle paar Minuten zu zittern, ein Zeichen dafür, das es Spermien ausstößt. Ist sie fertig – was nach Ablegen des ersten Eis bis zu zwanzig Stunden dauern kann –, wirft er sie aus dem Nest, bewacht den befruchteten Laich und singt, um noch mehr Weibchen anzulocken.

Der andere Männchentypus – der mit den großen Hoden – schleicht sich im entscheidenden Augenblick ins Nest. Diese Burschen können nicht summen. Sie haben weder die neuronalen noch die physischen Voraussetzungen dafür. Allenfalls können sie grunzen. Aber mein lieber Schwan, sind sie gut bestückt! Proportional zum eigenen Körpergewicht hat ein Schleicher Keimdrüsen, die neunmal so schwer sind wie die des Hirntypus. Seine Hoden sind so groß, dass sich sein Magen vorwölbt, als wäre er schwanger. Kein Wunder, dass er grunzt.

Also, ihr Hirntypen, die ihr da draußen selbstgefällig vor euch hin summt, fühlt euch nicht zu sicher. Ungefährdet ist eure Position nur, wenn es kaum Schleicher gibt. Sind sie häufiger, lauft ihr Gefahr, euch in Spermienkonkurrenz zu befinden, und solltet euch mehr um eure Samenproduktion kümmern. Das heißt, ihr müsstet größere Testikel haben. Vergleichen wir zwei Arten des Mistkäfers – *Onthophagus binodis* und *Onthophagus taurus*. Sie gehören zu einer Vielzahl von Mistkäfern, die aus anderen Teilen der Welt nach Australien gebracht wurden. Es gab nämlich ursprünglich keine Kühe in Australien, und nachdem die Menschen sie dort eingeführt hatten, produzierten diese Kühe mehr Fladen, als die einheimischen Mistkäfer bewältigen konnten. Infolgedessen sammelten sich riesige Mengen Kuhmist auf den Weiden. Um diesem Problem Herr zu werden, waren Mistkäfer mit der Fähigkeit zur Beseitigung von Kuhmist als Einwanderer sehr gefragt. Was heißen soll, man fing Mistkäfer in anderen Teilen der Welt ein, steckte sie in Quarantäne – eine hübsche Vorstellung: eine Quarantänestation für Insekten – und setzte sie dann in Australien aus.

Um zu unserem Thema zurückzukommen, *Onthophagus binodis* und *Onthophagus taurus* haben eine ähnliche – und uns inzwischen vertraute – Biologie. Auch hier weisen die Männchen zwei verschiedene Größen auf; die großen tragen Hörner, die kleinen keine. (Bei *O. binodis* haben die großen Männchen ein mächtiges Horn am Hinterleib; bei *O. taurus* besitzen sie, wie der Name verrät, zwei gekrümmte Hörner am Kopf.) Die Männchen und Weibchen treffen sich auf frischen Kuhfladen. Die Weibchen paaren sich mit großen Männchen, und gemeinsam gräbt jedes Paar einen Bau, eine Arbeit, die es von Zeit zu Zeit unterbricht, um zu kopulieren. (Die Paarung bei Mistkäfern ist selten beobachtet worden, doch bei *O. binodis* liebkost das Männchen seine Partnerin mit seinem vordersten Beinpaar, besteigt sie und verfällt dann in krampfartige Bewegungen, in deren Verlauf er mit den Vorderbeinen auf ihren Rücken schlägt.) Ein typischer Bau hat mehrere Seitengänge, die von einem Mittelgang abzweigen.

Am Ende jedes Seitengangs deponieren die Mistkäfer eine Dungkugel. Das Weibchen legt ein befruchtetes Ei in die Kugel und versiegelt den Seitengang mit Erde. Zwar hilft das Männchen der Partnerin durchaus, indem er beispielsweise Dung zusammenträgt, doch den Eingang des Baus lässt er nicht gern unbeobachtet. Das ist eine kluge Vorsichtsmaßnahme, denn die kleinen Männchen huschen in den Bau, wenn das große nicht hinsieht oder sein Weibchen begattet. Manchmal sind die kleinen Männchen sogar noch gerissener und graben sich einen Weg in den Bau, indem sie einfach eine Außenwand durchbrechen.

Solche versteckten Angriffe dürften allerdings eher für *O. taurus* als für *O. binodis* ein Problem sein. Bei *O. binodis* stellen die Schleicher lediglich ein Drittel der männlichen Population. Daher ist die Gefahr, betrogen zu werden, für große Männchen statistisch gesehen nicht sehr erheblich. Und natürlich investieren bei dieser Art kleine Männchen mehr in die Spermienproduktion als große Käfer. Jene haben sowohl größere Testikel als auch höhere Spermienzählungen. Im Gegensatz dazu sind bei *O. taurus* fast zwei Drittel der Männchen Schleicher. Infolgedessen sind bei dieser Art große und kleine Männchen an ihren Testikeln nicht zu unterscheiden.

••••••••

Noch ein letztes Wort an alle Jungs, die klein sind oder unscheinbar aussehen (und auch ihr, Mädels, solltet die Ohren aufsperren). Bei vielen, vielen Arten lassen sich zwei Männchentypen unterscheiden. Körperliche Merkmale sind mit Persönlichkeitszügen gekoppelt, woraus folgt, dass man am Aussehen eines Kerls erkennen kann, wie er sich verhält. Wie viele Männchentypen es gibt und welche besonderen Eigenschaften sie haben, ist von Art zu Art verschieden. Zwei Typen sind jedoch besonders verbreitet: der Muskelberg und der Zwerg.

Der Muskelberg leidet unter einem Gotteskomplex: Er hat die höchste Meinung von sich selbst und ist immer darauf aus, herumzustolzieren und sich zu spreizen. Oft hat er eine Menge Freundinnen, rastet aber aus bei dem Gedanken, eine von ihnen könnte ihn betrügen. Und obwohl er wirklich gut aussieht, ist es – leider, leider – um seine genitale Ausrüstung eher schlecht bestellt.

Der Zwerg hält sich in Männchengruppen zurück. Ungern lässt er sich auf Kämpfe ein, ist aber Mädels gegenüber sehr aufdringlich. Man kann ihm nicht vertrauen – nie bindet er sich an eine Frau und hat keine Hemmungen, seinen besten Freund zu hintergehen. Doch eines ist nicht zu übersehen: Trotz seiner Winzigkeit ist er oft beeindruckend bestückt. Zwerge halten sich an das Motto: *Make love, not war.*

TEIL II

Die Evolution des Sittenverfalls

Jeder Krieg ist grausam: Da ist auch der Krieg der Geschlechter keine Ausnahme. Je stärker der Interessenkonflikt zwischen ihm und ihr, desto teuflischer das Ergebnis.

Kapitel sechs

Sex mit Kannibalen

Regel Nummer eins: Lass dich auf keinen Fall beim Vorspiel fressen!

Liebe Dr. Tatiana,

ich bin eine europäische Gottesanbeterin, und ich habe festgestellt, dass mir der Sex mehr Spaß macht, wenn ich meinen Liebhabern zunächst den Kopf abbeiße. Nachdem ich sie geköpft habe, geraten sie in höchst aufregende Zuckungen. Irgendwie scheint sie das hemmungsloser, gieriger zu machen – es ist einfach toll. Finden Sie das auch?

Ich mag sie kopflos in Korinth

Einige meiner besten Freundinnen sind Männerfresser, aber unter uns gesagt, Kannibalismus ist nicht mein Ding. Doch ich kann schon verstehen, warum es Ihnen gefällt. Männchen Ihrer Art sind langweilige Liebhaber. Durch Köpfen kann man da Wunder bewirken. Während ein kopfloses Hähnchen wild durch die Gegend läuft, verfällt das Männchen der Gottesanbeterin in sexuelle Raserei. Warum bringt es das nicht mit Kopf? Nun, offenbar muss man seinen Kopf verlieren, um hemmungslosen Sex zu haben.

Das Männchen der Gottesanbeterin ist bei der Annäherung und beim Fortgehen in Gefahr, doch solange es sich auf Ihrem Rücken befindet – in der Position, in der intakte Männchen Sex haben –, können Sie es nicht angreifen. Es muss jedoch keineswegs intakt sein, damit Sie Ihren Spaß mit ihm haben können. Wenn Sie ihm bei der Annäherung den Kopf abreißen, verfällt sein Körper in Zuckungen, die seinen Genitalien ermöglichen, den Kontakt mit den Ihren herzustellen. Verständlicherweise hat er allerdings etwas dagegen, seinen Kopf herzugeben. Versetzen Sie sich in seine Lage – Sie würden bis in die Spitzen Ihrer Fühler erschauern. Beim Anblick eines Weibchens würden Sie erstarren. Und dann gingen Sie unendlich vorsichtig zu Werke. Immer wenn sie zur Seite sähe, würden Sie näher rücken. Und sobald sie sich Ihnen zuwendete, würden Sie zur Salzsäule erstarren – nein, nein, schau gar nicht her, ich bin nur der Wind, ein Blatt. So geht das stundenlang, wenn es sein muss. Der Zweck? So nahe an sie heranzukommen, dass Sie ihr auf den Rücken springen können. Einmal auf ihrem Rücken, könnten Sie sie völlig unbehelligt begatten. Doch ein einziger falscher Schritt und Sie stehen mit dem Kopf unterm Arm vorm Himmelstor. Mehr Sicherheit können Sie auch mit den größtmöglichen Vorsichtsmaßnahmen nicht erreichen.

Die Weibchen von achtzig anderen Arten sind dabei erwischt worden, dass sie ihre Liebhaber, vor, während oder nach dem Sex aufgefressen haben. Spinnen sind die häufigsten Übeltäterinnen, obwohl auch mehrere andere Mantis-Arten, einige Skorpione und gewisse Zuckmücken zum Kreis der Schuldigen gehören. Die Zuckmücken – winzige Fliegen mit großem Appetit – beseitigen ihre Liebhaber auf eine besonders schreckliche Weise. Die Dame fängt ihren Paarungspartner wie irgendein Beutetier und versenkt ihren Rüssel in seinen Kopf, während beide ihre Genitalien verbinden. Ihr Speichel löst seine Innereien zu einem flüssigen Brei auf, den sie schlürft. Sie trinkt so lange, bis sie ihn leer gesaugt hat, dann lässt sie seine entleerte Hülle fallen, wie ein Kind ein langweilig gewordenes Spielzeug fortwirft. Nur seine Männlichkeit, die abbricht und in ihr stecken bleibt, bezeugt, dass es sich um mehr als eine gewöhnliche Mahlzeit gehandelt hat.

Doch vielleicht gibt es eine ganz unschuldige Erklärung für dieses Verhalten. Vielleicht ist es ein bedauernswertes, aber echtes Versehen. Oder vielleicht ist es eine seltene Psychose, die durch das Leben in Gefangenschaft hervorgerufen wird. Schließlich sind rund ein Drittel der kannibalischen Arten nur im Labor bei ihrer finsteren Betätigung beobachtet worden: Möglicherweise kommmt es daher, dass das Männchen nicht fortlaufen und sich verstecken kann. Vielleicht. Doch die Gottesanbeterin gehört zu den wenigen Arten, die sowohl im Labor als auch im Feld beobachtet worden ist – und in beiden Kontexten ist der Kannibalismus gleich häufig. Der Unterschied liegt nur darin, dass der Laborsex mehrere Stunden länger als in der freien Natur dauert, offenbar, weil das Männchen zu große Angst hat, um abzusteigen. (Normalerweise verdrückt sich das Männchen, wenn es fertig ist, ins Dickicht und bringt sich außer Reichweite. Leider berücksichtigen die Laborstudien das Unterholz nicht, daher bleibt das Männchen, wo es ist, als lasse es sich seine missliche Lage gründlich durch den Kopf gehen, solange es diesen noch hat.) Was nun die Behauptung angeht: »Ich habe meine Liebhaber aus Versehen aufgefressen«, so will ich nicht abstreiten, dass Missgeschicke nicht passieren, aber ich kenne einige Spinnenarten, deren Weibchen es eindeutig auf den Kopf des Männchens – und keinen anderen Körperteil! – abgesehen haben. Wenn eine solche Spinnendame ein Männchen sieht, lockt sie es an, nimmt eine unterwürfige »Ich bin ganz dein«-Position ein – nur um sich im nächsten Augenblick auf den armen Kerl zu stürzen, ihn einzuwickeln und in ihrer Speisekammer zu verstauen, bevor er »Kannibalin« sagen kann.

Leider wird das Männchen allzu oft gefangen und gefressen, bevor es Gelegenheit hatte, sich zu paaren. So gesehen, ist das

Ganze eine Katastrophe. Wird es schon beim Vorspiel aufgefressen, war's das: Seine Gene werden natürlich deselektiert. Und von ihrem Standpunkt? Für sie ist die Angewohnheit nicht so kontraproduktiv, wie Sie vielleicht meinen. Für viele dieser Tiere ist so ein Männchen eine üppige Mahlzeit. Eine weibliche Kreuzspinne wird zum Beispiel mit jedem Männchen, das sie verspeist, etwas rundlicher. Sie läuft nur Gefahr, sich ihren Freiern gegenüber so aggressiv zu verhalten, dass sie stirbt, wie sie gelebt hat – als giftige alte Jungfer. Doch das Risiko ist vernachlässigenswert.

Um den Grund zu erkennen, müssen wir die Angelegenheit etwas allgemeiner betrachten und schauen, was geschieht, wenn Weibchen grundsätzlich versuchen, ihre Liebhaber vor dem Sex aufzufressen. Stellen Sie sich zunächst einmal ein Land vor, in dem alle jungen Frauen von der gleichen Raubgier besessen sind. Stellen Sie sich weiter vor, jede Frau trifft nur einen Mann in ihrem ganzen Leben. Wenn jedes Mädel ihren einzigen Freier frisst, statt ihn zu bumsen, ist es für alle ein Verlustgeschäft: Niemand pflanzt sich fort und die Population stirbt aus. Doch was ist, wenn einige Burschen es irgendwie schaffen, dem Gefressenwerden zu entgehen, zumindest so lange, bis sie ihre Aufgabe erledigt haben? Jedes Männchen, das entkäme, hätte einen gewaltigen Vorteil gegenüber den weniger erfolgreichen Geschlechtsgenossen. Und wenn die Flucht genetisch bedingt wäre, würden sich die Fluchtgene ausbreiten. Jedenfalls wären alle Männchen der nächsten Generation die Söhne erfolgreicher Flüchtlinge – und folglich würden die Weibchen trotz ihrer Raubgier begattet.

Nehmen wir einmal an, im wirklichen Leben wären einige Mädels nicht so grimmig. Das kompliziert die Sachlage. Weibchen, die ihre Paarungspartner nicht auffressen, laufen keine Gefahr, Jungfrauen zu bleiben. Wenn also jede nur einen Freier hat, werden sich die freundlicheren, sanfteren Weibchen durchsetzen. Trifft nämlich ein Männchen auf eine der Nichtkannibalinnen, kann es sich mit ihr paaren, auch wenn es das Fluchtgen nicht besitzt. Infolgedessen wird sich der Vorteil abschwächen, ein fluchtfähiges Männchen zu sein; die Fluchtgene breiten sich langsamer aus – und für die raubgierigen Weibchen steigen die Aussichten, Männchen zu begegnen, die sich ihnen nicht entziehen können. Nachdem die raubgierigen Weibchen ihren einzigen Freier verspeist haben, hinterlassen sie keine Nachkommen, und die Gene für Raubgier verschwinden aus der Population.

Fügen wir zu dieser Situation noch ein weiteres kleines Element der Realität hinzu und betrachten wir, was geschieht, wenn die Wahrscheinlichkeit dafür spricht, dass jedes Weibchen vielen Männchen begegnet. In diesem Szenario spielt es keine Rolle, ob sie die meisten von ihnen auffrisst. Tatsächlich könnte es euch zum Nachteil gereichen, Mädels, wenn ihr es nicht probiert. Denn wenn alle anderen bemüht sind, ihre Liebhaber zu erwischen und aufzufressen, wird der versuchte Kannibalismus zum Test. In einer männerfressenden Kultur können eure Söhne nur dann überleben und sich vermehren, wenn es ihnen gelingt, sich den Umklammerungsversuchen eines Weibchens zu entziehen. Daher ist es ein Gebot der Vorsicht, die diesbezüglichen Fähigkeiten der Väter auf die Probe zu stellen. Zugleich werden alle Männchen, denen die Flucht gelingt, einen riesigen Vorteil gegenüber allen erringen, die weniger Glück gehabt haben, und die Fluchtgene werden sich ausbreiten.

Kurzum, je wahrscheinlicher es ist, dass die Weibchen versuchen, ihre Paarungspartner zu fressen, desto größer ist der Vorteil, ein Flüchtling zu sein, und desto rascher setzen sich in der Population die ausgezeichneten Fluchtfähigkeiten durch. In den meisten Fällen müsste man unter solchen Umständen gelungene Fluchten anstelle von kannibalischen Akten erblicken.

Doch wie kommt ein Männchen nahe genug an die Dame seines Herzens heran, um sie zu begatten, ohne von ihr gefressen zu werden? Die beschriebene vorsichtige Annäherung ist eine Technik – aber die klappt nicht, wenn sich der Freier über ein Spinnennetz anschleichen muss, auf dem sich jede Schwingung der Besitzerin mitteilt. Abgesehen davon, kann das Männchen der Gottesanbeterin immerhin ganz hinten auf den Rücken seiner Partnerin klettern und sich dort relativ sicher fühlen, doch

Spinnensex ist sehr viel gefährlicher. Bei der männlichen Spinne dienen die zwei Endabschnitte des vordersten Beinpaares (die so genannten Pedipalpen) jeweils als Penis. Eine weibliche Spinne hat zwei Genitalöffnungen an der Unterseite ihres Bauchs – Sie sehen, wo die Schwierigkeit liegt. Da ist kein Sex möglich, ohne der Dame nahe zu kommen.

Die größte Gewähr hat das Männchen, unversehrt zu entfliehen, wenn es seine Partnerin irgendwie außer Gefecht setzt. Das ist der Grund, warum das Männchen der Streckerspinne keine Angst vor Sex hat: Es hat Sporne auf seinen Cheliceren, die es so in die Mundwerkzeuge der Partnerin verkeilt, dass sie während der Umarmung nicht zubeißen kann. Das Männchen der Krabbenspinne *Xysticus cristatus* ist ein großer Liebhaber vor dem Herrn: Es steht auf Fesseln, weshalb es seine Partnerin fachgerecht verschnürt (die Glückliche!), bevor es Sex mit ihr hat. Und bei *Argyrodes zonatus*, einer winzigen silbrig glänzenden Kugelspinne, die in den Netzen viel größerer Spinnen lebt, sind die Männchen die Partylöwen der Natur. Auf ihrem Kopf tragen sie ein Horn, das eine höchst wirksame Droge absondert. Sie bieten das Horn dem Weibchen an, das daran saugt, high wird und seinen Avancen nicht mehr widerstehen kann. Allerding ist nur zu hoffen, dass die Dame nicht zu früh wach wird und Hunger bekommt.

Was nun Herrn Gottesanbeterin angeht, so hat es Mutter Natur nicht sehr gut mit ihm gemeint. Solange er den Kopf noch auf den Schultern hat, sendet sein Gehirn Verhaltensmaßregeln an seine Geschlechtsteile. Das hält seine Libido in Schach, bis er sich in der richtigen Position befindet. Wenn er seinen Kopf verliert, versiegen die Botschaften, die sein sexuelles Verhalten hemmen – er verwandelt sich in ein Sexmonster, mit dem Ergebnis, dass er noch kopulieren kann, wenn praktisch nichts mehr von ihm übrig ist. Doch obwohl sich das anhört, als hätte er einen spektakulären Anpassungsmechanismus für das Gefressenwerden entwickelt, ist der Reflex »Verlierst du den Kopf, mach Sex« tatsächlich unter männlichen Insekten sehr verbreitet. Etwas Ähnliches passiert sogar beim Menschen: Würge einen Mann, und höchstwahrscheinlich bekommt er eine Erektion, nicht aus erotischer Todeslust, sondern weil die Signale »Bleib schön unten, mein Junge« nicht mehr vom Gehirn eintreffen. Für die meisten Kerle bedeutet dieser Reflex nichts weiter als eine medizinische Merkwürdigkeit. Aber auf die meisten Kerle wartet auch nicht Frau Gottesanbeterin im Schlafzimmer.

••••••••

Liebe Dr. Tatiana,

ich bin ein Männchen der australischen Witwenspinne Latrodectus hasselti. *Ich habe zu meiner Liebsten gesagt: »Nimm mich, friss mich, dies ist mein Leib«, und mich zwischen ihre Mundwerkzeuge geschmiegt. Doch sie spuckte mich aus und sagte, ich solle mich zum Teufel scheren. Warum hat sie dieses ultimative Opfer verschmäht?*

Voller Wehmut in der Wildnis

Lässt sich etwas Widernatürlicheres vorstellen? Eine berüchtigte Männerfresserin, die sich weigert, einen Mann zu verzehren, der gefressen werden möchte? Überflüssig zu erwähnen, dass Ihr Problem höchst ungewöhnlich ist. Doch das sind Sie auch. Gezwungen, Sex mit einer Kannibalin zu haben, sind die meisten Männchen keineswegs bemüht, einen möglichst mundgerechten Eindruck zu machen.

Zwar ist es vorteilhafter, nach dem Sex als vor dem Sex gefressen zu werden, doch die meisten Burschen ziehen es vor, überhaupt nicht gefressen zu werden. Wen wundert es: Der Tod ist das Ende aller Liebesabenteuer. Daher sollte jeder, der noch Aussicht auf weitere Paarung hat, nach dem Motto handeln: Sex und weg – keine süßen Geheimnisse ins Ohr geflüstert, keine Zigarette danach. Allenfalls können Sie Ihre Partnerin ein bisschen durchprügeln, damit sie die Lust verliert, Sie zu verfolgen. Beim Sand- oder Wüstenskorpion *Paruroctonus mesaensis* schlägt das Männchen seine Partnerin mehrfach, bevor es Fersengeld gibt. Eine andere Möglichkeit ist, die Partnerin nach dem Akt in die Luft zu werfen, sodass sie am Boden ein wirres Durcheinander von Gliedmaßen bildet, während man selbst eiligst das Weite sucht – so praktiziert vom Männchen der Wolfsspinne *Lycosa rabida*.

Doch was ist, wenn keine Hoffnung auf eine erneute Paarung besteht? Das wäre zum Beispiel der Fall, wenn Sie nur fähig wären, sich einmal zu paaren, wenn Ihre Lebenserwartung kurz bemessen wäre oder wenn Sie keine Chance hätten, jemals eine andere Paarungspartnerin zu finden. Dann sollten Sie, sobald Sie Ihre Aufgabe erfüllt haben, kein Aufhebens davon machen, falls Ihre Partnerin Sie verspeist. Der männliche Vertreter der Spinnenart *Argiope aemula* widersetzt sich der Gefangennahme energisch, bevor er Sex gehabt hat – doch dann ist die Erregung gewöhnlich zu viel für ihn, und er tut seinen letzten Schnaufer *in copula*. Er hat nichts dagegen, wenn sie sich entschließt, ihm ein gastronomisches Begräbnis zuteil werden zu lassen. Beim Borstenwurm *Nereis caudata* geschieht etwas Ähnliches, doch hier ist es der Mann, der seine Frau frisst. Diese Würmer, die wie Flaschenbürsten aussehen, leben im Sand und Schlamm des Meeresbodens. Sobald das Weibchen seine Eier gelegt hat, bringt das Männchen diese in eine von ihm errichtete lange Röhre und befruchtet sie. Wie ein Drache, der einen Schatz bewacht, kümmert das Männchen sich um die Eier, bis die Larven ausschlüpfen und in die Welt hinausgehen. Kurz nachdem das Weibchen die Eier gelegt hat, gibt es seinen Geist auf. Wenn der männliche Borstenwurm beschließt, wie es gelegentlich der Fall ist, das Ende seiner Partnerin zu beschleunigen, indem er sie zu Mittag verspeist, dann nimmt sie das hin. Ihr ist alles egal.

Fressen auch andere Männchen ihre Paarungspartnerinnen? Ich habe nie davon gehört. Doch das heißt noch lange nicht, dass Männchen keine Weibchen fressen. Das tun sie durchaus, nur nicht beim Sex. Platonischer Kannibalismus ist bei vielen Arten ein Problem, von den Amöben bis zu den Affen. Es herrschen schlimme Sitten dort draußen. Der Sandtigerhai zum Beispiel praktiziert intrauterinen Kannibalismus. Sie haben richtig gehört, der größte Fötus verschlingt seine embryonalen Brüder und Schwestern noch im Leib der Mutter. Sogar einen Reim hat man auf ihn gemacht:

Der Hai, der ist ein böses Tier,
zerreißt sein Opfer voller Gier.
Kein Wunder, dass er bös und roh,
frisst er doch die andern schon *in utero*.

Dass platonischer Kannibalismus so viel häufiger ist als seine sexuelle Spielart, hat einen einfachen Grund. Kannibalismus ist ein riskantes Geschäft: Der Artgenosse, den Sie sich als Opfer ausgeguckt haben, kann den Spieß jederzeit umdrehen. Deswegen sind die meisten Kannibalen Feiglinge und halten sich nie an jemanden, der genauso groß ist wie sie. In einer typischen kannibalischen Gesellschaft fressen Erwachsene Kinder, große Kinder kleine Kinder und kleine Kinder Eier. Sogar bei Amöben sind die Kannibalen Riesen. Nun begreifen Sie, warum Kannibalismus – jeder Art, sexuell oder nicht – unter Erwachsenen selten ist.

Im Übrigen ergibt es für die meisten Männchen keinen Sinn, die Paarungspartnerinnen zu fressen: Sie verlieren die Eier, die zu befruchten sie sich so viel Mühe gegeben haben. Das ist der Grund, warum die männliche Schwimmkrabbe *Ovalipes catharus* ein Gentleman ist. Bei dieser Art ist es üblich, dass jeder jeden frisst, mit einer Einschränkung: Gefährdet ist nur, wer sich häutet. Da greift die Hasenfuß-Regel: Krabben, die sich häuten, können sich nicht verteidigen. Einige Tage lang haben sie weder eine Schale, die ihnen gegen Schläge Schutz gewährt, noch Scheren, um Schläge auszuteilen.

Unglücklicherweise müssen sich die Weibchen von *Ovalipes catharus*, wie bei Krabben üblich, während der Häutung paaren. Das liefert sie schutzlos kannibalistischen Attacken aus. Doch wo die Not am größten … Trifft ein Mann ein Weibchen, das im Begriff ist, sich zu häuten, lädt er sie auf und trägt sie umher, bis sie weich und gefügig ist. Dann begattet er sie langsam und bedächtig – manchmal mehrere Tage lang – und beschützt sie gegen Männchen mit weniger ehrenhaften Absichten, bis sich ihre Schale wieder gehärtet hat und sie auf sich selbst aufpassen kann. So ganz selbstlos ist seine Ritterlichkeit allerdings nicht. Wenn er Krabben vertreibt, die seine Partnerin fressen könnten, wehrt er auch männliche Krabben ab, die sie begatten möchten, und erhöht so die Aussichten, der einzige Vater ihrer Kinder zu sein. Die Mühe lohnt sich: Große Weibchen legen bis zu 250 000 Eier pro Mal.

Männchen fressen ihre Partnerinnen also in der Regel nicht; doch wie steht es mit Zwittern? Darüber ist so gut wie nichts bekannt. Viele Zwitter sind jedoch platonische Kannibalen, und ich kann mir vorstellen, dass es bei der Begegnung zweier Individuen gelegentlich vorkommt, dass den einen nach Sex und den anderen nach Fressen gelüstet. Da jedoch beide Seiten bestrebt sein dürften, nicht gefressen zu werden, wäre ich überrascht, wenn sich daraus ein allgemeines Problem ergäbe. Immer wenn sich sexueller Kannibalismus zur Gefahr auswächst, muss es rasch zur Evolution von Gegenmaßnahmen kommen. Sind Sie beispielsweise am schutzlosesten in den Fällen, wo Sie sich mit jemandem paaren, der größer ist als Sie, entwickeln Sie möglicherweise eine schreckliche Angst vor größeren Individuen. So vermutet man beispielsweise, dass die Gefahr des Kannibalismus den blitzschnellen Sex der zwittrigen Meeresnacktschnecke *Hermissenda crassicornis* erkläre. Die Bezeichnung »Nacktschnecke« vermittelt schwerlich einen Eindruck von der ätherischen Schönheit dieses Tieres. Nicht größer als zwei Zentimeter, sieht sie aus wie eine Landschnecke, auf der ein mächtiger Zauberbann liegt: Ein zarter, gläserner Leib von blassblauer Färbung, ein markanter organgefarbener Streifen, der am Hinterkopf verläuft, und weiter unten eine Vielzahl prachtvoller, federartiger Vorwölbungen, die aussehen, als trüge das Tier einen Mantel aus Fuchsschwänzen. Doch wenn es zum Sex kommt, machen diese Geschöpfe nicht viel Federlesens. Wie Ritter beim Turnier wieseln die beiden Tiere aneinander vorbei, die Lanzen ausgestreckt und bemüht, den anderen umzuwerfen. Doch obwohl diese Sitte sehr seltsam erscheint, ist nicht klar, ob sie tatsächlich kannibalischen Zwecken dient.

Wenn wir schon von Seltsamkeiten sprechen, so ist sicherlich nichts so seltsam wie der Wunsch von Männchen Ihrer Art (*Latrodectus hasselti*), zu Opfern des Kannibalismus zu werden. Der Drang ist so groß, dass Sie gelegentlich um das Privileg kämpfen: Ein Männchen reißt dem Weibchen einen Rivalen aus dem Rachen, wickelt ihn in Seide, als wäre er eine Fliege, und begibt sich an seiner statt geradewegs zwischen die Mundwerkzeuge des Untergangs. Die Szene ist umso absurder, als ihr Burschen Zwerge seid – hundertmal kleiner als das Weibchen –, daher sieht ein solcher Kampf aus, als würden zwei Kaninchen um einen Löwen herumtanzen. Es versteht sich von selbst, dass sich eine solche Todessehnsucht nur unter besonderen Umständen entwickeln kann. Das heißt, wenn Sie gefressen werden, müssen Sie mehr Nachkommen hinterlassen, als wenn Sie verschont werden. Bislang ist Ihre Art die einzige, von der man weiß, dass sie dieses Kriterium erfüllt. Ein Männchen der Australischen Witwenspinne, das verspeist wird, befruchtet mehr Eier als ein Männchen, das überlebt. Warum? Sie erinnern sich, dass Sie beim Spinnensex Ihre Pedipalpen in die Doppelöffnung am schwarzen, haarigen Bauch Ihrer Partnerin einführen. Nun können Sie diese Öffnungen auch erreichen, wenn sich das Ende Ihres Hinterleibs bereits zwischen den Mundwerkzeugen Ihrer Partnerin befindet. Wie sich herausstellt, dauert der Sex länger, wenn Ihre Partnerin Sie langsam auffrisst. Auf diese Weise haben Sie die Möglichkeit, mehr Spermien abzusondern und folglich mehr Eier zu befruchten. Mithin besteht Ihre Aufgabe darin, möglichst appetitanregend zu wirken.

Das ganze Geheimnis liegt darin, den richtigen Augenblick abzupassen. Weibliche Spinnen Ihrer Art sind nicht gierig – haben sie keinen Hunger, fressen sie auch nicht. Bieten Sie sich als Mahlzeit an, wenn Ihre Partnerin gerade gespeist hat, können Sie es vergessen. Sie müssen abwarten, bis sich dieser gemeine und hungrige Blick in ihren acht Knopfaugen zeigt. Ihre Kinder werden Ihnen dankbar sein für alles, was Sie anschließend für das Wohl der Familie auf sich nehmen.

* * * * * * * *

Leider wissen wir nicht, warum die Weibchen mancher Arten zu Menschenfresserinnen werden, während ihre Schwestern in eng verwandten Arten keine derartigen Tendenzen erkennen lassen. Wir können lediglich feststellen – und das scheint auf der Hand zu liegen –, dass Sexkannibalinnen niemals Vegetarierinnen sind, sondern immer Prädatoren, dass sie in der Regel größer und stärker als ihre Opfer sind und daher keine Mühe haben, diese zu überwältigen. Jungs, wenn ihr euch in eine große, raubtierhafte Lady verguckt habt, die versucht, euch den Kopf abzubeißen, kann es euch passieren, dass ihr nicht nur ihre Verabredung, sondern auch ihre Vesper seid. Wenn ihr das Gefühl habt, ihr könntet in Gefahr sein, müsst ihr euch fragen, ob ihr eurem Schöpfer jetzt oder lieber später begegnen wollt.

Lautet die Antwort »später«, dann denkt an die Regeln des SAFER SEX: vorsichtige Annäherung, kräftige Umarmung, rascher Abgang.

Lautet die Antwort »jetzt«, überlegt noch einmal: Seid ihr euch tödlich sicher, dass ihr belohnt werdet? Wenn ja, dann sprecht eure letzten Worte – und betet darum, dass euer Grabspruch lauten wird: »Er war fruchtbar.«

Und an euch Mädels die Mahnung: Jungs zu fressen, ohne sie zu bumsen, ist grundfalsch. Doch was soll's, schließlich lebt man nur einmal. Wenn es euch gefällt, Hackfleisch aus euren Liebhabern zu machen, dann tut euch keinen Zwang an, aber passt auf, das ihr keine alten Jungfern werdet. Wenn ihr deswegen keine Angst zu haben braucht – lasst sie euch schmecken!

Kapitel sieben

Verbrechen aus Leidenschaft

Mord, Gewalt in der Ehe, Vergewaltigung. Warum muss es das geben? Weil einige Jungs ein Nein als Antwort nicht akzeptieren.

Liebe Dr. Tatiana,

ich bin eine Pelzbiene, gehöre also zur Gruppe der Solitärbienen, bin aber trotzdem nie allein. Jedes Mal, wenn ich den Rüssel aus dem Nest strecke, werde ich von irgendwelchen Kerlen gejagt, die offenbar keinen anderen Lebenszweck haben, als anderen Leuten auf den Wecker zu gehen. Sie halten es anscheinend für lustig, mich zu belästigen, während ich mich meinen Pflichten widme. Dabei ist es keineswegs lustig. Es treibt mich in den Wahnsinn! Was kann ich tun, damit sie absummen?

Auf der Suche nach Einsamkeit in Oxford

Männliche Bienen und Wespen sind notorische Faulenzer. Schauen Sie sich die sozialen Arten an – Arten wie die Honigbienen und Hornissen –, die leben in großen Nestern, die von einer Königin regiert werden. Die Männer lungern herum, während ihre Schwestern – die Arbeiterinnen –, sich abschuften, um Nahrung heranzuschaffen, das Nest zu säubern und die Brut aufzuziehen. (Gelegentlich lehnen sich die Arbeiter auf. Bei der Feldwespe *Polistes dominulus* gehen die Arbeiterinnen hin und wieder einer Beschäftigung nach, die als »Männer-Wegstecken« bezeichnet wird. Es ist ein grausamer Sport. Dabei wird das Männchen gebissen, gestoßen und geschoben, sodass es mit dem Kopf voran in einer leeren Zelle des Nestes landet. Die verantwortliche Arbeiterin schiebt ihn und beißt den armen Kerl auch weiterhin in sein Hinterteil, damit er nicht herauskommen kann. Am häufigsten wird ein Männchen weggesteckt, wenn eine Arbeiterin mit Nahrung in das Nest zurückkehrt; sobald das Männchen wieder aus seiner Zelle kriechen darf, ist die Nahrung an die würdigeren Mitglieder des Nestes verteilt worden, die Larven zum Beispiel.)

Doch obwohl die sozialen Arten in ihren summenden Stöcken bei den Medien sehr beliebt sind, gehören die meisten Bienen und Wespen solitären Arten wie der Ihren an. Bei diesen Einsiedlern ist jedes Weibchen an der Fortpflanzung beteiligt. Arbeiterinnen gibt es nicht. Wohl aber Faulenzer. Viel zu häufig ist das Weibchen die typische Supermutter – sie baut das Nest, legt die Eier, versorgt jede Larve mit Nahrung, sobald sie herausgeschlüpft sind –, während das Männchen nichtsnutzig auf der Bärenhaut liegt. Das kann zu Problemen führen. In Ihrem Fall bedeutet es, dass ein Männchen, nachdem es sich zum Frühstück an Nektar gelabt hat, den ganzen Tag nichts anderes zu tun hat, als Mädels zu jagen.

Es ist eine Schande. Die Männchen Ihrer Art sind nicht gerade feinsinnig: Sie beginnen die Verführung mit einer Rempelei. Wenn ein Männchen Sie anrempelt, während Sie fliegen, kann es Sie dabei locker zu Boden schlagen. Müssen Sie an einer ganzen Männchengruppe vorbei, passiert es Ihnen unter Umständen, dass Sie alle drei Sekunden zu Boden gerempelt werden, sodass die Aufgabe, Pollen und Nektar als Vorräte für Ihr Nest zu sammeln, zu einer echten Herausforderung wird. Trotzdem sollten Sie Ihrem Schöpfer danken. Bei anderen Arten, in denen sich müßige Jugendliche in Banden zusammenglucken, kann es noch viel, viel schlimmer kommen.

Ein weibliches Dickhornschaf wird von Gangs junger Böcke manchmal kilometerweit gejagt. Das ist anstrengend und auch gefährlich, wenn es gilt, auf schmale Felsgrate zu springen. Trotzdem könnte ich wetten, dass sie froh ist, ein Dickhornschaf zu sein. Die Île Longue, die größte Insel der Kerguelen-Gruppe, eigentlich nur ein Haufen Felsen unmittelbar nördlich des Südpolarkreises, beherbergt eine Herde Hausschafe, die dort seit mehr als 30 Jahren sich selbst überlassen sind. Das Ergebnis? Im Vergleich dazu ist der *Herr der Fliegen* eine Kongregation von Teddybären. Banden von Böcken jagen die Mutterschafe nicht nur, sondern stoßen und prügeln sie regelrecht zu Tode. Das Opfer wird gehetzt, bis es zu erschöpft ist, um weiter zu fliehen, dann versuchen die Böcke, sie zu besteigen. Ein Bemühen, das selten von Erfolg gekrönt ist – wenn einer Anstalten macht hinaufzuklettern, nimmt ein anderer Anlauf und stößt ihn hinunter –, doch das bringt für das Mutterschaf keine Erleichterung. Solche Veranstaltungen können Stunden dauern, wobei das arme Schaf immer wieder Stöße und Schläge abbekommt. Wenn es schließlich vor Erschöpfung umfällt, wird es getreten und gestoßen, bis es wieder aufsteht. Wenn es am Ende nicht tot ist, läuft es Gefahr, dass ihm die Hallsturmvögel den Rest geben. Diese riesigen Seevögel – mit einer Flügelspanne von mehr als zwei Metern – haben die undelikate Angewohnheit, geschwächten Tieren die Eingeweide herauszureißen, indem sie ihnen mit den kräftigen, gebogenen Schnäbeln in den Anus hacken.

Leider bilden die Mutterschafe keine Ausnahme. Auch weiblichen Fröschen wird manchmal übel mitgespielt. Nehmen wir den in Australien beheimateten Zirpfrosch *Crinia georgiana*. Wie bei vielen anderen Froscharten suchen die Weibchen Teiche auf, um zu laichen. Wenn alles seinen normalen Gang geht, trifft Froschboy Froschgirl, klettert auf ihren Rücken und schlingt die Arme um sie – die klassische Froschumarmung, die als Amplexus bezeichnet wird. Sie legt Eier ins Wasser ab, er spritzt Spermien darauf. So weit, so gut. Doch wenn sie das Pech hat, mehrere Männchen anzulocken, dann schubsen und schieben sie einander hin und her, um sich in Position zu bringen. Im besten Fall werden nur wenige ihrer Eier befruchtet, im schlimmsten Fall erstickt sie in der Umarmung. Solche Tragödien sind keine Seltenheit: Die Weibchen der Waldfrösche, die mehrere Männchen anlocken, ertrinken in dem anschließenden Handgemenge.

Doch besser ertränkt als zerstückelt, finde ich. Bei einigen solitär lebenden Bienen- und Wespenarten sind die Männchen nach dem Winter bereits zur Stelle und versammeln sich um die Baue, aus denen die Weibchen hervorkommen werden. Taucht eine auf, kann es leicht passieren, dass sie zerrissen und getötet wird, während sich die Jungs um sie prügeln. Die Weibchen der Kotfliege suchen frische Kuhfladen auf, um sich dort zu paaren und Eier zu legen. Wenn sich mehrere Männchen auf sie stürzen, kann es auch diesen Damen passieren, dass sie zerrissen oder in flüssigen Exkrementen ertränkt werden. Vielleicht ist Zerstückelung doch nicht die schlimmste Variante.

Die Weibchen des Nördlichen See-Elefanten kommen einmal im Jahr am Strand zusammen, um zu werfen, ihre Jungen aufzuziehen und sich zu paaren, bevor sie wieder ins Meer zurückkehren. An vielen Stränden können die größten Männchen – und wenn ich groß sage, meine ich fünf Meter lang und mehr als zweieinhalb Tonnen schwer – dafür sorgen, dass die kleineren Männchen nicht in den Bereich gelangen, wo sich die Weibchen aufhalten. Aber diese jungen Männchen stehen unter dem Einfluss eines übermächtigen Verlangens. Wenn sie ein Weibchen sehen, das auf dem Weg ist, ins Meer zurückzukehren, stürzen sie sich auf das Tier – und in dem verzweifelten Wunsch, sich mit ihm zu paaren, prügeln sie es zu Tode und kämpfen um ihren Leichnam. Die Laysan-Mönchsrobbe, die einzige wirklich tropische Robbe, ist eine der gefährdetsten Robbenarten der Welt, mit vielleicht noch sechshundert frei lebenden Tieren. Leider ist der Bestand der Art durch nichts so bedroht wie durch – andere Laysan-Mönchsrobben. Die häufigste Todesart sind Angriffe erwachsener Männchen auf adulte Weibchen, die mitunter stundenlang von Banden liebestoller Männchen gequält werden, bis sie entweder tot oder durch Bisswunden so schwer verletzt sind, dass sie eine leichte Beute für die Tigerhaie sind, die von dem Lärm angelockt werden. Das Problem ist so schwer wiegend, dass die männlichen Robben zusammengetrieben werden und Medikamente erhalten, die ihre Libido dämpfen – ein verzweifelter Versuch, die Art vor dem Aussterben zu bewahren.

All das mag verrückt klingen. Entscheidend ist jedoch, dass all diese Gewalttätigkeit unabsichtlich passiert. Die Jungs wollen den Mädels gar nicht wehtun: Sie haben ja nichts davon, wenn ein Weibchen verendet, bevor es Junge bekommen hat. Also, warum sind sie so aggressiv? Die Situation ist ausweglos. Das Geschehen läuft meistens aus dem Ruder, wenn sich Männchen an einem Ort versammeln, den die Weibchen zur Fortpflanzung aufsuchen müssen, oder wenn wenige Männchen große Brutreviere besetzt halten und die anderen sich an deren Grenzen herumtreiben. Dann heißt es: Frisch gewagt, ist halb gewonnen. Wenn der Bursche sich vornehm im Hintergrund hält und die Mütze zieht, um das Mädel zu grüßen, wird er ganz gewiss nicht bei ihr landen. Vielmehr muss er zu ihr hin und seine Werbung mit Nachdruck betreiben. Kann er die übrigen Bewerber aus dem Felde schlagen, hat er die Chance, ihre Eier zu befruchten. Leider gilt das für alle anderen genauso – daher die Raufereien. Wenn sie dabei umkommt, ist das jammerschade. Aus seiner Sicht ist das so, als hätte jemand anders sie erobert.

Aus ihrer Sicht sieht die Sache natürlich ganz anders aus. Niemand möchte zerstückelt, ertränkt oder totgeschlagen werden, nicht zuletzt, weil der Tod alle weiteren Fortpflanzungsaussichten zunichte macht. Wenn das Risiko, vorzeitig umzukommen – oder böse verletzt zu werden –, eine bestimmte Schwelle erreicht, können Sie davon ausgehen, dass die Weibchen im Zuge der Evolution Gegenmaßnahmen entwickeln. Es ist die alte Geschichte. Einige Weibchen besitzen möglicherweise Eigenschaften, die es unwahrscheinlicher machen, dass sie belästigt, verletzt oder getötet werden. Sind diese Merkmale genetisch bedingt, breiten sich die Gene in der Population aus. Das heißt jedoch nicht, dass eine

Frau, die sich vielen Männern gegenübersieht, viel zu ihrer Selbstverteidigung unternehmen könnte. Selbst das wehrhafteste Geschöpf kann in der Regel nicht mit mehreren Angreifern gleichzeitig fertig werden oder tagelang ohne Pause kämpfen.

Also, was klappt? Eine beliebte Lösung besteht darin, einen Bodyguard anzuheuern. So suchen sich die Weibchen der Kiotfliege am liebsten große Männchen und werden dann auch eher in Frieden gelassen. Weibchen des Nördlichen See-Elefanten, die sich auf dem Weg ins Meer mit jemandem paaren, genießen anschließend Begleitschutz – und werden seltener von anderen angegriffen. Bei Wasserläufern – scheinbar zarten Insekten, die sich wie mit Schlittschuhen über die Oberflächen von Teichen und Flüssen bewegen – kämpft das Weibchen, um einen lästigen Freier loszuwerden, wenn nur wenige Männchen in der Nähe sind. Muss es jedoch befürchten, dass es laufend von neuen Männchen belästigt wird, falls es die ersten abwehrt, nimmt es das erste, das sich ihm nähert. Seine Gegenwart bremst die Liebesglut der anderen. Bodyguards können auch nützlich sein, wenn keine unmittelbare Lebensgefahr droht: In Begleitung eines Männchens können die Weibchen von Fasanen und Felsentauben mehr Zeit mit Fressen verbringen und müssen weniger auf Räuber oder andere Männchen achten, als wenn sie allein sind.

Doch Sie, meine liebe, fleißige Freundin, brauchen keinen Bodyguard, um sich vor Belästigungen zu schützen. In Ihrer Art ist es üblich, dass Männchen sich zu vorhersagbaren Zeiten an vorhersagbaren Orten herumdrücken. Und besser noch, es gibt keinen bestimmten Ort, an den Sie sich begeben müssen. Das heißt, die Jungs können sich nicht irgendwo auf die Lauer legen, wohin Ihr Weg Sie unbedingt führen muss. Also, bleiben Sie ihnen doch einfach fern. Wenn sich die Burschen massenweise an einem Blumenbeet herumtreiben, suchen Sie ein anderes auf. Das machen die meisten Mädels Ihrer Art.

Kopf hoch, es gibt Gelegenheiten, wo die Bandenbildung auch den Mädchen zugute kommt. Betrachten Sie den Bienenwolf *Philanthus basilaris*. Bienenwölfe sind solitäre Wespen, die andere Bienen und Wespen jagen. Die Männchen sammeln sich an bestimmten Orten, wobei jedes ein eigenes kleines Revier abgrenzt und sich denkbar unbeliebt macht, weil es hinter jedem vorbeikommenden Insekt herjagt, in der Hoffnung, das Mädchen seiner Träume zu finden. Die armen Idioten. Sie glauben, sie könnten landen, dabei landen sie allenfalls im Grab. Die Weibchen nehmen grimmige Rache für die unerwünschten Aufmerksamkeiten. Mädels, die sich bereits gepaart haben, suchen solche Männerversammlungen manchmal auf, nicht um Träume wahr werden zu lassen, sondern um ihre Kinder satt zu kriegen: Sie sammeln Männchen ein, die sie in die Nester schleppen, wo sie den geschlüpften Larven als Nahrung dienen. Dabei haben die Mädels leichtes Spiel mit den Burschen, die vor Liebe toll sind. Und einen Jungen, der in die Arme einer dieser Damen fällt, erwartet ein Schicksal, schlimmer als der Tod. Er wird gestochen, bis er gelähmt, aber nicht tot ist – Larven ziehen Frischfleisch vor –, und dann in dem Nest gehalten, bis die Larven so weit sind, dass sie ihn lebendig verspeisen können. Rache ist, so scheint es, auch bei Wespen süß.

••••••••

Liebe Dr. Tatiana,

ich bin eine australische Tangfliege Gluma musgravei *und ein empfindsamer Anhänger der New-Age-Bewegung. Ich weiß, dass Nein wirklich Nein bedeutet – aber das bringt mich nicht weiter. Die Mädels meiner Art sind roh. Immer wenn ich ihnen freundliche Avancen mache, werde ich durchgeprügelt. Sie sind entsetzlich feindselig. Gibt es nichts, was ich dagegen tun kann?*

Herr Nett ist Herr Gefrustet in Mallacoota Bay

Zum Teufel mit der Political Correctness. Bei Ihrer Art heißt Nein nun wirklich Ja. Die Mädels sind so aggressiv, weil sie wollen, dass Sie ihnen zeigen, wo's langgeht. Sie weigern sich, mit irgendjemandem Sex zu haben, der ihnen nicht körperlich überlegen ist. Wenn Sie also an Ihr Ziel kommen wollen, stellen Sie sich darauf ein, dass Sie einiges an Schlägen und Tritten einstecken müssen, bevor sich Ihre Partnerin fügt.

Für einige Geschöpfe ist gewalttätiger Sex die Norm. Krabbenesser-Robben zum Beispiel – die übrigens keine Krabben fressen, sondern Krill, winzige Krebse, von denen es in den kalten Gewässern der Antarktis wimmelt – beißen sich heftig während des Paarungsaktes, mit dem Ergebnis, dass oft beide Tiere in ihrem Blut schwimmen. Doch obwohl die Bisse gefährlich aussehen, sind sie nicht schlimmer als die Wunden beim Menschen, die sie ihm zufügt, wenn sie ihm mit den Fingernägeln über den Rücken fährt: Das Ganze ist harmlos und scheint keine Folgen zu haben. Warum sie es tun? Nun, die Geschmäcker sind halt verschieden.

Natürlich birgt die Vorliebe für die gewalttätigen Spielarten der Liebe auch Gefahren. Die harte Tour hinterlässt Spuren an den Tieren. So sind die Köpfe älterer Krabbenesser-Bullen mit Narben übersät, den Liebesbeweisen früherer Paarungspartnerinnen. Wenn ein Bisonbulle eine Kuh besteigt, setzt er seine Vorderhufe auf ihren Rücken, wobei manchmal etwas Fell abgeschabt wird. Wenn sie ihren achten Geburtstag feiert, hat sie in der Regel zwei kahle Flecken auf dem Rücken. (Während der Paarung muss sie das ganze Gewicht ihres massigen Liebhabers aushalten: Wenn er ejakuliert, erfassen ihn Krämpfe, in deren Verlauf sich seine Hinterhufe vom Boden lösen.) Bei den Indopazifischen Seekühen *(Dugongs)* – vegetarischen Meeressäugern, die in Seegrasfeldern weiden, indem sie mit hornigen Ballen an ihren Unterlippen Pflanzen samt den Wurzeln herausreißen – haben die Weibchen oft Narben auf dem Rücken, Spuren der plumpen Liebesbemühungen ihrer Partner.

Schlimmer noch, es kommt auch zu Unfällen. Beim Zwergbachsalamander vergräbt das Männchen seine mit Widerhaken versehenen Zähne in den Hals des Weibchens, bevor es sein

Samenpaket abliefert; gelegentlich bleiben die Zähne im Hals stecken, und das Männchen kann sich nicht mehr losreißen. Bei den Südlichen See-Elefanten – die männlichen Tiere sind noch größer als die der Nördlichen und erreichen eine Länge von sechs Metern und ein Gewicht von rund vier Tonnen – kann es einem unachtsamen Bullen passieren, dass er der Kuh in den Kopf statt in den Hals beißt und ihr dabei den Schädel zermalmt. Dem Männchen des Amerikanischen Nerzes unterläuft gelegentlich ein ähnlich fatales Missgeschick: Hin und wieder durchbohrt es ihr die Schädelbasis, statt sie am Genick zu packen. Die Vorstellung eines männlichen Seeotters von einem zärtlich Kuss ist ein Biss in die Nase, der tödlich enden kann, wenn sich die Wunde entzündet.

Solche folgenreichen Unfälle fesseln natürlich unsere Aufmerksamkeit, wie alle schlechten Nachrichten. Doch dabei dürfen wir den Blick für das Wesentliche nicht verlieren. Der entscheidende Unterschied zwischen diesen Unfällen und denen, die ein libidinöser Mob verursacht, liegt darin, dass jene nicht auf das Konto egoistisch handelnder Männchen gehen. Ein Männchen, das absichtlich die Schädel seiner Partnerinnen zermalmte, würde nicht viele Nachkommen hinterlassen. Bei Arten, in denen die Wahrscheinlichkeit gering ist, dass ein einzelnes Mädchen von einer ganzen Bande angegriffen wird, ist das Risiko, beim Sex getötet zu werden, vernachlässigenswert gegenüber der Gefahr, auf andere Weise ums Leben zu kommen. Solche Liebesunfälle zu vermeiden, ist bei diesen Arten eine Sache des Glücks und nicht der Evolution. Das liegt daran, dass die Gene, die die Tiere vor solchen Schädelverletzungen beim Liebesakt bewahren könnten – etwa Gene, die sie mit einem widerstandsfähigeren Schädel ausstatten –, sich in der Population nicht ausbreiten werden, wenn die Häufigkeit solcher Schädelverletzungen verschwindend gering wäre.

Nun ist es so, dass tote Mädels zwar keine Kinder bekommen können, verletzte Partnerinnen aber wohl – das hängt von der Verletzung ab. So gesehen, sind diese Unfälle doch gefährlicher, als sie scheinen: Was soll einen Typen davon abhalten, seine Partnerin zusammenzuschlagen, solange es sie nicht das Leben kostet, vor allem, wenn die Tracht Prügel ihr weiteren Sex unmöglich macht und sie folglich daran hindert, ihn zu betrügen? Keine Angst, Mädels, damit kämen die Kerle nicht lange durch. Wenn der Paarungsakt die Gefahr ernsthafter Verletzungen heraufbeschwören würde, könntet ihr damit rechnen, dass die Evolution euch rasch mit Merkmalen ausgestattet hätte, die euch vor Schaden bewahrten.

Betrachten wir zwei Beispiele. Das erste stammt von den Haien. In dieser Monsterwelt nimmt der Sex oft brutale Züge an. Das Männchen packt das Weibchen mit seinen Kiefern, während es versucht, einen seiner Penisse oder »Begattungsorgane« einzuführen. (Die Begattungsorgane der Haie sind röhrenartig geformte Bauchflossen, von denen das Männchen zwei besitzt. Sie sind parallel zum Bauch angeordnet; das eine Ende berührt die Genitalöffnung, während das andere so ausgerichtet ist, dass es in das Weibchen eingeführt werden kann. Beim Paarungsakt treten Spermien aus der Genitalöffnung in ein Begattungsorgan ein und werden mit einem Strahl Meerwasser in das Weibchen geschwemmt.) Erwachsene Weibchen sind häufig vernarbt oder weisen Lücken in ihren Flossen auf. Zwar möchte ich von keinem Hai gebissen werden – auch keinem in zärtlicher Stimmung –, doch wenn Sie ein Hai-Mädchen sind, macht Ihnen das nicht viel aus. Nehmen Sie den Blauhai. Adulte Weibchen haben häufig frische Bisswunden oder Narben am Körper. Doch das stört sie nicht weiter: Wenn die Mädels in die Pubertät kommen, verdickt sich ihre Haut; als Erwachsene haben sie eine Haut, die doppelt so dick ist wie die von Männchen gleicher Größe – noch bezeichnender: Ihre Haut ist dicker, als seine Zähne lang sind. Beim Stachelrochen *Urolophus halleri*, einem nahen Verwandten der Haie, hat das Weibchen nicht nur dickere Haut als das Männchen, dieses hat auch ganz besondere spitze Zähne, um seine Partnerin festzuhalten. Während Weibchen und junge Männchen Reihen glatter Zähne besitzen, die sich aneinander fügen wie die Steine einer gut gepflasterten Straße, hat ein adultes Männchen spitze Zähne, die seine Liebesbisse unwiderstehlich machen. Manchmal ist es auch umgekehrt, dann beißt das Weibchen das Männchen – und das Männchen hat Merkmale entwickelt, die das Verletzungsrisiko verringern. *Falcatus falcatus* ist ein Hai, den wir nur von etwa 320 Millionen Jahren alten Fossilien kennen. Das Männchen würde wohl von heutigen Haien ausgelacht werden, wenn es sich im Meer zeigte: Auf dem Kopf trug es einen großen Handgriff, eine modifizierte Flosse, die sich nach vorne über seinen Kopf krümmte, sodass es aussah wie ein haiförmiges Bügeleisen. Nach der kompromittierenden Stellung zu urteilen, in der ein fossiles Pärchen aufgefunden wurde, hat die Evolution das Männchen mit dem Handgriff ausgestattet, damit das Weibchen etwas hatte, in das es während des Sex beißen konnte.

Mein zweites Beispiel für die Evolution von Gegenmaßnahmen liefert uns der zwittrige Meeres-Strudelwurm *Pseudoceros bifurcus*. Bei Zwittern ist jeder Angehörige der Art ein potenzieller Paarungspartner; die üblichen Kämpfe zwischen Rivalen, die sich um Partnerinnen streiten, gibt es nicht. Tatsächlich ist für viele Zwitter der Sex eine amouröse, genussvoll in die Länge gezogene Angelegenheit. Jedoch nicht für *Pseudoceros bifurcus*. Bei dieser Art ziehen die Individuen offenbar die männliche der weiblichen Rolle vor, denn sie haben für die Besamung eine Art *Hit-and-run*-Technik entwickelt. Dazu jagen sie ihren Penis irgendwo in den Körper des Opfers, bevor sie mit höchstem Tempo davongleiten. Doch da eine klaffende Wunde davonträgt, wer auf diese Weise gestochen wird, gewinnt jedes Individuum, das sich verteidigen kann, einen augenblicklichen Vorteil. Das Ergebnis? Penisfechten.

Wie immer beim Fechten versuchen die Kontrahenten zu treffen, ohne selbst getroffen zu werden. Es ist kein Kampf bis zum Tod, sondern bis zur Penetration. Solche Duelle können bis zu einer Stunde dauern, wobei jeder Duellant zusticht und Ausfälle macht, ausweicht und abwehrt. Es ist ein erhebender Anblick. Die Geschöpfe sehen aus wie kleine persische Teppiche – flach und mit bunten Mustern geschmückt, die kompliziert sind und sich wiederholen. Wenn sie schwimmen, wirken sie wie fliegende Teppiche. Das Duell ist zu Ende, wenn es einem der Tiere gelingt, das andere mit seinem Penis zu durchbohren. Das ist noch immer kein lustvolles Geschehen, aber immerhin hat der Verlierer es nicht kampflos mit sich geschehen lassen.

Ich hoffe, ich habe Sie davon überzeugt, dass ein bisschen Klapsen und Kitzeln nicht gar so verdammenswert ist. Um noch einmal auf Ihren Fall zurückzukommen, männliche Tangfliegen erhalten wichtige Informationen bei dem Paarungsgerangel. Wählerische Männchen paaren sich nicht mit jedem Weibchen, das sie im Kampf überwinden. Sie erwählen nur die kräftigsten. Denn diese sind am ehesten in der Lage zu überleben. Niemand weiß, warum die Männchen so heikel sind. Eine Möglichkeit könnte sein, dass nicht vorhergesagt werden kann, wann Tang – in den die Weibchen ihre Eier ablegen – an den Strand geschwemmt wird. Daher haben robustere Weibchen bessere Aussichten, so lange zu leben, bis der Seetang von den Gezeiten an den Strand gespült wird. Also keine falsche Scheu. Stürzen Sie sich ins Getümmel und hauen Sie die Mädels windelweich, bis sie kuschen.

••••••••

Liebe Dr. Tatiana,

ich bin eine Grille Cyphoderris strepitans *und habe gerade nach meiner Häutung das Mannesalter erreicht. Während ich mich mit meinem neuen männlichen Körper vertraut mache, habe ich einige Zähne auf dem Rücken bemerkt. Das scheint mir doch eine seltsame Stelle für Zähne zu sein. Wozu dienen sie?*

Anatomisch ratlos in den Rockies

Wissen Sie, was eine Bärenfalle ist? Das ist eine Falle aus zwei Hälften, die wie zackenbewehrte Kiefer aussehen, von kräftigen

Sprungfedern zusammengezogen werden und in gespanntem Zustand böse grinsend auseinander klaffen. Tritt ein Tier auf den Auslöser, schlagen die Kiefer zusammen, und die Beute hat keine Chance, sich loszureißen. Früher haben die Trapper solche Fallen verwendet, um Bären, Wölfe, Nerze, Zobel und ähnliche Tiere zu jagen. Im 18. Jahrhundert fing man damit sogar Menschen. Das ist kein Witz. Man stellte riesige Bärenfallen aus Stahl auf, um Wilderer zu schnappen, die sich am Wildbestand der Aristokraten vergingen.

Heute sind Bärenfallen glücklicherweise für Marder und Menschen gleichermaßen verboten. Doch mit solcher Humanitätsduselei darf man Mutter Natur nicht kommen. Die Zähne auf Ihrem Rücken sind eine Bärenfalle, die für die Mädels gedacht ist. Und die funktioniert folgendermaßen. Bei Ihrer Art liegt das Weibchen üblicherweise oben. Wenn Sie sich nun nach oben krümmen, um den Kontakt der Genitalien herzustellen, bewirkt die Biegung Ihres Rückens, dass die Zähne der Bärenfalle sich um den Bauch der weiblichen Grille schließen und sie festhalten. Ist sie erst einmal gefangen, muss sie mit Ihnen Sex haben, ob es ihr gefällt oder nicht. Richtig. Die Bärenfalle erlaubt Ihnen, sie zu vergewaltigen.

Warum sollten Sie so etwas tun? Nun, die Welt ist schlecht, was in besonderem Maße für die Weibchen Ihrer Art gilt. Die haben nämlich die üble Angewohnheit, Ihr Blut zu trinken. Vermutlich ist Ihnen aufgefallen, dass Sie nicht nur die Bärenfalle haben, sondern auch noch eine merkwürdige anatomische Eigentümlichkeit, ein weiches, fleischiges Hinterflügelpaar. Sie würden nicht weit damit kommen, wenn Sie mit ihnen zu fliegen versuchten. Nein, diese Flügel haben sich offenbar entwickelt, damit die Frauen daran knabbern können. Beim Sex nimmt sie ein oder zwei Bissen von Ihren Flügeln und schleckt dann das Blut auf, das herausströmt. Anschließend trocknet das Blut und Ihre Hinterflügel werden zu hässlich verstümmelten Gebilden. Die Weibchen bevorzugen natürlich Jungmänner, weil nur die knackige, intakte Flügel haben; wer will schließlich jemanden haben, an dem schon andere herumgekaut haben? Ein derart wählerisches Verhalten bedeutet für euch Männchen ein Problem, denn ihr wollt euch natürlich mehr als einmal paaren. Das ist der Grund, warum Sie ein Weibchen in der Falle fangen, wenn es auf Ihren Rücken steigt, um den Zustand Ihrer Hinterflügel zu überprüfen. Wenn Sie noch Jungmann sind, spielt es keine Rolle – sie würde sich sowieso mit Ihnen paaren. Doch falls Ihre Hinterflügel verstümmelt sind, können Sie sie mittels der Bärenfalle zum Bleiben überreden.

Machen Sie sich keine Gedanken, Sie sind nicht der Einzige, der sich einer solchen Vorrichtung bedient, um unwillige Weibchen einzufangen. Schauen Sie sich die Skorpionsfliegen an, Insekten mit langen Flügeln, die hauchdünn und durchsichtig sind und schwarze Flecken aufweisen. Männliche Skorpionsfliegen haben ein spezielles Begattungshilfsorgan, eine Art Zange auf dem Hinterleib, mit deren Hilfe sie widerspenstige Weibchen in Schach halten. Wie in Ihrem Fall wird dieses Organ bei allen Paarungsakten verwendet, doch zur Waffe wird es erst, wenn das Männchen seine Partnerin gegen ihren Willen gefügig macht. Was entscheidet über die Bereitschaft eines Weibchens? Ob er eine gute Mahlzeit zu bieten hat oder nicht.

Bei den Skorpionsfliegen geht es altmodisch zu: Er zahlt für das Essen, sie lässt ihn ran. Da Skorpionsfliegen zu den Geiern der Insektenwelt gehören – sie sind Aasfresser und ernähren sich von toten Insekten –, reicht er ihr klassischerweise einen hübschen Insektenkadaver. Wenn Weibchen einen solchen Leckerbissen erhalten, lassen sie sich ohne Umstände begatten – doch manchmal sind tote Insekten rar. Um sich einen solchen zu verschaffen, muss ihn das Männchen gelegentlich von einer Spinne stehlen – kein ganz ungefährliches Unterfangen. (Tipp: Wenn Sie eine männliche Skorpionsfliege sind, haben Sie einen großen, knollenförmigen Penis. Falls Sie sich nun in der Speisekammer einer Spinne befinden und die Eigentümerin versucht, Sie aufzuhalten, versetzen Sie ihr einen kräftigen Schlag mit Ihrem Glied, und sie wird sich zurückziehen. Solltet ihr euch, Mädels, einmal in der gleichen misslichen Situation befinden, versucht ihr es am besten mit einem kräftigen Kopfstoß.)

Falls sich ein Männchen weder auf faire noch unlautere Weise ein Insekt beschaffen kann, sondert er mithilfe seiner Speicheldrüsen einen großen gallertartigen Klumpen ab – lecker. Vielleicht nicht ganz so lecker wie eine Insektenleiche, aber immerhin. Einige Männchen haben weder Lust, diesen Klumpen zu sezernieren noch eine Spinne zu beklauen. Infolgedessen haben sie den Weibchen nichts zu bieten und wenden stattdessen Gewalt an.

Sowohl bei der Grille *Cyphoderris strepitans* wie bei der Skorpionsfliege ist Vergewaltigung das Mittel der totalen Verlierer, der Burschen am Rande der Gesellschaft, denen keine andere Möglichkeit bleibt, ihre Gene zu verbreiten. Bei diesen Arten ist es nämlich vorteilhafter, ein williges Weibchen zu begatten, als eines, das sich wütend wehrt und strampelt – Männchen mit einverstandenen Partnerinnen kopulieren länger, übertragen mehr Spermien und zeugen mehr Kinder. Doch wenn Sie ein Männchen sind, das nichts zu bieten hat, sind Sie auch nicht in der Lage, irgendjemanden zu verführen – und Ihnen bleibt als einzige Option nur der Zwang. Tatsächlich kennt die Evolution keine Gnade mit Verlierern, die sich brav in ihr Schicksal fügen. Wenn Sie nichts zu bieten haben und sich nicht zur Gewalt entschließen können, werden Ihre braven Gene mit Ihnen zugrunde gehen.

Doch glauben Sie ja nicht, alle Vergewaltiger wären Kerle, die ein Mädchen nicht auf andere Weise rumkriegen könnten. Vergewaltigungen sind ebenfalls dokumentiert bei Hummern, Fischen, Schildkröten, Vögeln, Fledermäusen und Primaten. Dabei wird die Identität der Übeltäter nicht immer bekannt: Bei der Kleinen Braunen Fledermaus schleichen sich anonyme Männchen durch die riesigen Winterschlafplätze und vergewaltigen Weibchen (und sogar Männchen), die Winterschlaf halten. Zumindest bei den Vögeln sind die Vergewaltiger in der Regel hoch geachtete Ehemänner und Väter. Betrachten Sie nur den Weißstirnspint, einen kleinen bunten Vogel, der in großen Kolonien überall in Zentral- und Ostasien lebt. Männchen und Weibchen bilden dauerhafte Paare, die Jahr für Jahr zusammen nisten.

Doch lassen Sie sich davon nicht täuschen. Von einer harmonischen Ehe kann beim Weißstirnspint keineswegs die Rede sein. Vergewaltigungen gehören zum Alltag. Wenn sich ein Weibchen allein von ihrem Nest entfernt, muss es damit rechnen, dass es von mindestens einem Männchen gejagt wird, manchmal aber auch von Gruppen bis zu zwölf üblen Gesellen. Gelingt es ihnen, sie auf dem Boden festzunageln, hüpfen sie alle zugleich auf sie drauf und versuchen, sich mit ihr zu paaren. In einigen Kolonien ist die Wahrscheinlichkeit eins zu fünf, dass ein Weibchen im Laufe eines Jahres vergewaltigt wird. Doch obwohl es in einem solchen Jahr viele Junggesellen geben mag – und nach der Desperado-Theorie die Junggesellen als die Hauptverdächtigen gelten müssen –, sind sie unschuldig. Fast alle Möchtegern-Vergewaltiger leben mit anderen Weibchen der Kolonie zusammen. Bei der Schneegans *Chen caerulescens caerulescens*, einem Vogel, der ebenfalls in Kolonien lebt, verhält es sich noch schlimmer. Bei dieser Art werden sogar nistende Weibchen immer wieder von verheirateten Männern angegriffen. Eine Frau, die nur einen Augenblick alleine zu Hause bleibt, muss damit rechnen, dass sie vom Nachbarn angegriffen wird; dabei ist sie meistens deshalb allein, weil ihr Mann unterwegs ist, um andere Frauen zu vergewaltigen. In einigen Kolonien kommt auf ein Weibchen alle fünf Tage ein Vergewaltigungsversuch.

Soweit wir wissen, führt dieses unerhörte Betragen jedoch selten zur Empfängnis. Nach den besten vorliegenden Schätzungen wird nur ein Prozent der Jungen des Weißstirnspints durch Vergewaltigung empfangen. Bei der Schneegans liegt die Zahl bei fünf Prozent. Warum geben sich diese Kerle also nicht damit zufrieden, sich um ihre Frauen und Kinder zu kümmern, wie es sich für rechtschaffene Mitglieder der Gesellschaft gehört? Wie bei den meisten anderen Vogelarten, bei denen die Weibchen den sexuellen Übergriffen von Männchen ausgesetzt sind, leben die Tiere auch hier sehr dicht aufeinander. Unter diesen Umständen braucht sich ein Männchen nicht lange nach geeigneten Opfern umzusehen: Der Aufwand für eine Vergewaltigung ist minimal. Daher muss die Belohnung – in Form von weiteren Nachkommen – nicht übermäßig sein, um dem Verhalten Dauer zu verleihen.

Doch woher wissen wir eigentlich, dass die Mädels dies alles wirklich nicht wollen? Sexueller Zwang ist stets schwer zu beurteilen: Strampeln und Widerstand sind nicht immer echte Anzeichen von Widerstreben. Doch viele Weibchen wehren sich nur, wenn sie auch wirklich nicht wollen. Nehmen wir den Amerikanischen Hummer. Die Weibchen können sich paaren, wenn sie sich gerade gehäutet haben, aber auch wenn ihr Panzer hart ist. Sobald sich die Weibchen zu häuten beginnen, begeben sie sich auf die Suche nach geeigneten Männchen, und falls sie einen Burschen finden, der ihnen gefällt, gehen sie bereitwillig mit ihm mit. Keine Ziererei und kein Widerstand. Hat ein Weibchen mit hartem Panzer Lust auf einen Mann, präsentiert sie ihm nach denkbar kurzen Präliminarien den Hinterleib. Doch ein Weibchen, das keine Lust hat, rennt vor den Avancen eines Männchens davon. Das läuft hinter ihr her und versucht unter Umständen sogar, sie aus ihrem Bau herauszuzerren. Wir können auch die Skorpionsfliegen nehmen. Die Weibchen fliegen zu den Männchen, die Leckerbissen anzubieten haben, und lassen sich begatten, während sie fressen. Männchen, die mit leeren Händen kommen, schenken sie keine Beachtung. Wenn sie von der Zange eines Männchens gegriffen werden, versuchen sie verzweifelt, sich zu befreien. Sie drehen und wenden ihren Hinterleib, um den Genitalkontakt zu vermieden. Paart sich das Weibchen eines Weißstirnspints mit ihrem Ehemann – und das macht sie alle zwei Stunden, während sie Eier legt –, gestattet sie ihm, sie mit einem Insekt zu füttern, und hält still, während er auf ihr herumflattert. Doch wenn sie von anderen Männchen angemacht wird, ergreift sie die Flucht. Zwingen die Missetäter sie zu Boden, drückt sie den Hinterleib fest auf die Erde und hält den Schwanz nach unten, eine Haltung, die die Begattung verhindert. Mehr noch, bevor sie das Nest verlässt, pfeift sie. Ist ihr Ehemann in der Nähe, ruft ihn der Pfiff herbei, sodass er sie begleiten kann. Keine schlechte Idee: Weibchen mit Begleitschutz werden kaum jemals angegriffen.

Alle diese Erkenntnisse und die Beobachtung, dass nur ein kleiner Bruchteil der Vergewaltigungsversuche tatsächlich Nachkommen produziert, lassen darauf schließen, dass der Widerstand keine List ist, um männliche Aufmerksamkeit zu erregen. Statt sich zurückzulegen und an England zu denken, ist die Einstellung vieler Weibchen bei solchen Angriffen eher: »Lieber tot als entehrt«. Was eine andere wichtige Frage aufwirft. Wenn denn Widerstand zu schweren Verletzungen führen kann, warum hat dann die Evolution die Weibchen nicht mit einer Reaktion ausgestattet, die sie veranlasst, sich in das Unvermeidliche zu fügen? Das ist zwar noch nicht untersucht worden, doch ich bin mir ziemlich sicher, dass für die Unterwerfung ein hoher Preis zu zahlen ist – einer, der im Schnitt die Risiken von Verletzung oder Tod überwiegt. Der Preis ist unschwer vorstellbar: Erinnern Sie sich, dass bei einigen Vögeln ein Männchen, das seine Partnerin der Untreue verdächtigt, weniger Anstrengungen unternimmt, die Jungen zu füttern, mit dem Erfolg, dass diese manchmal sogar verhungern. Bei einigen Arten der Skorpionsfliege leben die Weibchen von den Bemühungen des Männchens, sie zu füttern, und müssen nie einen Finger für die Nahrungsbeschaffung rühren, eine Beschäftigung, die das Risiko, ein Leckerbissen für die Spinnen zu werden, beträchtlich erhöht. Doch ein Weibchen, dem es nicht gelingt, sich den Vergewaltigungsversuchen zu entziehen, müsste sich selbst um die Nahrung kümmern oder Hunger leiden. Und von einigen Arten wissen wir, dass die Weibchen einen erheblichen Preis dafür bezahlen, wenn ihnen Paarungspartner aufgezwungen werden – etwa durch einen Wissenschaftler –, statt Gelegenheit zu haben, diese frei zu wählen. Sowohl bei der Fruchtfliege *Drosophila melanogaster* als auch der Feldgrille *Gryllus bimaculatus* haben die Weibchen, denen ein Partner zugewiesen wird, weniger Nachkommen als bei freier Wahl.

Wenn die Männchen von Vögeln, Hummern, Skorpionsfliegen und Grillen der Art *Cyphoderris strepitans* Vorteile davon haben, Weibchen zum Sex zu zwingen, wie steht es dann mit den Menschen? Ich weiß, der Gedanke, dass Vergewaltigungen natürlich sein könnten – worunter ich ein intrinsisches, durch die

Evolution hervorgebrachtes Element männlichen Verhaltens meine –, ist abstoßend, unerträglich. Aber um es ganz offen zu sagen, es ist durchaus möglich. Die Evolution gehorcht nicht den Moralgesetzen der Menschen, noch drückt sich in der menschlichen Moral irgendein Naturgesetz aus. Die Todsünden sähen ganz anders aus, brächten sie evolutionäre Verbote zum Ausdruck. Lust zum Beispiel würde als Tugend gelten; Keuschheit als beklagenswertes Fehlverhalten. Im Prinzip könnte sich die Vergewaltigung beim Menschen wie bei jeder anderen Tierart entwickelt haben: Wenn Vergewaltiger im Durchschnitt mehr Nachkommen haben als andere Männer, hätten sich alle Gene, die diesem Verhalten möglicherweise zugrunde lägen, in der Population ausgebreitet.

Diese Logik ist unbezweifelbar. Abgesehen davon lässt sich jedoch nichts Definitives sagen. Gegenwärtig wissen wir so gut wie nichts über die genetischen Bedingungen der Vergewaltigung bei Tieren, vom Menschen ganz zu schweigen. Doch nehmen wir an, bei einigen Männern stellt sich heraus, dass sie Gene besitzen, die sie zu potenziellen Vergewaltigern machen. Würde das Vergewaltigungen gesellschaftsfähig machen? Natürlich nicht. Das Verständnis der menschlichen Evolution und Genetik kann uns eines Tages vielleicht mitteilen, warum wir sind, wie wir sind. Es kann uns aber auf keinen Fall mitteilen, wie wir gerne wären.

* * * * * * * * *

Mädels, wenn ihr wissen wollt, wie das Profil eines typischen Vergewaltigers aussieht, so kann ich euch leider nicht damit dienen. In einigen Gesellschaften sind sie verzweifelte Verlierer. In anderen handelt es sich um verheiratete Männer. Wieder in anderen neigen unterschiedslos alle Männer – Alt und Jung, untergeordnet und dominant – hin und wieder zur Gewaltanwendung in Liebesdingen. Es gibt keine allgemeine Regel. Also, was soll ein Mädchen am besten tun? Hier sind meine Richtlinien zur Selbstverteidigung:

1. VERMEIDET ES, Aufsehen zu erregen. Versteckt euch oder seid auf andere Weise unauffällig.
2. VERMEIDET ES, alleine auszugehen. Bemüht euch um männlichen Begleitschutz. Wenn das nicht möglich ist, sucht die Gesellschaft von Frauen.
3. VERMEIDET die Nähe müßiger Männergruppen. Wenn sie sich an Orten versammeln, die ihr aufsuchen müsst, probiert, euren Besuch zeitlich so zu legen, dass er mit dem Besuch anderer Frauen zusammenfällt.
4. VERMEIDET NICHT, Waffen zu tragen. Männer sind erstaunlich zuvorkommend, wenn Frauen gut bewaffnet sind.

Kapitel acht

Die Hölle kennt keine solche Wut wie eine verschmähte Frau

Ist es also so, dass die Kerle sich streiten und prügeln, während die Mädels in Frieden und Harmonie leben? Mitnichten …

Liebe Dr. Tatiana,

ich heiße Jérôme, bin ein Teichhuhn-Männchen und sehr besorgt über das gewalttätige Verhalten der Mädels meiner Art: Sie sind keine netten Hühnchen, sondern Harpyien. Beim geringsten Anlass gehen sie in die Luft und fangen an, sich mit den Krallen zu bearbeiten. Warum sind sie so ungebärdig, und wie kann ich sie daran hindern, einander umzubringen?

Auf der Suche nach weiblicher Vernunft in Norfolk

Seien Sie unbesorgt. Bei den meisten Arten sind die Weibchen viel zu empfindsam, um sich umzubringen. Und wenn sie tatsächlich einen Kampf auf Leben und Tod ausfechten, geht es gewöhnlich nicht um einen Mann, sondern um etwas Wichtiges – zum Beispiel ein Haus. Selbst dann noch sind Auseinandersetzungen mit tödlichem Ausgang selten. Gelegentlich kommen sie bei Fransenflüglern vor – winzigen schwarzen Insekten mit Flügeln –, die – der Name deutet es an – wie winzige Federn aussehen. Bei manchen australischen Arten besitzen die Weibchen starke vordere Gliedmaßen, mit denen sie sich im Kampf um ihre ideale Heimstatt, eine Galle auf einem Akazienbaum, gegenseitig umbringen. Auch Ameisenköniginnen können sich ziemlich kriegerisch aufführen. Bei *Veromessor pergandei* kooperieren die Königinnen, um eine Kolonie zu gründen, aufzuziehen und in Schwung zu bringen. Mehrere Königinnen können eine Kolonie rascher gründen als eine Königin allein und auch besser gegen Angriffe von Nachbarinnen verteidigen. Doch sobald die Kolonie richtig in Schwung gebracht ist, gehen die Königinnen erbarmungslos gegeneinander vor und reißen sich gegenseitig in Stücke, um die alleinige Herrschaft über das Nest zu erringen. Doch wenn du ein Mädchen bist, sind die Vorteile, die du hast, wenn du Rivalinnen umlegst, im Allgemeinen nicht das Risiko wert, selbst getötet zu werden.

Das soll allerdings nicht heißen, dass Mädchen nie um die Jungs kämpfen. Wie Ihnen jede Frau sagen kann, die eine Mädchenschule besucht hat, kann es böse zugehen, wenn Jungen knapp sind. Häufig ist das Problem vorübergehend: Am Anfang der Fortpflanzungsperiode des Typischen Teichmolchs sind die Mädels ganz wild darauf, während die Jungs, die nur einen begrenzten Spermienvorrat für die ganze Saison haben, sich zunächst ziemlich zurückhaltend geben. Das Ergebnis? Schlechte Manieren. Da Molche ihre Samenpakete auf dem Boden ablegen, stehlen weibliche Singles sie den zärtlichen Paaren, kaum dass das Männchen sie deponiert hat. Am Ende der Fortpflanzungsperiode haben die meisten Weibchen das Interesse verloren – nachdem sie sich gepaart haben, haben sie alle Hände voll damit zu tun, Eier zu legen, was nur langsam vonstatten geht, weil sie jedes einzeln in ein Blatt wickeln. Jetzt streiten sich die Jungen um die Mädels, die noch Interesse zeigen.

Ganz ähnlich sind bei der australischen Heuschrecke *Kawanaphila nartee*, einem eleganten filigranen Wesen, das mit unseren Grillen verwandt ist, zu Beginn der Fortpflanzungsperiode Junggesellen sehr gefragt. Das liegt daran, dass diese Insekten gern Pollen fressen und dass Anfang Frühling die meisten Blumen noch nicht geblüht haben. Nun werben Männchen, indem sie eine üppige Mahlzeit absondern, die sie zugleich mit ihren Genen darbieten, sodass die frühjahrsbedingte Pollenknappheit ein doppelter Fluch ist: Viele hungrige Weibchen, die wild darauf sind, sich zu paaren, um sich richtig satt essen zu können, und kaum Männchen, die genug gefressen haben, um der Partnerin eine anständige Mahlzeit bieten zu können. Wenn unter diesen Umständen ein Männchen seine verkümmerten Flügel aneinander reibt, um bekannt zu geben, dass er eine Mahlzeit präpariert hat, kommen mehrere Weibchen angesprungen und kämpfen um das Recht, sich zu paaren. Sobald genügend Pollen im Angebot ist, kehrt jedoch wieder Ruhe ein. Sind die Weibchen erst einmal besser genährt, haben sie auch weniger Appetit auf Sex, obwohl jetzt mehr Männchen in der Lage sind, am Werbungsritual teilzunehmen.

Doch das sind eher harmlose Beispiele. Bei manchen Arten ist der Männermangel chronisch. Bei *Acraea encedon*, einem afrikanischen Schmetterling, ist das Missverhältnis gravierend. In einigen Regionen sind mehr als 90 Prozent der Schmetterlinge weiblich. Warum? Weil die Insekten mit der schrecklichen Krankheit *Wolbachia* infiziert sind. *Wolbachia* ist eine Bakterie, die häufig in Insekten angetroffen wird. Wie ein formveränderliches Monster hat sie verschiedene Auswirkungen auf die jeweiligen Wirtsorganismen. Für diese Schmetterlinge ist sie König Herodes: Sie bringt die kleinen Jungen in einem frühen Stadium ihrer embryonalen Entwicklung um. Wo *Wolbachia* häufig ist, ist das Männchen von *Acraea* selten – und die Weibchen rotten sich zusammen, um jeden Schmetterling zu jagen, dessen sie ansichtig werden, in der Hoffnung, einen Paarungspartner zu finden.

Der übliche Grund für Männermangel ist glücklicherweise weniger schrecklich. Bei einigen Arten, in denen die Männchen bei der Brutaufzucht helfen, kann sich ein Männchen nicht um alle Eier oder Jungen kümmern, die ein Weibchen produziert. Der Idealfall wäre, dass jedem Weibchen mehr als ein Männchen zur Verfügung stünde. Doch das verursacht Mangel – und Kämpfe. Nehmen Sie die Mallorca-Geburtshelferkröte, ein gesprenkelt oliv- und orangefarbenes Tier, das in Schluchten der Mittelmeerinsel lebt. Am Abend lassen die Männchen von Verstecken in den Felsen schmachtende Liebeslieder ertönen. Weibchen, die bereit sind, Eier zu legen, antworten einem der Sänger und machen sich dann hüpfend auf den Weg, die Bekanntschaft etwas enger zu gestalten. Wenn ihr sein Aussehen gefällt, schlägt sie ihm aufs Maul – was in der Geburtshelferkrötensprache so viel heißt wie: »Dann lass uns mal, Süßer.« Daraufhin greift er sie sich von hinten. Sie reagiert, indem sie auf der Stelle stampft, und er beginnt, ihre Genitalien mit seinen Zehen zu bearbeiten. Damit fahren sie – nur von kurzen Pausen unterbrochen – vielleicht zwei Stunden fort, obwohl das heftige Petting auch die ganze Nacht andauern kann. Schließlich verfällt das Weibchen in Krämpfe und legt ihre Eier ab, jedes mit dem vorhergehenden durch einen dünnen Gallertfaden verbunden, gewissermaßen eine Perlenkette. Sobald die Eier erscheinen, schlingt das Männchen seine Vorderbeine um ihren Hals, sondert seine Spermien ab und führt wie ein durchgeknallter Gymnast heftige Scherenbewegungen mit den Hinterbeinen aus. Der Zweck dieses bizarren Verhaltens wird rasch klar: Er wickelt sich die Eierschnüre um die Beine, wo sie bleiben, bis die Kaulquappen zum Schlüpfen bereit sind.

Das ist der Grund, warum es zu den Kämpfen kommt. Sobald ein Männchen eine Schnur mit Eiern um die Beine hat, steht es nicht mehr zur Verfügung, bis es die reifenden Eier in einen Tümpel abgelegt hat. Das dauert zwischen neunzehn Tagen und zwei Monaten – wie lange im Einzelfall, hängt von dem Wetter ab, denn die Eier entwickeln sich bei niedrigeren Temperaturen langsamer. Nun können die Weibchen aber etwa alle drei Wochen neue Eier legen, also müssen sie ein Männchen finden, das sich um das Gelege kümmert. Läuft ihnen kein Männchen über den

Weg, ist das Gelege verloren. Daher sind verfügbare Männchen überaus gefragt, und die Weibchen denken sich überhaupt nichts dabei, einem andern Mädel den Kerl auszuspannen. Weibchen ringen miteinander oder versuchen, was häufiger geschieht, ein zärtliches Paar zu stören, indem sie das Männchen von hinten so umarmen, dass es seiner Beschäftigung mit den Genitalien des anderen Weibchens nicht ordnungsgemäß nachgehen kann. Die weiblichen Störenfriede hoffen, dass die Rivalin irgendwann die Nase voll hat von seinem stümperhaften Stepptanz.

Diese brisante Mischung – die Männchen kümmern sich um die Jungen, und die Weibchen möchten mehr als ein Männchen – führt oft genug zu Schlägereien. Deshalb glaube ich auch, dass die Weibchen vom Darwin-Nasenfrosch streitlustig sind. Dieser kleine grüne Frosch mit spitzer Nase, der im alten Laub chilenischer Wälder lebt, hat ein Sexualleben, über das wir wenig wissen. Nur ein paar Grundtatsachen sind uns bekannt. Die Weibchen legen zwischen dreißig und vierzig Eier. Einmal befruchtet, bleiben die Eier ungefähr drei Wochen lang in der feuchten Erde, bis die Muskelzuckungen der reifenden Embryonen die Männchen veranlassen, mit der Brutpflege zu beginnen. Die allerdings ist außergewöhnlich, vielleicht sogar einzigartig: Die Männchen verschlucken die Eier und brüten die Kaulquappen in ihren weiträumigen Schallsäcken aus. Nach ungefähr 52 Tagen öffnet Papa sein Maul und, Abrakadabra, heraus hüpfen winzige Frösche. Natürlich kann ein Männchen, das seine Schallsäcke mit Kaulquappen voll gestopft hat, nicht singen, um weitere Paarungspartnerinnen anzulocken, daher ist das Ausbrüten ein großer Liebesbeweis. Im Gegensatz zum japanischen Kardinalbarsch *Apogon doederleini*, einer Art, bei der die Männchen den Nachwuchs im Maul ausbrüten, frisst das Männchen des Darwin-Nasenfrosches seine Kinder nicht auf, wenn es ein Mädchen erblickt, das mehr Sexappeal hat als seine erste Braut. Doch da jedes Weibchen nur etwa fünfzehn Kaulquappen in seinem Maul beherbergen kann, braucht ein Weibchen zwei oder drei Männchen pro Brut. Mehr noch, jedes brütende Männchen ist länger als sieben Wochen außer Gefecht gesetzt. In einem solchen System muss heftige Konkurrenz um die vorhandenen Männchen entbrennen.

Selbst wenn sich die Junggesellen in Scharen anbieten, streiten und zanken die Mädels um die Burschen, die attraktiver als andere sind. Es ist die uralte Geschichte: Jede möchte den reichen Erben heiraten. Auf den armen, pickligen Jungen in der Ecke hat keine Bock. Genau das, Jérôme, ist bei Ihren Teichhühnern der Fall. Alle haben es auf die kleinsten und fettesten Burschen abgesehen, die großen, schlaksigen will keine haben. Wenn die Mädchen anfangen, sich zu streiten, sobald Sie in Sicht kommen, müssen Sie hinreißend rundlich sein. Warum so viel Aufhebens um die Kleinen und Dicken? Bei den Teichhühnern verbringen die Männchen die meiste Zeit auf den Eiern. Das hört sich vielleicht nicht sehr anstrengend an, ist es aber. Im Laufe der Brutsaison werden die Männchen zusehends schwächer. Fette Männchen können die Eier länger warm halten und Frauen mit dicken Männern können mehr Gelege pro Saison produzieren als Frauen mit schlanken Partnern. Angesichts dieses Unterschieds lohnt es sich schon, um einen fetten Gefährten zu kämpfen. Und klein? Kleine Männchen werden rascher fett. Bei Teichhühnern ist klein und dick absolut angesagt.

•••••••••

Liebe Dr. Tatiana,

ich bin ein Männchen des Totengräberkäfers Necrophorus defodiens *und habe meine Frau bei der gemeinsamen Arbeit am Begräbnis eines Backenhörnchens kennen gelernt. Bei mir war es Liebe auf den ersten Blick und nach einer stürmischen Affäre wähnte ich mich im Paradies. Doch jetzt hat sie sich in einen schrecklichen Drachen verwandelt. Ständig hackt sie auf mir herum. Keinen Augenblick gönnt sie mir Frieden, und wenn ich abends versuche, beim Kopfstand ein bisschen Entspan-*

nung zu finden, beißt sie mich oder stößt mich um. Womit habe ich das verdient, und was kann ich tun, um sie loszuwerden?

Möchte ohne Ärger und Streit in Ontario leben

Sind Sie sicher, dass Sie nicht auf zwei Hochzeiten tanzen wollen? Sie wissen so gut wie ich, dass ein Männchen des Totengräberkäfers die Spitze seines Hinterleibs exponiert, wenn es auf dem Kopf steht, und sexuell anziehende Gerüche durch die Luft schickt. Daher nehme ich an, dass Sie nicht abspannen, wenn Sie sich auf den Kopf stellen, sondern irgendein nettes Ding an Land ziehen wollen. Vielleicht ist es nur eine Vermutung, aber ich bin mir ziemlich sicher, dass das der Grund ist, warum Ihre Frau Ihr Verhalten ätzend findet.

Sehen Sie die Sache doch mal von ihrem Standpunkt. Stundenlang haben Sie beide gearbeitet, um dieses Backenhörnchen zu vergraben. Backenhörnchen sind mehr als zweihundertmal so schwer wie Totengräberkäfer. Wenn Sie Glück hatten, lag der Kadaver auf weicher Erde, sodass Sie lediglich die Erde unter ihm ausgraben mussten. Doch falls der Untergrund hart war, mussten Sie den Leichnam fortzerren, möglicherweise über eine erstaunliche Strecke von mehreren Metern, bis der Untergrund leichter zu bearbeiten war. Als der Kadaver schließlich verscharrt und unerreichbar für Ameisen und Schmeißfliegen war, mussten Sie das Fell entfernen und das arme tote Fleisch zu einer Kugel formen, die Ihre Jungen ernähren kann, sobald sie ausgeschlüpft sind und auf den Kadaver krabbeln. Was für glückliche Babys! Nichts ist für einen guten Start ins Leben so geeignet wie ein verfaulendes Backenhörnchen! Stellen Sie sich doch einmal vor: Die Larven sitzen im Kadaver, bäumen sich auf und sperren die Mäuler wie Jungvögel auf, wenn Sie oder Ihre Frau sich zirpend über sie beugen, um sie mit Fressen zu versorgen. Was für ein herzerwärmender Gedanke, dass diese kleinen Maden, die im Augenblick noch keinerlei Ähnlichkeit mit ihren prachtvollen

Eltern zeigen, eines Tages genauso glänzende Deckflügel besitzen werden wie Sie, schwarz und mit der gleichen roten Zeichnung.

Doch Sie und Ihre Kopfstände gefährden diese Idylle. Klar, eine Geliebte wäre eine schöne Sache für Sie – Sie hätten mehr Kinder, wenn Sie noch ein zweites Weibchen zu dem Kadaver locken könnten. Doch für Ihre Frau wäre das eine Katastrophe. Die Gegenwart einer weiteren Frau und deren Bälger würde bedeuten, dass sie selbst größere Schwierigkeiten hätte, alle ihre Kinder aufzuziehen. Und das nicht nur, weil sich beide Kinderscharen das Backenhörnchenfleisch teilen müssten und es dann möglicherweise nicht reichen würde, sondern die Nebenfrau würde vermutlich auch einige der Kinder Ihrer rechtmäßigen Frau ermorden (und anschließend auffressen). (Um gerecht zu sein, auch Ihre Angetraute hätte keine Scheu, einige Kinder der Geliebten zu verspeisen – es ist eben eine Totengräberkäfer-frisst-Totengräberkäfer-Welt.)

Für Weibchen vieler Arten bedeutet es einen herben Verlust, wenn ihr Partner sich eine weitere Geliebte nimmt. Manchmal verfährt die Geliebte wie ein Totengräberkäfer und tötet die Kinder der Ehefrau. Beispielsweise hilft beim Haussperling oder beim Drosselrohrsänger ein Männchen mit zwei Partnerinnen nur dem Weibchen, dessen Brut zuerst schlüpft, daher ist eine kluge Geliebte natürlich bemüht, alle Eier der Rivalin zu zerstören, um sich den männlichen Beistand zu sichern. Nun sieht es allerdings nicht immer ganz so schlimm aus. Häufig besteht der Nachteil der Ehefrau nur darin, dass ihr Mann, der Herumtreiber, ihr mehr Arbeit aufbürdet, als sie schaffen kann, sodass es ihr nicht gelingt, alle Kinder aufzuziehen. Oder die Brut der außerehelichen Verbindung nehmen ihren eigenen Kindern Nahrung oder andere wichtige Ressourcen weg. Egal, aus was für Gründen, die Weibchen vieler Arten haben nicht das geringste Interesse daran, ihren Mann mit anderen Weibchen zu teilen – und treffen Maßnahmen, um es zu verhindern.

Wie Sie selbst festgestellt haben, sind Schimpfen, Schikanieren und Herumschubsen eine Methode, um einen Ehemann so in Atem zu halten, dass er keine Zeit hat, auf dumme Gedanken zu kommen. Das Weibchen des Trauerschnäppers verhält sich nicht gerade zart besaitet, wenn es nach Hause kommt und ihr Partner singt, statt zu arbeiten. Rüde unterbricht sie ihn, damit er den Mund hält. Irgendwie kommt mir die Geschichte bekannt vor: Das Trauerschnäppermännchen, das versucht, irgendein Flittchen zu beeindrucken, sucht augenblicklich das Weite, wenn er sein Eheweib drohend herannahen sieht.

Statt einen Streit vom Zaun zu brechen, wenn sie sich verunsichert fühlen, mobilisieren einige Weibchen allen Charme, über den sie verfügen. Die Weibchen des Stars zum Beispiel zeigen sich äußerst liebesdurstig und betteln ständig um Sex, wenn sie bemerken, dass ihr Partner mit anderen poussiert. Doch egal, ob sie ihren Partner mit Schmähungen oder mit Küssen überschütten, gegenüber jungen Mädchen, die sie im Verdacht haben, ihre Männer zu umgarnen, kennen Frauen überall auf der Welt und quer durch alle Tierarten nur eine Reaktion: Feindseligkeit. Bei der Kornweihe, einem Greifvogel, schüchtern die Weibchen mögliche Rivalinnen ein und greifen sie an, wenn sie Beute im Fang haben. Die Weibchen der Blaumeise attackieren Rivalinnen im Sturzflug, sodass sie oft genug abstürzen. Die Partnerin eines Stars wird nicht nur versuchen, ihn durch besonders liebevolles Verhalten fester an sich zu binden, sondern auch jede Rivalin jagen, deren sie in der Nähe des Nestes ansichtig wird, und einen äußerst demonstrativen Gesang anstimmen, um der kleinen Schlampe zu zeigen, wer hier den Ton angibt. Falls sie beobachtet, dass ihr Partner vor einem zweiten Nestloch herumstolziert, verfällt sie unter Umständen sogar auf die Idee, es mit Strohhalmen, Federn und anderem Material auszufüllen, damit es besetzt aussieht, obwohl sie längst ein eigenes Nest hat. Am Ende muss das Männchen sein Weibchen häufig zu ihrem eigenen Nest zurückjagen, damit es aufhört, auf potenzielle Rivalinnen einzuhacken.

Doch er hat es lange nicht so schwer wie Herr Schneckenbuntbarsch *Lamprologus ocellatus*. Dieser Fisch lebt im Tanganjikasee, einem der großen Seen des tropischen Afrikas. Das Männchen hält ein Territorium besetzt; wie bei vielen Vögeln ist ein entscheidender Faktor eines solchen Territoriums der Brutplatz, den es zu bieten hat – in diesem Fall leere Schneckengehäuse. Ob Sie es glauben oder nicht, die Konkurrenz um solche gebrauchten Schneckenhäuser ist äußerst heftig. Viele Lebewesen finden in ihnen willkommenen Schutz. Allgemein bekannt ist, dass Einsiedlerkrebse darauf angewiesen sind, alte Schneckengehäuse zu finden: Statt selbst Schalen auszubilden, wandern sie von leerem Gehäuse zu leerem Gehäuse, während sie größer werden. Nicht immer ist es leicht, ein Schneckenhaus von der richtigen Größe zu finden, zumal viele Einsiedlerkrebse heikel sind und sich lieber in ein Gehäuse zwängen, das zu klein ist, als eines zu tragen, das ein Loch hat. Und um Ihnen zu zeigen, welche Bedeutung gebrauchte Schneckenhäuser für eine lokale Lebensgemeinschaft haben können, sei noch erwähnt, dass sich einige Hydrozoen – einfache Tiere, Verwandte von Quallen, Korallen und Seeanemonen – bevorzugt auf Schneckengehäusen ansiedeln, die von Einsiedlerkrebsen bewohnt werden. Wie erkennen die Hydrozoen das? Einsiedlerkrebse wieseln rascher umher als der ursprüngliche Besitzer des Gehäuses und die jungen Hydrozoen werden von der Bewegung angelockt. Das Zusammenleben gereicht beiden zum Vorteil. Hydrozoen haben wirksame Gifte, die alle Meeresbewohner abschrecken dürften, denen nach einem leckeren Einsiedlerkrebs gelüstet. Aus dem gleichen Grund ernten einige Einsiedlerkrebse Seeanemonen und setzen sie auf ihre Gehäuse. Als Gegenleistung erhalten die Hydrozoen (oder Seeanemonen) Nahrungsreste und Schutz vor den eigenen Feinden, die der Krebs grimmig abwehrt.

Im Tanganjikasee sind mindestens fünfzehn Fischarten auf der Suche nach gebrauchten Schneckengehäusen, um in ihnen ihre Eier abzulegen. Da die Männchen der meisten Arten nicht in der Lage sind, die Schalen auch nur über kurze Entfernungen zu bewegen, müssen sie Vorlieb nehmen mit dem, was sich in ihrer unmittelbaren Nachbarschaft befindet. Doch bei der Buntbarschart *Lamprologus callipterus* erreichen die Männchen eine Größe von elf Zentimetern und können solche Schalen mühelos ins

Maul nehmen, um sie in ihr Revier zu tragen. (Möglicherweise hält diese Art den Rekord, was die Größenüberlegenheit der Weibchen gegenüber den Männchen angeht: Die Weibchen sind noch nicht einmal halb so lang und vierzehnmal leichter als diese. Sie dürfen nicht größer werden, weil sie in die Schneckengehäuse passen müssen.) Die größten Männchen hamstern Gehäuse, in denen die Weibchen laichen können. Wie üblich, haben sie keine Gewissensbisse, woher sie die Schneckenhäuser bekommen, und unternehmen häufige Raubzüge in die Reviere anderer Männchen. Daher leuchtet ein, dass das kleinere Männchen des Schneckenbuntbarsches *Lamprologus ocellatus*, das ein Schneckengehäuse nur durch Stoßen bewegen kann, alle Gehäuse in seinem Revier vergräbt, bevor es umherschwimmt, prächtig aussieht und auf Weibchen wartet.

Wenn ein Mädchen bei ihm innehält und sie Gefallen aneinander finden, gräbt er ein Schneckenhaus aus, in das sie einzieht, bis sie laicht. (Laicht sie nicht innerhalb weniger Tage, schmeißt das Männchen sie raus – für was hält sie das hier? Ein Obdachlosenasyl?) Wenn sie laicht, klebt sie die Eier an die Innenseite des Gehäuses, die er befruchtet. Das Weibchen bleibt in der Muschel und fächelt, um die Eier mit Sauerstoff zu versorgen und sauber zu halten. Ist die Brut geschlüpft, bleiben sie und ihre Kleinen in dem Gehäuse, bis die Jungen alt genug sind, um in die Welt entlassen zu werden.

Die Weibchen von *Lamprologus ocellatus* hassen einander. Diejenige, die als Erste einzieht, tut ihr Bestes, um Distanz zu wahren, das heißt, sie macht Jagd auf jedes Weibchen, das in ihre Nähe kommt, und terrorisiert es mit allen Mitteln. Entschließt sich ein zweite Weibchen trotzdem, sich in diesem Revier anzusiedeln, tut es gut daran, sich ein Gehäuse weit entfernt von dem der Rivalin zu suchen – und selbst dann muss es noch mit ständigen Schikanen rechnen. Schließlich beendet das Männchen solche Kämpfe und jagt die Angreiferin wieder in ihr Gehäuse zurück. Da sich zwei Weibchen mehrere Male pro Stunde attackieren, beansprucht die Rolle des Friedensstifters einen Großteil seiner Zeit. Aber sie ist wichtig. Unbeaufsichtigt setzen die

Weibchen ihre Kämpfe fort, bis eine das Feld räumt. Also, Jungs, wenn ihr mit dem Gedanken spielt, mit mehr als einem Mädchen herumzumachen, denkt an das chinesische Schriftzeichen für Frieden: eine Frau unter einem Dach.

••••••••

Weibchen haben keine speziellen Waffen und kämpfen selten auf Leben und Tod um einen Mann – Pistolen im Morgengrauen sind nicht ihr Stil. Doch das sollte Sie nicht zu dem Gedanken verführen, sie würden gar nicht um Männchen kämpfen. Frauen kämpfen aus:

1. VERZWEIFLUNG – immer wenn nicht genügend Männchen für alle da sind. Mangel kann aus vielen Gründen auftreten, ist aber besonders wahrscheinlich bei Arten, in denen die Brutpflege Zeit raubend ist und weitgehend von den Männchen übernommen wird.
2. EHRGEIZ – immer wenn einige Männchen anderen offenkundig überlegen sind, das heißt, wenn die Weibchen, die mit den begehrtesten Männchen zusammen sind, mehr Kinder haben als diejenigen, die sich mit den anderen Männchen zufrieden geben müssen.
3. BESITZANSPRUCH – bei Arten, in denen Männchen und Weibchen Partnerschaften eingehen, unternehmen Weibchen erhebliche Anstrengungen, um ihre Partner am Fremdgehen zu hindern. Um die Eine und Einzige zu bleiben, greifen Weibchen mögliche Rivalinnen an; außerdem jagen sie das Männchen, das auf Abwege geraten ist, oder versuchen, es abzulenken.

Wenn man Ihnen also erzählt, es gebe da ein große harmonische Schwesternschaft, haken Sie das getrost als Propaganda ab. Bei den meisten Arten kann keine Rede sein von »alle für eine und eine für alle«. Jedes Mädel kämpft für sich.

Kapitel neun

Aphrodisiaka, Liebestränke und andere Rezepte aus Cupidos Küche

Was haben Homosexualität, neu gezüchtete Arten und Liebestränke gemeinsam? Wenn Sie genau genug hinschauen, können Sie feststellen, dass sie alle grundlegende Antworten auf den Kampf der Geschlechter sind.

Liebe Dr. Tatiana,

ich glaube, ich habe einen schrecklichen Fehler begangen. Gerade habe ich meine Jungfräulichkeit einem Burschen geopfert, der kürzlich aus einem Fruchtfliegenlabor hier am Ort geflohen ist. Er ist größer und schlimmer als die wild lebenden Fliegen – und er sagt, er belegt mich mit einem Fluch, sodass ich nie wieder mit jemand anders Sex haben kann. Glauben Sie, das ist möglich? Oder ist es nur ein Bluff?

Hoffentlich nicht verhext in San Francisco

Grundsätzlich tun wild lebende Fliegen gut daran, solchen entflohenen Laborhäftlingen aus dem Weg zu gehen. Hinter den Mauern der Fruchtfliegenlabors gehen alle möglichen finsteren Experimente vor sich. Daher kann der Aufenthalt in einem solchen Institut seltsame Dinge mit einer Fliege anstellen. Da in derartigen Laboratorien Liebhaber mit übernatürlichen Kräften fabriziert werden, mit Kräften, die sich in der freien Natur nie entfalten könnten, fürchte ich, dass Ihr Verführer tatsächlich die Wahrheit gesagt hat. Wie ist er so geworden? Um das zu verstehen, müssen wir uns den Kampf der Geschlechter etwas genauer anschauen.

Erinnern Sie sich: Während ein Weibchen Vorteile davon hat, sich mit mehreren Männchen zu paaren, fährt jeder der Lover besser, wenn das Weibchen sich nur mit ihm paart. Immer wenn dieser Interessenkonflikt auftritt, entfacht er einen evolutionären Kampf, der an zwei Fronten ausgetragen wird. An der ersten Front versucht jeder Liebhaber eines Weibchens, die Absichten der früheren und künftigen Liebhaber zunichte zu machen, während er gleichzeitig verhindern möchte, dass man seine eigenen Bemühungen in ähnlicher Weise durchkreuzt. Der stachlige Penis ist eine der Maßnahmen, die uns bereits untergekommen sind, und auch hohe Spermienzählungen sollten uns bekannt vorkommen, doch wie immer gibt es auch andere Möglichkeiten. Beispielsweise könnte das Männchen chemische Substanzen verwenden, um die Spermien seiner Vorgänger außer Gefecht zu setzen. Oder es könnte die eigenen Spermien so präparieren, dass sie schwer zu entfernen sind.

Die zweite Front verläuft zwischen Männchen und Weibchen: Er entwickelt Tricks, um sie zu manipulieren und zu kontrollieren, und sie wird von der Evolution mit Mitteln ausgestattet, um sich zu wehren. Ein nahe liegender und häufiger Schachzug von ihm ist der Versuch, sie daran zu hindern, sich später noch andere Liebhaber zu nehmen: Regelmäßige Leser meiner Kolumnen werden sich in diesem Zusammenhang an Keuschheitsgürtel und obsessive Bewachung des Weibchens erinnern. Doch auch hier gilt, das ist nur eine kleine Auswahl relativ harmloser

Praktiken. Es gibt viele andere, exotischere – und in einigen Fällen finsterere – Methoden, die Männchen verschiedener Arten dazu dienen, sich Weibchen gefügig zu machen. Um nur einige Beispiele zu nennen: Männchen versuchen manchmal, die Zahl der Eier zu erhöhen, die ein Weibchen unmittelbar nach dem Sex legt. Oder ihr Drogen zu verabreichen, die ihren Sexualtrieb dämpfen – ein unsichtbarer, chemischer Keuschheitsgürtel. Oder sie mit einem »Anti-Aphrodisiakum« zu bespritzen, einer chemischen Substanz, die ihr einen so üblen Geruch verleiht, dass andere Männchen sie abstoßend finden. Kurzum, das Arsenal der wirksamen Waffen ist enorm. Angesichts so vielfältiger Möglichkeiten für Innovationen muss sich die Schlacht bei verschiedenen Arten – oder auch in verschiedenen Populationen einer Art – unvermeidlich in unterschiedliche Richtungen entfalten.

Samenflüssigkeit – die Flüssigkeit, in der die Spermien, nun ja, abgeliefert werden – ist in der Regel ein komplexes Gebräu mit vielen chemischen Substanzen, die weibliches Verhalten verändern: Bei der Australischen Feldgrille zum Beispiel stimulieren die chemischen Stoffe, die die Spermien begleiten, die Eierproduktion: Injiziert man einem jungfräulichen Weibchen den richtigen Bestandteil, dann fängt es an, Eier zu legen, obwohl es nicht kopuliert hat. Die Samenflüssigkeit der Großen Stubenfliege enthält mindestens zwölf aktive Proteine, von denen einige wie Arzneimittel wirken: Sie docken an den Rezeptoren im Gehirn des Weibchens an und nehmen ihm jede Lust auf Sex. Die Samenflüssigkeit der Fruchtfliege ist noch komplexer und enthält mehr als achtzig Eiweißverbindungen. Die Funktion der meisten dieser Proteine ist uns noch unbekannt. Wir wissen jedoch, dass einige dazu beitragen, die Spermien von Vorgängern unschädlich zu machen, während andere dafür sorgen, dass die eigenen Spermien schwerer zu beseitigen sind. Wieder ein anderes Protein hat aphrodisische Eigenschaften. Und ein kleines Molekül, das unter dem Namen Sex-Peptid (Sexual-Pheromon) bekannt ist, veranlasst das Weibchen, an die fünfzig Eier zu legen, und weckt Aggressionen gegenüber Männchen. Begegnet es binnen eines Tages nach Empfang des Moleküls einem Männchen, holt dieses sich mit Sicherheit eine blutige Nase.

Auch Zwitter sind nicht ausgenommen. Nehmen wir *Helix aspersa*, die allgegenwärtige Gesprenkelte Weinbergschnecke. Individuen, die sich paaren, schleudern die Pfeile des wütenden Geschicks gegeneinander. Jeder der Partner hat einen Liebespfeil, der scharf und spitz ist und der, einmal abgeschossen, die Haut des anderen durchbohrt. Anschließend setzt er einen Schleimklumpen frei. Dieser Schleim enthält Substanzen, die den weiblichen Teil des Partners verändern: Der Zugang zur Samentasche, die der Speicherung der Spermien dient, wird erweitert, und die Öffnung zu dem Behälter, in dem die Spermien verdaut werden, wird geschlossen. Dadurch erhöhen sich die Chancen, dass eintreffende Spermien für künftige Verwendung aufbewahrt werden, statt dort zu landen, wo sie verdaut und zerstört werden.

Allerdings beweist der Umstand, dass Männchen tief greifende Auswirkungen auf Weibchen haben, an sich noch nicht, dass es einen Interessenkonflikt gibt. Betrachten wir den Rothirsch. Während der Brunst verbringen die Hirsche den größten Teil ihrer Zeit mit Röhren. Das Röhren eines Hirsches ist ein langes, tiefes Grollen. Jedes Röhren ist ein einziges Ausatmen. Früher hielt man es für eine Art rituellen Kampf, einen Wettbewerb, in dem es herauszufinden galt, wer stärker ist. Doch ein Hirsch mit einem Harem röhrt sehr viel mehr, als er müsste, wenn es nur darum ginge, Rivalen einzuschüchtern. Im Schnitt röhrt er Tag und Nacht mindestens zweimal pro Minute – das sind fast 3000 Laute in 24 Stunden, von denen abgesehen, die dem Beweis von Stärke dienen. Kein Wunder, dass er nach zwei Wochen erschöpft ist. Es ist aber die Sache wert. Für die Weibchen ist dieses Röhren ein Aphrodisiakum: Hirschkühe, die einem kräftigen Röhren ausgesetzt werden, kommen rascher in Brunst als solche, die es nicht hören. Doch dieser Effekt ist nicht unbedingt böswillig – in seinem Interesse, aber nicht in ihrem. Rothirschkühe, die zu einem früheren Zeitpunkt der Fortpflanzungsperiode empfangen, setzen ihre Kälber in folgenden Frühjahr entsprechend früher, was die Überlebenschancen der Jungen erhöht. Wenn die Weibchen also auf das Röhren reagieren, verbessern sich ihre Aussichten, zu Anfang der Fortpflanzungsperiode trächtig zu werden.

Um nachzuweisen, dass diese Liebestränke und Aphrodisiaka schändlich sind, muss nicht nur gezeigt werden, dass sie eine Manipulation bewirken, sondern auch, dass die Manipulation gegen den Willen der Betroffenen geschieht – dass sich das Weibchen dagegen wehrt. Ein Experiment zur Klärung dieses Sachverhalts besteht darin, Paarungen zwischen Individuen weit auseinander liegender Populationen in die Wege zu leiten. Falls die Weibchen evolutionäre Mechanismen ausbilden, die sie in die Lage versetzen, sich gegen männliche Manipulation zu wehren, müssten sie für das Werben der Burschen vor Ort unempfänglicher sein als für das der weit gereisten Männchen, mit denen sie keine Koevolution verbindet. Fängt man beispielsweise Stubenfliegen an weit auseinander liegenden Orten – sagen wir, Schweden und den Vereinigten Staaten – und paart sie dann, sind die Weibchen in der Regel weniger empfänglich für das Monogamie-Bräu der Männchen aus ihrer Region als für das, das die Fremden anmischen.

Eine zweite, bessere Methode, diesen Kampf sichtbar zu machen, sind Experimente, die den zugrunde liegenden Konflikt verändern. Wahrscheinlich sind Sie nicht sonderlich überrascht, wenn Sie hören, dass solche Experimente bereits an Fruchtfliegen durchgeführt worden sind.

In einem Experiment wurden männliche und weibliche Interessen gewaltsam gleichgeschaltet. Wie hatte man dies bewerkstelligt? Generation um Generation nahm man Paare und sperrte sie zusammen ein, sodass weder das Männchen noch das Weibchen die Möglichkeit hatte, sich mit jemand anders zu paaren. Unter solchen Umständen lässt sich voraussagen, dass die Manipulation der Weibchen durch die Männchen im Zuge der Evolution zurückgehen müsste. Folglich hätten die Weibchen nichts, wogegen sie sich wehren könnten, mit dem Erfolg, dass ihre Fähigkeit, sich zur Wehr zu setzen, allmählich verkümmern müsste. Nach 48 Generationen erzwungener Monogamie ließ man die männlichen Fruchtfliegen wieder auf den freien Fleischmarkt. In der regulären Paarungsarena erwiesen sich diese Männchen als weit weniger fähig als vorher, die Weibchen an der Paarung mit anderen Männchen zu hindern. Entsprechend zeigten sich die Weibchen aus dem Experiment im Vergleich zu Fliegen, die 48 Generationen prosmiskuitive Paarung hinter sich hatten, als viel anfälliger für männliche Manipulation. Weibchen, die an Monogamie gewöhnt waren, legten für ihren ersten Lover viel mehr Eier als vor der Versuchsreihe und brauchten entsprechend länger, um sich wieder zur Paarung bereit zu finden.

Zu einer gewaltsamen Gleichschaltung der männlichen und weiblichen Interessen kommt es gelegentlich auch in der Natur – etwa dann, wenn Paare auf ewig in Gefangenschaft geraten. Beispielsweise werden bei einigen Garnelenarten Paare in dem Gießkannenschwamm *Euplectella aspergillum* gefangen, einem Tiefseebewohner. Jeder Schwamm besitzt, dank seines raffiniert – und schön – geflochtenen Skeletts die Form eines Füllhorns mit Deckel. Die Garnelen kommen als Babys und kriechen hinein; sobald sie wachsen, können sie nicht mehr hinaus. Offenbar hat man sie bisher immer nur paarweise angetroffen – ich nehme an, weil sie alle späteren Ankömmlinge töten. Niemand weiß, ob sie ein Leben in vollkommener sexueller Harmonie führen; nach den oben beschriebenen Kriegsregeln würde ich das jedoch voraussagen.

Um jedoch zu unseren Fruchtfliegen zurückzukehren – ein zweites Experiment erbrachte ein noch überzeugenderes Ergebnis. Gewöhnlich ist es schwierig, den Konflikt eindeutig sichtbar zu machen, weil die Evolution von Männchen und Weibchen im Gleichschritt verläuft. In diesem Experiment war es einem der Kontrahenten, dem Weibchen, nicht möglich, sich zu wehren: Mithilfe raffinierter genetischer Techniken hinderte man die Weibchen, aber nicht die Männchen an der Evolution. Damit hatten die Männchen für die Entwicklung ihrer Anpassungsprozesse ein ruhendes Ziel, statt wie sonst ein bewegliches. In einer solchen Situation können die Weibchen die Männchen nicht in Schach halten – die männliche Evolution wird nicht mehr eingeschränkt durch die weibliche Fähigkeit, dem etwas entgegenzusetzen. Ohne diesen Widerstand müsste die Evolution der Männchen unaufhaltsam in eine Richtung verlaufen, die ihren Zwecken dienlich ist.

Die Ergebnisse waren eindeutig. In weniger als vierzig Generationen hatten sich die Männchen – leider, leider – zu Supermännchen entwickelt, die dem Schlachtfeld ein vollkommen neues Gesicht gaben. Die Weibchen ließen sich von diesen Kerlen viel leichter verführen und wiesen ihre Avancen auch dann nicht zurück, wenn sie unter dem Einfluss der Sexualpheromone eines anderen Männchens standen. Gleichzeitig gelang es den Supermännchen meisterhaft, ihre Partnerinnen zur Monogamie zu bewegen, und selbst wenn ein Mädel sich hinterher noch mit einem normalen Fliegenmännchen einließ, wurden die Spermien der Supermännchen seltener verdrängt. Noch schlimmer war eine andere Entwicklung: Einige der Supermännchen schienen den Tod ihrer Partnerinnen zu verursachen, möglicherweise dadurch, dass ihre Samenflüssigkeit giftig geworden war.

Wenn Ihr Liebhaber also aus einem solchen Labor entflohen ist, will ich Ihnen gerne glauben, dass er durch alle Ihre natürlichen Verteidigungswälle gebrochen ist.

Was eine faszinierende Frage aufwirft: Wenn man Männern von *Homo sapiens* vierzig Generationen lang eine ungestörte Evolution ermöglichte, während man die Frauen gentechnisch auf ihrem Status quo einfröre, entwickelten sich jene dann zu einem gefährlichen Gezücht oder zu unwiderstehlichen Superlovern? Ich weiß nicht recht.

* * * * * * * *

Aloahe, Dr. Tatiana,

ich fürchte, ich habe meine Glanzzeit als Riffdach-Bohrseeigel hinter mir. In meiner Art sind Spermien schreckliche Mode-Laffen: Ständig verändern sie ihr Outfit. Aus der Gerüchteküche hier auf dem Riff verlautet, das liege daran, dass die Eier fürchterliche Snobs seien, die nur den hipsten Spermien die Penetration erlaubten. Wie kann ich rauskriegen, was dieses Jahr angesagt ist, und wie kann ich meine Spermien dazu bringen, dass sie diesen Ansprüchen genügen?

Verzweifelt auf der Suche nach der neuesten Mode in Hawaii

Wie so oft bei solchen Gerüchten ist auch dasjenige, das Sie gehört haben, eine krause Mischung aus harten Fakten und purer Fantasie. Lassen Sie sich erklären, was tatsächlich vor sich geht. Sie wissen natürlich, dass der erste Schritt der Befruchtung darin besteht, dass das Spermium an dem Ei haftet. Bei Ihrer Art – bei Seeigeln allgemein – verwendet die Samenzelle dazu das Protein Bindin. Wenn man Ihnen erzählt, das Spermium verändere sein Outfit, seine Hülle, dann ist damit tatsächlich nur das Bindin gemeint; und es stimmt auch, dass sich in der großen Ordnung der Dinge das Bindin rasch verändert. Doch das ist kein Grund zur Aufregung – rasch ist ein relativer Begriff. Ihre Bindin-Version wird noch in Mode sein, wenn Ihre Schale schon seit vielen tausend Jahren am Riff zerschellt ist.

Wahrscheinlich fragen Sie sich, warum ein solcher Wirbel um die Bindin-Veränderung gemacht wird, obwohl sie wahrlich nicht unmittelbar bevorsteht. Nun, der Grund liegt darin, dass Ihre Bindin-Version von grundlegender Bedeutung für Ihre Identität als Riffdach-Bohrseeigel ist. Das ist durchaus keine Übertreibung. Bedenken Sie Folgendes: Wie Ihre Art sondern auch Ihre nahen Verwandten, die Seeigel *Echinometra oblonga,* ihre Ei- und Samenzellen ins Wasser ab. Im Prinzip könnte also eines Ihrer Spermien auf eine dieser fremden Eizellen treffen. Doch in diesem Falle würde nichts passieren: Sie haben nicht das Vermögen, sie zu befruchten. Ihr Bindin hat nämlich die falsche Form, um an einer Eizelle dieses Seeigels zu haften.

Na und? Nix na und. Die Fortpflanzung ist von zentraler Bedeutung für den Artbegriff: Die Arbeitsdefinition der »Art« ist ein Gruppe von Organismen, die sich kreuzen können. Jeder Mechanismus, der die Kreuzung verhindert, kann also eine neue Art erzeugen. Beispielsweise führt die längere physische Trennung zweier Gruppen einer Art häufig zur Entstehung neuer Arten, da jede Gruppe ihre eigene Entwicklung einschlägt. Aus diesem Grund weisen Inseln und Seen (die schließlich auch Inseln sind, von Land umgebene Wasserinseln) in der Regel eine Vielfalt ungewöhnlicher Flora und Fauna auf.

Neue Arten können aber auch durch grundlegende Fortpflanzungsbarrieren entstehen – etwa dadurch, dass sich Ei und Spermium nicht erkennen. Um auf Ihren Fall zurückzukommen, eine Veränderung der Wechselwirkung zwischen Bindin und Ei reicht aus, um eine neue Art von Seeigeln hervorzubringen. Nehmen wir an, der einzige Unterschied zwischen männlichen Riffdach-Bohrseeigeln bestünde in dem Bindin-Typ, den sie erzeugen. Damit die Verhältnisse überschaubar bleiben, wollen wir sagen, das Bindin komme nur in zwei Typen vor, A und B. Weiterhin wollen wir annehmen, der einzige Unterschied zwischen weiblichen Riffdach-Bohrseeigeln wäre die Affinität ihrer Eier für den einen oder den anderen Bindin-Typ. Wenn die Affinität so stark ist, dass einige Eier nur von Spermien befruchtet werden können, die das Bindin vom Typ A tragen, während sich die anderen Eier nur von Spermien mit Typ-B-Bindin befruchten lassen, dann umfassten die Riffdach-Bohrseeigel zwei Arten – obwohl die Individuen in jeder anderen Hinsicht identisch wären.

Noch ist dieser Stand der Dinge nicht erreicht. Doch Sie bewegen sich zweifellos in diese Richtung. Männliche Riffdach-Bohrseeigel erzeugen tatsächlich deutlich verschiedene Bindin-Typen und die Eier zeigen wirklich Affinitäten für den einen oder den anderen Typus. Allerdings sind die Affinitäten – noch – nicht exklusiv. Doch dazu wird es kommen, wenn die verschiedenen Bindin-Ei-Interaktionen sich weiterhin auseinander entwickeln. Tatsächlich scheint es einen solchen Prozess schon einmal gegeben zu haben. Wenn Sie sich mit den Seeigeln *Echinometra oblonga* vergleichen, werden Sie feststellen, dass die größten genetischen Unterschiede zwischen Ihnen beiden die Interaktion zwischen Ei- und Samenzelle betrifft. Ansonsten unterscheiden Sie sich kaum. Sie sehen also, dass die rasche Evolution des Bindins tatsächlich Auswirkungen für Ihre Art hat.

Merkwürdigerweise sind bei vielen anderen Organismen die Proteine, die an der Fortpflanzung beteiligt sind – also für die Bildung von Spermien, Eizellen, den Molekülen in der Samenflüssigkeit und so fort verantwortlich sind –, ebenfalls einer raschen Evolution unterworfen. Einer sehr raschen. Bei Säugetieren zum Beispiel entwickeln sich zwei Proteine, die man auf der Oberfläche der Eizelle gefunden hat und die beide während der Befruchtung mit dem Spermium interagieren, in atemberaubendem Tempo. Auch bei der Fruchtfliege durchläuft ein Protein, das mitentscheidend dafür ist, ob es dem künftigen Liebhaber eines Weibchens gelingt, die Spermien seines Vorgängers zu entfernen, eine erstaunlich rasche Evolution. Unschlagbar in dieser Hinsicht aber ist das Lysin, ein Protein, das festlegt, ob beim Meerohr *(Haliotis)* ein Spermium in ein Ei eindringen kann: Die Evolution des Lysins verläuft 25-mal so schnell wie die des Gamma-Interferons, eines Proteins, das im Immunsystem von Säugetieren eine Rolle spielt und eine der raschesten Evolutionen aller Proteine aufweist, die bislang bei Säugetieren entdeckt worden sind.

Damit stoßen wir auf zwei faszinierende Tatsachen. Tatsache Nummer eins: Viele Proteine, die an Reproduktionsprozessen beteiligt sind, erleben eine ungewöhnlich schnelle Evolution. Tatsache Nummer zwei: Veränderungen an solchen Proteinen können entscheidend für den Ursprung neuer Arten sein. Verbinden wir die beiden Tatsachen miteinander: Wenn wir wüssten, *warum* Proteine, die an der Fortpflanzung beteiligt sind, sich so rasch entwickeln, könnten wir erhebliche Erkenntnisse über die Kräfte gewinnen, die der Entstehung der Arten zugrunde liegen.

Ein Grund, warum an der Fortpflanzung beteiligte Proteine eine so atemberaubende Evolution durchlaufen, könnte der Kampf der Geschlechter sein. Das ist zweifellos eine verlockende Theorie – Männchen und Weibchen, die, wie gesehen, in den

Kampf der Geschlechter verstrickt sind, veranstalten ein hektisches evolutionäres Wettrüsten. Darüber hinaus entstehen in Insektengruppen, in denen die meisten Weibchen sich mit mehr als einem Männchen paaren – die Voraussetzung für Krieg –, neue Arten mindestens viermal so schnell wie in Gruppen, in denen die meisten Weibchen sich nur einmal paaren.

Dieses Ergebnis ist ein ermutigender Beginn und sehr verheißungsvoll für die Theorie. Noch ist es allerdings zu früh für endgültige Schlussfolgerungen. Um zu zeigen, dass der Kampf der Geschlechter die Entstehung neuer Arten beschleunigt, müssten wir im Idealfall nachweisen, dass die rasche Evolution eines gegebenen männlichen Fortpflanzungsproteins die rasche Evolution eines weiblichen Fortpflanzungsproteins vorantreibt und umgekehrt. Um ein hypothetisches Beispiel zu nehmen, stellen Sie sich vor, die Seeigelspermien hätten die Fähigkeit entwickelt, noch rascher als bisher in das Ei einzudringen. Aus der Sicht der Eizelle ist das eine schlechte Nachricht: Schnelleres Eindringen könnte bedeuten, dass es mehr als einem Spermium gelingt, in das Ei zu gelangen. Doch das Ei »möchte« nicht von mehr als einem Spermium erobert werden, da beim Seeigel das Eindringen von mehr als einem Spermium das Embryo daran hindert, sich zu entwickeln. Daher könnte ein Ei, das einem zu schnellen Eindringen Widerstand entgegensetzt, durchaus einen Vorteil besitzen. Bis heute haben wir nur ein Beispiel für ein in rascher Evolution begriffenes Protein, bei dem uns beide Seiten der Geschichte bekannt sind, und die Ergebnisse mahnen zur Vorsicht: Es ist mehr eine Hetzjagd als ein Krieg.

Wie bereits erwähnt, entwickelt sich das Lysin, das Protein, das bestimmt, ob beim Meerohr ein Spermium in das Ei eindringen kann, in Rekordtempo. Interessanterweise teilt sich das Meerohr ungeheuer rasch in neue Arten auf. Schauen wir uns also an, was mit dem Ei vor sich geht. Wie die Seeigel schüttet das Meerohr Eier und Spermien zu tausenden ins Wasser aus. Jedes Meerohrei ist in eine faserige Substanz gehüllt, das Vitellin. Um in ein Ei einzudringen, muss das Spermium ein Loch in das Vitellin fressen. Das geschieht mithilfe des Lysins. Daher muss das Lysin, das vom Spermium getragen wird, zunächst in der Lage sein, an der Eihülle zu haften. Veränderungen an der Hülle können jedoch dem Lysin die Anbindung erschweren. Sorgt also das Lysin nicht für hinreichende Haftung, kann das Spermium nicht in das Innere des Eis gelangen. Deshalb müssen alle Veränderungen an der Hülle rasch durch Veränderungen am Lysin des Spermiums kompensiert werden.

Wie sich erweist, durchläuft das Lysin in der Tat eine Evolution in Reaktion auf die Veränderungen des Eis. Dagegen weist die Evolution des Eis keinen Zusammenhang mit der des Lysins auf. Das ist verwirrend. Das Lysin entwickelt sich in Rekordzeit, während das Ei einfach vor sich hin dümpelt? Der Schlüssel zu diesem Rätsel ist die Beschaffenheit der Eihülle. Sie ist ein komplexes Gebilde, ein Mosaik aus mehreren Bestandteilen. Der besondere Teil der Hülle, an dem das Lysin andockt, ist ein Riesenmolekül namens VERL (nach englisch: Vitelline Envelope Receptor for Lysin) – der Rezeptor für Lysin in der Vitellinhülle. Dieses Molekül besteht aus einer Einheit, die 28-mal wiederholt wird.

Sich wiederholende Einheiten schaffen häufig genetische Probleme. Nehmen wir zum Beispiel an, ein Gen enthielte einen Abschnitt, in dem der gleiche Buchstabe, das gleiche Buchstabenpaar und das genetische Alphabet mehrere Male hintereinander wiederholt werden. Wenn dann der Zeitpunkt kommt, wo das Gen kopiert werden muss – etwa wenn es gilt, Eier oder Spermien zu bilden –, gleitet der genetische Replikationsmechnismus der Zelle am DNA-Molekül vorbei und fertigt dabei eine Kopie des Gens an. Das funktioniert reibungslos, bis der Mechanismus bei den Wiederholungen angekommen ist. Dann beginnt der Mechanismus Einheiten zu überspringen, er kommt durcheinander und produziert zu viele oder zu wenige Wiederholungen. Es ist so, als versuchten sie, die Zahl 7878787878787878787 ohne Trennzeichen oder nochmalige Überprüfung zu kopieren. Das kann ein ziemliches Unheil anrichten. Einige Erbkrankheiten des Menschen – unter anderem die Huntington-Krankheit – können durch zufällige Veränderungen in der Anzahl dieser Wiederholungen verursacht werden.

Beim VERL des Meerohrs ist die wiederholte Einheit sehr lang – statt mit jedem zweiten Buchstaben neu zu beginnen, fängt sie mit jedem 460. Buchstaben aufs Neue an –, daher ist Überspringen eher nicht das Problem. Doch es kann zu einem anderen merkwürdigen Fehler kommen. Wenn eine wiederholte Einheit groß ist, kann sich eine Mutation, die nur in einer Einheit vorkommt, allmählich in den anderen Einheiten ausbreiten. Diesen Prozess bezeichnet man als Koevolution. Warum das geschieht, wissen wir nicht genau. Doch es kann ernsthafte Konsequenzen haben. Nehmen Sie an, in einer der 28 Einheiten von VERL ereignet sich eine Mutation. Und nehmen Sie weiterhin an, die Mutation sei so schwer wiegend in ihren Auswirkungen, dass das Lysin die Einheit nicht mehr erkennen kann. Aus der Sicht der Eizelle hat das keine Bedeutung. Die anderen 27 Einheiten jedes VERL-Moleküls sind noch funktionsfähig, daher beeinflusst die Mutation nicht die Aussichten des Eis, befruchtet zu werden. Zunächst spielt die Veränderung auch noch keine Rolle für das Spermium, denn es findet sicherlich eine nicht mutierte Einheit, an der es andocken kann. Doch wenn sich die Mutation dann in den anderen Einheiten ausbreitet, ist jedes Männchen, das eine Lysin-Version produziert, die die neue Einheit erkennen kann, zweifellos im Vorteil. Leider scheint dieser passive Prozess für die außerordentlich rasche Evolution des Lysins verantwortlich zu sein – und das Meerohr zu veranlassen, sich in neue Arten aufzuteilen. Dieses Geschöpf nimmt nicht an einem Krieg teil, sondern an einem Verfolgungsrennen.

Das beschriebene Ergebnis spricht nicht gegen die Idee, der Kampf der Geschlechter könnte ein entscheidender Grund für die Entstehung der Arten sein. Es weist uns lediglich darauf hin, dass wir nicht vorschnell irgendwelche Schlüsse ziehen, bevor wir mehr Daten haben.

Was Sie als Seeigel angeht, so ist leider wenig über die Rolle der Eier bekannt, daher kann ich noch nicht sagen, ob Sie ein Sex-Krieger sind, ein Schürzenjäger oder etwas ganz anderes. Sobald ich es herausgefunden habe, werde ich es Sie wissen lassen.

Liebe Dr. Tatiana,

mein Sohn ist ein prachtvoller Nagel-Manati und ich bin sehr stolz auf ihn. Allerdings gibt es ein Problem. Ständig knutscht er mit anderen Männchen. Was kann ich tun, um ihn auf Vordermann zu bringen?

Will keinen Homo als Sohn in den Florida Keys

Nicht Ihr Sohn muss auf Vordermann gebracht werden, sondern Sie. Ein gewisses Maß an homosexueller Praxis ist bei Tieren aller Arten anzutreffen. Schauen Sie sich den Bonobo an, eine Art, die auch als Zwerg-Schimpanse bezeichnet wird (was eigenartig ist, weil er nicht kleiner als normale Schimpansen ist). Bonobos mögen Sex und weibliche Bonobos mögen Sex miteinander. Eine liegt auf dem Rücken und die andere besteigt sie. Dann reiben sie ihre Genitalien aneinander. Bei Adeliepinguinen, einer der kleineren Pinguinarten in der Antarktis, haben die Männchen keinen Penis. Das hindert sie aber nicht an homoerotischen Spielchen. Ein Vorfall ist dokumentiert, da verbeugten sich zwei Männchen voreinander, als wären sie Weibchen, dann legte sich eines nieder, hob Schnabel und Schwanz wie ein kokettes Pinguinmädchen, woraufhin das andere Männchen das erste begattete und in seinen Genitaltrakt ejakulierte. Dann tauschten sie die Rollen. Oder schauen Sie sich die Delphine an. Große Tümmler nehmen es nicht sehr genau mit der Wahl ihrer Sexualpartner. Die Männchen werden häufig dabei ertappt, dass sie Unzucht treiben mit Schildkröten (sie führen ihren Penis in das weiche Gewebe hinter dem Panzer ihrer Opfer ein), mit Haien und sogar mit Aalen. Aalen? Ja, wenn der Penis eines Delphins erigiert ist, weist er einen Haken an seinem Ende auf – und nicht selten benutzt ein Männchen diesen dazu, einen zappelnden, kämpfenden Aal zu packen. Daher kann es eigentlich nicht überraschen, dass Männchen auch miteinander kopulieren, indem sie ihren Penis in den Genitalschlitz des anderen einführen. Der Amazonas-Delphin geht gelegentlich noch weiter und penetriert das Nasenloch eines anderen Delphins. Daher würde ich mir wegen ein bisschen Küsserei keine Gedanken machen.

Warum tun sie das? Vielleicht gefällt es ihnen. Beim Bären- oder Stumpfschwanzmakak, einem geselligen asiatischen Affen mit einem (na, was wohl?) stumpfen Schwanz, gelangen die Weibchen zum Orgasmus, indem sie einander wie bei der heterosexuellen Paarung besteigen. Vielleicht haben diese Praktiken auch soziale Funktionen. Bei Pavianen scheint homosexuelles Verhalten zwischen Männchen die Kooperation zu fördern. Männchen, die einander besteigen oder gegenseitig mit ihren Genitalien spielen, scheinen eher bereit zu sein, einander im Kampf gegen andere Männchen zu helfen. Mitunter hat homosexuelles Verhalten aber auch eine antisoziale Funktion. Bei Tordalken, schwarz-weißen Seevögeln des Nordens, die Papageientauchern ähneln, besteigen die Männchen einander, um Aggression zum Ausdruck zu bringen. Männliche Tordalke schätzen es nicht, bestiegen zu werden. Sie fordern es nie heraus und zeigen hinterher auch keine erhöhte Kooperationsbereitschaft. Stattdessen wenden sie sich zum Kampf oder ergreifen die Flucht. Männchen, die viel bestiegen werden, sind eingeschüchtert und machen keine Anstalten mehr, sich um Paarungspartnerinnen zu bewerben.

Vielleicht erwächst die homosexuelle Betätigung auch aus Verzweiflung. Das ist beispielsweise die plausibelste Interpretation für eine Kopulation zwischen zwei Kraken, die nicht nur gleichgeschlechtlich (männlich) waren, sondern auch noch verschiedenen Arten angehörten. Diese Kraken leben in einer Tiefe von 2500 Metern und treffen andere Kraken gleich welcher Art vermutlich ziemlich selten. Über diese Kraken wissen wir so gut wie nichts: Das Tête-à-Tête war das erste Mal, dass Mitglieder dieser Arten der Wissenschaft zur Kenntnis gelangten. Im Allgemeinen leben Kraken nicht mehr lange, nachdem sie die sexuelle Reife erlangt haben, wenn also fortpflanzungsfähige Tiere spärlich gesät sind, kann es durchaus sein, dass ihnen kein potenzieller Sexualpartner über den Weg läuft. Bei zahlreichen Möwenarten sind die Weibchen eher bereit, Paare untereinander zu bilden, wenn die Männchen knapp sind. Weibliche Paare bauen zusammen Nester, verteidigen diese gemeinsam und helfen sich gegenseitig, ihre Eier auszubrüten. Doch obwohl die Weibchen einander besteigen und sich zur Schau stellen, wie sie es vor männlichen Partnern täten, übernimmt keines der beiden Weibchen die »männliche« Rolle. Um Ihrer Frage zuvorzukommen: Die Eier werden von Männchen befruchtet, die mit anderen Weibchen in der Kolonie verpaart sind. Weibliche Paare sind weniger erfolgreich, brüten weniger Eier aus und ziehen weniger Junge auf als konventionelle Paare. Doch das ist immer noch besser als nichts: Ganz allein könnten sie überhaupt keine Nachkommen versorgen.

Bei den meisten Arten führt die Homosexualität jedoch zu keinerlei Reproduktion – auch nicht indirekt. Daher mag es merkwürdig erscheinen, dass die Homosexualität überhaupt fortbesteht. Beim Menschen wird das als Beweis dafür gewertet, dass Homosexualität nicht genetisch bedingt sein kann. Kann sie doch. Tatsächlich wäre homosexuelles Verhalten aus evolutionärer Sicht nur dann verwunderlich, wenn drei Bedingungen erfüllt wären. Erstens, das Verhalten muss eine genetische Basis haben. Liegt eine solche Basis nicht vor, kann Homosexualität nicht der natürlichen Selektion unterworfen sein. Zweitens, es muss exklusiv sein. Das heißt, zumindest einige der Individuen, die homosexuelles Verhalten praktizieren, müssen eindeutig als Singles identifiziert werden, die nie einen Fortpflanzungsversuch unternehmen. Wenn sie Nachkommen haben, ist es natürlich keine Frage, warum ihre Gene in der Population erhalten bleiben. Drittens, diese Individuen müssen einen statistisch signifikanten Anteil der Population stellen. Ist das Verhalten selten, kann es als Zufall abgetan werden. Ist es hingegen häufig, muss es etwas geben, was für die Fortdauer der Homosexualitätsgene in nennenswerter Häufigkeit sorgt, *obwohl die Individuen, bei denen das Gen vorhanden ist, sich nie fortpflanzen.*

Also, sind diese drei Bedingungen erfüllt? Hinsichtlich der ersten muss ich sofort einräumen, dass wir wenig über die genetischen Grundlagen der Homosexualität bei irgendeinem Organismus wissen, von den Nagel-Manatis ganz zu schweigen. Beim Menschen hat die Suche nach Genen, die an der Homosexualität beteiligt sein könnten, bislang noch zu keinen eindeutigen Ergebnissen geführt. In einigen Studien meint man einen Zusammenhang entdeckt zu haben, in anderen nicht. Bei Fruchtfliegen allerdings wirkt sich die Mutation einer Reihe von Genen auf die homosexuellen Neigungen aus. Einige Mutationen veranlassen Männchen, unterschiedslos um Männchen und Weibchen zu werben. Andere bewirken, dass Männchen sich nur um Männchen bemühen: Bringt man mehrere dieser Männchen zusammen, werden sie sich kreisförmig verfolgen. Äußerst merkwürdig ist die Mutation, die Männchen nur dann zu bisexuellem Verhalten veranlasst, wenn das Licht eingeschaltet ist. Knipst man das Licht aus, schaltet man auch ihre Libido ab: Diese Fliegen halten nichts vom Sex im Dunklen. Natürlich ist es gewagt, von Fruchtfliegen auf Menschen oder Nagel-Manatis zu schließen. Doch es ist wahrscheinlich – tatsächlich würde ich darauf wetten –, dass die sexuelle Orientierung bei Säugetieren ebenfalls eine genetische Grundlage hat.

Was die zweite Bedingung angeht, so wissen wir noch weniger als bei der ersten darüber, ob ein Individuum ausschließlich homosexuelles Verhalten zeigt. Für die Menschen, besonders die in der westlichen Welt, gilt gegenwärtig, dass einige Individuen zweifellos ihr ganzes Leben lang ausschließlich homosexuell sind; in welchem Maße das auch auf andere Zeiten zutrifft, ist jedoch nicht bekannt. Soziale Zwänge, zu heiraten oder einen Erben zu hinterlassen, haben möglicherweise dazu geführt, dass die meisten Individuen trotz ausgeprägter homosexueller Neigungen Nachkommen hinterlassen haben. Und was Tiere angeht? Nun, da sind unsere Kenntnisse mehr als spärlich. Von Nagel-Manatis ist bekannt, dass sie ausschließliche homosexuelle Neigungen entwickeln. Bei Rotgesichtsmakaken fechten Männchen und Weibchen gelegentlich Kämpfe aus, um mit einem besonders beliebten Weibchen Sex zu haben. (Diese Affen wissen nützlichen Gebrauch von ihrem langen Schwanz zu machen: Oft reiben sich die Weibchen die Klitoris mithilfe des Schwanzes.) In Gefangenschaft lebende Männchen des Rhesusaffen praktizieren manchmal lieber Analverkehr, als sich mit Weibchen zu paaren. Ob bei solchen Individuen diese Vorliebe so ausgeprägt ist, dass sie die Fortpflanzung ausschließt, wissen wir nicht.

Und die letzte Bedingung – die Häufigkeit des Verhaltens? Darüber wissen wir bei keinem Tier etwas. Selbst beim Menschen ist es schwierig, die Häufigkeit ausschließlich homosexuellen Verhaltens zu ermitteln.

Doch lassen Sie uns einmal theoretisch annehmen, dass die drei Bedingungen zumindest bei einigen Arten erfüllt sind. Also: Die Homosexualität ist genetisch, ausschließlich und häufig. Was kann den Untergang der Gene aufhalten? Oder etwas wissenschaftlicher: Wie können die Gene in der Population erhalten bleiben? Die traditionelle Erklärung lautet, dass die Gene erhalten bleiben, wenn die homosexuellen Individuen dazu beitragen, den Reproduktionserfolg ihrer Verwandten zu erhöhen. Denn ihre Verwandten besitzen einen gewissen Anteil ihrer Gene. Beispielsweise haben identische Zwillinge alle Gene gemeinsam. Ein Kind hat von jedem Elternteil je eine Hälfte seiner Gene. Echte Geschwister, die keine eineiigen Zwillinge sind, haben im Schnitt die Hälfte ihrer Gene gemeinsam. (Ich sage »im Schnitt«, weil jedes zwar die Hälfte seiner Gene von je einem Elternteil bekommt, diese Hälften aber zufällig zusammengestellt werden.) Entsprechend teilen Vettern und Kusinen ersten Grades im Schnitt ein Achtel ihrer Gene. Und so fort.

Das heißt, Sie müssen nicht unbedingt Nachkommen haben, um Ihre Gene zu verbreiten. Stattdessen können Sie sich der Aufgabe widmen, Ihren Verwandten zu helfen, deren Gene zu verbreiten. Solche Absichten liegen häufig scheinbar altruistischen Verhaltensweisen zugrunde, etwa bei Ameisen, Bienen und Wespen, die sich zum Wohle der Kolonie aufopfern und sich nie fortpflanzen. Doch es gibt keinen Anhaltspunkt dafür, dass Homosexualität darauf hinausläuft, die Gene auf indirekte Weise weiterzugeben; bei Vogel- und Säugetierarten, wo Jungtiere ihren Eltern helfen, die nächste Nachkommenschaft aufzuziehen, gibt es keine Anhaltspunkte dafür, das die Helfer zu Homosexualität neigen. Im Gegenteil, meist haben sie in der nächsten Saison selber Nachkommen.

Eine Spielart dieses Gedankens geht von einem anderen Aspekt des sozialen Lebens aus. Unter Tieren, die in hoch organisierten Gruppen leben – Termiten, Pistolenkrebsen, Wölfen und Nacktmullen etwa –, sind nur wenige Individuen mit der Fortpflanzung befasst. Alle anderen sind nicht reproduktive Arbeiter. Zumindest bei Wölfen und Nacktmullen liegt der Grund dafür, dass sie nicht an der Fortpflanzung beteiligt sind, nicht darin, dass sie dazu physiologisch unfähig wären, sondern darin, dass sie von dem dominanten Paar an der Fortpflanzung gehindert werden. Im Prinzip ist es möglich, dass sich Homosexualität als eine Art von Unterdrückung der Fortpflanzungsfähigkeit entwickelt, wobei die homosexuellen Individuen eine nichtreproduktive Kaste ähnlich den Soldaten in einer Termitenkolonie wären. Bestimmend wäre in diesen Fällen die Überlegung, dass bei Organismen, die in Gruppen leben müssen, um zu überleben, die natürliche Selektion mit Gruppen und nicht mit Individuen arbeitet. Falls Gruppen mit homosexuellen Individuen evolutionär betrachtet erfolgreicher als solche mit heterosexuellen sind, bleibt dieses Merkmal erhalten. Das könnte beispielsweise der Fall sein, wenn die homosexuellen Mitglieder Aufgaben erledigen würden, die für die ganze Gruppe von Vorteil wären, etwa die Jagd oder die Verteidigung der Gruppe gegen Überfälle von den Nachbarn. Wiederum ist zu betonen, dass es keinen Hinweis dafür gibt und dass uns keine Art bekannt ist, bei der dieser Aspekt homosexuelles Verhalten erklärt. Außerdem hat die Hypothese einen theoretischen Schwachpunkt. Wenn die Gruppen nicht zugleich Familieneinheiten sind – wie bei den Termiten, Pistolenkrebsen, Wölfen und Nacktmullen der Fall –, sind die Kräfte, die auf eine Unterdrückung der Fortpflanzung hinwirken, wahrscheinlich ziemlich schwach. Nicht verwandte Individuen haben schließlich wenig Grund zu kooperieren, wenn es darum geht, ihre Fortpflanzung zu unterdrücken.

Eine andere Möglichkeit wäre, dass die Gene für Homosexualität dadurch erhalten blieben, weil sie von der natürlichen Selektion begünstigt werden. Das wäre auf zwei Arten möglich. Die erste bezeichnet man als heterozygoten Vorteil *(heteorozygote advantage)*. Nehmen Sie an, ein gegebenes Gen weist zwei mögliche Formen auf. Da Sie zwei Kopien des Gens erhalten, eine von jedem Elternteil, könnten Sie zwei Kopien der ersten Form besitzen, eine Kopie von jedem oder zwei Kopien der zweiten Form. Genetiker sagen, es liege ein heterozygoter Vorteil vor, wenn der Besitz einer Kopie von jedem Gen besser ist als der Besitz zweier Kopien einer der beiden Formen. Das Lehrbuchbeispiel ist die Malariaresistenz beim Menschen. Das Molekül in den roten Blutkörperchen, das den Sauerstoff über die Blutbahn durch den Körper transportiert, ist das Hämoglobin. Eine Variation des Hämoglobingens, das so genannte Sichelzellengen, veranlasst das Hämoglobinmolekül, eine falsche Form anzunehmen, sobald es den Sauerstoff abgegeben hat, wodurch das rote Blutkörperchen in sich zusammenfällt. Wenn Sie zwei Kopien des Sichelzellengens besitzen, leiden Sie an einer schweren Anämie – die Sie ohne intensive medizinische Behandlung nicht lange überleben. Haben Sie hingegen nur eine Kopie der Sichelzellenversion des Gens, sind Sie resistent gegen Malaria. Der einzige Nachteil – und er ist schlimm genug – liegt darin, dass zwei Elternteile, die beide immun gegen Malaria sind, Gefahr laufen, dass ihnen von vier Kindern eines an Sichelzellenanämie stirbt.

In Hinblick auf die Homosexualität würde diese Idee wie folgt aussehen: Ein gegebenes Gen kommt in zwei Formen vor. Zwei Kopien der ersten Form, und Sie gehören der heterosexuellen Mehrheit an. Zwei Kopien der zweiten Form, und Sie sind homosexuell – genetisch betrachtet, unfruchtbar. Doch eine Kopie von beiden Formen, und Sie hätten einen enormen Vorteil – beispielsweise könnten Sie ein außerordentlich fruchtbarer heterosexueller Mensch sein. Mir erscheint das jedoch aus drei Gründen als eine recht unwahrscheinliche Erklärung der Homosexualität. Erstens, bislang hat man erst wenige Beispiele für heterozygote Vorteile entdeckt. Zweitens, im Malaria-Beispiel bewahrt Sie die Heterozygotie vor dem Tod – was aus evolutionärer Sicht die reproduktiven Nachteile aufwiegt, dass einige

Ihrer Kinder möglicherweise sterben. Doch im Falle der Homosexualität lässt sich schwer vorstellen, dass in Hinblick auf die natürliche Selektion der Vorteil, eine Heterozygote zu sein, groß genug sein sollte, die Unfruchtbarkeit einer gewissen Zahl Ihrer Nachkommen aufzuwiegen. Drittens, es ist unwahrscheinlich, dass ein einziges Gen für die Homosexualität verantwortlich ist.

Ich kann mir allerdings noch eine Möglichkeit vorstellen, wie Gene für Homosexualität direkt von der natürlichen Selektion begünstigt werden könnten: durch einen schleichenden und fundamentalen Konflikt zwischen den Geschlechtern. Nämlich dann, wenn es Gene gibt, die bei den Mitgliedern des einen Geschlechts für homosexuelles Verhalten verantwortlich sind und denen des anderen Geschlechts großen Fortpflanzungserfolg bescheren. Theoretisch könnte das klappen. Wir wissen, dass sich Gene ausbreiten können, die für ein Geschlecht vorteilhaft sind, selbst wenn sie sich für das andere als schädlich erweisen. Unter bestimmten Bedingungen können sich solche Gene ausbreiten, auch wenn der Nutzen für das eine Geschlecht gering und der Schaden für das andere groß ist. Nehmen Sie beispielsweise an, ein Gen verursacht bei Männchen ausschließliche Homosexualität, jedoch ungewöhnliche Fruchtbarkeit, wenn es bei Weibchen auftritt. Das Gen könnte fortbestehen – und sich vielleicht sogar ausbreiten – trotz seiner Nachteile für die Fortpflanzungsfähigkeit der Männchen. Je mehr Gene beteiligt sind, desto plausibler wird der Mechanismus. Daraus würde auch folgen, dass männliche Homosexualität und weibliche Homosexualität auf verschiedene Gensätze zurückgehen.

Doch vergessen Sie die Theorie. Was ist mit den Daten? Obwohl die Ergebnisse nicht direkt die Homosexualität betreffen, gibt es experimentelle Daten, die darauf schließen lassen, dass Gensätze, die für ein Geschlecht vorteilhaft sind, höchst schädlich für das andere sein können. Wie üblich musste die Fruchtfliege *Drosophila melanogaster* als Versuchstier herhalten. Unter Anwendung der modernsten Gentechnik konnten die Experimentatoren dafür sorgen, dass die Eier verschiedener Weibchen von Männchen befruchtet wurden, die genetisch identische Spermien hatten. Als die Jungen schlüpften, hatten sie also alle, Männchen wie Weibchen, einen gemeinsamen und einen verschiedenen Gensatz. In einem Vergleich dieser Fliegen mit einer zufällig aus der Normalpopulation ausgewählten Gruppe konnten die Wissenschaftler bewerten, ob es vorteilhaft war, einen gegebenen Gensatz zu besitzen, zunächst bezüglich des Erfolgs als Larve (ob es den Tieren gelang, es bis ins adulte Stadium zu schaffen) und dann bezüglich des Erfolgs als erwachsenes Tier (gemessen an der Zahl der Nachkommen).

Man hat vierzig verschiedene Gensätze getestet. Die Ergebnisse waren verblüffend. Erstens, die Gensätze, die den Larven helfen, erfolgreich zu sein, sind nützlich, egal, ob die Tiere Männchen oder Weibchen sind. Was durchaus einleuchtet: Die Anforderungen des Larvenstadiums sind für beide Geschlechter gleich. Für ausgewachsene Fliegen sind die Gensätze, die die Männchen erfolgreich machen, andere als die Gensätze, die den Weibchen Vorteile bringen. Tatsächlich stellte sich heraus, dass die Gene, die dem einen Geschlecht nützten, dem anderen schadeten – und je größer der Nutzen, desto größer die entsprechenden Nachteile.

Diese Ergebnisse lassen darauf schließen, dass der Mechanismus, den ich skizziert habe, um die Homosexualität zu erklären, zumindest plausibel ist. Abgesehen davon lässt jedoch die Möglichkeit, dass die Gene, die einem Geschlecht nützen, dem anderen schaden, darauf schließen, dass der Kampf der Geschlechter – egal, ob Sie Fruchtfliege, Mensch oder Nagel-Manati sind – ein unausweichlicher, nicht zu schlichtender und ewig währender Krieg ist.

••••••••

Wenn ihr einen Beau sitzen lasst, Mädels, und mit dem nächsten ins Bett geht, haltet einen Augenblick inne und bedenkt die unübersehbaren Folgen, den evolutionären Unfrieden, den ihr mit eurer Lust stiftet. Während ihr in seinen Armen einschlaft, vergegenwärtigt euch die verschiedenen Waffen, die im Einsatz sind, und ihre allmähliche Vervollkommnung im Laufe der Jahrtausende. Überlegt, ob ihr und eure Lover unabsichtlich an der Entstehung neuer Arten mitwirken, und betet, dass eure Gene gut geeignet sind für euer sexuelles Vergnügen. Denn die einzigen Geschöpfe, die hoffen dürfen, von diesem Krieg verschont zu werden, muss man mit der Lupe suchen: die wirklichen monogamen Lebewesen. Mit diesen höchst ungewöhnlichen Organismen wollen wir uns im nächsten Kapitel beschäftigen.

Kapitel zehn

Bis dass der Tod uns scheidet

Von Liebesgeschichten à la »glücklich bis ans Ende ihrer Tage« und »bis dass der Tod uns scheidet« findet sich in der Natur kaum eine Spur. Wer erlebt solche Lovestorys – und unter welchen Bedingungen hat sie die Evolution hervorgebracht?

Liebe Dr. Tatiana,

mein Mann und ich sind einander seit Jahren in ehelicher Treue verbunden, und ich muss gestehen, wir sind zutiefst schockiert über das, was wir in Ihren Kolumnen lesen. Als Rabengeier lehnen wir all die ekelhaften Praktiken, zu denen Sie regelmäßig raten, aufs Schärfste ab und meinen, alle Geschöpfe sollten unserem Beispiel folgen. Entweder Sie empfehlen die partnerschaftliche Treue oder, so unser Vorschlag, Sie halten den Mund.

Bewegung für familiäre und eheliche Werte in Lousiana

Vergessen Sie nicht: Der Ekel liegt im Magen des Betrachters. Und, wenn Sie mir die Bemerkung gestatten, sich an Aas gütlich zu tun gilt in manchen Kreisen als durchaus ekelhaft. Nun beklagen Sie aber, dass ich die Monogamie nicht oft genug empfehle oder auch nur diskutiere. Ich will offen sein. Echte Monogamie ist selten. So selten, dass sie eine der deviantesten Verhaltensweisen in der Biologie ist.

Lassen Sie mich an ein paar Tatsachen erinnern. Vor den 1980er-Jahren glaubte man, mehr als 90 Prozent der Vogelarten seien zumindest während der Brutzeit monogam, und von vielen Paaren meinte man, sie blieben ihr Leben lang zusammen. Doch angesichts besserer genetischer Techniken und der Verbreitung von Vaterschaftstests hat sich diese Vorstellung in Nichts aufgelöst. Die Heiligenscheine rollten davon wie Hula-Hoop-Reifen – und nicht nur die der Vögel. Eine nähere Untersuchung anderer Gruppen, die im Ruf der Monogamie standen, etwa der Weißhandgibbons, zeigte, dass auch sie nicht die Heiligen sind, die sie zu sein schienen. Wenn Tiere heute paarweise leben, spricht man davon, dass sie sozial monogam seien – eine Formulierung, die keine Aussage über die sexuellen Gewohnheiten macht. Die Entdeckung wahrer genetischer Monogamie ist allemal ein paar Schlagzeilen wert.

Also wer macht Schlagzeilen? Genetische Tests haben vereinzelte Arten wie die Ihre entdeckt, in denen die Paare in partnerschaftlicher Treue zu leben scheinen. Ich sage »scheinen«, denn nur wenige Studien haben mehr als eine Brutzeit oder mehr als einige Dutzend Familien erfasst. Zusätzliche Informationen könnten das Bild jederzeit verändern. Doch unter diesem Vorbehalt sprechen die genetischen Daten für die Behauptung der Dohle, eines Vogels, der wie eine Krähe mit grauem Käppchen aussieht, sie sei wirklich monogam. Über jeden Vorwurf erhaben scheint der Zügelpinguin zu sein, desgleichen die Waldohreule. Das Dikdik, eine der kleinsten Antilopen Afrikas, scheint einiges für seine partnerschaftliche Beständigkeit anführen zu können. Einen ausgezeichneten Ruf genießt auch die Kalifornische Weißfußmaus. Sogar einige Termiten sind äußerst treu in der Liebe.

Doch abgesehen von ihrer ungewöhnlichen Treue weisen diese Gruppen keine erkennbaren Gemeinsamkeiten auf. Schauen wir uns die Sache also etwas genauer an und fragen wir uns, unter welchen Bedingungen sich die echte Monogamie – das Original: er und sie auf ewig vereint – als eine stabile Strategie für alle Mitglieder einer Population herausbilden könnte.

Die kürzeste Antwortet lautet: Die Evolution wird die Monogamie als Strategie für alle Mitglieder einer Population nur dann hervorbringen, wenn sie im Interesse sowohl der Männchen wie der Weibchen liegt. Das heißt, die Monogamie wird nur dann stabil sein, wenn die Mitglieder einer auf Treue gegründeten Partnerschaft mehr überlebende Kinder haben als untreue Individuen. Dauerhafte Treue ist selten, weil sie nur manchmal im Interesse eines Partners liegt, von beiden gar nicht zu reden.

Üblicherweise wird die Monogamie einer Art damit erklärt, dass ein Weibchen seine Nachkommen nicht allein aufziehen kann. Nach diesem Szenario – ich werde es die Gute-Frau-Theorie der Monogamie nennen – werden die Gelegenheiten der Männchen, fremdzugehen, durch weibliche Tugend beschnitten: Möchtegern-Schürzenjäger sind nicht in der Lage, Mittäterinnen zu finden, weil jedes Weibchen ihrem Partner zwanghaft treu ist, aus Angst, seine Hilfe bei der Aufzucht der Kinder einzubüßen. Mit anderen Worten, die Monogamie ist ein weibliches Komplott, das den Männern aufgezwungen wird.

Die Theorie ist jedoch zu unwahrscheinlich, um allgemeine Geltung beanspruchen zu können. Zunächst einmal geht sie davon aus, dass das Männchen auf Seitensprünge aus sei, wenn es könnte – und dass Treue nicht wirklich in seinem Interesse liegt. Doch wie wir sehen werden, ist diese Annahme häufig falsch: Sexuelle Treue kann durchaus im Interesse des Männchens liegen. Zweitens, Monogamie kann sich auch dann entwickeln, wenn das Männchen nicht bei der Aufzucht der Jungen hilft. Nehmen wir das Dikdik als Beispiel. Der Bock hilft seiner Partnerin nicht. Er folgt ihr einfach auf Schritt und Tritt. Noch nicht einmal bei der Entdeckung von Räubern, die eine Gefahr für sein Kalb sind, ist er eine Hilfe. So kann der Afrikanische Habichtsadler ein Jungtier greifen, aber kein ausgewachsenes Dikdik, trotzdem reagiert nur das Weibchen auf die Schreie des Adlers.

Wir kommen zum dritten Problem der Gute-Frau-Theorie: Der Umstand, dass ein Weibchen die Hilfe eines Männchens braucht, ist noch lange keine Garantie für ihre Treue. Betrachten wir den Mittleren Katzenmaki. Dieser winzige nachtaktive Primat ist nicht größer als ein Eichhörnchen und lebt auf Madagaskar. In den sieben Monaten Trockenzeit halten Mittlere Katzenmakis Winterschlaf, dazu rollen sie sich in Baumlöchern zusammen. Wie andere Winterschläfer fressen sie sich ordentlich Fett an, bevor sie sich zur Ruhe begeben. Das Fett speichern sie an der Schwanzwurzel. In den Tagen vor den DNA-Tests galten sie als leuchtendes Vorbild der Monogamie. Männchen und Weibchen leben paarweise zusammen. Im Sommer dösen sie gemeinsam, das Männchen hilft bei der Aufzucht der Jungen, passt auf sie auf, wenn sich das Weibchen ausruht oder Nahrung sucht. Ohne Unterstützung der Männchen können die Weibchen ihre Jungen nicht aufziehen. Trotzdem zeigen die genetischen Tests, dass die Untreue weit verbreitet ist, mit dem Erfolg, dass die Männchen häufig bei der Aufzucht von Jungen helfen, die nicht ihre eigenen sind. Natürlich heißt das nicht, dass es nie einen Zusammenhang zwischen sexueller Treue und der Kooperation der Eltern bei der Aufzucht gibt. Doch wenn Treue und Kooperation eine Verbindung eingehen, ist die Monogamie, wie wir noch sehen werden, in der Regel die Ursache und nicht – wie die Gute-Frau-Theorie will – die Folge.

Betrachten wir also andere Hypothesen, die möglicherweise erklären, wie die Monogamie im Zuge der Evolution entstanden sein könnte. Nehmen wir an, die Weibchen seien Mangelware. Dann ist ein Männchen, das ein Weibchen ergattert hat, gut beraten, ihr nicht von der Seite zu weichen und Rivalen auf Distanz zu halten. Wenn Weibchen dünn gesät sind, kann einer von zwei Faktoren die langfristige Monogamie für ein Männchen besonders erstrebenswert machen. Erstens, es ist gefährlich, die Partnerin zu verlassen – eine andere zu suchen würde bedeuten, eine lange und gefährliche Reise auf sich zu nehmen. Je größer das

Risiko, desto größer der Anreiz, bei ihr zu bleiben. Das nenne ich die Gefahrentheorie der Monogamie. Der zweite Faktor ist ein kurzes Intervall zwischen den Brutzeiten des Weibchens. Es ist sinnlos, sich auf eine Reise zu begeben, egal, welches Risiko sie birgt, wenn deine Liebste schon bald wieder Junge hat – das nenne ich die »Raus-mit-ihnen«-Theorie der Monogamie.

Der Fangschreckenkrebs *Lysiosquilla sulcata*, ein Tier, das vorbeischwimmenden Fischen auflauert, um sie mit seinen fürchterlichen vorderen Gliedmaßen aufzuspießen, ist ein hübsches Beispiel dafür, wie förderlich Gefahr für eine dauerhafte Liebesbeziehung sein kann. Obwohl man in diesem Fall die genetischen Verhältnisse noch nicht untersucht hat, sprechen die Indizien doch überzeugend für Monogamie. Die Partnerwahl der Tiere findet in der Adoleszenz statt, dann gräbt sich jedes Paar an einer sandigen Stelle des Meeresbodens einen Bau. Da diese Fangschreckenkrebse vom getarnten Eingang ihres Baus aus jagen – ein Partner liegt in Lauerstellung, wobei nur seine Augenstiele herausschauen –, verlassen die Individuen ihren Bau niemals. Das wäre nämlich fast mit Sicherheit ihr Todesurteil. Im Gegensatz zu den meisten anderen Arten des Fangschreckenkrebses ist *Lysiosquilla sulcata* nicht gepanzert. Er hat einen weichen, ungeschützten Körper – durchaus geeignet für das Leben im Bau, aber eine leichte Beute für Räuber. Und selbst wenn wir annähmen, einem Krebs gelänge es, einen Ausflug über den Meeresboden zu machen, ohne gefressen zu werden, wäre es ihm doch nicht möglich, einen neuen Bau zu graben. Um ihren Bau am Einstürzen zu hindern, stabilisieren diese Tiere den Sand mit einem Schleim, den sie absondern. Als Erwachsene verlieren sie die Fähigkeit, diesen Schleim zu produzieren, daher kann ein solcher Krebs, der die Nase voll hat von seiner Beziehung, nicht einfach den Bau verlassen und sich einen neuen zulegen. Also egal, ob aus der Seligkeit der ersten Liebe längst ein fader Ehetrott geworden ist, der Fangschreckenkrebs sollte lieber bleiben als gehen.

Wenden wir uns nun einem anderen Beispiel zu. Was hätte ein nettes Mädel für einen Grund, die Anwesenheit irgendeines Flegels zu akzeptieren? Nun, eine Möglichkeit für Jungs, sich einzuschmeicheln, besteht darin, sich nützlich zu machen. Hat ein Weibchen erhebliche Vorteile von der Anwesenheit eines Männchens, ist sie weniger geneigt, ihn rauszuschmeißen. Beispielsweise könnte er ihr helfen, das Revier zu verteidigen. Bei Campbell-Zwerghamstern macht sich das Männchen genau auf solch eine Weise nützlich. Diese Tiere leben in Trockengebieten der Mongolei. Sie sammeln Samen und stopfen ihn ihre Backen. Im Bau entledigen sie sich ihrer Fracht, indem sie mit ihren Vorderpfoten auf ihre Backentaschen drücken, sodass die Samen herausfallen. Das Männchen ist ein so aufmerksamer Vater, dass es bei der Geburt seiner Jungen den Geburtshelfer spielt (soweit bisher bekannt, ist es damit unter den Säugetieren das einzige Männchen, das diese Dienstleistung routinemäßig erbringt), ihnen aus dem Geburtskanal hilft, ihre Atemwege öffnet, damit sie atmen können, und sie sauber leckt. Zu guter Letzt frisst es den Mutterkuchen, ein Leckerbissen, der gewöhnlich dem Weibchen vorbehalten ist. In Übereinstimmung mit der »Raus-mit-ihnen«-Theorie leben diese Hamsterweibchen weit voneinander entfernt: Ihre Gebiete überschneiden sich nicht. Und sie sind unermüdlich in ihrem Fortpflanzungstrieb. In einem einzigen Jahr haben sie achtzehn Würfe mit jeweils ein bis neun Jungen. Ganz im Gegensatz zu den Dshungarischen Zwerghamstern, die nur einige Monate im Jahr Junge haben und bei denen weder väterliches Pflegeverhalten noch Monogamie zu beobachten ist.

Gibt es noch andere Wege, auf denen sich Monogamie entwickeln kann? Sicherlich. Monogame Organismen verhalten sich häufig aggressiv gegenüber einem Tier, das nicht ihr Partner ist. Üblicherweise nimmt man an, sie seien aggressiv, weil sie monogam sind. Doch manchmal sind sie wohl auch monogam, weil sie aggressiv sind. Nehmen wir an, Individuen, die angriffslustig auf Angehörige des eigenen Geschlechts reagieren, hätten mehr überlebende Nachkommen als liebenswürdigere Geschöpfe. Dann könnte sich die Monogamie als Nebeneffekt der Aggression entwickeln. Das ist die soziopathische Theorie der Monogamie. Ein mögliches Gegenbeispiel ist die Gebänderte Scherengarnele. Diese Tiere sehen wie eine Süßigkeit aus, weiße Fühler wie aus gesponnenem Zucker, Leib und Scheren weiß, aber von breiten roten Bändern umgeben. Meist leben sie zu zweit, füttern sich gegenseitig und halten Wache, während der Partner sich häutet. Doch jeder Partner verhält sich extrem aggressiv gegenüber Garnelen des eigenen Geschlechts und bekämpft solche Individuen bis auf den Tod. Das soll es übrigens auch bei Menschen geben.

Monogamie kann sich auch entwickeln, wenn Ehebruch oder böswilliges Verlassen durch einen Partner zum vollkommenen Scheitern aller Fortpflanzungsversuche bei beiden führt. Das ist die MAD-Theorie der Monogamie (nach englisch: Mutually Assured Destruction = unabänderliche gegenseitige Vernichtung). Eine Gruppe, die man für MAD-Liebende hält, sind die Hornvögel – Tiere, die man überall in Afrika und Asien antrifft. Hornvögel kommen in unterschiedlicher Größe und Gestalt vor – es gibt etwa 45 Arten. Durch den großen, gekrümmten Schnabel, der von einer Hornkappe gekrönt ist, sind sie jedoch leicht von anderen Vögeln zu unterscheiden. Auch in diesem Fall spricht vieles für Monogamie, obwohl keine genetischen Beweise vorliegen. Bei vielen Arten sind Männchen und Weibchen für Überleben und Brutaufzucht vollkommen aufeinander angewiesen. Zu Beginn des Brutzyklus klettert das Hornvogel-Weibchen in das Nestloch, dessen Eingang daraufhin von ihm selbst oder vom Partner versiegelt wird, sodass das Weibchen nur noch den Schnabel hinausstrecken kann. Dann füttert es das Männchen, während es die Eier legt und bebrütet. Sobald die Küken ausgeschlüpft sind, schleppt das Männchen das Futter für die ganze Familie heran. Eine anstrengende Aufgabe: Beim Furchenhornvogel zum Beispiel kann das Weibchen bis zu 137 Tage im Nest bleiben. Es mausert seine Flugfedern kurz nach der Eiablage. Würde er sich also aus dem Staub machen, wären alle Nestlinge und das Weibchen zum Tode verurteilt. Dabei sind alle diese Maßnahmen nicht getroffen worden, wie man vermuten könnte, um das Weibchen an der Treulosigkeit zu hindern, sondern sie scheinen eher Vorkehrungen gegen Nesträuber zu sein.

Doch nicht alle monogamen Organismen bringen die Angehörigen des eigenen Geschlechts um, denen sie begegnen, mauern sich oder den Partner wochenlang in Baumstümpfen ein, leben weit verstreut über gefährliche Gegenden oder produzieren Nachkommen in Divisionsstärke. Beispielsweise leben Dohlen häufig in Kolonien, wo sich Gelegenheiten, die Frau des Nachbarn zu verführen, in Hülle und Fülle bieten. Doch sie scheinen sie nicht zu nutzen. Warum sie sich so viel Zurückhaltung auferlegen, ist nicht ganz klar, doch ich vermute, dass ein bisschen »MADness« daran beteiligt ist. Jungdohlen sind schwer aufzuziehen: In schlechten Jahren enden 80 Prozent der Brutversuche mit einem Misserfolg. Daraus können wir schließen, dass beide Eltern all ihre Energie in den Dienst des Nisterfolgs stellen müssen. Vielleicht spielt auch die Erfahrung eine gewisse Rolle. Bei Arten, die eine Lebenserwartung von vielen Jahren haben – was bei Dohlen der Fall ist –, kann das Zusammenwirken mit einem vertrauten Partner dem Fortpflanzungserfolg sehr förderlich sein. So zeigt sich bei Zwergschwänen, dass es einem Paar umso besser gelingt, seinen Nachwuchs großzuziehen, je länger es zusammen ist.

Und Rabengeier? Nun, Rabengeier nisten in der Regel weit voneinander entfernt und verteidigen ihr Territorium mit großer Erbitterung, wenn es gilt, das Nest zu schützen. Doch das kann keine Erklärung für ihre Treue sein, da sie trotzdem reichlich Gelegenheit zum Ehebruch haben. Während einer der Partner auf den Eiern sitzt, begibt sich der andere auf Futtersuche. Oft treffen sich Rabengeier an Tierkadavern oder gemeinschaftlichen Schlafplätzen. Doch offenbar haben diese Vögel soziale Regeln, die die Individuen zur partnerschaftlichen Treue anhalten. Anscheinend bestehen Rabengeier darauf, dass Sex in der privaten Abgeschiedenheit des Nestes vollzogen wird, und dulden kein sexuell anstößiges Verhalten in der Öffentlichkeit. Macht ein Jungvogel, der es noch nicht besser weiß, Anstalten, seine sexuellen Bedürfnisse an einem gemeinschaftlichen Schlafplatz auszuleben, wird er von den anderen Geiern rüde und schmerzhaft zurechtgewiesen. Wer hätte gedacht, dass Rabengeier so prüde sind?

Liebe Dr. Tatiana,

also, was iss los? Ich bin ein hübsches junges Ding von einer Kalifornischen Weißfußmaus und wild auf Liebe. Doch der Typ nebenan, wissen Sie, guckt mich überhaupt nich an. Obwohl seine Frau voll alt und hässlich ist. Der iss immer noch total scharf auf sie. Warum iss er so 'n lahmer Sack?

Voll genervt in Berkeley

Die Ehefrauen der Kalifornischen Weißfußmäuse können noch so alt und hässlich sein, ihre Männer sind ihnen nicht abspenstig zu machen. Wenn einer dieser Säcke, wie Sie sie zu nennen belieben, eine Partnerin hat, betrügt er sie nicht, selbst wenn man ihn mit einer Jungfrau einsperrt, die in Brunst ist. Also, wenn Sie einen Mann haben wollen, müssen Sie sich leider einen Single suchen.

Aber vielleicht fragen Sie sich ja, welchen Grund das hochmoralische Verhalten Ihres Nachbarn hat. Nun, ich vermute, die Untreue liegt ihm einfach nicht im Blut, er gehört nicht der Rasse der Don Giovannis an. Man kann sich leicht vorstellen, wie es dazu gekommen ist. Heutzutage sind die Männchen und Weibchen dieser kalifornischen Mäuseart wirklich monogam und leben zusammen, bis einer der Partner stirbt. Wenn Sie sich jedoch Ihre nächsten Verwandten anschauen, so können Sie dort ein höchst lockeres Treiben beobachten. Also dürfen wir mit einigem Recht annehmen, dass unsere tugendhaften Nager von promisken Vorfahren abstammen, von Vorfahren, die sich höchst unzüchtig von Bett zu Bett gequiekt haben.

Falls Sie eine treue Leserin meiner Kolumnen sind, wissen Sie vermutlich, dass eine Population sich nur von Promiskuität zu Monogamie entwickelt, wenn tugendhafte Paare durchgehend mehr überlebende Kinder haben als Paare, die es mit der Treue nicht so genau nehmen. Ist dies der Fall und hat die Monogamie eine genetische Basis, dann breiten sich die mit der Monogamie verknüpften Gene aus. Schließlich hat jedes Mitglied der Population diese Gene. (Bedenken Sie jedoch, dass die Gene, die die eheliche Treue beeinflussen, bei Männchen und Weibchen gleich sein müssen.) Daher ist es möglich – ich sage sogar wahrscheinlich –, dass Ihr Typ von nebenan eine starke genetische Prädisposition für Monogamie hat.

In Hinblick auf Sie als Kalifornische Weißfußmaus kann ich nicht viel mehr sagen. Im Falle Ihres Konkurrenten um den Titel *Tugendhaftestes Nagetier* – der Präriewühlmaus – beginnt man in den Labors, die genetische Basis der Monogamie zu entschlüsseln. Werfen wir also einen kurzen Blick auf die genetischen Bedingungen, die bei Männchen für dieses Merkmal sorgen.

Wenn bei den Präriewühlmäusen ein Junge ein Mädchen trifft und sie beschließen, miteinander zu gehen, dann besiegeln sie ihren Bund damit, das sie in den ersten vierundzwanzig Stunden so zwischen fünfzehn- bis dreißigmal kopulieren. Von da an entwickelt sich eine starke Bindung zwischen den Partnern, die sie durch ständiges Knutschen und gegenseitiges Putzen zum Ausdruck bringen – das kitschige Zerrbild junger Liebe. Und das ist noch nicht alles. Bevor ein Männchen seine Jungfräulichkeit verliert, ist es ein äußerst friedlicher Geselle, an Streit und Prügeleien völlig uninteressiert. Doch nach der ersten leidenschaftlichen Nacht erfährt es einen tief greifenden Persönlichkeitswandel. Wenn es jetzt irgendeine Präriewühlmaus erblickt – egal, ob Männchen oder Weibchen –, die nicht seine Partnerin ist, greift es sie wütend an. Was erklärt diese Veränderung?

Sex. Bei einer männlichen Präriewühlmaus bewirkt der Sex die Freisetzung von Vasopressin, einem Hormon, das an speziellen Rezeptoren (den Vasopressin-V1a-Rezeptoren) im Gehirn andockt und das Verhalten verändert. Dass Vasopressin für die Verhaltensveränderung verantwortlich ist, wissen wir, weil ein Männchen, dem man einen chemischen Stoff mit der Absicht injiziert, das Vasopressin daran zu hindern, sich an den Rezeptoren anzulagern, ein vollkommen friedfertiges Verhalten an den

Tag legt – als wäre es noch nie sexuell aktiv gewesen. Spritzt man umgekehrt einem jungfräulichen Männchen Vasopressin ein, verhält es sich, als hätte es schon Sex gehabt.

Starker Stoff. Doch bevor ihr anfangt, Mädels, eure Freunde mit Vasopressin abzufüllen, möchte ich darauf hinweisen, dass der Trick nicht mit jedem klappt. Zwar findet man Vasopressin bei allen Säugetieren, doch hat es verschiedene Auswirkungen auf die jeweiligen Arten. Nehmen Sie als Beweis dafür die Gebirgswühlmaus, eine nahe Verwandte der Präriewühlmaus. Gebirgswühlmäuse paaren sich promiskuitiv, sie bilden keine dauerhaften Paare, selten findet man Partner, die zusammenhocken oder sich gegenseitig putzen, und Sex bewirkt weder Zuneigung noch Aggression. Wenn Sie einem Männchen der Gebirgswühlmaus Vasopressin injizieren, wird es nicht angriffslustig, sondern beginnt, sich zu putzen.

Diese unterschiedlichen Reaktionen auf Vasopressin scheinen mit der Verteilung der Vasopressin-V_{1a}-Rezeptoren im Gehirn zu tun zu haben – und diese Verteilung weist erhebliche Unterschiede zwischen den beiden Arten auf. Interessanterweise lässt sich eine Verteilung wie bei der Präriewühlmaus ganz leicht herstellen. Dazu benötigen Sie lediglich einen Mausembryo und das Gen, das die Anweisungen zum Bau der Präriewühlmaus-Version des Rezeptors beinhaltet. Kombinieren Sie die zwei – sodass Sie eine Maus erhalten, die das Gen der Präriewühlmaus trägt –, und Sie bekommen eine adulte Maus mit Vasopressin-V_{1a}-Rezeptoren, die nach Art der Präriewühlmaus verteilt sind. Verpassen Sie dieser Maus einen Schuss Vasopressin, und sie verhält sich wie eine verliebte Präriewühlmaus.

Diese Untersuchungsergebnisse vermitteln uns eine erste Ahnung von den Mechanismen, die der Monogamie zugrunde liegen; die ganze Wahrheit wird sich vermutlich als erheblich komplizierter erweisen. Überdies könnten die Mechanismen sich sehr wohl von einer monogamen Art zur nächsten unterscheiden, da sich die Monogamie in den verschiedenen Arten unabhängig entwickelt hat. Falls sich erweist, dass der Sex auch nachhaltige Wirkung auf andere monogame Arten hat, würde das erklären, warum so viele Arten – vom Weißschwanz-Stachelschwein bis zur in Nordamerika beheimateten Schabe *Cryptocercus punctulatus* – regelmäßig sexuell aktiv werden, obwohl diese liebende Beschäftigung aufgrund des Zeitpunktes nicht der Fortpflanzung dienen kann. (Ausnehmend merkwürdig, dass Stachelschweine weit mehr Sex haben, als die Fortpflanzung erfordert – neigt doch Stachelschweinsex dazu, nun ja, widerborstig zu sein.) Unabhängig von solchen Fragen sollten wir jedoch nicht aus den Augen verlieren, dass das Verständnis der die Monogamie bedingenden genetischen Mechanismen etwas ganz anderes ist, als zu verstehen, warum Organismen sich überhaupt zur Monogamie entwickelt haben.

Hat das irgendwelche Bedeutung für den Menschen? Und wenn ja, welche? Bislang wissen wir nichts über die genetischen Grundlagen menschlicher Monogamie, doch ich möchte gern einige Spekulationen anstellen.

Als Spezies betrachtet, lassen sich die Menschen nicht als ausschließlich monogam bezeichnen. Scheidungsraten und außereheliche Affären sprechen eine deutliche Sprache. Außerdem haben zweieiige Zwillinge gelegentlich verschiedene Väter (wenn auch unbekannt ist, wie häufig das der Fall ist, weil es gewöhnlich nur entdeckt wird, wenn die Väter aus verschiedenen ethnischen Gruppen stammen). Andererseits sind Menschen auch nicht übermäßig promisk. Einige sind einem Partner das ganze Leben lang treu, andere – wenige – geben zu, tausende von Sexpartnern gehabt zu haben. Es gibt eine Reihe von Indizes, die dafür sprechen, dass die Menschheit insgesamt eher am monogamen Ende des Spektrums angesiedelt ist. Nehmen Sie zum Beispiel die körperlichen Eigenschaften von Männern und Frauen. Bei monogamen Arten haben Männchen und Weibchen ungefähr die gleiche Größe. Bei Arten, in denen wenige große Männchen Harems halten, sind die Männchen in der Regel deutlich größer als die Weibchen. Erinnern Sie sich an den Südlichen See-Elefanten, bei dem die adulten Männchen in der Regel doppelt so lang wie die Weibchen und bis zu zehnmal so schwer sind? Beim Gorilla sind erwachsene Männchen gewöhnlich doppelt so schwer wie geschlechtsreife Weibchen. Im Gegensatz dazu sind Männer nur geringfügig größer als Frauen, wobei es auch Überschneidungen gibt, das heißt, manche Frauen sind größer als manche Männer.

Betrachten wir als Nächstes die körperlichen Unterschiede zwischen Männern und männlichen Menschenaffen. Wie Sie wissen, gibt es einen Zusammenhang zwischen Testikelgröße und dem Risiko der Spermienkonkurrenz. Männchen, die dem Risiko der Spermienkonkurrenz in geringerem Maße ausgesetzt sind – entweder weil sie sich darauf verstehen, einen Harem zu verteidigen, oder weil sie mit einem treuen Weibchen verpaart sind –, besitzen im Allgemeinen Testikel, die im Vergleich zu ihrer Körpergröße klein sind. Für Gorillamännchen ist die Gefahr der Spermienkonkurrenz gering, daher haben sie winzige Hoden. Männliche Schimpansen sehen sich einem hohen Risiko von Spermienkonkurrenz ausgesetzt und verfügen folglich über gigantische Testikel. Im Vergleich dazu haben Männer Hoden mittlerer Größe, was auf eine geringe bis mittlere Gefahr von Spermienkonkurrenz schließen lässt. Dieser Aspekt nebst dem relativ geringen Größenunterschied zwischen Männern und Frauen entspricht genau dem, was man für eine überwiegend monogame Art vorhersagen würde.

Wie sieht es mit der Häufigkeit von ehelicher Untreue aus, wenn man genetische Vaterschaftstests zugrunde legt? Gerüchteweise verlautete immer, sie sei bei Menschen extrem hoch – 30 Prozent oder mehr. Tatsächlich aber haben sich überraschend wenige Studien mit dieser Frage befasst: Trotz eingehender Durchsicht der wissenschaftlichen Literatur konnte ich nur eine Hand voll Untersuchungen entdecken. Aus ihnen ergab sich ein geringes Maß an Untreue – drei Prozent oder weniger. Der höchste Wert, den ich gefunden hatte, betrug 11,8 Prozent. Diese Ergebnisse müssen beim Menschen mit größerer Vorsicht behandelt werden als bei anderen Arten: Empfängnisverhütung und Schwangerschaftsabbruch ermöglichen den Menschen, Kinder als Resultate außerehelicher Affären zu vermeiden. Ein Argument, das auf die Vergangenheit in geringerem Maße als auf die Gegenwart zutrifft, und es gibt höchst einfallsreiche Methoden, um Daten über eheliche Untreue in vergangenen Epochen zu ermitteln. In England erhalten Kinder beispielsweise ihren Nachnamen meist vom Vater. Sie bekommen jedoch noch etwas anderes vom Vater mit: ihr Y-Chromosom. Wenn also alle männlichen Wesen, die einen bestimmten Nachnamen tragen, die direkten Nachkommen eines Mannes sind, müssten sie alle die gleichen genetischen Marker auf ihrem Y-Chromosom haben. Falls keine Ehebrüche (oder Adoptionen) vorliegen, müsste ein enger Zusammenhang zwischen den Nachnamen und den Y-Chromosomen bestehen. In einer Studie hat man die Y-Chromosomen aller Männer untersucht, die Sykes heißen, ein Name, der in schriftlichen Aufzeichnungen erstmals vor rund 700 Jahren auftaucht. Es hat sich gezeigt, dass fast alle in die Untersuchung einbezogenen Sykes tatsächlich die gleichen genetischen Marker auf ihren Y-Chromosomen haben, was darauf schließen lässt, dass die meisten lebenden Sykes tatsächlich den gleichen frühen Ahnen haben. Die Häufigkeit von Untreue oder Adoption bei Frauen, die mit einem Sykes verheiratet waren, schätzt man über einen Zeitraum von 700 Jahren auf 1,3 Prozent. Doch es könnte sein, dass die Sykes eine Ausnahme darstellen, daher wäre es von großem Nutzen, ähnliche Studien bei Männern mit anderen Namen anzufertigen.

Wenn wir einmal davon ausgehen, dass die Menschen in ihrer Gesamtheit am besten als überwiegend monogam beschrieben werden können, bleiben zwei Fragen. Erstens, welche Kräfte könnte für das vorwiegend monogame Verhalten der Menschen verantwortlich sein? Es gibt mehrere Möglichkeiten – unter anderem eventuell kulturelle Zwänge. Abgesehen von der Schlussfolgerung, dass monogamere Menschen im Allgemeinen größere Fortpflanzungserfolge gehabt haben dürften als weniger monogame Menschen, können wir nur wenig sagen. Zweitens, unterscheiden sich einzelne Menschen – genauso wie einzelne Grillen und Fruchtfliegen – in ihrer genetischen Prädisposition für Monogamie? Oder anders gesagt, haben einige Menschen, von der Moral einmal abgesehen, weniger Schwierigkeiten als andere, ihr Ehegelöbnis zu befolgen? Eine verführerische Vorstellung, dass eine eingehendere Kenntnis der Genetik menschlichen Verhaltens nicht nur zeigen könnte, dass verschiedene Männer unterschiedliche Neigungen zur Monogamie haben, sondern dass eine gegebene Neigung mit einer Reihe anderer Merkmale verknüpft ist – wie Sie sich vielleicht erinnern, ist das beim Nördlichen Bootsmannfisch und bei den Totengräberkäfern der Fall. Möglicherweise stellt sich ja beispielsweise heraus, dass Männer mit großen Testikeln (die Antizipation eines hohen Risikos von Spermienkonkurrenz) dazu tendieren, die Frauen anderer Männer zu verführen, und Schwierigkeiten haben, dauerhafte Bindungen einzugehen, während Männer mit kleinen Testikeln (die Antizipation einer geringen Gefahr von Spermienkonkurrenz) zu sexueller Treue und Eifersucht neigen und sich nach dem Sex hoffnungslos verknallen. Doch bislang ist das reine Spekulation …

* * * * * * * *

Für die meisten Frauen und Männer ist das Gold von Eheringen nicht für die Ewigkeit bestimmt – echte, wahre Liebe ist kostbar und selten und entspringt dem Zusammenwirken höchst seltsamer biologischer Kräfte. Etliche Faktoren können zur Monogamie beitragen, doch am besten funktioniert die wahre Liebe immer noch, wenn sie absolut MAD ist.

TEIL III

Sind Männer notwendig? Meist, aber nicht immer

Männer und Frauen, Männchen und Weibchen bilden eine fundamentale, unvergängliche Zweiheit, die beiden Seiten einer Medaille, Yin und Yang.
Oder doch nicht?
Genau genommen, ist er weniger wichtig als sie. Eine Art kann auf ihn verzichten, aber nicht auf sie. Manche Arten reduzieren die Zahl der Männchen auf das absolute Minimum. Andere entledigen sich der Männchen vollständig – und verzichten ganz auf Sex. Mehr noch, da ist nichts Unvergängliches an den beiden Geschlechtern, nichts ein für alle Mal Festgelegtes an den Geschlechterrollen. Einige Arten überschreiten Yin und Yang: Sie haben Geschlechter, gewiss, aber nicht in der faden Art von männlich/weiblich. Wer? Wann? Warum? Wie? Lesen Sie weiter …

Kapitel elf

Inzucht der Könige

In menschlichen Gesellschaften ist die Inzucht traditionell den Königsgeschlechtern vorbehalten. Doch andere Organismen sind nicht so elitär. Und wissen Sie, was? Lebewesen, die regelmäßig Inzucht betreiben, können fast ganz auf Männchen verzichten. Also wann ist es akzeptabel – oder sogar wünschenswert –, dass der Sex eine reine Familienangelegenheit bleibt?

Liebe Dr. Tatiana,

etwas Schreckliches ist geschehen. Ich bin ein Männchen der Milbenart Acarophenax mahunkai *– die Plage des Glänzendschwarzen Getreideschimmelkäfers. Heute Morgen hatte ich wie gewöhnlich mit einer meiner Schwestern Sex, als der Bauch meiner Mutter platzte. Alle meine Schwestern gingen hinaus und ließen mich alleine in Mamas Leiche zurück. Ist das die Strafe dafür, dass ich es mit meinen Schwestern getrieben habe? Was wird nun aus mir?*

Arg in der Klemme in Arkansas

Schlechte Nachrichten: Mit Ihnen ist es aus. Allenfalls können Sie auf Ihren acht plumpen Beinen noch ein bisschen herumwanken und hoffen, eine verspätete Schwester zu finden, damit Sie sich noch einmal paaren können, bevor Sie sterben.

Das Leben ist ungerecht. Nicht nur dass Ihre Zeit abgelaufen ist, Sie sind noch nicht einmal die eigentliche Plage des Glänzendschwarzen Getreideschimmelkäfers. Die sind Ihre Schwestern. Sie sind einfach ein Komplize unter »ferner liefen«. Lassen Sie mich erklären. Die Mädels Ihrer Art lutschen Eier aus – die Eier des Glänzendschwarzen Getreideschimmelkäfers, um genau zu sein. Wenn eine Milbe ein Ei aussaugt, schwillt ihr Bauch auf das Zwanzigfache seiner normalen Größe an, sodass sie zu einem riesigen Ballon mit winzigem Kopf und Beinen wird – die Milben-Karikatur eines grotesk fetten Mannes. Ihre Kinder – bis zu fünfzig – entwickeln sich und kopulieren in ihrem Inneren, dann platzt sie. Die herauskrabbelnden weiblichen Milben suchen sich irgendeinen Glänzendschwarzen Getreideschimmelkäfer, dem es gelungen ist, zu schlüpfen, und hängen sich unbemerkt wie winziger Schorf an seine Unterseite. Unwissentlich trägt das Weibchen dieser Käferart seine tödliche Fracht mit sich herum, wenn es seine Eier legt. (Können weibliche Milben zwischen männlichen und weiblichen Käfern unterscheiden? Ich nehme es an, aber niemand weiß Genaues.) Derweil gelingt es euch männlichen Milben nur selten, den Leib eurer Mutter zu verlassen – so sterbt ihr eigentlich, bevor ihr gelebt hat.

Kommen Sie in die Hölle, weil Sie es mit Ihren Schwestern getrieben haben? Egal, ob es die Hölle gibt oder nicht, der Inzest an sich ist nicht verwerflich. Wenn Sie den *Who's Who in der Natur* durchblättern, entdecken Sie eine Vielzahl von Organismen, die, wie Sie, gewohnheitsmäßig Inzucht mit nahen Anverwandten praktizieren, ohne nachteilige Folgen zu erleiden. Gewiss, es ist nicht für jedermann ratsam: Beim Menschen beispielsweise besteht eine gewisse Wahrscheinlichkeit, dass die Kinder aus Bruder-Schwester- oder Vater-Tochter-Paarungen kränklich oder missgebildet sind. Doch das ist keine göttliche Vergeltung für eine himmelschreiende Sünde, sondern schlicht und einfach das Resultat bestimmter genetischer Bedingungen.

Inzestprobleme liegen an rezessiven Genen. Was ist ein rezessives Gen? Elementare Biologie, lieber Milbenmann. Menschen und die meisten anderen sich geschlechtlich vermehrenden Organismen sind »diploid«: Sie erhalten von jedem Gen zwei Kopien, eine von der Mutter und eine vom Vater. Wenn die beiden Kopien verschieden sind, wirken sie zur Festlegung eines Merkmals, wie etwa der Augenfarbe, unterschiedlich zusammen – doch das Ergebnis kann einfach sein, das heißt, eine Kopie überlagert die andere. Die überlagernde Kopie bezeichnet man als dominant, die überlagerte als rezessiv. Mithin zeigt sich die Wirkung eines rezessiven Gens nur, wenn ein Individuum zwei Kopien davon geerbt hat. Ein solches Erbe kann tödlich sein. Bei rezessiven Genen ist die Wahrscheinlichkeit einer Fehlfunktion größer als bei dominanten, daher kann es katastrophale Folgen haben, wenn zwei derartige Gene zusammenkommen: augenblicklicher Tod oder schwere Krankheit.

Ist ein rezessives Gen jedoch selten, kann es unsichtbar fortbestehen, weil die meisten Individuen, die es besitzen, nur eine Kopie haben. Darin liegt die Gefahr beim Inzest. Da Familienmitglieder untereinander größere genetische Ähnlichkeit aufweisen als gegenüber Fremden, erhöht Sex in der Familie das Risiko, dass zwei Kopien eines schädlichen rezessiven Gens zusammenkommen. Je enger der Verwandtschaftsgrad des Liebespaares, desto mehr Gene haben sie gemeinsam – und desto größer ist die Gefahr, dass schädliche rezessive Gene in ihren Kindern zusammen vorkommen. Betrachten wir ein Beispiel. Bei einem rezessiven Gen, das in hundert Personen einmal anzutreffen ist, ist die Wahrscheinlichkeit, in zwei Kopien vorzuliegen, siebenmal so groß, wenn Vetter und Kusine ersten Grades ein Kind zeugen, als wenn zwei nicht verwandte Personen heiraten. Beim Kind einer Geschwisterehe ist das Risiko fünfundzwanzigmal so hoch. Und das betrifft nur den Fall eines relativ häufigen Gens. Wenn das Gen selten ist – sagen wir, einmal unter zehn Millionen Fällen vorkommt –, ist das Risiko für ein Geschwisterkind

2 500 000-mal größer als für das Kind eines nicht verwandten Paares.

Wenn die »Inzuchtdepression« – die Schwächung von Inzuchtnachkommen im Vergleich zu Auszuchtnachkommen – schwer wiegend ist, setzt sich die Inzucht zwischen nahen Verwandten in der Regel nicht durch. Der Grund ist einfach. Jedes Individuum, das lieber Sex mit Fremden als mit Familienangehörigen hat, bekommt Nachkommen, die zahlreicher und gesünder sind als diejenigen von Mitgliedern der eigenen Familie. Wenn diese Präferenz eine genetische Basis hat – Gene, die zur Auszucht prädisponieren –, breitet sich die Auszucht in der Population aus. Was erklären würde, warum Menschen und einige andere Säugetiere sich nur ungern mit Individuen paaren, mit denen sie als Kinder zusammen waren. Ein anschauliches Beispiel sind Kinder, die in israelischen Kibbuzim aufgewachsen sind. Dort lebten die Kinder in gemeinschaftlichen Kinderhäusern und nicht in Kleinfamilien. Als Erwachsene berichteten sie häufig mit Bedauern, sie hätten kein erotisches Interesse an den Gefährten ihrer Kindheit. Unter 2769 Ehen war keine, die zwischen ehemaligen Spielkameraden geschlossen worden war.

Angesichts so vieler Nachteile und Risiken fragen Sie sich wahrscheinlich, warum noch irgendjemand mit Geschwistern, Kindern oder Eltern Sex haben will. Nun, es gibt einige Faktoren, die die Auswirkungen der Inzuchtdepression einschränken oder aus anderen Gründen für Inzucht sprechen können. Grundsätzlich lassen sich die regelmäßigen Anhänger der Inzucht in zwei Gruppen unterteilen. In der einen finden wir die Zwitter – die die intimste überhaupt denkbare Form der Inzucht praktizieren, die Selbstbefruchtung oder Autogamie. (Autogamie macht lange nicht so viel Spaß, wie man meinen sollte, bedeutet sie doch in der Regel nicht, dass man Sex mit sich selbst hat. Stattdessen bringt man im eigenen Leib einfach Ei- und Samenzellen zusammen. Doch es gibt Ausnahmen. So faltet sich der Regenwurm *Dendrobaena rubida* in der Mitte zusammen und presst seine männlichen Geschlechtsteile gegen seine weiblichen.) Die andere Gruppe, die die Inzucht gewohnheitsmäßig betreibt, besteht aus den Organismen, die, wie Sie, mein milbiger Freund, ständig mit ihren Nächsten und Besten schlafen. Ein ähnlich bacchantisches Treiben innerhalb der Familie herrschte auch in den Herrscherdynastien Hawaiis, des alten Ägyptens und des peruanischen Inkareichs, bei vielen anderen Milben, einigen Madenwürmern und einer Vielzahl von Insekten. Ansonsten ist ständige Inzucht unter nahen Verwandten selten. Also was ist an diesen Gruppen so besonders?

Betrachten wir zunächst die Zwitter. Rund 80 Prozent der Blütenpflanzen sind Zwitter, die entweder perfekte Blüten bilden – Blüten mit männlichen und weiblichen Teilen – oder gleichzeitig männliche und weibliche Blüten tragen. Davon befruchten sich drei Viertel hin und wieder selbst, doch die Zahl derer, die sich ausschließlich selbst befruchten, ist weit geringer. Bei den Zwittern aus der Tierwelt ist über die Neigung zur Autogamie weit weniger bekannt, aber fest steht, dass viele sie nicht praktizieren – ja, es gar nicht können. Wenn wir darüber ein bisschen nachdenken, ist es nicht überraschend: Niemand ist mit Ihnen so nahe verwandt wie Sie selbst, daher sind die Nachkommen eines autogamen Zwitters noch anfälliger für Inzuchtdepression als die Produkte einer Geschwisterpaarung. Trotzdem, irgendein Kind ist besser als keines, und ein Zwitter, der keinen Partner finden kann, sollte sich schließlich doch zur Autogamie entschließen, selbst wenn die Inzuchtdepression erheblich ist – eine Strategie, die ich »Not-Autogamie« nennen möchte. Beispielsweise hält die Landschnecke *Triodopsis albolabris* nach einem Partner Ausschau, doch wenn nach rund einem Jahr keiner aufgetaucht ist, gibt die einsame Schnecke das Warten auf und beginnt mit der Autogamie. Für Zwitter dürfte die Neigung zur Selbstbefruchtung also von dem Verhältnis zwischen Inzuchtdepression und Gelegenheit zur Paarung mit anderen abhängen.

Wenden wir uns nun den Nichtzwittern zu. Bei den Hawaiianern, den alten Ägyptern und den Inkas hielt man die Vermählung von Bruder und Schwester für ein Zeichen ihrer göttlichen Natur. Nach der ägyptischen Mythologie heiratet Geb, der Gott der Erde, seine Schwester Nut, die Himmelsgöttin, während die

Inkas, die ebenfalls inzestuöse Gottheiten verehrten, glaubten, die Sonne (der Mann!) habe seine Schwester, den Mond, geheiratet. Die königlichen Familien beider Gesellschaften reklamierten göttliche Abstammung für sich – und ahmten das Verhalten ihrer Vorfahren nach. Wenn im alten Hawaii ein Häuptling von höchster Stellung eine leibliche Schwester heiratete, galt ihr Sohn als heilig, und alle mussten sich in seiner Gegenwart der Länge nach zu Boden werfen. (Offenbar wurde der unglückliche Mensch tagsüber in sein Haus eingesperrt, damit die normalen Sterblichen nicht ständig alles fallen lassen und mit dem Gesicht nach unten zu Boden sinken mussten.) Wenn der große Häuptling nur seine Halbschwester heiratete, galt das Kind als weniger verehrungswürdig: Die Menschen mussten sich in seiner Gegenwart lediglich hinsetzen.

Ungeachtet aller Mythologie lohnt es sich zu fragen, warum solche Praktiken entstanden und warum sie nicht aufgegeben wurden, als Schwachsinnige und Krüppel die Throne bestiegen. Über letzteren Punkt schweigen sich die historischen Aufzeichnungen aus: Wir wissen nicht, inwieweit sich hier die Inzuchtdepression ausgewirkt hat. In allen drei Gesellschaften hatten die Könige jedoch zahlreiche andere Frauen; für den Fall, dass sich die Geschwisterehe als unfruchtbar erwies oder dass aus ihr Kinder hervorgingen, die zum Herrschen untauglich waren, konnte vermutlich ein anderer Thronerbe bestimmt werden. Eine Erklärung für den Ursprung dieser Sitte lautet, dass Geschwisterehen eine natürliche Folge rigider sozialer Schichtung sind. In derart streng gegliederten Gesellschaften kommen nur wenige Männer für die Ehe mit den Frauen in den höchsten sozialen Stellungen infrage. Zumindest teilweise aus diesem Grund war die Vetternehe (begleitet von einer geringeren, aber immer noch erkennbaren Form der Inzuchtdepression, etwa Bluterkrankheit und die eigentümliche Lippenform der Habsburger) nicht ungewöhnlich in den europäischen Königshäusern. Wenn es den Frauen nie gestattet ist, Männer von geringerem Rang zu heiraten, wird es zwangsläufig Zeiten geben, wo für die Frauen an der Spitze der gesellschaftlichen Hierarchie nur noch ihre Brüder als Ehemänner infrage kommen.

Allerdings spielt für die Evolution der Inzucht zwischen engen Verwandten bei Insekten, Madenwürmern und Milben der Göttlichkeitswahn keine Rolle. Also warum ist sie so universell bei ihnen? Ein entscheidender Gesichtspunkt ist, dass viele Insekten und Milben und alle Madenwürmer nur wenige rezessive Gene haben, was zur Folge hat, dass die Inzuchtdepression vernachlässigenswert ist. Aber warum haben diese Lebewesen weniger rezessive Gene als wir übrigen? Die Antwort liefern die wunderbaren genetischen Systeme, die sie verwenden.

Besonders zwei genetische Systeme – die die Evolution beide mehrfach hervorgebracht hat – sind geeignet, rezessive Gene auszumerzen. Das erste, die so genannte Haplodiploidie, ist das häufigere. In diesem System sind die Weibchen diploid wie die Menschen: Sie erhalten zwei Kopien von jedem Gen, eines von jedem Elternteil. Männchen dagegen sind »haploid«: Sie schlüpfen aus unbefruchteten Eiern und bekommen folglich nur eine Kopie von jedem Gen, nämlich von der Mutter. Mit anderen Worten, Männchen haben keine Väter, und Weibchen müssen sich nicht paaren, um Söhne zu zeugen. Klingt irgendwie bekannt: Die Mutter eines Jungen kann Jungfrau sein.

Das führt zu allen möglichen Formen fröhlicher Ausschweifungen. Betrachten wir den Käfer *Coccotrypes dactyliperda*. Dieses Geschöpf lebt in Grotten, die es in Dattelkerne höhlt (oder in Knöpfe von Kleidungsstücken – ein Umstand, dem es seinen englischen Namen verdankt: *botton beetle*). Brüder und Schwestern können sich gleich nach dem Schlüpfen paaren – doch das ist erst der Anfang. Wenn ein Weibchen, das sich nicht mit einem seiner Brüder gepaart hat, in seiner neuen Heimstatt eintrifft, höhlt es sich eine Grotte aus und legt ein kleines Gelege. Aus diesen Eiern entwickeln sich Männchen. Sie paart sich mit dem ersten Sohn, der schlüpft, um anschließend ihn nebst seinen Brüdern zu fressen und eine große Brut an Töchtern zu legen – vielleicht auch noch ein oder zwei Söhne, mit denen sich ihre Mädchen paaren können.

Noch schlimmer ist die Wespe *Scleroderma immigrans*. Die Weibchen lähmen Käferlarven durch wiederholte Stiche, bevor sie ihr Blut trinken. Dann bedecken sie den Leichnam mit Eiern, sodass ihre heranwachsenden Kinder auch noch etwas von dem blutigen Leckerbissen abbekommen. Bei dieser Art paart sich die Mutter nicht nur mit einem Sohn, sondern lässt sich später auch noch von einem Enkel begatten, den eine Tochter aus der ersten inzestuösen Beziehung zur Welt gebracht hat. Ödipus erblasst vor Neid.

Das zweite genetische System ist nicht so flexibel, wenig verbreitet, aber noch seltsamer als die Haplodiploidie. Es heißt Genomeliminierung (Ausschaltung des väterlichen Genoms) und wird von verschiedenen Milben und einer kleinen Zahl von Insekten praktiziert. Hier gehen die Männchen – genau wie beim Menschen – aus befruchteten Eizellen hervor. Doch dann – das ist das merkwürdige Geschehen – werden die Gene des Vaters zu einem frühen Zeitpunkt der embryonalen Entwicklung von den Zellmechanismen deaktiviert oder zerstört. Damit haben die Männchen im Grunde wieder nur einen Gensatz.

Wie Sie sehen, haben in beiden Systemen die schädlichen rezessiven Gene keine Chance, sich zu akkumulieren. Da Männchen nur eine Kopie von jedem Gen besitzen, können sich die rezessiven Gene nie hinter den gesunden verstecken: Jeder Mangel tritt sofort zutage und bekommt die ungebremste Wucht der natürlichen Selektion zu spüren. Das heißt, Männchen, die schädliche rezessive Gene tragen, sind zum Tode verurteilt. Daher ist es höchst unwahrscheinlich, dass es bei Inzest zu Inzuchtdepression kommt. Als Ihre Milbenvorfahren erstmals bei Geschwistern Trost suchten, hatten sie nichts von rezessiven Genen zu fürchten.

* * * * * * * *

Liebe Dr. Tatiana,

ich gehöre der Mottenart Pseudaletia unipuncta *an und bin auf einem Ohr taub geworden. Ich habe gelesen, das sei die Folge von zu viel Sex. Leider bin ich noch (schluchz) Jungfrau. Also, was geschieht hier mit mir?*

Pikiert in Darién

Seien Sie versichert, dass kein Grund zur Besorgnis vorliegt. Es verhält sich nur so, dass Ihr Innenohr Schauplatz einer heißen inzestuösen Orgie ist. Erinnern Sie sich an den Reim, den Sie als Raupe gelernt haben?

Wenn taub, die Mott'
auf einem Ohr, o Gott,
dann wohnen dort vermutlich,
lauter Milben höchst gemütlich.

Dichrocheles fallen ein im Nu,
wenn unsre Motte liegt in tiefer Ruh.
Die Milben, die sind bös,
zahlen keinen Mieterlös.

Doch stets in diesem Falle
sind einig sie sich alle,
weil sie gelernt in Perfektion
dank der natürl'chen Selektion
(oder spüren das Verlangen),
nur in eins der Ohren zu gelangen.

Denn hört die Motte nicht den Hall
von Echolot und Ultraschall,
dann schmecket sie der Fledermaus
vorzüglich wohl, o Graus.

Folgendes ist geschehen: Als Sie eines Abends an einer Blüte Halt machten, um ein bisschen Nektar zu nippen, kletterte eine Milbe an Ihrer Zunge hinauf, als wäre sie eine Leiter. Als sie Ihr

Gesicht erreichte, krabbelte sie durch das Gewirr Ihrer Schuppen und Haare in die äußeren Kavernen Ihrer Ohren. Nachdem sie beide in Augenschein genommen hatte, entschied sie sich für eine und kroch hinein. Sie begab sich zu der zarten Membran – dem Trommelfell –, die Innenohr und Außenohr voneinander trennt, und durchbohrte sie. Damit nahm sie Ihnen auf immer die Fähigkeit, mit diesem Ohr zu hören.

Nachdem sie sich dort eingerichtet und einen kleinen Imbiss – tut mir Leid – von Ihrem Blut zu sich genommen hatte, begann sie ihre Eier zu legen, ungefähr achtzig an der Zahl. Zwei Tage später schlüpften die kleinen Milbenlarven, indem sie sich rückwärts aus den Eierschalen herauswanden. Zuerst kamen die Männchen zum Vorschein, dann deren Schwestern. Die Männchen wuchsen rascher heran als die Weibchen, bereiteten einen der inneren Gänge Ihres Ohres als Schlafgemach, trugen ihre schwesterlichen Bräute dort hinein und halfen ihnen sogar aus ihren alten Häuten, als sie ihre endgültige Form annahmen.

Es muss Ihnen nicht peinlich sein, dass Ihr Ohr von Milben befallen ist – derartige Dinge geschehen fortwährend in der Natur. Treiberameisen – die Art, die durch den Regenwald marschiert und alles umbringt, was auf ihrem Weg liegt – haben eine Milbenart, die auf ihren Fühlern lebt, und eine andere, die sich häuslich auf ihren Füßen einrichtet. Wenn Kolibris aus Blüten trinken, gelangen Milben in die Nasenöffnungen der Vögel. Allerdings rauben ihnen die Milben nicht den Geruchssinn, weil sie nur ein Transportmittel zwischen zwei Blüten brauchen. Trotzdem sind sie ein Ärgernis: Diese Nektardiebe können bis zur Hälfte des Nektars ausschlürfen, den eine Blüte produziert. Menschen dienen als Wirtsorganismus für die (meist harmlose) Haarbalgmilbe *Demodex folliculorum*, die in Wimpernfollikeln lebt, und für *Demodex brevis*, die sich in Talgdrüsen einnistet. Flughunde haben Milben auf den Augäpfeln. Bei Vögeln finden sich Milben in den Spulen ihrer Flugfedern.

Doch um auf die Orgie in Ihrem Ohr zurückzukommen, es gibt da noch einen Aspekt, auf den ich Ihre Aufmerksamkeit lenken möchte. Nämlich den, dass diese Orgie in gewisser Weise das verkörpert, was manche als Paradies bezeichnen könnten. Aus den etwa achtzig Eiern, die die Muttermilbe legt, schlüpfen nicht mehr als zwei Männchen, der Rest sind Weibchen.

Das ist erwähnenswert, weil ein Zahlenverhältnis der Geschlechter, welches erheblich von eins zu eins abweicht, selten ist. Männchen und Weibchen der meisten Arten werden in etwa gleicher Anzahl geboren. Den Grund für dieses Gleichgewicht hat als Erster Ronald Fisher erklärt – derselbe Mensch, der die These entwickelt hat, Weibchen würden sich mit attraktiven Männchen paaren, um sexuell attraktive Söhne zu bekommen. In diesem Falle beruhte sein Argument im Wesentlichen auf dem Prinzip von Angebot und Nachfrage. Nehmen wir an, Mädchen wären häufiger als Jungen. Dann hätten alle Eltern mit einer Prädisposition für Söhne mehr Enkel als Eltern mit einer genetischen Prädisposition für Töchter, weil Jungen knapper und daher eher in der Lage wären, Paarungspartnerinnen zu finden. Das Gen für Söhne würde sich ausbreiten – was zur Folge hätte, dass sich das Geschlechterverhältnis ausgliche. Da das Argument genauso gültig wäre, wenn das ursprüngliche Missverhältnis zugunsten der Jungen ausfiele, ist die einzige stabile Situation ein Geschlechterverhältnis von eins zu eins. Jede Abweichung müsste rasch und automatisch korrigiert werden.

Möglicherweise liefern die Menschen ein Beispiel für eine solche Korrektur. Bei Kriegen werden große Zahlen von Männern getötet, sodass sich das Geschlechterverhältnis zugunsten der Frauen verschiebt. Folglich müsste man annehmen, dass es in Reaktion auf Kriege zu einer Angleichung des Geschlechterverhältnisses kommt. Dieser Annahme entspricht die Beobachtung, dass unmittelbar nach beiden Weltkriegen signifikant mehr Jungen als Mädchen geboren wurden als vor Ausbruch der Feindseligkeiten. (Ich sollte darauf hinweisen, dass uns die Mechanismen für diesen Umstand unbekannt sind und dass die Daten ebenso gut Zufall wie ein Beweis für Fishers These sein könnten. Trotzdem sind sie auffällig.)

Eine deutliche Abkehr vom Geschlechterverhältnis eins zu eins lässt folglich darauf schließen, dass etwas Ungewöhnliches in

Gange ist. Dieses »Etwas« kann das Produkt vorsätzlicher Manipulation sein: Zahlreiche Parasiten beeinflussen das Geschlechterverhältnis ihres Wirtsorganismus, um die eigene Vermehrung zu sichern. So wird die Rollassel von einer Mikrobe bewohnt, die nur durch Eier übertragen wird. Deshalb wandelt die Mikrobe genetische Asselmännchen in Weibchen um. Der Waldlemming – ein winziges, kompaktes Nagetier mit einem flauschigen Schwanz, das in den Sümpfen und Wäldern von Nordeuropa, Sibirien und der Mongolei lebt – hat ein vereinzeltes Chromosom, welches das Geschlechterverhältnis zugunsten der Weibchen verschiebt. Infolgedessen haben die Populationen der Waldlemminge in der Regel einen Frauenanteil von 70 Prozent.

Harmloser verhält es sich bei dem verschobenen Geschlechterverhältnis in Fällen von Inzest mit nahen Verwandten. Bei *Syringophiloidus minor*, der Milbe, die in den Federn des Haussperlings lebt, legt jedes Weibchen zwölf Eier, von denen nur eines ein Männchen produziert. In ganz ähnlicher Weise dürfte unser arg in der Klemme steckender Briefschreiber aus Arkansas, der der Milbenart *Acarophenax mahunkai* angehört, seine fünfzig Schwestern höchstwahrscheinlich für sich haben. Kurzum, bei den Arten, die den Inzest ohne Nachteile und Reue betreiben, sind die Männchen in extremer Minderzahl.

Den Grund dafür hat Bill Hamilton entdeckt, einer der kreativsten und wichtigsten Evolutionsbiologen des 20. Jahrhunderts. Wie er gezeigt hat, ist es bei den Inzuchtarten häufig das Weibchen, das ein neues Heim bezieht – egal, ob eine Kaffeebohne, einen Dattelkern, Ihr Ohr oder meinen Wimpernfollikel –, ein Heim, das möglicherweise von keinem Artgenossen mehr aufgesucht wird. Unter diesen Umständen greift das Argument für ein Geschlechterverhältnis von eins zu eins nicht mehr. Wenn ein Weibchen isoliert ist, hängt sein Fortpflanzungserfolg nur davon ab, wie viele Töchter es hat: Es kann sich keine zusätzlichen Enkel davon erhoffen, dass sein Sohn die Töchter anderer Weibchen verführt, weil solche Individuen nicht zur Verfügung stehen. Daher sollte die ursprüngliche Matriarchin gerade genug Söhne in die Welt setzen, wie nötig, um ihre eigenen Töchter zu befruchten. Mehr wären eine Verschwendung von Zeit und Energie.

Generell lässt sich also feststellen, dass sich bei gewohnheitsmäßigem Inzest an allen Strukturen sparen lässt, die für männliche Funktionen erforderlich sind. Für Zwitter bedeutet das eine minimale Investition in den männlichen Fortpflanzungsapparat. Beispielsweise vermindert sich bei der zwittrigen Muschel *Utterbackia imbecillis*, einem Parasiten, der auf den Kiemen von Süßwasserfischen lebt, der Anteil des Körpers, welcher der Spermienproduktion gewidmet ist, in dem Maße, wie der Inzest – in diesem Falle die Autogamie – zunimmt. Autogame Pflanzen verzichten auf eindrucksvolle Blüten. Sie brauchen keine außergewöhnliche Prachtentfaltung, um Bestäuber anzulocken. Entsprechend haben inzestuöse Weibchen durch die Hervorbringung riesiger Macho-Söhne nichts zu gewinnen – die Söhne müssen lediglich lange genug leben, um es mit ihren Schwestern zu treiben. So kommt es, dass die Männchen von Inzuchtarten meist frühreife, mickrige Gesellen mit geringer Lebenserwartung sind. Häufig ernähren sie sich während ihrer kurzen Verweildauer in dieser Welt nicht; viele haben noch nicht einmal eine Mundöffnung. Bald nach Ablauf ihrer ekstatischen Orgien sterben diese Männchen, meist ohne die Bohne, die Feder oder das Ohr ihrer Geburt verlassen zu haben. Sobald Ihre Mieter, liebe Motte, an einer duftenden Blüte von Bord gegangen sind, um auf einen neuen Wirt zu warten, bleiben die verfaulenden Leichen der Brüder als makabre Geisterkolonie in den inneren Gefilden Ihres beschädigten Ohrs zurück.

Trotzdem schulden Sie ihnen Dank. Die erste Milbe hat offenbar eine Art Spur zurückgelassen, denn wenn sich eine zweite oder dritte Milbe bei Ihnen einnistet, begibt sie sich in das bereits geschädigte Ohr. Tatsächlich quillt Ihr taubes Ohr bereits von Bewohnern über – genau wie der alte Reim sagt. Lieber verlässt die Milbe Sie wieder und wartet auf eine andere Motte, als Sie völlig taub zu machen für das Ultraschallgequieke der Fledermäuse. Das ist nur vernünftig: Wenn Sie sterben, ist es auch mit dem Leben der Milben vorbei. Dass diese eine so unbeirrbare

Reaktion entwickelt haben, lässt darauf schließen, dass multiple Inbesitznahmen des Ohres keine Seltenheit sind. Und das wiederum lässt darauf schließen, dass Inzest nicht immer die einzige Möglichkeit ist.

Wenn andere Weibchen in Ihrem Ohr auftauchen, haben Söhne die Chance, sich mit Weibchen zu paaren, die keine Schwestern von ihnen sind – und der Vorteil, mehr Männchen zur Welt zu bringen, nimmt zu. Also, je mehr Weibchen einen bestimmten Ort kolonisieren, desto mehr Söhne müssten sie hervorbringen und desto ausgeglichener sollte das Geschlechterverhältnis werden. Nehmen wir als Beispiel *Nasonia vitripennis*, eine winzige Erzwespe, die ihre Eier in Schmeißfliegenpuppen ablegt. Findet das Weibchen eine Puppe, bohrt sie ein Loch in die Hülle und injiziert ein Gift, das die in der Entwicklung befindliche Schmeißfliege tötet und konserviert. Die Wespe legt ihre Eier, von denen vielleicht zehn Prozent Männchen sind, dann fliegt sie davon, um neue Puppen zu suchen. Wenn sie jedoch auf eine Puppe trifft, in der bereits Eier abgelegt worden sind, passt sie ihre Brut der veränderten Situation an, das heißt, sie bringt mehr Männchen hervor.

Wie macht sie das? Nun, *Nasonia vitripennis* gehört zu den Arten, bei denen die Männchen aus unbefruchteten Eiern schlüpfen. Das System bietet die Möglichkeit zu einer mühelosen und exakten Kontrolle des Geschlechterverhältnisses: Jede Mutter kann durch die Anzahl der befruchteten Eier bestimmen, wie viele Söhne und wie viele Töchter sie bekommt. Doch die Milben in Ihrem Ohr haben das andere genetische System, das den Inzest fördert und unterstützt, das System, bei dem sich die Männchen aus befruchteten Eiern entwickeln, doch die väterlichen Gene in den männlichen Embryonen sofort ausgeschaltet werden. Zunächst scheint es unwahrscheinlich zu sein, dass die Weibchen in diesem System die Fähigkeit haben sollten, das Geschlechterverhältnis ihrer Nachkommen den Umständen anzupassen. Und doch scheinen sie – erstaunlicherweise – dazu in der Lage zu sein. Experimente an *Typhlodromus occidentalis*, einer Milbe, bei der Genomeliminierung vorliegt, zeigen, dass Weibchen in Gegenwart anderer Weibchen mehr Söhne hervorbringen. Ereignet sich eine solche Verschiebung der »Männerquote« auch in Ihrem Ohr? Das weiß niemand, aber ich vermute es.

••••••••

Liebe Dr. Tatiana,

wie jeder anständige, rechtschaffene Marmorierte Bachling – für Sie Rivulus marmoratus *– habe ich meine Eier immer selbst befruchtet. Doch als ich heute Abend in den Bau zurückkehrte, den ich mit einer freundlichen großen Kandkrabbe teile, stellte ich fest, dass ein Fremder eingezogen war. Er behauptet, ebenfalls ein Marmorierter Bachling zu sein – er sei aber ein richtiger Mann, nicht ein bisschen von beidem wie ich. Er schlägt mir alle möglichen schlimmen Sachen vor. Hört sich nach 'ner Menge Spaß an. Aber kann es mir schaden?*

Wild darauf in Florida

Normalerweise würde ich sagen, Sie sollten sich keinen Zwang antun. Doch in Ihrem Fall müssen wir sorgfältig abwägen. Ihr Marmorierten Bachlinge habt seltsame Sitten, zu denen unter anderem gehört, aus dem Wasser zu klettern und auf dem Land herumzutollen, wobei ihr die Fortbewegung durch Schlängeln und Sprünge bewältigt. Das erklärt auch, wie Sie in den Bau der Kandkrabbe gelangen, liegen doch die Eingänge zu diesen Bauen im Allgemeinen auf trockenem Land. Noch bemerkenswerter ist der Umstand, dass Sie mehr als zwei Monate außerhalb des Wassers überleben können – ein erstaunliches Kunststück für einen Fisch.

Für Genetiker haben Sie allerdings noch eine andere Besonderheit: Sie sind das einzige bekannte Wirbeltier, das sich selbst befruchtet. Tatsächlich können zwittrige Marmorierte Bachlinge nicht miteinander laichen; das können sie nur mit Individuen, die reine Männchen sind. Wenn Männchen selten sind, wie es in Florida der Fall ist, besteht eine Population von Marmorierten Bachlingen aus Zwittern, die sich schon seit Generationen autogam fortpflanzen.

Diesen Umstand vor Augen, wollen wir nun untersuchen, welche Gefahr Sie laufen, wenn Sie sich mit einem Männchen paaren. Sie haben schon einmal von Inzuchtdepression gehört? Nun, ironischerweise gibt es auch eine »Auszuchtdepression«. Der Begriff besagt, dass die Paarung zwischen sehr entfernt verwandten Individuen Nachkommen hervorbringen kann, die nur geringe Aussichten haben, zu überleben oder sich fortzupflanzen – schlechtere Aussichten jedenfalls, als die Nachkommen näher verwandter Eltern.

Grundsätzlich kann es aus zwei Gründen zur Auszuchtdepression kommen. Erstens, die Partner haben Gene, die nicht richtig zusammenwirken können. Das offenkundigste, häufigste und uninteressanteste Beispiel ist der Versuch eines Organismus, sich mit dem Mitglied einer anderen Art zu paaren. Solche widernatürlichen Paarungen bleiben im Allgemeinen unfruchtbar; schließlich werden Arten als Gruppen definiert, die sich nicht kreuzen können. Doch wenn sich Arten erst vor relativ kurzer Zeit getrennt haben, können sich aus artenübergreifender Unzucht doch noch Kinder ergeben. Aus der Paarung zwischen einer Stute und einem Esel geht, wie allgemein bekannt, ein Maultier hervor – doch die Auszuchtdepression hat ihre Wirkung noch nicht eingebüßt: Das Maultier ist unfruchtbar.

Eine weniger ausgeprägte Form der Auszuchtdepression kann anzeigen, dass die Populationen dabei sind, sich zu getrennten Arten zu entwickeln. Beim Buckellachs zum Beispiel haben die Individuen einen festen Lebenszyklus von zwei Jahren. So kann es in einem Fluss zwei in der Zeit getrennte Lachspopulationen geben: geradjährige und ungeradjährige Lachse. Unter normalen Umständen werden die beiden nie zusammenkommen. Geschieht es doch – etwas als Ei- und Samenzellen in den Reagenzgläsern eines Labors –, zeugen sie Nachkommen, die zwar lebensfähig sind, aber doch nicht so gut überleben wie reinrassige Tiere.

Der zweite potenzielle Grund für Auszuchtdepression ist die Umwelt. Nehmen wir an, Individuen hätten Merkmale entwickelt, die ihnen helfen, bestimmte regionale Bedingungen zu bewältigen. Unter diesen Umständen könnte die Paarung mit einem Individuum aus einer anderen Region, das daher weniger gut an die herrschenden Bedingungen angepasst ist, die günstigen Genkombinationen aufbrechen. Betrachten wir die Wanze *Jadera haematoloma*. Dieses Geschöpf ist lästig, weil es sich von den Samen des Echten Seifenbaums ernährt. Um an die Samen heranzukommen, durchbohrt es die Früchte mit seinen schnabelförmigen Mundwerkzeugen – die eine ideale Länge haben, um die Samen zu erreichen. Vor kurzem hat diese Wanzenart jedoch damit begonnen, sich vom Samen des Blasenbaums zu ernähren. Bei dieser Pflanze sind die Samen tiefer in der Frucht vergraben – für diese Früchte muss der Schnabel der Wanze viel länger sein. Das hat zur Folge, dass sich die Wanzen von *Jadera haematoloma* auf die eine oder andere Baumart spezialisiert haben: Kurzschnabelige Wanzen fressen den Samen vom Echten Seifenbaum und langschnabelige Wanzen den Samen vom Blasenbaum. Sex zwischen den Mitgliedern der beiden Populationen könnte Mischlängen des Schnabels hervorbringen, was zur Folge hätte, dass sich die Nachkommen solcher Kreuzungen nicht mehr ernähren könnten.

Bevor Sie zu dem Schluss kommen, dass Sie verdammt sind, ob Sie nun Inzucht oder Auszucht betreiben, sollte ich darauf hinweisen, dass dokumentierte Fälle von Auszuchtdepression innerhalb einer Art weit geringer an der Zahl sind als dokumentierte Fälle von Inzuchtdepression. Zwar ist die Auszuchtdepression weniger untersucht worden, doch dieser Umstand kann den Unterschied nicht erklären. Bei vielen Arten führt die Inzuchtdepression zur Evolution raffinierter Mechanismen, die die Organismen daran hindert, sich mit ihrer Verwandtschaft zu paaren. Im Gegensatz dazu sind Mechanismen zur Vermeidung der Auszucht praktisch unbekannt. In dem Maße also, wie die

Auszuchtdepression auftritt, ist sie wahrscheinlich nicht eine Ursache der Paarungsmuster, sondern eine Folge – und eine triviale noch dazu. Ich möchte Ihnen ein Beispiel geben. Die Auszuchtdepression ist am wahrscheinlichsten, wenn zwei Paarungspartner aus Populationen stammen, die normalerweise nicht interagieren. Schließlich paaren sich Buckellachse verschiedener Zyklen nicht miteinander, weil sie sich nicht begegnen. Im Falle einiger Pflanzen kann es durch die Aktivität von Bestäubern zur Auszuchtdepression kommen. Bienen legen häufig bestimmte Entfernungen zwischen Blüten zurück. Bei Kreuzungen zwischen Pflanzen, die mehr als einen Bienenflug voneinander entfernt sind, kommt es nicht selten zur Auszuchtdepression. Daher vermute ich, dass die Auszuchtdepression für die meisten von uns wenig Bedeutung hat.

Aber der Marmorierte Bachling gehört nicht zu den meisten von uns. Auszuchtdepression könnte sich durchaus als wichtiger Faktor für diejenigen Organismen erweisen, die – wie Sie – eine autogame Lebensgeschichte haben. Daher müssen wir zumindest die Möglichkeit in Betracht ziehen, dass Ihre Nachkommen unter Auszuchtdepression leiden könnten, wenn Sie mit der Tradition brechen und sich von einem Männchen begatten lassen. Eine endgültige Antwort kann ich Ihnen leider nicht geben, aber nach allem, was wir wissen, können Sie mit Ihrem neuen Freund nicht einfach einen draufmachen, nur weil Ihnen danach zumute ist.

Den Marmorierten Bachling findet man in Mangrovensümpfen und an der Atlantikküste des tropischen Amerikas. Männchen sind verschwindend selten: In den meisten Populationen treten sie nur sporadisch auf. In Honduras stellen die Männchen rund zwei Prozent der Mamorierten Bachlinge, während sie in Belize aus irgendeinem Grund relativ häufig sind (etwa 25 Prozent). In beiden Gebieten lassen sich Zwitter regelmäßig von Männchen verführen. Obwohl man die Fruchtbarkeit der aus diesen Verbindungen hervorgehenden Nachkommen noch nicht gemessen hat, hat die Auszucht offenbar keine schädlichen Auswirkungen. Auszucht-Fische haben die gleiche Größe und Gestalt wie Inzucht-Fische und keine ungewöhnlichen Merkmale oder Missbildungen. Also, wenn Sie sich selbst satt haben – sagen Sie Ja zum Sex!

* * * * * * * *

Zusammenfassend können wir feststellen, dass der Inzest nicht das Vorrecht der Könige, Pharaonen und Häuptlinge ist. Häufig geziemt es weit eher den niederen Bewohnern ihrer Wimpernfollikel als den gekrönten Häuptern selbst. Doch egal, ob Ihr Blut von aristokratischem Blau oder gemeinem Rot ist, ich rate Ihnen, es nicht mit Familienmitgliedern zu treiben, wenn Sie schädliche rezessive Gene in sich tragen. Doch im Augenblick kann ich Ihnen leider beim besten Willen nicht sagen, ob Sie solche Gene in sich haben. Daher gebe ich Ihnen ein paar Faustregeln als Orientierungshilfe zur Hand.

Ein plebejischer Inzestführer

1. Wenn Sie eine heftige Abneigung gegen erotische Aktivitäten mit Ihren Verwandten verspüren oder wenn Sie ein Zwitter sind und Merkmale besitzen, die die Autogamie erschweren, können Sie daraus schließen, dass der Inzest wahrscheinlich nichts für Sie ist. Doch selbst wenn Zwitter rezessive Gene besitzen, sollten sie – wenn möglich – in Notsituationen zur Autogamie bereit sein.

2. Falls Sie kein Zwitter sind, ist der Inzest am günstigsten, wenn Sie aus einer Art stammen, deren Männchen nur einen Gensatz besitzen. Gehören Sie keiner solchen Art an, empfehle ich Ihnen dringend, Sex mit den Geschöpfen zu vermeiden, die Ihnen verwandtschaftlich am nächsten stehen. Wenn es unbedingt sein muss, können Sie mit Ihren Vettern oder Kusinen zärtlich werden – aber lassen Sie die Finger von Geschwistern, Eltern und Großeltern.

3. Sollten Sie sich jedoch dazu entschließen, Ihr Glück mit dem Inzest zu versuchen, halten Sie die Personaldecke bei den Männchen möglichst dünn. Es hat keinen Zweck, kostbare Ressourcen für die Produktion von Heerscharen großer, starker Söhne zu verschwenden, wenn die einzige Aufgabe dieser Burschen darin besteht, ihre Schwestern oder Mütter zu begatten und zu sterben. Genau: Müttersöhnchen sind klein und schmächtig.

Kapitel zwölf

Evas Testikel

Wie haben sich Männchen und Weibchen entwickelt? Was gab es vorher? Warum haben die meisten Arten nur zwei Geschlechter? Wann ist es klug, Männchen und Weibchen zugleich zu sein? Wann sollte man sein Geschlecht verändern? Und was macht einen Jungen zum Jungen und – natürlich – ein Mädchen zum Mädchen? Das sind Geschlechterstudien – aber nicht so, wie Sie sie kennen.

Liebe Dr. Tatiana,

ich bin ein Schleimpilz – Physarum polycephalum *mit offiziellem Namen – und ich kann mir nicht vorstellen, wie ich jemals heiraten und Kinder haben soll. Ich kann nur langsam vorwärts kriechen, da ist es schwer, Partner zu finden. Bisher jedenfalls habe ich keinen gefunden. Schlimmer noch, während jede andere Art, von der ich bislang gehört habe, zwei Geschlechter besitzt, verfügt meine über dreizehn, und ich glaube, dass man, um Kinder zu bekommen, erst alle an einem Ort versammeln muss. Ich habe keine Ahnung, wie das möglich sein soll, und befürchte, dass ich als trauriger alter Pilz enden werde. Warum sind Schleimpilze so* oversexed, *mit so vielen Geschlechtern geschlagen?*

Auf der Suche nach der ominösen Dreizehn in Rumäniens Wäldern

Dreizehn Geschlechter? Da sind Sie aber gewaltig auf dem Holzweg, meine Liebe (mein Lieber?): Ihre Art hat mehr als fünfhundert! Aber keine Panik! Sie müssen nicht alle zusammenrufen. Ehrlich gesagt, ich glaube, Sie brauchen ein bisschen Aufklärung für Schleimpilze.

Beginnen wir von vorn: Was genau ist ein Schleimpilz? Die meisten Menschen würden Sie für einen normalen Pilz *(Fungus)* halten, wenn sie Ihrer – gelb und gestreift – auf einem verfaulenden Baumstamm ansichtig würden. Doch nichts könnte falscher sein. Schleimpilze sind eine Welt für sich und nur entfernt verwandt mit Tieren, Pflanzen oder Pilzen *(Fungi)*. Es gibt zwei verschiedene Gruppen; und Sie gehören zu der Gruppe, die man als echte Schleimpilze bezeichnet. Ein reifer echter Schleimpilz ist eine enorme Zelle – leicht mit bloßem Auge zu erkennen. Doch während eine normale Zelle aus einem Kern besteht, der von einem Klacks Zytoplasma umgeben ist, ist die Zelle eines reifen Schleimpilzes eine riesige Zytoplasmamasse, in der sich Millionen Zellkerne befinden. Dieses Gebilde kriecht langsam voran und verschlingt alle Mikroben, die sich auf seinem Weg befinden. Es paart sich nicht – und ist daher auch nicht der Notwendigkeit unterworfen, einen Partner zu finden. Wenn die Zeit für Sex gekommen ist, nimmt es stattdessen die Form eines gestielten Fruchtkörpers an, der wie ein winziger, mit Blasen bedeckter Lolli aussieht. Dieses Gebilde entlässt Sporen in die Luft, wie eine Blüte Pollen freisetzt, und die Sporen entwickeln sich zu Geschlechtszellen.

Was ist eine Geschlechtszelle? Das ist kein Geheimnis. Eine Geschlechtszelle trägt einen vollständigen Satz Ihrer Gene. Sie hat eine dreifache Aufgabe: eine geeignete Geschlechtszelle von gleicher Art zu finden, zu erkennen und mit ihr zu verschmelzen. Was meine ich mit »geeignet«? Ganz einfach eine Geschlechtszelle von anderem Geschlecht.

Sehen Sie, Geschlechter legen einfach fest, wer sich mit wem fortpflanzen kann. Oder, um genauer zu sein, Geschlechter legen fest, welche Geschlechtszellen miteinander verschmelzen können. Bei Tieren gibt es zwei Arten von Geschlechtszellen, große (Eier oder Eizellen) und kleine (Spermien oder Samenzellen). Weibchen oder Männchen stellen nur eine Art her, Zwitter beide. Jeder weiß, dass zwei Spermien nicht zu einem Embryo verschmelzen können, genauso wenig wie zwei Eizellen. Die einzig mögliche Kombination ist eine Eizelle und eine Samenzelle.

Bei Schleimpilzen ist die Situation jedoch ganz anders. Neben Organismen wie Grünalgen, Tang, Goldalgen – winzige goldgelbe Algen, die schöne, symmetrische Panzer ausbilden – und vielen anderen merkwürdigen Lebewesen stellen die Schleimpilze Geschlechtszellen von nur einer Größe her, ein Vorgang, den man Isogamie nennt. Wenn die Größe keine Rolle spielt, bestimmen andere Merkmale der Geschlechtszelle Ihr Geschlecht. Im Prinzip könnte das alles sein – die einfache An- oder Abwesenheit einer bestimmten chemischen Substanz an der Oberfläche einer Zelle wäre eine Möglichkeit. In Ihrem Fall ist das aber leider nicht so einfach.

Das Geschlecht von Schleimpilzen wird durch drei Gene bestimmt, deren Bezeichnung lautet: *matA*, *matB* und *matC*. Jedes dieser Gene besitzt zahlreiche Varianten – *matA* und *matB* haben jeweils dreizehn bekannte Varianten (das ist vermutlich der Grund, warum Sie die irrige Vorstellung gewonnen haben, dreizehn Geschlechter zu besitzen), während es bei *matC* drei sind. Nun machen Sie sich klar, dass Sie als reifer Schleimpilz zwei Kopien von jedem Gen besitzen. Nehmen wir also an, Sie hätten die Varianten 1 und 3 von *matA*, die Varianten 2 und 4 von *matB* und die Varianten 1 und 3 von *matC*. Wenn Sie sich nun in den blasenbedeckten Lolli verwandeln und Ihre Geschlechtszellen herstellen, erhält jede von ihnen einen vollständigen Gensatz –

einschließlich je eines Gens von *matA, matB* und *matC*. Jede Geschlechtszelle kann also eine beliebige Kombination der Varianten dieser Gene erhalten. Eine Geschlechtszelle könnte *matA1, matB2, matC1* besitzen, eine andere *matA3, matB2, matC1* und so fort – Sie haben das Prinzip verstanden. Als einzelner Schleimpilz sind Sie also in der Lage, Geschlechtszellen acht verschiedener Arten herzustellen – alles Kombinationen Ihrer *As, Bs* und *Cs*. Wenn Sie die Leute beeindrucken wollen, können Sie sich als *Octosex* bezeichnen, ein Geschöpf mit acht Geschlechtern. In den Wäldern Ihrer Heimat haben andere Schleimpilze natürlich andere Kombinationen der Varianten dieser Gene; wenn Sie alle möglichen Kombination von *mat1–13, matB1–13* und *matC1–3* durchzählen, landen Sie bei mehr als fünfhundert. (Da vermutlich noch mehr Varianten dieser Gene auf ihre Entdeckung warten, könnte sich die Zahl der Schleimpilzgeschlechter möglichwerweise noch erhöhen.)

Wenn sich nun Ihre Geschlechtszellen in die Welt aufmachen – und die Geschlechtszellen von Schleimpilzen sind ungewöhnlich unabhängig, sie sind sogar in der Lage zu fressen (stellen Sie sich ein Spermium vor, das unterwegs innehält, um einen Imbiss zu sich zu nehmen) –, so besteht die Aufgabe dieser Zellen darin, einen geeigneten Partner zu finden, mit dem sie verschmelzen können. In Ihrem Fall heißt geeignet, dass Ihr Partner andere Varianten aller drei Gene hat. Daher könnte eine Geschlechtszelle, die *matA1, matB2* und *matC1* aufweist, mit einer Geschlechtszelle verschmelzen, die *matA12, matB13* und *matC3* besitzt, nicht aber mit einer, die *matA12, matB2* und *matC3* trägt. Kompliziert, was?

Trotzdem ist Ihr System gar nicht so merkwürdig. Im Gegenteil. Die Theorie sagt vorher, dass isogame Organismen eine verwirrende Vielfalt von Geschlechtern haben müssen und dass es höchst merkwürdig wäre, hätten sie nur zwei. Schauen wir uns die Gründe für dieses Argument an. Stellen Sie sich die Welt aus der Perspektive einer Geschlechtszelle vor und stellen Sie sich weiterhin vor, Sie befänden sich in einer Population mit null Geschlechtern – jede Geschlechtszelle kann mit jeder anderen verschmelzen.

In einer solchen Population ist es natürlich denkbar einfach, einen Paarungspartner zu finden. Es gibt allerdings einen Nachteil. Bei null Geschlechtern gibt es keine Möglichkeit, Inzucht zu vermeiden. Wenn Sie einer Geschlechtszelle vom selben Elternteil begegnen, hindert Sie nichts daran, mit ihr zu verschmelzen.

Stellen Sie sich nun vor, Sie befänden sich in einer Population mit einer großen Anzahl von Geschlechtern. Je größer die Zahl der Geschlechter, umso leichter ist es, einen geeigneten Partner zur Verschmelzung zu finden. Gleichzeitig sinkt die Wahrscheinlichkeit des Inzests: Geschlechtszellen vom selben Elternteil ist es erheblich erschwert, miteinander zu verschmelzen. (In Ihrem Fall als Schleimpilz kann eine Geschlechtszelle eines gegebenen Typs nur mit einem Achtel der anderen Geschlechtszellen vom selben Elternteil verschmelzen.) Mit anderen Worten, eine große Zahl von Geschlechtern erhöht die Chance, einen Paarungspartner zu finden, während sie gleichzeitig das Inzuchtrisiko verringert.

Wie kommt man von null Geschlechtern zu hunderten? Der erste Schritt – von null zu zwei – mag ziemlich schwierig sein, und wie sich dieser Prozess vollziehen könnte, ist umstritten. (Offenbar kann der Übergang aber nicht gar so schwer sein, da er, wie wir wissen, wiederholt stattgefunden hat.) Wie dem auch sei, sobald diese erste Hürde genommen ist, dürfte die Evolution von mehr als zwei Geschlechtern ein Kinderspiel sein. Denn wenn ein Individuum beginnt, Geschlechtszellen eines dritten Geschlechts zu bilden, sind diese in der Lage, mit den Geschlechtszellen der beiden anderen Geschlechter zu verschmelzen (aber natürlich nicht mit sich selbst). Zunächst befindet sich das neue Geschlecht im Vorteil, weil es mit einem größeren Anteil der Population verschmelzen kann als die anderen beiden Geschlechter. Die Gene des neuen Geschlechts breiten sich aus – bis die Population ein Gleichgewicht erreicht, in dem alle drei Geschlechter mit gleicher Häufigkeit vertreten sind. Bildet sich ein viertes Geschlecht heraus, wiederholt sich der Prozess. Da es stets einen Vorteil darstellt, ein neues Geschlecht zu sein, wird sich die Zahl der Geschlechter allmählich nach oben schrauben.

Doch wie Sie ganz richtig angemerkt haben, besitzen die meisten anderen isogamen Organismen nur zwei Geschlechter – die unbequemste Situation, soweit es die Suche nach einem Paarungspartner angeht. Oder mit anderen Worten, die Evolution von mehr als zwei Geschlechtern ist leicht und hat einen offenkundigen Vorteil; doch die meisten isogamen Organismen müssen sich mit zweien zufrieden geben (wenn auch nicht einem männlichen und einem weiblichen). Was darauf schließen lässt, dass noch ein anderer Einflussfaktor am Werk ist, einer, der nachdrücklich die Zahl der Geschlechter einschränkt, die isogame Organismen haben können. Doch was könnte das für ein Faktor sein? Und wie kommt es, dass Schleimpilze von ihm unbehelligt sind?

Niemand weiß mit Gewissheit, was für Ursachen diese zahlenmäßige Einschränkung hat. Am wahrscheinlichsten ist jedoch die Notwendigkeit, die Vererbung aufmüpfiger genetischer Elemente im Zytoplasma zu kontrollieren. Sie müssen nämlich wissen, dass die meisten Organismen neben den regelmäßigen Genen des Zellkerns noch andere genetische Elemente besitzen: Mitochondrien zum Beispiel oder Chloroplasten. (Chlorplasten kommen in den Zellen von Pflanzen und Grünalgen vor und sind verantwortlich für die Energiegewinnung aus dem Sonnenlicht; Mitochondrien findet man in fast allen Zellen, ausgenommen denen von Bakterien; sie metabolisieren die Kohlenstoffverbindungen.) Diese Elemente sind im Zytoplasma der Zelle angesiedelt, häufig in extrem großer Anzahl. Man hält sie für die Überreste von Bakterien, die einst, vor langer Zeit, unabhängige Organismen waren. Irgendwann in der Vergangenheit haben sich die Bakterien mit primitiven Zellen eingelassen, indem sie Energie gegen Unterkunft anboten, verlernten aber im Laufe der Zeit, selbstständig zu leben. Jetzt sind ihnen nur noch ein paar Gene geblieben, ein Rumpfgenom. Doch wie jeder weiß, könnten auch Rümpfe oder Stümpfe erhebliche Probleme bereiten.

Besonders groß ist die Wahrscheinlichkeit solcher Probleme, wenn die Mitochondrien und Chloroplasten von beiden Elternteilen vererbt werden. Dann können die (sagen wir) Mitochondrien beider Eltern in einer Weise konkurrieren, die sich für den Organismus nachteilig auswirkt. Beispielsweise ist es möglich, dass die Mitochondrien eines Elternteils versuchen, die Mitochondrien des anderen Elternteils am Eintritt in die Geschlechtszellen zu hindern. Solche Vorgänge können dazu führen, dass die Mitochondrien die Aufgaben, die man von ihnen erwartet – Stoffwechselfunktionen –, vernachlässigen. Am leichtesten lassen sich Probleme dieser Art verhindern, indem man dafür sorgt, dass Mitochondrien – und Chloroplasten, falls Sie welche haben – nur von einem Elternteil vererbt werden.

Warum sollte das die Zahl der Geschlechter auf zwei einschränken? Nun, man nimmt an, dass es außerordentlich wichtig ist, die Vererbung dieser Elemente streng zu kontrollieren, und dass die bei weitem einfachste Methode darin besteht, ein Geschlecht zu haben, das sie immer vererbt, und ein anderes, das sie nie weitergibt. Zahlreiche isogame Organismen haben Mechanismen, die dafür sorgen, dass nur ein Elternteil diese Elemente vererbt. Die einzellige Grünalge *Chlamydomonas reinhardtii* hat zum Beispiel Geschlechtszellen von zwei Arten, die als plus und minus bezeichnet werden. Der Plus-Typ überträgt Chloroplasten, der Minus-Typ Mitochondrien.

Es gibt noch ein weiteres Indiz dafür, dass die Kontrolle dieser Elemente die Zahl der Geschlechter einschränkt. Zwei Gruppen von Organismen – die Blätterpilze und einzelligen Geschöpfe, die als Wimpertierchen bezeichnet werden – vermehren sich nicht, indem sie Geschlechtszellen herstellen, sondern indem zwei Individuen halbe Zellkerne tauschen. (Dieses System hat den merkwürdigen Effekt, einem genetische Identität mit einem vollkommen Fremden zu verleihen – beide sind plötzlich eineiige Zwillinge.) Entscheidend ist dabei, dass kein Zytoplasma den Besitzer wechselt, daher besteht für diese Organismen nicht die Notwendigkeit, die Vererbung der Mitochondrien zu regeln. Natürlich kann in diesen Gruppen die Zahl der Geschlechter gewaltig sein. Der Gemeine Spaltblättling, ein rosafarbener, haariger Pilz, der auf Baumstümpfen wächst, hat bis zu 20 000 verschiedene Geschlechter.

Wie Sie sehen, liegt also die wirkliche Besonderheit von Schleimpilzen nicht darin, so viele Geschlechter zu besitzen, sondern darin, dass Sie viele Geschlechter haben *und* das Zytoplasma zweier Elternteile tauschen. Wie kommen Sie damit klar? Sind Ihre Mitochondrien weniger aufsässig als die anderer Arten? Nicht doch. Entscheidend ist, dass auch Ihre Mitochondrien nur von einem Elternteil stammen. Das Gen *matA* sorgt für die Eliminierung der Mitochondrien des einen oder des anderen Elternteils. Es gibt eine Hierarchie von Genvarianten, die bewirkt, dass beim Verschmelzen von Zellen mit *matA12* und *matA2*, die Mitochondrien, die mit *matA12* gekoppelt sind, ausgeschaltet werden, während bei der Verschmelzung von *matA12* und *matA1* die Mitochondrien in Begleitung von *matA1* der Vernichtung anheim fallen. Ich kann mir vorstellen, dass sich dieses System nicht sehr häufig entwickelt, weil seine Einrichtung sehr aufwändig ist – und ich verneige mich vor den Schleimpilzen überall auf dem Globus in Anerkennung dafür, dass sie mit diesem System Erfolg gehabt haben.

••••••••

Liebe Dr. Tatiana,

ich glaube, ich bin in meiner ganzen Art, der Grünalge Chlamydomonas moewusii, *das einzige Männchen: Die Geschlechtszellen, die ich herstelle, sind klein und elegant, während alle anderen große, plumpe produzieren. Doch das einzige Männchen zu sein ist nicht sehr beneidenswert. Die großen, plumpen Geschlechtszellen können miteinander verschmelzen. Tatsächlich vermute ich, dass meine Geschlechtszellen diskriminiert werden. Das ist unfair. Was geht hier vor?*

Zum Prozessieren bereit in Tallahassee

Ich nehme an, Sie sind einfach ein Mann, dessen Zeit noch nicht gekommen ist. Statt als Urvater eines großen Stammes von Grünalgen in die Geschichte einzugehen, werden Sie wahrscheinlich sterben, ohne Nachkommen gezeugt zu haben. Warum? Nun, Ihre Art ist isogam – und Sie sind nur ein Mutant, der kleinere Geschlechtszellen bildet als alle anderen Angehörigen Ihrer Art. Wenn eine Ihrer Geschlechtszellen mit einer normalen Geschlechtszelle verschmilzt, ist die resultierende Zelle, eine so genannte Zygote, kleiner als gewöhnlich. Das muss ihre Überlebensaussichten fast mit Sicherheit verringern.

Sie haben einfach Pech. Arten, in denen Männchen und Weibchen vorhanden sind, haben sich immer und immer wieder aus isogamen Arten entwickelt. Und obwohl die Isogamie für Pflanzen und Tiere längst aus der Mode gekommen ist, glaubt man, dass die fernen Vorfahren beider Gruppen isogam gewesen sind. Worin liegt also das Geheimnis des Übergangs von einer isogamen Art mit zwei Geschlechtern zu einer Art, die sich in Männchen und Weibchen aufspaltet? Lassen Sie mich vorausschicken, dass es viele Vermutungen, aber keine Gewissheiten gibt.

Das entscheidende Problem bei der Evolution von Männchen und Weibchen ist die Frage, was für Kräfte Individuen begünstigt haben könnten, die entweder große oder kleine Geschlechtszellen bilden, aber keine von mittlerer Größe. Auf den ersten Blick scheint klar zu sein, welche Vorteile ein Individuum von der Herstellung kleiner Geschlechtszellen haben könnte – kleine Geschlechtszellen können in großen Mengen produziert werden, und ein Individuum, das mehr Geschlechtszellen herstellt als seine Rivalen, erhöht die potenzielle Zahl anderer Geschlechtszellen, mit denen seine eigenen verschmelzen können. Wie Sie selbst festgestellt haben, besteht das Problem allerdings darin, dass die Produktion vieler kleiner Geschlechtszellen gar nichts bringt, wenn die geringe Größe die Überlebenschancen der Zygote zunichte macht. Gehen wir von der vernünftigen Annahme aus, dass eine Zygote nur dann lebensfähig ist, wenn sie mindestens so groß ist wie die Zygote, die aus der Fusion zweier isogamer Geschlechtszellen hervorgeht, dann können sich Männchen und

Weibchen nur entwickeln, wenn einige Individuen damit beginnen, kleinere Zellen zu bilden, und *gleichzeitig* andere darauf verfallen, größere herzustellen.

Doch was für ein Faktor kann die Produktion von weniger und größeren Geschlechtszellen begünstigen? Das ist noch viel schwerer vorstellbar. Am plausibelsten ist die Vermutung, dass in den Wogen und Wellen der Meere – wo die ersten Männchen und Weibchen geschwommen sein müssen – größere Zellen besser zu finden waren, entweder weil man leichter auf sie stieß oder weil sie mehr chemische Lockstoffe absondern konnten – das heißt, besser rufen konnten: »Ich bin hier, hier bin ich.«

Wenn Sie jedoch meine Antwort auf die Anfrage des Schleimpilzes gelesen haben, fragen Sie sich vielleicht, ob die Evolution kleiner oder großer Zellen etwas mit dem Bestreben zu tun haben könnte, die Vererbung von Mitochondrien und Chloroplasten zu kontrollieren. Der Gedanke ist verlockend. Schließlich führen Eizellen viel Zytoplasma mit sich, Spermien hingegen nicht. Eventuell überträgt das Weibchen die ungebärdigen genetischen Elemente, während das Männchen ihr den schwarzen Peter zuschiebt.

Doch vielleicht stimmt auch das nicht. Möglich, dass in den meisten Arten, die Männchen und Weibchen haben, diese Elemente nur von einem Elternteil geerbt werden. Dieser Elternteil muss jedoch nicht unbedingt die Mutter sein. Und es gibt keinen Anhaltspunkt dafür, dass die Kontrolle dieser Elemente irgendetwas mit der Evolution von Eizellen und Samenzellen zu tun hat. Nein, guter Mann, ich fürchte, Mitochondrien sind die kleinste Ihrer Sorgen. Wenn Sie unbedingt wollen, nehmen Sie sich ruhig einen Anwalt, der auf Gleichstellungsfragen spezialisiert ist, aber ich fürchte, weit werden Sie damit nicht kommen.

Liebe Dr. Tatiana,

wir sind Meeresschnecken der Art Aplysia californica *und veranstalten super Orgien. Da wir alle zugleich Männchen und Weibchen sind, spielen wir beide Rollen. Ist ganz easy: Jeder von uns macht das Männchen für die Meeresschnecke vor ihm und das Weibchen für die Schnecke hinter ihm, und häufig dauert die Party tagelang! Das ist ein geiles Ding, viel besser, als Männchen oder Weibchen zu sein. Wir fragen uns nur, warum es nicht alle machen wie wir. Warum sind nicht alle Lebewesen Zwitter?*

Swinger in Santa Catalina

Orgien unter Wasser! Ich sehe es vor mir: eine kommode, kopulierende Kette schöner Geschöpfe, die Schnecken ohne Gehäuse gleichen und diesen Umstand unter bunten Membranfalten verbergen. Ihr Meeresschnecken seid offenbar so versessen auf eure Orgien, dass ihr gar nicht wisst, wie es andere Zwitter machen. Nicht alle Zwitter feiern Orgien – dafür veranstalten sie alle erdenklichen Formen von Mauscheleien und Knutschereien. Ein paar Beispiele.

Beispiel A: Der Schwarze Hamletbarsch, ein kleiner Fleisch fressender Fisch, der in den Tropen lebt. Ein oder zwei Stunden vor Sonnenuntergang schwimmt jeder Fisch, dem nach zärtlichen Abenteuern zumute ist, am Rand eines Riffs hin und her und sucht sich einen Paarungspartner. Anschließend übernehmen die Hamletbarsche abwechselnd den Part von Männchen und Weibchen, nach jedem Laichvorgang tauschen sie die Rollen.

Beispiel B: *Diplozoon gracile*, ein parasitischer Plattwurm, der auf den Kiemen von Fischen lebt. Kopulierende Paare verwandeln sich in eine Plattwurmversion von siamesischen Zwillingen: Sie verschmelzen auf Dauer, sodass ihre Genitalien in ständigem Kontakt bleiben. Kann man nur hoffen, dass sie nie unüberwindliche Abneigung gegeneinander fassen.

Beispiel C: Die Große Egelschnecke *Limax maximus.* In Vorbereitung eines Schäferstündchens sitzen zwei Schnecken auf einem Zweig und sondern ungefähr eine Stunde Schleim ab – ziemlich ausgefallen. Dann wickeln sie ihre Leiber umeinander und lassen sich kopfüber vom Baum fallen. Doch statt unsanft auf dem Boden aufzuschlagen, kommen sie mitten in der Luft zum Stillstand, an einem Seil aus Schleim hängend. Während sie kopfüber über dem Boden schweben, entrollen sie ihre bleichen, bandartigen Penisse an den Seiten ihrer Köpfe. Auch die Penisse hängen hinab (etwa drei Zentimeter unter dem liebenden Paar). Miteinander verflochten, pressen sie ihre Spitzen zusammen, um Spermien auszutauschen. Keiner der Partner penetriert den anderen – und die Sitzung dauert Stunden. Bei *Limax redii,* einem nahen Verwandten, sieht es ganz ähnlich aus: Der Penis sitzt ebenfalls am Kopf und Sex wird gleichfalls kopfüber mitten in der Luft praktiziert. Allerdings bringt sein Penis es auf eine Länge von 85 Zentimetern, die Ausmaße dreier aneinander gereihter Champagnerflaschen. Da erzähl mir einer was von Kopfweh.

Trotzdem stellen Sie eine faszinierende Frage: Warum sind wir nicht alle Zwitter? Oder anders gesagt, wann ist es besser, ein Zwitter zu sein als ein Mädchen oder Junge? Leider hat die Antwort nichts mit Orgien zu tun.

Prinzipiell lässt sich prophezeien, dass Zwitter immer dann von der Evolution hervorgebracht werden, wenn die Produktivität – gemessen in der allgegenwärtigen Währung der Natur: Kindern – bei Zwittern größer ist als bei Individuen von nur einem Geschlecht. Und wann ist das der Fall? Nun, Zwitter können Vorteile haben, wenn die Individuen in geringer Dichte leben, das heißt, in einer Situation, in der es schwierig sein kann, einen Partner zu finden. Ein Zwitter könnte in der Lage sein, sich selbst zu befruchten, und falls er es nicht vermag (oder es nicht will), ist es ihm im Prinzip möglich, sich mit jedem Artgenossen zu paaren, dem er begegnet. Zwitter können auch besser fahren, wenn die sonstigen Probleme, die die Zugehörigkeit zu beiden Geschlechtern mit sich bringt, zu vernachlässigen sind. Pflanzen, die von Bienen oder anderen Lebewesen bestäubt werden, bilden schöne, auffällige Blüten aus, egal welches Geschlecht sie besitzen – daher ist wenig zusätzlicher Aufwand erforderlich, wenn sie zu beiden gehören. Werden die Bestäuber in erster Linie von Pollen angelockt, hätten Blüten, die ausschließlich weiblich wären – und folglich keinen Pollen besäßen –, möglicherweise keine Besucher. Im Gegensatz dazu ist der limitierende Faktor für Pflanzen, die vom Wind bestäubt werden, nicht die Zahl der Bestäuber, die sie anlocken, sondern die Menge des Pollens, den sie verbreiten, oder der Früchte, die sie hervorbringen. In diesem Falle fahren die Individuen besser, wenn sie sich spezialisieren und entweder Pollen oder Früchte produzieren.

Wie groß ist die Übereinstimmung zwischen Theorie und Daten? Nun, Blütenpflanzen, die vom Wind bestäubt werden, haben gewöhnlich das eine oder das andere Geschlecht, während Pflanzen, die von Tieren bestäubt werden, meist zweigeschlechtig sind. Doch Tendenzen auszumachen, die über diese Beobachtung hinausgehen, ist außerordentlich schwer. Zwitter sind noch vielfältiger als ihre sexuellen Praktiken. Man findet sie in den meisten großen Tiergruppen, von den Plattwürmern bis zu den Fischen, und in einigen Gruppen sind die Zwitter sogar die Norm. In manchen Gruppen sind Zwitter jedoch selten oder gar nicht vorhanden. In all den tausend und abertausenden Insektenarten sind beispielsweise nur ein oder zwei Zwitter bekannt. Und bei Säugetieren, Vögeln, Reptilien und Amphibien sind noch keine Zwitter beobachtet worden. Noch verblüffender ist die Tatsache, dass die Verteilung zwittriger Tiere keinen eindeutigen Zusammenhang mit einem ökologischen Merkmal (wie etwa geringer Dichte) erkennen lässt. Bei den Fischen gibt es beispielsweise in den meisten Arten Männchen und Weibchen. Trotzdem hat sich das Zwittertum in vollkommen verschiedenen Umwelten entwickelt. Vielleicht erinnern Sie sich noch an unseren Freund, den Marmorierten Bachling, der in Mangrovensümpfen lebt. Dann haben wir den erwähnten Schwarzen Hamletbarsch, der mit all seinen Verwandten ein tropischer Korallenfisch ist. Und schließlich sind da noch die Tiefseezwitter. Umgekehrt verhält es sich bei den Rippenquallen, die alle Zwitter sind – *ausgenommen* einige

Arten, die in größten Meerestiefen leben. Oder noch extremer, vergleichen Sie die zweischaligen Muscheln – Tiere, die gelenkig verbundene Schalen haben, wie zum Beispiel Venus- und Miesmuscheln – mit Entenmuscheln. Bei den zweischaligen Muscheln sind die parasitischen Arten überwiegend Zwitter, während die frei lebenden Arten eher dem einen oder anderen Geschlecht angehören. Bei den Entenmuscheln verhält es sich jedoch umgekehrt: Frei lebende Arten sind in der Regel Zwitter, während Parasiten getrenntgeschlechtlich sind. Was hat das zu bedeuten?

Es gibt drei Gründe, warum das Bild so unübersichtlich ist. Erstens, die Evolution von getrennten Geschlechtern zum Zwittertum – oder umgekehrt – ist möglicherweise nicht leicht. Wir wissen nicht sehr viel darüber. Doch zweifellos muss ein Organismus im Zuge der Evolution von der Ein- zur Zweigeschlechtlichkeit einen zweiten funktionsfähigen Fortpflanzungstrakt entwickeln. Das könnte schwierig sein und verschiedene wenig wahrscheinliche genetische Ereignisse voraussetzen. Einen solchen Übergang zu vollziehen ist in manchen Gruppen sicherlich einfacher als in anderen. Und selbst wenn der Übergang genetisch leicht ist, stehen ihm andere Dinge im Weg. Beispielsweise könnten Zwitter Verhaltensweisen haben, die verhindern, dass sich getrenntgeschlechtliche Organismen durchsetzen können. In Zwittergesellschaften – wie denen des Schwarzen Hamletbarsches beispielsweise –, in denen die Paarung auf dem wechselseitigen Austausch von Ei- und Samenzellen beruht, wird ein Individuum, das nur einem Geschlecht angehört, möglicherweise als potenzieller Partner ausgegrenzt, weil es sich nicht an die Spielregeln halten kann.

Der zweite Grund, warum das Bild so verwirrend ist, liegt darin, dass eine Vielzahl von Umständen Zwitter begünstigen: Es gibt keine charakteristische zwittrige Lebensweise. Dort, wo man das Auftreten von Zwittern erwarten würde – etwa bei geringer Dichte –, entwickeln sich stattdessen andere, ebenso erfolgreiche Lösungen. Wenn potenzielle Paarungspartner weit voneinander entfernt und spärlich sind, gibt es vielleicht noch andere Möglichkeiten neben der, ein Zwitter zu werden. Beispielsweise könnten sich alle Kandidaten zu einer bestimmten Zeit an einem bestimmten Ort versammeln. Das außerordentliche Massenlaichen vieler Meerestiere, die von einer geheimnisvollen Kraft bei Julivollmond in die Lagune gerufen werden (oder welche Zeichen sonst bestimmend sein mögen), könnten ein Beispiel dafür sein. Und ich vermute, dass der Mangel an zwittrigen Insekten auf die Evolution genauso fruchtbarer Alternativen zurückgeht.

Lassen wir es damit genug sein. Nicht alle Arten haben entweder Männchen und Weibchen oder Zwitter. In einigen gibt es Zwitter und Männchen, in anderen Zwitter und Weibchen. Und in wenigen ganz wagemutigen Arten – etwa der des Kandelaberkaktus – etwas von allem. Dann liegt ein Hauch von »Ménage à trois« über dem Ganzen.

* * * * * * * *

Liebe Dr. Tatiana,

es hat einen schrecklichen Unfall gegeben. Glücklich und zufrieden saß ich an gewohnter Stelle auf dem Meeresgrund, als ich einen Juckreiz auf der Nase spürte. Da ich ein Grüner Igelwurm bin, habe ich keine Arme und konnte mich nicht kratzen. Also zog ich die Luft ein – und atmete meinen Mann ein. Ich habe es mit Niesen versucht, aber er ist nicht wieder aufgetaucht. Kann ich etwas tun, um ihn zurückzuholen?

Falsche Atemtechnik bei Malta

Na, na, über aufgeschnupfte Ehemänner weint man nicht. Er wollte aufgeschnupft werden und wird nicht wiederkommen. Inzwischen wird er schon den für ihn reservierten Platz in Ihrem Coelom bezogen haben, eine Spezialkammer in Ihrem Fortpflanzungstrakt, in der er sitzen und vorbeikommende Eier befruchten kann. Wie er da hineinpasst? Das Bürschchen ist 200 000-mal kleiner als Sie. Auf den Menschen übertragen: ein Mann, der nicht größer als der Radiergummi am Ende eines Bleistifts wäre. Sie könnten sich ohne Schwierigkeit zwanzig Männer halten.

Aber Sie dürfen Ihren Miniaturliebhaber nicht verachten. Nur durch einen glücklichen Umstand sind Sie seinem Schicksal entgangen. Wenn die Larve eines Grünen Igelwurms schlüpft, hat sie noch kein Geschlecht. Das wird durch die Ereignisse ihrer ersten Lebenstage bestimmt. Begegnet die Larve während dieser Zeit einem Weibchen, wird sie ein Männchen. Ist ihr jedoch nach ungefähr drei Wochen kein Weibchen über den Weg gelaufen, macht sie es sich in einer Bodenspalte gemütlich und wird selbst ein Weibchen.

Vermutlich klingt das erstaunlich – und ist es auch in vielerlei Hinsicht. Doch bevor ich mich etwas genauer über die Merkwürdigkeiten Ihres Sexuallebens auslasse, möchte ich Ihre Aufmerksamkeit auf ein Phänomen lenken, das noch merkwürdiger ist. Sie werden mir wahrscheinlich zustimmen, dass »männlich« oder »weiblich« zu den grundlegendsten Eigenschaften gehört, die ein Organismus besitzen kann: Schließlich gibt es Männchen und Weibchen in Millionen von Arten. Daher meinen Sie vielleicht, die Art und Weise, wie ein Geschöpf zum Männchen oder Weibchen wird, unterscheide sich von Art zu Art kaum – und Ihre Situation sei einzigartig. Mit beiden Vermutungen hätten Sie Unrecht. Überraschenderweise wird das Geschlecht von Organismen auf höchst unterschiedliche Weise bestimmt. Und Ihr Grünen Igelwürmer seid beileibe nicht die Einzigen, deren Geschlecht durch das soziale Milieu bestimmt wird.

Allgemein gesprochen, das Geschlecht wird entweder durch genetische oder durch Umweltfaktoren festgelegt; innerhalb dieser beiden Kategorien gibt es jedoch alle möglichen Arten von Variationen, von denen die Evolution viele immer und immer wieder hervorgebracht hat. Beispielsweise erfolgt eine der häufigsten Methoden der Geschlechtsbestimmung durch spezielle Chromosomen. Bei den Säugetieren haben die Männchen ein X- und ein Y-Chromosom, während die Weibchen zwei X-Chromosomen besitzen. Bei den Vögeln ist die Situation umgekehrt.

Männchen haben zwei Z-Chromosomen, Weibchen ein Z- und ein W-Chromosom. Fruchtfliegen haben XY-Männchen, Schmetterlinge ZW-Weibchen. Eidechsen legen sich nicht fest: Einige Arten haben ZW-Weibchen, andere XY-Männchen. Es ist verrückt. Und das sind nur die Chromosomen. Von den Geschöpfen, bei denen die Männchen aus unbefruchteten Eiern schlüpfen, war noch gar nicht die Rede – ein System, von dem wir annehmen, es sei mindestens siebzehnmal von der Evolution hervorgebracht worden –, ganz zu schweigen von den Arten, in denen das Geschlecht durch eine schrecklich komplizierte Interaktion vieler verschiedener Gene bestimmt wird.

Was ist mit Umweltfaktoren? Bei vielen Reptilien ist die Temperatur bei der Bebrütung der Eier von ausschlaggebender Bedeutung. So schlüpfen bei Alligatoren (und anderen Echsen) Weibchen aus, wenn die Eier in kühlem Sand vergraben werden, und Männchen, wenn der Sand warm ist. Bei vielen Schildkröten ist es genau umgekehrt. Bei der Schnappschildkröte und Krokodilen ist es noch merkwürdiger: Aus Eiern, die in kühlem (rund 20° Celsius) oder heißem Sand (40° Celsius) vergraben werden, schlüpfen Weibchen, aus Eiern in warmem Sand dagegen Männchen. Doch es geht noch skurriler: Bei *Stictococcus sjoestedti,* einem Insekt, das sich vom Saft des Kakaobaums ernährt, werden aus Eiern, die von einem bestimmten symbiotischen Pilz befallen sind, Weibchen, und aus nicht befallenen Eiern Männchen. Und dann gibt es noch Lebewesen wie Sie, deren Geschlecht durch soziale Umstände festgelegt wird.

Für viele Individuen läuft das auf eine Geschlechtsumwandlung hinaus. Bei einer Art des Schlammwurms *(Capitella),* einem Wurm mit einer besonderen Vorliebe für Klärschlamm, verwandeln sich die Männchen in Zwitter, falls ihnen in einer bestimmten Zeit kein Weibchen über den Weg läuft. Bei der Pantoffelschnecke (einem berüchtigten Schädling von Austerbänken) beginnen alle Individuen ihr Leben als Männchen. Doch wenn so ein Bursche feststellt, dass er allein bleibt, verwandelt er sich rasch in ein Weibchen und fängt an, Partner anzulocken. Andere Pantoffelschnecken klettern nun an ihr hinauf und bilden einen unregelmäßigen Pantoffelschnecken-Stapel. Beim Pantoffelschnecken-Sex sind die Männchen oben. Obwohl klein von Statur, besitzen sie einen fantastisch langen Penis, mit dem sie das Weibchen ganz am Grunde des Stapels erreichen können. Doch mit wachsender Stapelhöhe befinden sich die Burschen, die zunächst oben auf dem Stapel thronten, in der Mitte und verändern ihr Geschlecht – sie resorbieren ihre Penisse und werden Weibchen. Die nächste Steigerung: Der Meeresborstenwurm *Ophryotrocha puerilis.* Wenn zwei Weibchen aufeinander treffen, verwandelt sich das kleinere in ein Männchen. Doch da Weibchen langsamer wachsen als Männchen, wird das Männchen bald der größere Partner von beiden. Und dann – Pardauz! – verändern beide ihr Geschlecht. Dieser Gechlechtertausch wiederholt sich mehrfach. Und am Ende verwandeln sich Partner, die schon lange zusammen sind, beide in Zwitter. Beneidenswert.

Generell kann man davon ausgehen, dass sich flexible Geschlechter entwickeln, wenn sich der Fortpflanzungserfolg von Männchen, Weibchen und Zwittern je nach den Umständen erheblich unterscheidet. Das soziale Milieu ist möglicherweise nicht der einzige Einfluss, der hier wirkt. Können sich Männchen beispielsweise nur erfolgreich fortpflanzen, wenn sie groß sind, ist es möglicherweise von Vorteil, das Leben als Weibchen zu beginnen und erst ein Männchen zu werden, wenn man eine bestimmte Größe erreicht hat. Doch besonders günstig ist die Fähigkeit, sein Geschlecht zu wählen, wenn es gefährlicher ist, dem einen Geschlecht anzugehören als dem anderen.

Womit ich auf Sie zurückkomme. Ein Weibchen des Grünen Igelwurms hat erheblich mehr zu verlieren als ein Männchen. Sie braucht zwei Jahre, um zu reifen, ein Zeitraum, in dem sie leicht einem Adlerrochen zum Opfer fallen kann, und wenn sie schließlich erwachsen ist, kann es ihr passieren, dass sie keinen Partner findet. Daher mag es für eine Larve, die einem Weibchen begegnet, durchaus sinnvoll sein, ein Männchen zu werden: Ihm ist nicht nur eine Paarungspartnerin garantiert, es kann auch mit der Fortpflanzung beginnen, sobald es sein neues Heim bezogen hat. Was haben Sie an sich, dass eine Larve bei der Begegnung mit Ihnen den Wunsch verspürt, ein Mann zu werden? Nun, Ihr lieblicher knolliger Leib – aber vor allem Ihre langen, zappeligen Rüssel – scheidet einen Stoff ab, der als Bonellin bezeichnet wird, nach ihrem offiziellen Namen: *Bonellia viridis*. Ein Hauch von Bonellin bedeutet für jede Larve: »Stehe auf und fliege.«

Doch ich denke, in Wirklichkeit möchten Sie wissen, warum Ihre Liebhaber so winzig sind: Was für merkwürdige Umstände die natürliche Selektion veranlassen können, einen Mann auf die Größe seiner Testikel zu reduzieren. Man nimmt an, dass hier zwei Faktoren von Bedeutung sind. Der erste ist, dass Weibchen sesshaft sind, der zweite, dass sie spärlich über den Lebensraum verstreut sind. Dadurch ist es für das Männchen äußerst schwierig, eine Partnerin zu finden. Je kleiner das Männchen ist, desto rascher kann es reifen (es verschwendet keine Zeit mit Wachsen) und desto eher kann es mit der Suche beginnen.

Dieser Größenunterschied ist nicht nur ein Trick des Grünen Igelwurms: Lilliput-Liebhaber treten in weit auseinander liegenden Gruppen auf. Nehmen wir die Riesenangler, die in den kältesten und tiefsten Regionen des Meeres leben. Die Weibchen schwimmen nicht viel herum, sondern schweben in der Dunkelheit und lauern auf ihre Beute. Wie die Strandräuber in alter Zeit haben sie spezielle Leuchten und Laternen, um Neugierige in den Untergang zu locken. Die Opfer werden mit Haut und Haaren verschlungen, geschluckt von zähnefletschenden Mäulern und extrem dehnbaren Mägen. Wie Ihr Gemahl sind die Männchen des Riesenanglers winzig. Allerdings würden diese Burschen den Cyrano-de-Bergerac-Preis für größte Nase relativ zur Körpergröße gewinnen. Vermutlich folgen diese Männchen ihrer Nase, um die Weibchen in den Tiefen des Ozeans zu finden. Wenn sie eines entdecken, verbeißen sie sich in seinen schwarzen Unterleib und verschmelzen mit seinem Körper, sodass sie zu einem dauerhaften Anhangsgebilde werden, kaum mehr als ein Paar Keimdrüsen. Dennoch scheint mir dieses Schicksal nicht so elend zu sein wie das Lebenslänglich in Ihrem Coelom.

* * * * * * * *

Liebe Dr. Tatiana,

ich bin eine Tüpfelhyäne, ein Mädchen. Das Unglück ist nur, dass ich einen großen Phallus habe. Ich kann den Eindruck nicht loswerden, dass das wenig damenhaft ist. Was stimmt nicht mit mir? Lässt sich irgendetwas dagegen tun?

Möchte keine Transe in Tansania sein

Niemand erwartet von Hyänen, dass sie damenhaft sind. Am wenigsten von der größten und schlimmsten unter ihnen – der Tüpfelhyäne. Schabrackenhyänen und Streifenhyänen zanken sich mit Geiern um verwesende Tierkadaver und fressen gelegentlich auch Früchte. Der Erdwolf, eine zierliche schwarz-weiße Hyäne, ernährt sich von den Gras fressenden Termiten *Trinervitermes*, von denen sie in einer Nacht mehr als 200 000 mit ihrer klebrigen Zunge aufleckt. Doch die Tüpfelhyäne ist ein Furcht erregender Räuber. Ein einziges Individuum kann ein erwachsenes männliches Streifengnu müde hetzen und reißen, ein Tier, das immerhin dreimal so schwer ist wie die Hyäne. Und ungeachtet des Rufes, in dem die beiden Tiergruppen stehen, profitieren Löwen häufiger von Beutetieren der Hyänen als umgekehrt. Allerdings nur, wenn sie sich sputen. Eine Tüpfelhyäne verschlingt ein Junges der Thomsongazelle (2,5 Kilogramm) in weniger als zwei Minuten. 21 Hyänen brauchen für ein einjähriges Gnu (100 Kilogramm) dreizehn Minuten und dann bleibt keine Spur zurück. Mit dem kräftigen Kiefer können Hyänen Knochen zu feinem Pulver zermahlen, sogar Nashornknochen. Dabei geht es ihnen nicht nur um das Knochenmark – im Gegensatz zu anderen Fleischfressern können Hyänen auch Knochen verdauen. Deshalb ist Hyänenkot weiß – er besteht größtenteils aus Knochenpulver. Es ist wie im Leben, die erste Hyäne, die sich über die Beute hermacht, hält sich an die Leckerbissen, etwa die Hoden des Opfers oder den Euter oder den Fötus, falls einer vorhanden ist.

Sie sehen also, es ist nichts mit Teetrinken, Kuchenessen und feinem Getue. Damen wären hier fehl am Platz. Und das betrifft nicht nur die Tischmanieren. Meist leben Tüpfelhyänen in großen Gruppen, die alle von Weibchen dominiert werden. Zwar jagen sie manchmal im Rudel (besonders auf Zebras), doch sind Kooperation und ähnliche Verhaltensweisen selten. Ständig herrscht ein wildes Gezänk. Das ist einer der Gründe, warum Hyänen schnell fressen – sie schlingen so viel wie möglich herunter, bevor die anderen kommen. Der einzige mäßigende Einfluss ist die soziale Hierarchie, deren Einhaltung aggressiv durchgesetzt wird: Das dominante Weibchen und seine Jungen haben Vorrang gegenüber allen anderen und alle Weibchen gegenüber den Männchen. Im Unterschied zu den anderen Hyänenarten, wo Männchen und Weibchen ungefähr die gleiche Größe haben, sind die Weibchen der Tüpfelhyäne, ähnlich wie bei vielen Greifvögeln, größer und schwerer als die Männchen. Aber einen Phallus? Zumindest kann Sie niemand des Penisneids verdächtigen.

Äußerlich sehen die männlichen und weiblichen Genitalien so ähnlich aus, dass man die Tüpfelhyäne lange Zeit für einen Zwitter gehalten hat. Doch beim Weibchen ist das, was wie ein Phallus aussieht, in Wahrheit eine enorm vergrößerte Klitoris mit vollständiger Erektionsfähigkeit. Die Schamlippen sind zusammengewachsen und bilden ein Pseudoskrotum. Daher müssen Harnlassen, Kopulation und Geburt durch die Klitoris abgewickelt werden.

Wie das? Okay, wenn Sie's denn wirklich wissen wollen … In der Pubertät wird das Endstück der Klitoris elastisch und entwickelt die Fähigkeit, eine Öffnung mit einem Durchmesser von rund zwei Zentimetern zu bilden. Die Paarung ermöglicht das Weibchen, indem es die Klitoris einzieht, sie wie eine Ziehharmonika zusammenfaltet und auf diese Weise eine Körperöffnung schafft, in die das Männchen eindringen kann. Extrem sind die Verhältnisse allerdings bei der Geburt. Zunächst einmal ist der Geburtskanal höchst merkwürdig geformt. Er bildet keinen geraden Trakt wie bei den meisten Säugetieren, sondern beschreibt eine scharfe Biegung. Schlimmer noch, mit seinen 60 Zentimetern ist er doppelt so lang wie bei anderen Säugetieren von vergleichbarer Größe. Dagegen ist die Nabelschnur kurz – nur 18 Zentimeter lang. Sobald sich die Plazenta löst, erstickt die kleine Hyäne, wenn die Geburt nicht rasch vonstatten geht. Nun ist der Kopf des Hyänenbabys aber zu groß, um durch die Klitoris zu passen. Daher reißt die Klitoris auf, wenn die Mutter zum ersten Mal wirft. Das ist nicht nur enorm schmerzhaft, sondern oft genug auch tödlich. Nach Schätzungen von Fachleuten sterben bei der Erstgeburt mehr als 10 Prozent der Weibchen und mehr als die Hälfte der Jungen kommen tot zur Welt. (Obwohl sich die Klitoris von diesem Trauma nie erholt, stellen alle späteren Geburten paradoxerweise keine Gefährdung mehr für das Leben der Mutter dar.)

Wir haben es hier also mit einem seltsamen Sammelsurium von Fakten zu tun. An erster Stelle steht der Umstand, dass das Weibchen der Tüpfelhyäne ein Fortpflanzungsorgan hat, das große Nachteile für seine Eigentümerin heraufbeschwört. Das verlangt nach einer Erklärung. Entweder verschafft das Organ selbst enorme Vorteile oder es hat sich als unglückliches Nebenprodukt eines *anderen* Merkmals entwickelt, das enorme Vorteile bringt.

Beginnen wir mit dem Organ selbst. Zwei Vorteile sind vorgeschlagen worden. Der erste wäre der Besitz eines Anhanggebildes, das den Phallus nachahmt; die Weibchen können an Begrüßungszeremonien teilnehmen: Wenn sich Tüpfelhyänen treffen, stehen sie Kopf an Schwanz und inspizieren das erigierte Glied des anderen. Die Beteiligung der Weibchen an diesem Ritual könnte ihnen daher helfen, ihre Dominanz über die Männchen auszuüben. Obgleich diese Idee den Freudianern sicherlich zusagen wird, scheint sie kaum ausreichend, um die Evolution eines so lebensgefährlichen Organs zu begründen.

Die zweite Erklärung ist noch fadenscheiniger als die erste. Die sexuellen Mechanismen der Tüpfelhyäne sind so kompliziert, dass die Weibchen unerwünschte Avancen abwehren können: Die Paarung verlangt die uneingeschränkte Mitwirkung des Weibchens, eine Vergewaltigung ist unmöglich. Nun sind aber Vergewaltigungen bei keiner Hyänenart dokumentiert. Im Übrigen sind die Weibchen der Tüpfelhyäne so viel größer als die Männchen und haben so viel bedrohlicher aussehende Zähne, dass werbende Männchen meist äußerst höflich sind und sich buchstäblich unter Bücklingen und Kratzfüßen nähern. Da brauchen die Weibchen wohl kaum einen Phallus zur Selbstverteidigung.

Sie werden mir sicherlich zustimmen, dass keine dieser Erklärungen wirklich überzeugend ist. Wie steht es mit der Annahme, dass der Phallus das Nebenprodukt der natürlichen Selektion für »etwas anderes« ist? Auf den ersten Blick scheint das einleuchtend zu sein. Es gibt einen guten Kandidaten für »etwas anderes«: Aggression. Wir wissen, dass die Hyänengesellschaft aggressiv ist, da lässt sich leicht vorstellen, dass angriffslustige Weibchen besser zurechtkommen als scheue Wesen. Darüber hinaus ist der Hyänenfötus in der Gebärmutter hohen Konzentrationen von Testosteron und anderen Androgenen – den »männlichen« Hormonen – ausgesetzt. Der intrauterine Einfluss dieser Hormone fördert aggressives Verhalten: Wenn sich weibliche Mäuse als Föten zwischen ihren Brüder befinden und daher höheren Androgenkonzentrationen ausgesetzt sind als weibliche Föten, die zwischen Schwestern heranwachsen, verhalten sie sich als ausgewachsene Tiere aggressiver als Letztere. Vor allem aber kann der intrauterine Einfluss hoher Androgenkonzentrationen erhebliche Anomalien der Genitalien bewirken. Ist beispielsweise ein menschlicher Fötus im Mutterleib hohen Konzentrationen von Androgenen ausgesetzt, besitzt das Mädchen bei der Geburt unter Umständen eine stark vergrößerte Klitoris und eine teilweise zugewachsene Scheide. Daher lautet die Frage also: Könnte die erhöhte Aggression des Weibchens der Tüpfelhyäne von der natürlichen Selektion nachhaltig unterstützt worden sein, weil sie ein Vorteil ist, der die Nachteile der Kopulation und Geburt durch die Klitoris aufhebt?

Vielleicht. Früh übt sich, was ein Meister werden will. Was offenbar auf Tüpfelhyänen in besonderem Maße zutrifft: Meist sind zwei Junge in einem Wurf Hyänen, und dasjenige, das zuerst geboren wird, greift das zweite schon nach wenigen Minuten an. Häufig ist es ein tödlicher Angriff. Den Bruder oder die Schwester umzubringen bringt das Monopol auf Muttermilch. Da Tüpfelhyänen mehr als ein Jahr lang säugen, erhöht erfolgreicher Geschwistermord die eigenen Überlebenschancen. Daher lautet eine Hypothese, dass hohe Androgenkonzentrationen in der Gebärmutter von Vorteil sind, weil sie die Gewalttätigkeit der Jungen bei der Geburt steigern. Das erklärt allerdings nicht, warum Geschwistermord unter Geschwisterpaaren von gleichem Geschlecht häufiger ist als bei Paaren von entgegengesetztem Geschlecht und warum er bei Paaren von Weibchen noch öfter vorkommt als bei Paaren von Männchen: Wäre Geschwistermord die Erklärung, so ginge es darum, überhaupt keine Geschwister zu haben, gleich welchen Geschlechts.

Eine überzeugendere Erklärung lautet, dass Aggression von Vorteil ist, weil Dominanzbeziehungen durch Aggression vermittelt werden – und weil es außerordentlich günstig ist, dominant zu sein. Im Vergleich zu untergeordneten Gleichaltrigen werden Weibchen, die in der Hierarchie höher angesiedelt sind, früher schwanger, werfen in kürzeren Abständen und haben Nachkommen, die es doppelt so häufig ins adulte Stadium schaffen. Das ist ein erheblicher Unterschied und könnte durchaus für alle Nachteile der phallischen Klitoris entschädigen.

Doch leider lässt sich das Rätsel nicht so eindeutig lösen. Wie Untersuchungen gezeigt haben, die die Klitoris der Tüpfelhyäne zum Gegenstand hatten, bilden sich keine »typischen« weiblichen Genitalien aus, wenn man die Zirkulation der Androgene in der Gebärmutter unterbindet. Eine entscheidende Komponente für die Entwicklung der phallischen Klitoris ist damit unabhängig von diesen Hormonen und spricht gegen die These, der Phallus sei ein Nebenprodukt der natürlichen Selektion für gesteigerte Aggression. Bis wir mehr darüber wissen, wie sich die Struktur entwickelt, wird uns der Grund für Ihren mit so außerordentlichen Nachteilen verbundenen Phallus leider ein Rätsel bleiben.

Doch Ihre Situation beleuchtet einen Aspekt von allgemeinerer Bedeutung. Das heißt, abgesehen von der grundlegenden Tatsache, dass Männchen Spermien herstellen und Weibchen Eier, gibt es keine Regeln, noch nicht einmal in Hinblick auf die Bereiche, die fest im Griff von Geschlechter-Stereotypen zu sein scheinen. Lassen Sie mich nur zwei Beispiele nennen – Genitalien und Brutpflege.

In zahllosen Tiergruppen haben Weibchen die innere Befruchtung entwickelt, weil sie eine zuverlässige Methode darstellt, die gewährleistet, dass die Eizellen auch wirklich auf Samenzellen treffen. Innere Befruchtung lässt sich dadurch erreichen, dass sich das Weibchen über ein Samenpaket hockt, wie es beispielsweise bei einigen Milben und Amphibien der Fall ist. Doch häufig ist die Evolution der inneren Befruchtung von der Ausbildung eines Penis begleitet, einer Struktur zur Absonderung von Spermien. Der Penis ist häufiger erfunden worden als das Rad. Was erklärt, warum dieses Männlichkeitssymbol in verschiedenen Teilen des Körpers gebildet wird – Kopf, Mundwerkzeugen, Beinen, Tentakeln, Flossen und so fort. Bei einigen Wiederholungen der Erfindung kamen ziemlich eigenartige Gebilde heraus. So ist der Penis der Spinne gewissermaßen ein dreieckiges Rad: Wie Sie sich vielleicht erinnern, überträgt das Männchen seine Spermien mit Pedipalpen, modifizierten Teilen des vordersten Beinpaares. Leider haben die Pedipalpen jedoch keine Verbindung zu dem Körperteil, in dem die Spermien hergestellt werden. Deshalb deponiert das Männchen vor der Paarung einen Tropfen Spermien auf einem kleinen Netz, das es zu diesem Zweck spinnt. Dann saugt es die Spermien in die Pedipalpen, wie jemand, der seinen Füllfederhalter füllt. Beim Seepferd hat das Weibchen den Penis und legt mit ihm die Eier im Brutbeutel des Männchens ab. Die Meeresschnecke *Sapha amicorum*, ein winziger Zwitter aus dem Roten Meer, hat die männlichen Geschlechtsteile in der Mundöffnung, daher ist die Kopulation bei diesen Tieren ein Kuss der besonderen Art. Zu ihrem Glück müssen sie nicht zum Zahnarzt. Die vielleicht merkwürdigste Methode, die mir zu Ohren gekommen ist, wird von drei obskuren Verwandten des Oktopus praktiziert, die alle den Meeresboden zugunsten des offenen Wassers aufgegeben haben. Das Papierboot, die bekannteste Art des Trios, ist ein ätherisches Wesen. Strahlend weiß, mit Tupfern von Lila, Blau und Rot, leben die Weibchen in einer schönen weißen Schale und schweben durchs Wasser. Das Männchen ist so winzig, dass es bisher kaum jemand zu Gesicht bekommen hat. Noch nicht einmal seine Partnerin. Soweit wir wissen, schießt es den Begattungsarm, seinen Penis, ab – einen modifizierten Tentakel –, der ein unabhängiges Leben im Weibchen führt. Möglicherweise beherbergt ein Weibchen mehrere dieser Gäste gleichzeitig. Das ist derart abgefahren, dass die frühen Naturforscher diese Penisse verständlicherweise für parasitische Würmer hielten. Stellen Sie sich die Kontaktanzeige eines weiblichen Papierbootes vor: »Feuern Sie ihn ab und vergessen Sie ihn. Senden Sie Ihr Organ in ein liebevolles Heim.«

Auch die Brutpflege gehört zu den bevorzugten Erfindungen von Mutter Natur. Sie hat sich in verschiedenen Ausprägungen in einer verblüffenden Vielfalt von Organismen entwickelt, wobei Mütter keineswegs ein Monopol auf diese Tätigkeit haben: Je nach Art kann sie von Zwittern, Männchen oder Weibchen wahrgenommen werden. Nehmen wir die Egel. Bei diesen blutsaugenden Zwittern findet man häufig eine rudimentäre Form der Brutpflege, die darin besteht, die Eikokons gegen Raubtiere zu schützen. Doch einige gehen noch weiter. Der afrikanische Egel *Marsupiobdella africana* hat die die Gewohnheit von Kängurus übernommen und trägt seine Jungen in einem Beutel. Und beim Egel *Helobdella striata* kleben Eltern sich ihre Jungen nicht nur an den Bauch, sondern jagen auch kleine Würmer als Nahrung für die Jungen. Oder betrachten wir die Frösche. Die meisten Frösche laichen, und das war's. Doch bei einigen ist die Brutpflege erheblich sorgsamer. Die Goldbaumsteiger kümmern sich eingehend um ihre Kaulquappen. Die Grünen Pfeilgiftfrösche, wie diese kleinen, eleganten Geschöpfe auch genannt werden, leben im Laub auf dem Boden zentralamerikanischer Wälder. Wie ihr Name verrät, verdanken sie ihren Ruhm in erster Linie der Tatsache, dass sie giftig sind. Die Eingeborenen wischen mit ihren Pfeilen über den Rücken der Frösche, um mit dem Gift, das sie dann auf den Pfeilspitzen haben, die Tiere zu lähmen, die sie jagen. Doch diese Frösche verdienen noch aus einem ganz anderen Grund Ruhm und Anerkennung: Die Männchen sind vorbildliche Väter. Sobald die Werbung zwischen Männchen und Weibchen vorbei ist, legt dieses kleine Gelege ins Laub. Das Männchen behütet die Eier, sucht einen Tümpel auf, setzt sich hinein, begibt sich wieder zu den Eiern, um sie feucht zu halten. Seine Abstecher zu den Tümpeln werden von ihm dazu benutzt, nach Wasserlachen Ausschau zu halten, in die er die Kaulquappen setzen kann, wenn sie so weit sind. Eine solche Lache kann das Regenwasser in der Spitze einer Ananas oder im Spalt eines Baumstamms sein. Wenn die Kaulquappen nach zwei Wochen schlüpfen, trägt er sie eine nach der anderen zu den Wasserlachen, die er sich ausgeguckt hat, und setzt sie dort hinein.

Es gibt unzählige Variationen auf dieses Thema, faszinierende, changierende Variationen, wie die bunten Glasscherben in einem Kaleidoskop, die häufig alle Erwartungen Lügen strafen. Mein Lieblingsbeispiel ist der Spritzsalmler. Dieser kleine Fisch lebt in den schlammigen Flüssen von Guyana. Die Weibchen haben eine Eigenart, die bei Fischen eher selten ist – sie legen die Eier außerhalb des Wassers. Wenn Männchen und Weibchen laichen, springen sie gemeinsam aus dem Wasser und haften kurzzeitig an einem Grashalm oder der Unterseite eines Blattes, das über dem Wasser hängt. Bei jedem dieser Sprünge legt das Weibchen Eier und das Männchen befruchtet sie. Das geschieht wieder und wieder, bis das Weibchen an die dreihundert Eier gelegt hat. Während der nächsten drei Tage bespritzt das Männchen die Eier mit der Schwanzflosse, um sie am Austrocknen zu hindern. Wenn es regnet, nimmt er sich einen Nachmittag frei. Oder um ein Beispiel zu nehmen, das Ihrem Fall gleicht, liebe Hyänenfreundin, werfen wir einen Blick auf das Fledertier *Dyacopterus spadiceus*, das auf der Malaiischen Halbinsel lebt. Bei dieser Art bilden die meisten Männchen und Weibchen Milch und teilen sich offenbar die Aufgabe, die Jungen zu säugen. Ist ein Weibchen, das einen Phallus hat, merkwürdiger als ein Fisch, der seine Eier außerhalb des Wassers legt? Oder als ein männliches Säugetier, das Milch produziert?

Ist es echt, das Geschlecht? Wenn jemand das nächste Mal tief in die Kiste der Stereotypen greift und sagt: »Sie tut dies, er tut das«, habe ich hier eine Erwiderung für Sie:

Du siehst ein Paar und fühlst die Frage:
Was macht denn ihn zu »ihm« und sie zu »ihr«?
Doch Vorsicht, die Dinge sind sehr vage.
Leicht irrt auch der Kluge hier.

Manche Wesen ändern ihr Geschlecht in aller Freiheit,
Andre haben auch an zweien nicht genug,
Und bist du Fisch und Mann, vergiss die Freizeit –
Musst dich kümmern um die wimmelnd Brut.

Sobald es gehet ums Geschlecht,
Macht die Natur sich einen Spaß –
Dann ist alles falsch und gar nichts echt,
Dann ist auf keine Regel mehr Verlass.

Kapitel dreizehn

Vollkommen jungfräulich

Viele von Ihnen haben mir im Laufe der Jahre geschrieben, weil sie meine beliebte Fernsehsendung *Unter dem Mikroskop – Was heißt hier deviant?* gesehen haben. Dann wissen Sie auch, dass schon viele höchst seltsame, ja, widernatürliche Gäste bei mir aufgetreten sind. Selbstverständlich ist mein Publikum an Berichte über sehr ausgefallen sexuelle Praktiken gewöhnt. Doch vor einigen Wochen hatten wir einen wirklich provozierenden Gast. Ich weiß nicht, ob Sie die Sendung gesehen haben, doch es kam zu äußerst unerfreulichen Auftritten – beinahe zu Handgreiflichkeiten, und ich muss gestehen, dass mir das Geschehen fast entglitt.

Dabei bin ich gar nicht überrascht, dass die Empörung so groß war. Der Gast, von dem hier die Rede ist, hat keine ausgefallenen sexuellen Vorlieben – er hat überhaupt keinen Sex. Schlimmer noch, niemand in ihrer Familie – denn es handelte sich um einen weiblichen Gast – hat seit mehr als 85 Millionen Jahren Sex gehabt. Das ist empörend, denn die Wissenschaftler können sich zwar nicht darauf einigen, was unter Sexualität zu verstehen ist, aber in einem Punkt stimmen sie alle überein: Sex ist so wichtig, dass man ohne ihn nicht leben kann. Doch wenn unser Gast ohne Sex – oder Männer – auskommt, warum können wir anderen es nicht auch? Wofür ist Sexualität gut? Ist sie passé? Sind die Männer in Gefahr? Mit solchen Fragen rühren wir an den höchst kontroversen Kern der Biologie – wozu dient die Sexualität? –, und da die meisten Aspekte des Themas während der Sendung zur Sprache gekommen sind, folgt ein Bericht über die wütende Diskussion.

Die Quote war noch nie so gut. Es waren die übliche Gäste – der aggressive Widder und sein arroganter Freund, das Gürteltier, saßen auf ihren Stammplätzen in der ersten Reihe. Die Taschenmaus hatte sich oben auf der Kleintiergalerie zusammengerollt, die Brieftauben hockten wie immer auf ihrer Stange. Moby, der Kugelfisch aus dem Kongo, schwamm, jagte neurotisch wie üblich in seinem Süßwasserbehälter umher. Doch viele Tiere im Publikum waren zum ersten Mal in der Sendung. Beispielsweise fiel mir eine Bank – wenn das die treffende Kollektivbezeichnung ist – Muscheln in einer Ecke des Meerwasserbehälters auf. Mehrere brasilianische Echsen, die ziemlich unwohl und niedergeschlagen ausschauten, hatten sich auf halber Höhe der Wand eingerichtet. In den hinteren Reihen hatten sich radikale Feministinnen niedergelassen, auf deren T-Shirts Sprüche standen wie: »Männer, wer braucht sie?« und »Sex ist für Schwächlinge!«. Im Studio kochten Erregung und Feindseligkeit. Der Grund für die Aufregung? Mein Gast war niemand anders als Miss *Philodina roseola*, die zur Ordnung Bdelloidea der Rädertierchen gehört.

Bei ihrem Anblick kämen Sie nie auf die Idee, Miss *Philodina* könnte in einen der berüchtigsten Evolutionsskandale verwickelt sein. Zierlich und durchsichtig, sieht sie weniger wie ein Tier denn wie ein Taschenfernrohr aus blassrosa venezianischem Glas aus. Im Allgemeinen sieht man Fernrohre allerdings keine Algen fressen, doch genau das hat Miss *Philodina roseola* offenbar vor der Sendung getan. Den ganzen Abend hindurch konnte man die grünlichen Reste ihrer Mahlzeit in ihrem gläsernen Körper beobachten. (Das war mein Fehler: Gewöhnlich rate ich meinen durchsichtigen Gästen, nüchtern in der Sendung zu erscheinen, doch an diesem Tag hatte ich es vergessen.) Ihr auffälligstes Merkmal trägt sie allerdings auf dem Kopf, denn dort hat sie ein Paar Scheiben, die an den Rändern mit beweglichen Zilien ausgestattet sind, winzigen mechanischen Härchen, deren Bewegung die Illusion erzeugen, die Räder würden sich ununterbrochen drehen. Da Miss *Philodina* kaum einen halben Millimeter groß ist, mussten wir sie, um sie für alle sichtbar zu machen, auf einen bequemen Mooswedel setzen und das Mikroskop anschalten, sodass ihr vergrößertes Bild auf eine Projektionswand neben meinem Stuhl geworfen wurde. Wir waren schon ein hübsches Paar: Ich in meinem roten Kostüm hinreißend wie immer, sie ein Bild der Unschuld. Und diese Unschuld war der Grund für die ganze Aufregung …

Die Sendung begann wie immer. Ich hieß meine Zuschauer willkommen und stellte Miss *Philodina* vor, nannte ein paar triviale Lebensdaten, etwa wo sie sich am liebsten aufhält (feuchtes Moos) und warum sie »Rädertier« heißt. Alles spendete Beifall, als ich verriet, dass ihr lateinischer Name »rosige Liebhaberin der Drehung« bedeutete. Doch als ich über die besondere Form ihres devianten Verhaltens zu sprechen begann, griff die Unruhe im Studio um sich.

Ich: Berichten Sie uns, Miss *Philodina*, wann hat jemand in Ihrer Familie zum letzten Mal Sex gehabt?
Miss P.: Hmmmm. Ich denke, es wird so ungefähr fünfundachtzig Millionen Jahre her sein, dass jemand aus meiner Familie auch nur eine Verabredung gehabt hat.
Ich (ans Publikum gewendet): Und ihr dachtet, ihr hättet Probleme. (An Miss *Philodina*): Kein Sex, nicht mal einen Kuss, seit die Dinosaurier ausgestorben sind und länger. Warum nicht?
Miss P.: Meine Vorfahrinnen haben die Männchen abgeschafft. Sie sagten, sie kämen besser ohne sie zurecht.

Das Studio erzitterte unter dem missbilligenden Johlen und Pfeifen – trotz des lauten Jubels der Femistinnen.

Ich: Wie vermehren Sie sich dann?
Miss P.: Wir klonen uns.

Daraufhin war der Teufel los. Die Taschenmaus fiel sogar in Ohnmacht. Doch ich hatte diese Reaktion vorausgesehen. Viele Tiere, vor allem Säugetiere, haben einen wahren Horror vor dem Klonen. Sie scheinen zu glauben, da schicke man sich an, Heerscharen von Frankensteins zu fabrizieren. Daher musste ich meine Zuschauer daran erinnern, dass Klonen nichts anderes als Fortpflanzung ohne Sex ist – etwas, was Milliarden achtbare Organismen jeden Tag tun. Ich bemühte meine Standardbeispiele: Erdbeeren, die sich durch Ausläufer und Triebe vermehren, Hefen und andere Organismen, die Teile ihrer selbst als Keime verwenden; Schwämme, Seeanemonen und Würmer der verschiedensten Art, die in Stücke fallen und sich regenerieren, das heißt, aus jedem Stück wächst ein vollkommen neues Tier, alle möglichen Mädels (unter ihnen auch Bdelloidea), die ungeschlechtliche Eier legen. Und zum Missbehagen vieler meiner Studiozuschauer wies ich anschließend darauf hin, dass sogar Säugetiere sich von Zeit zu Zeit klonen, dann nämlich, wenn ein Embryo sich zu einem frühen Zeitpunkt seiner Entwicklung aufteilt. Die daraus hervorgehenden Individuen bezeichnet man jedoch gewöhnlich nicht als Klone. »Zwillinge« hört sich höflicher an. Typische Säugetier-Political Correctness.

Es ist schon merkwürdig. Immer wieder scheint in Vergessenheit zu geraten, dass nichts gegen zeitweiliges Klonen spricht – dass Klonen in Verbindung mit Perioden sexueller Aktivität durchaus zu einer gesunden und glücklichen Lebensweise beitragen kann. Wie ich meinen Zuschauern erklärte, ergeben sich nur dann Probleme, wenn man den Sex ganz aufgibt.

Auf den ersten Blick allerdings scheint der Verzicht auf Sex nur Vorteile zu haben. Sex mag ja Spaß machen, doch Klonen ist effizienter. Bei ansonsten gleichen Bedingungen hat ein Weibchen mit ungeschlechtlicher Fortpflanzung, das in einer Population auftritt, doppelt so viele Nachkommen wie ein Weibchen, das sich geschlechtlich vermehrt. Der Grund ist einfach: In einer Population mit geschlechtlicher Fortpflanzung – der menschlichen Population zum Beispiel – muss jedes Weibchen zwei Kinder haben, damit die Population ihre Größe behält. Wenn Weibchen weniger als zwei Kinder haben, schrumpft die Population; sind es mehr als zwei, wächst sie. Doch in einer Population mit ungeschlechtlicher Fortpflanzung muss jedes Weibchen nur ein Kind haben, damit die Population ihre Größe behält. Mehr als eins, und die Population wächst.

Doch obwohl sich die ungeschlechtliche Fortpflanzung häufig entwickelt – sie tritt in den verschiedensten Gruppen auf, von der Qualle bis zum Löwenzahn, den Echsen bis zu den Flechten –, hat sie selten längeren Bestand. Am großen Baum des Lebens sitzen die Gruppen mit ungeschlechtlicher Vermehrung an den dünnsten und äußersten Zweiglein: Viele Knospen, aber keine Äste. Nach einer kurzen und triumphalen Blüte verschwinden die Arten mit ungeschlechtlicher Fortpflanzung wieder. Was die Wissenschaft zu der Schlussfolgerung veranlasst hat, dass ausschließliche Ungeschlechtlichkeit eine evolutionäre Sackgasse ist, ein schneller Weg zum Aussterben. Die Sexualität, so ihre These, sei von wesentlicher Bedeutung. Lange existierende Arten mit ungeschlechtlicher Fortpflanzung – Geschöpfe wie die Bdelloidea, die sei Jahrmillionen Jahren ohne Sex leben – dürfte es eigentlich gar nicht geben. Nach allen herrschenden Theorien hätten die Bdelloidea kurz nach dem Verzicht auf Sex von der Bildfläche verschwinden müssen.

Doch mit einer skandalösen Gleichgültigkeit gegenüber allen wissenschaftlichen Voraussagen, ist Miss *Philodina* ganz zweifellos vorhanden und schwenkt ihre Räder auf dem Mooswedel. Wie kommt es, dass diese Rädertiere Erfolg gehabt haben, wo so viele andere versagt haben? Oder um unsere zentrale Frage wieder aufzugreifen, wenn sie ohne Sex auskommen, warum vermögen es dann wir anderen nicht?

Mit diesen Überlegungen bat ich die Zuschauer um Fragen und forderte die Kleinsten unter ihnen wie gewöhnlich auf, sich unter das Mikroskop im Mittelgang zu begeben. Begreiflicherweise stellten die ersten Einwände Miss *Philodinas* Behauptungen entschieden infrage. Was sie damit meine, wenn sie erkläre, niemand in ihrer Familie habe Sex? Meine sie damit einfach, die Bdelloidea pflögen intimen Umgang ohne Genitalkontakt? Nein, das meine sie nicht. Doch bevor sie fortfahren konnte, kam es zu einem wirklich peinlichen Zwischenfall. Zwei Bakterien versuchten, Sex vor laufenden Kameras zu haben.

Der Bildschirm auf der Wand leuchtete auf: Jemand aus dem Publikum war unter das Mikroskop im Mittelgang getreten. Als das Bild allmählich schärfer wurde, zeigte es zwei rautenförmige Organismen. In Echtgröße wären beide ungefähr einen Millionstel Meter lang gewesen – winzig selbst im Vergleich zu Miss *Philodina*.

Eine von ihnen begann mit piepsiger Stimme: »Allen einen schönen guten Abend. Wir sind ein Paar Bakterien der Art *Escherichia coli* – *E. coli* für unsere Freunde. Viele Wissenschaftler halten uns als Haustiere. In ihren Labors führen wir häufig ein üppiges und bequemes Leben. In der freien Natur leben wir im Darm von Säugetieren und helfen ihnen bei der Verdauung ihrer Nahrung.

Für uns Bakterien ist Vermehrung Vermehrung und Sex Sex. Im Gegensatz zu euch ›höheren‹ Organismen sind wir nicht so vulgär, beides gleichzeitig zu tun. Bei uns Bakterien findet die Fortpflanzung ungeschlechtlich statt: Wir teilen uns einfach in zwei genetisch identische Zellen auf. Auf diese Weise ist Sex – worunter ich den Erwerb zusätzlicher Gene verstehe – etwas, dessen Nutzen wir uns im Laufe unseres Lebens verschaffen. Wären die Menschen dazu in der Lage, was nicht der Fall ist, dann wäre es so, als könnten sie plötzlich ein paar Gene für längere Beine oder blaue Augen hinzugewinnen.«

Woraufhin eine der Brieftauben trocken meinte: »Glückliche Bakterien. Sich neue Gene zu verschaffen würde die Schönheitsoperation in der Midlife-Crisis ersparen. Könnte ich mir doch ein paar neue Gene besorgen!«

Bevor ich die Diskussion wieder auf Miss *Philodina* lenken konnte, sagten die Bakterien: »So, und nun zu der Frage, wie wir es tun. Wir haben verschiedene Möglichkeiten. Entweder sammeln wir DNA auf, die sich herrenlos in unserer Umgebung herumtreibt. Oder wir holen uns DNA von vorüberkommenden Viren. Sogar bei toten Bakterien decken wir uns mit Genen ein – die Intellektuellen nennen es Nekrophilie.«

Der Gedanke an Nekrophilie – sogar an bakterielle Nekrophilie – hatte im Publikum Äußerungen des Abscheus zur Folge und jemand rief mit durchdringender Stimme: »Pervers!«

Unbeeindruckt fuhr die Bakterie fort: »Aber wir schrecken auch vor Sodomie nicht zurück und verschaffen uns Gene von Bakterien anderer Arten. Vor allem aber haben wir, wenn uns danach zumute ist, Sex miteinander. Wir wollen dem Räderfräulein zeigen, wie es geht – ich werde meinem Freund hier einen nützlichen Satz Antibiotika-Resistenzgene übertragen. Schauen Sie gut hin, Miss *Philodina,* wie wir es machen!«

Die Menge brüllte, als eine der Bakterien begann, ein Rohr in Richtung der anderen wachsen zu lassen.

Zum Glück schaltete mein Techniker in diesem Augenblick das Mikroskop aus, sodass der Bildschirm dunkel wurde. Aber es war eine knappe Angelegenheit. Über Sex zu sprechen ist eines, aber Sex zu zeigen hätte mich, wie Sie sich denken können, in Teufels Küche gebracht – mit dem Sender und mit meinen Sponsoren. Es hätte das Ende der Sendung bedeuten können.

Die versauten kleinen Erreger haben mir allerdings einen Gefallen getan – sie erinnerten alle Anwesenden daran, was Sex ist und dass Fortpflanzung etwas ganz anderes ist. Sexualität ist jeder Prozess, der Gene verschiedener Individuen mischt.

Zu meiner Überraschung nahm Miss *Philodina* das Stichwort auf. Wie ein pubertierender Knabe wusste sie theoretisch eine Unmenge über Sex, doch im Gegensatz zu diesem fand sie die Vorstellung offenbar abstoßend. Ich vermute, das ist unausweichlich, wenn man fünfundachtzig Millionen Jahre Zölibat hinter sich hat.

»Dass Bakterien«, sagte sie seufzend, »immer so übertreiben müssen, wenn sie von ihrem Sexleben sprechen.«

Natürlich hatte sie Recht. Trotz des Eindrucks, den der Sprecher hatte hervorrufen wollen, sind Bakterien nun wahrlich nicht die Wüstlinge der Natur.

»Meistens haben Bakterien überhaupt keinen Sex«, fuhr sie fort, »und *E. coli* gehört zu der enthaltsamsten Art.« Indigniert ließ sie ihre Räder kreisen. »Ich möchte den Eindruck vermeiden, wir Bdelloidea seien nur eine Art Bakterien. Oder schlimmer noch, eine Art Viren.«

Sie befürchtete offenbar, vielen Zuhörern sei der Unterschied zwischen Viren, Bakterien und den übrigen Kindern von Mutter Natur nicht recht klar. Und dass das Publikum in Unkenntnis des Unterschieds ihre Einzigartigkeit nicht richtig begreifen könnte.

»Viren können sich nicht aus eigener Kraft fortpflanzen. Stattdessen dringen sie in eine Zelle ein und bemächtigen sich deren Reproduktionsmechanismen, um Kopien ihrer selbst herzustellen. Genau genommen«, sagte sie mit verächtlichem Schnauben, »sind Viren noch nicht einmal echte Organismen. Sie sind kaum mehr als Horden isolierter Gene, die in winzigen Kapseln die Gegend unsicher machen.«

Ich warf ein, dass Viren zwar vor allem einen traurigen Ruf als Erreger von Krankheiten genössen – von Kinderlähmung bis Aids –, einige von ihnen aber einen Platz im Kamasutra verdienten. Beispielsweise sei der Grund dafür, dass die Menschen jedes Jahr neue Grippeviren herstellen müssten, darauf zurückzuführen, dass Grippeviren von Zeit zu Zeit Sex hätten und dabei Gene erhielten, die ihnen ermöglichten, das menschliche Immunsystem zu unterlaufen. Gleichzeitig sei zu beachten, dass niemand sich über die Ungeschlechtlichkeit von Miss *Philodina* aufregen würde, wenn sie ein Virus – oder eine Bakterie – wäre. Das Problem liege darin, dass sie wie ein Säugetier oder Vogel ein Eukaryont sei.

Im Gegensatz zu Bakterien bewahren wir Eukaryonten unsere Gene gesondert an einem bestimmten Ort auf – das heißt, in einem Zellkern. Eukaryonten weisen viele Formen und Größen auf – einige haben nur eine Zelle, andere, wie Bdelloidea und Menschen, viele Zellen. Doch bei aller Vielfalt sind Eukaryonten ausgesprochen puritanisch, wenn es um Sex geht. Wenn ihnen danach zumute ist, kennen Bakterien und Viren eine Vielzahl verschiedener unterschiedlicher Verfahren, um ihre Gene zu mischen. Eukaryonten haben nur eine einzige Möglichkeit. Und wenn es in der Wissenschaft heißt, Sex sei von lebenswichtiger Bedeutung, ist immer die eukaryontische Sexualität gemeint.

Beim Eukaryontensex erhalten Sie die Hälfte der Gene von Ihrer Mutter und die andere Hälfte von Ihrem Vater. Doch welche Hälfte? Das wird durch eine Lotterie namens Meiose entschieden. Nehmen wir an, Sie spielen mit zwei Pack Spielkarten à 52 Blatt. Jede Karte steht für ein Chromosom – eine Kette von Genen. Die einzige Regel ist, dass jeder Ihrer Nachkommen einen vollständigen Pack erhält. Dabei spielt es keine Rolle, ob er die Pikdame vom Vater und den Karobuben von der Mutter bekommt. Sie können sogar beide Pikasse zerschneiden und über Kreuz zusammenkleben. Tatsächlich ist die Zerschneidung und Zusammensetzung von Chromosomen ein integraler Bestandteil der eukaryontischen Sexualität. Diese Mischung der Gene im Inneren eines Chromosoms bezeichnet man als Rekombination. Am Ende der Meiose weist also jede Samen- und Eizelle ein vollständige, aber einzigartige Genzusammenstellung auf – eine vollständiges, jedoch gut durchmischtes Pack Karten. Wenn die Ei- und die Samenzelle zweier Individuen miteinander verschmelzen, rufen sie folglich eine neue Genkombination hervor. Die Angehörigen von Bdelloidea haben seit Jahren – fünfundachtzig Millionen Jahren, um genau zu sein – keine neuen Genkombinationen erlebt.

»Fünfundachtzig Millionen Jahre ohne Meiose, ohne Genaustausch, ohne Männer«, sagte Miss *Philodina.* »Seit fünfundachtzig Millionen Jahren tun wir nichts anderes als zu klonen, und wir sind ganz schön stolz darauf. Mehr noch, wir sind der Meinung, alle sollten unserem Beispiel folgen.«

Sie schien ihre Empfehlung zur sexuellen Enthaltsamkeit näher ausführen zu wollen, doch den kriegerischen Widder in der ersten Reihe hielt es nicht mehr auf seinem Sitz. Er sprang auf die Hufe. An seinem Fell hatte er ein großes Schild befestigt, das alle Welt aufforderte: »Rettet unseren Sex!« Er glaubte nicht einen Augenblick daran, dass die Arten von Bdelloidea tatsächlich echte ungeschlechtliche Organismen waren – oder dass es überhaupt Arten mit ungeschlechtlicher Fortpflanzung gab, die sich so lange gehalten hatten.

Seine Rede mit einem nachdrücklichen Nicken seines wolligen

Schädels unterstreichend, blökte er: »Bääää, Miss *Philodina,* Sie behaupten, die Nachfahrin einer militanten Jungfrau zu sein, die sich vor vielen Jahrmillionen der Männer entledigte und den Sex aufgab. Wenn stimmen würde, was Sie da sagen«, er machte eine Kunstpause, um seine Skepsis zu unterstreichen, »wäre das eine Sensation. Bäää. Vielleicht wissen Sie nicht, dass schon vor Ihnen andere Organismen diese Behauptung aufgestellt haben, dass aber keiner dieser Fälle einer näheren Überprüfung standgehalten hat.«

Der Widder wusste natürlich, was auf dem Spiel stand. Wenn es tatsächlich Arten mit ungeschlechtlicher Fortpflanzung gäbe, die schon seit Urzeiten unseren Planeten bevölkern, wären die Folgen unabsehbar. Um es noch einmal ganz deutlich zu sagen: Wenn diese Arten ohne Sex und Männer auskämen, könnten wir andern es vielleicht auch. Begreifen Sie nun, warum ihm so daran gelegen war, Miss *Philodina* als Betrügerin zu entlarven?

»Vielleicht erinnern sich einige von Ihnen noch an den Fall der Chaetonotoidea aus der Klasse der Bauchhaarlinge *(Gastrotricha)* – mikroskopische Tierchen, genau wie Sie, Miss *Philodina,* die ebenfalls in Pfützen und Moos leben«, sagte er. »Wie Sie behaupteten sie, sich seit Urzeiten ungeschlechtlich fortzupflanzen. Doch als die Forscher sie näher unter die Lupe nahmen, ertappten sie die winzigen Betrüger, wie sie Spermien herstellten, eine Betätigung, die sich nur schwer mit ungeschlechtlicher Fortpflanzung verträgt, wie Sie sicherlich nicht bestreiten werden.

Und wer könnte die Blattläuse aus der Familie Traminae vergessen? Was für Lügenbolde! Auch diese fetten kleinen Insekten behaupteten, sie würden sich von alters her ungeschlechtlich fortpflanzen. Ein genauso abgefeimter Schwindel! Genetische Tests haben gezeigt, dass sie durchaus nicht so tugendhaft sind, wie sie behauptet haben. Und prompt entdeckten die Forscher, dass diese Tiere ihre Männchen zwischen den Wurzeln der Pflanzen versteckten, auf denen sie lebten.

Was können wir daraus lernen?« Er machte eine wirkungsvolle Pause. »Neben den Arten von Bdelloidea gibt es noch eine Hand voll anderer Gruppen, die beteuern, sich seit Urzeiten ungeschlechtlich fortzupflanzen. Muschelkrebse aus der Familie der Darwinulidae – eine Vielzahl von Arten kleiner Süßwasserschalentiere – beharren darauf, sich seit hundert Millionen Jahren ohne Sexualität fortzupflanzen. Bäääää. Einige Familien der Hornmilben verkünden ebenfalls, sie hätten sich vor Urzeiten von allen Männern befreit. Und es gibt noch eine ganze Reihe weiterer selbst ernannter Superzölibatäre: Garnelen, die in flachen Salzwassergebieten der Alten Welt leben, zwei nordamerikanische Farnarten und eine Muschelart. Doch die Beweise für diese Behauptungen sind dürftig, um es vorsichtig auszudrücken.

Ich prophezeie Ihnen«, donnerte der Widder, »dass sich alle Behauptungen dieser Art als Schwindel herausstellen und dass die angeblichen Zölibatäre entlarvt werden! Bäääää. Miss *Philodina,* Ihre Keuschheit ist Betrug! Wie Ihre Vorgängerinnen verstecken Sie Ihre Männchen – das wird sich früher oder später herausstellen!«

Während der Widder wieder Platz nahm, brandete tosender Beifall auf.

Ich muss sagen, er hatte Recht. Im Laufe der Jahre hatten tatsächlich verschiedene Organismen behauptet, sich seit langer Zeit ungeschlechtlich fortzupflanzen, und viele von ihnen waren als Hochstapler entlarvt worden. Bis heute stützen sich alle Behauptungen lange währender Ungeschlechtlichkeit auf negative Beweise – vor allem darauf, dass niemand ein Männchen der betreffenden Art gesehen hat. Negative Beweise sind dürftig und nicht sehr gewichtig. Schließlich gibt es in der Biologie eine Fülle von Beispielen für Arten, in denen Männchen und Weibchen so verschieden aussehen, dass es lange dauerte, bis man ihre Zugehörigkeit zu ein und derselben Art erkannte.

Ich hatte den Eindruck, dass das Publikum vor Wut tobte, und bewunderte Miss *Philodina.* Sie blieb vollkommen ruhig – und verblüffte die Studiogäste mit überzeugenden Beweisen für ihre Behauptung, dass die Mitglieder von Bdelloidea keine Scharlatane, sondern echte ungeschlechtliche Organismen sind. Zur allgemeinen Bestürzung legte sie glaubhaft dar, dass es ihr und ihren Ahninnen tatsächlich gelungen sei, seit Jahrmillionen ohne Männer und Meiose zu leben. Sie sind vollkommene Jungfrauen, reiner als rein, leuchtende Vorbilder für alle Nonnen und für alle Anhänger sexueller Enthaltsamkeit.

Ihr Beweis beruhte auf dem Umstand, dass millionenjähriges Klonen extreme Auswirkungen auf die Evolution der Gene hat. »Sich über viele Generationen ungeschlechtlich fortzupflanzen, hinterlässt unauslöschliche Spuren, eine molekulare Tätowierung auf Ihren Genen«, meinte sie selbstgefällig. »Wenn Sie immer klonen, gibt es nur eine Quelle für genetische Innovation, nur einen Prozess, der meine Gene dazu bringen kann, sich von denen meiner Mutter, Großmutter oder Ur-Ur-Ur-Urgroßmutter zu unterscheiden: die Mutation.«

Ich erinnerte die Anwesenden daran, dass Mutationen nichts anderes sind als gelegentliche Fehler, die der genetische Kopiermechanismus der Zelle begeht.

Miss *Philodina* fuhr fort: »Gehen wir zurück zu meiner Ahnin vor fünfundachtzig Millionen Jahren, dem letzten Kind der Erbsünde in meiner Familie. Sagen wir, sie erbte zwei Kopien eines Gens für die Anzahl der Räder. Eine Kopie stammte von ihrem Vater, die andere von ihrer Mutter. Und lassen Sie uns annehmen, sie waren identisch. Jetzt haben wir es fünfundachtzig Millionen Jahre später. Da die Lebensdauer von Bdelloidea rund drei Wochen beträgt, sprechen wir hier von rund anderthalb Milliarden Bdelloidea-Generationen. Daher sollte man erwarten, dass meine beiden Kopien der Radzahl außerordentlich verschieden voneinander sind. In jedem werden sich unterschiedliche Mutationen angesammelt haben.«

Am besten lässt sich dieser Prozess durch einen Vergleich verstehen. Stellen Sie sich ein altes Manuskript vor, das von Mönchen in zwei weit auseinander liegenden und isolierten Klöstern wieder und wieder kopiert wurde. Wenn jede neue Version des Manuskripts von der vorangehenden abgeschrieben wird, werden sich mehr und mehr Fehler einschleichen. Da die Mönche nicht von Schreibstube zu Schreibstube in telepathischer Verbindung stehen, müssen sie unterschiedliche Fehler machen. Im Laufe der Zeit werden sich die Manuskripte, die sich im Besitz der beiden Klöster befinden, immer stärker unterscheiden. Haben Sie hingegen Sex, wäre es so, als schrieben die Mönche in den beiden Klöstern regelmäßig voneinander ab und ersetzten außerdem ihre Versionen häufig durch Manuskripte aus anderen Klöstern. Die Kommunikation zwischen allen Mönchen würde dafür sorgen, dass sich die Manuskripte weitgehend glichen.

Starke Abweichungen zwischen den beiden Kopien eines gegebenen Gens, so erläuterte Miss *Philodina,* sei das molekulare Erkennungszeichen lange währender ungeschlechtlicher Fortpflanzung.

Die Brieftaube schlug vor Aufregung so heftig mit den Flügeln, dass sie ein Stück von ihrer Sitzstange aufflog. »Ein sehr alter Text«, rief sie, »der von zwei unabhängigen Gruppen anderthalb Milliarden Mal kopiert worden wäre, hätte sich doch bis zur Unkenntlichkeit verändert! Ich glaube nicht, dass diese Muster erkennbar sind!«

»Die beiden Kopien eines Gens zu erkennen kann in der Tat schwierig sein. Doch zum Glück hatten sie sich in unserem Fall nicht bis zur Unkenntlichkeit verändert«, antwortete Miss *Philodina.* Dann spielte sie ihre Trumpfkarte aus. Triumphierend ließ sie ihre Räder in Richtung des Widders kreisen und widerlegte den Vorwurf des Betrugs, indem sie auf genetische Tests verwies, die gezeigt haben, dass tatsächlich die vorhergesagte Abweichung zwischen den Genkopien vorliegt. Sie schwenkte ein Exemplar der Zeitschrift *Science* und erklärte mit Nachdruck: »Die Beweise sind schlüssig. Wir Bdelloidea-Arten sind zölibatär. Es gibt bei uns keine Männchen.«

Die radikalen Feministinnen auf den Hinterbänken jubelten und intonierten im Chor: »Das ist gut, das ist schlüssig, Männer, die sind überflüssig.«

Die übrigen Studiogäste schienen nicht ganz so glücklich zu sein. Als ich mich umsah, erblickte ich überall lange Gesichter, und zorniges Gemurmel breitete sich im Saal aus. Niemand konnte die weit zurückreichende ungeschlechtliche Fortpflanzung der Bdelloidea-Arten jetzt noch in Zweifel ziehen, daher wurde die Menge ausfallend und unterstellte, der Erfolg von Bdelloidea sei nur vorübergehend und werde ganz sicher mit dem baldigen Aussterben enden, wie bei anderen Arten mit ungeschlechtlicher Fortpflanzung. Eine Python, die sich in einer Ecke zusammengerollt hatte, hob ein Schild in die Höhe, auf dem zu lesen stand: »Verdammnis für Bdelloidea!«, und zischte drohend: »Du wirst aussterben, du rückgratlose Jungfer.«

»Auf lange Sicht werden wir alle aussterben«, sagte Miss *Philodina* kalt. »Auch die Sexualität wird Sie nicht vor dem Aussterben bewahren! Die Dinosaurier hatten zügellosen Sex, und schauen Sie sich an, was aus ihnen geworden ist. Sie können Sex haben, bis Ihnen schwarz vor Augen wird, wenn Ihr Habitat verschwindet, geht es Ihnen trotzdem wie den Dronten. Bei ungeschlechtlicher Vermehrung ...«

Mutig unterbrach die Taschenmaus: »Aber wie wollen Sie sich an die Zukunft anpassen, wenn Sie keinen Sex haben? Und wenn Sie sich nicht an die Zukunft anpassen, haben Sie keine Zukunft.«

»Wer sagt, dass sich Arten mit ungeschlechtlicher Fortpflanzung nicht anpassen können?«, stieß Miss *Philodina* empört hervor. »Lassen Sie sich gesagt sein, dass Bdelloidea zu den vielseitigsten Gruppen der Erde gehören. Unsere Schwesternschaft besteht aus mehr als 360 Arten. Wir leben in Moos, feuchter Erde, Urnen, Dachrinnen und Pfützen – und das auf sieben Kontinenten. Sie finden uns in den Eiswüsten der Antarktis und den Dschungeln Sumatras. In heißen Schwefelquellen leben wir ebenso wie im reinsten Tau. Nehmen Sie zum Vergleich unsere nächsten Verwandten, die ebenfalls zur Klasse der Rädertiere gehörige Ordnung der Seisonida. Sie haben immer Sex gehabt, aber der hat ihnen nicht viel gebracht. Es gibt nur noch zwei Arten, die beide im Körper einer bestimmten Garnelenart leben. Nennen Sie das evolutionären Erfolg? Na, ich weiß nicht. Mir scheinen sie eher klägliche Versager zu sein.«

Als mir das allgemeine Zähnefletschen zu viel wurde, griff ich ein. »Worum es hier geht«, sagte ich, »ist die Frage, wie außergewöhnlich die Bdelloidea-Arten sind. Nach fünfundachtzig Millionen Jahren kann niemand, der bei Verstand ist, annehmen, dass ihr Aussterben unmittelbar bevorsteht. Nun überleben aber die meisten Arten mit ungeschlechtlicher Fortpflanzung nicht. Wenn wir verstehen, warum es ihnen nicht gelingt – und warum es den Bdelloidea-Arten gelungen ist –, könnten wir vielleicht Aufschluss darüber gewinnen, warum wir Sex brauchen.«

Halleluja! Damit brachte ich das Publikum wieder zu unserem Thema zurück. Nun erläuterte ich ihm, dass es mehr als zwanzig Theorien gibt, die sich anheischig machen, die Rolle des Sex zu erklären, und fasste kurz die drei Favoriten zusammen, die populärwissenschaftlich bekannt sind unter den Bezeichnungen Müllers Ratchet (Sperrrad), Kondrashovs Hatchet (Beil) und Rote-Königin-Effekt. Nach der Ratchet- und der Hatchet-Theorie werden Arten mit ungeschlechtlicher Fortpflanzung letztlich von der Anhäufung schädlicher Mutationen in den Untergang getrieben – mit anderen Worten, das Aussterben dieser Arten geht auf Erbkrankheiten zurück. Dagegen beschwört der Rote-Königin-Effekt einen der traditionellen apokalyptischen Reiter – die Pest, die Infektionskrankheiten.

Moby, der Kugelfisch, fuhr mit einem wütenden Flossenschlag direkt in den Kern der schädlichen Mutationen: »Miss *Philodina,* wie können sich Organismen mit ungeschlechtlicher Fortpflanzung von schädlichen Mutationen befreien? Und wenn Sie mir die Bemerkung gestatten, Ihre Räder sehen ein bisschen wacklig aus – meine Augen sind nicht sehr gut, vielleicht ist ja das Licht daran Schuld, aber das Rad auf der linken Seite wirkt eher *quadratisch.* Ich wette, es ist eine der Mutationen, die Sie nach eigenem Bekunden akkumuliert haben.«

Miss *Philodina* schoss zurück: »Ich mag ja vielleicht quadratisch sein, aber meine Räder sind es ganz bestimmt nicht.« Das klang zwar vollkommen selbstsicher, doch ich hätte schwören können, dass sie sie rotieren ließ, um sich von ihrem ordnungsgemäßen Zustand zu überzeugen. »Und wenn Sie mir die Bemerkung meinerseits gestatten, *lieber* Kugelfisch«, fuhr sie fort, »Mutationen werden als Triebkraft der Evolutuon erheblich überschätzt. Dass Genetiker Mutationen für schlecht halten, liegt an ihren groben Methoden. Sie können nur die schädlichen Mutationen wahrnehmen. *Offenkundig* ist es schlecht für Sie, kein

Gehirn zu haben. Und wären Sie eine Fliege, wäre es nicht sehr gut, keine Flügel zu haben. Beispielsweise müsste man Sie dann in ›Gehe‹ umtaufen. Tatsächlich aber sind die meisten Mutationen neutral. Sie haben überhaupt keine Wirkung. Zwar verändern sie die DNA-Sequenz eines Gens, aber sie beeinflussen die Information nicht. Es ist so, als würden Sie von der amerikanischen zur englischen Schreibweise des Wortes ›Pflug‹ umschalten – also von P-l-o-u-g-h zu P-l-o-w. Auf dem Papier sehen sie unterschiedlich aus, aber sie bedeuten das Gleiche und klingen auch gleich, wenn sie ausgesprochen werden.«

Aber natürlich. Angesichts all ihrer Mutationen war Miss *Philodina* selbstverständlich eine Neutralistin – das heißt, sie vertrat eine umstrittene, sogar radikale Lehrmeinung, nach der die meisten Mutationen weder nützlich noch schädlich, sondern einfach belanglos sind. Das konnte ich jedoch so nicht stehen lassen. Zunächst einmal wird heftig darüber debattiert, ob die meisten Mutationen tatsächlich neutral sind. Und dann ist man sich allgemein darüber einig, dass eine Mutation, wenn sie denn einen Effekt hat, sich in der Regel nachteilig auswirkt: Kleine Zufallsveränderungen schaden eher, als dass sie helfen. Oder deutlicher: Viele kleine Zufallsmutationen bringen Sie um oder machen Sie krank, aber keine garantiert den Erfolg im Leben. Womit wir zur Ratchet- und Hatchet-Theorie kommen.

Nach Müllers Ratchet (benannt nach seinem Erfinder, dem Genetiker Hermann Müller, der den Nobelpreis bekommen hat, weil er nachgewiesen hat, dass Röntgenstrahlen Mutationen hervorrufen), sind Arten mit ungeschlechtlicher Fortpflanzung evolutionär kurzlebig, weil sich im Laufe der Zeit die Zahl der schädlichen Mutationen unaufhaltsam und unwiderruflich vermehrt, das heißt, wie ein *Ratchet*, ein Sperrrad, rastet ein Zahn nach dem anderen ein, ohne dass sich das Rad zurückdrehen kann. Stellen Sie sich eine Population vor, die gerade zur ungeschlechtlichen Fortpflanzung übergegangen ist. Und nehmen wir der Einfachheit halber an, alle Mitglieder der Population wären frei von schädlichen Mutationen. Im Laufe der Zeit führen Kopierfehler zu Mutationen bei ihren Nachkommen, und allmählich besteht die Population aus Individuen, die mehrere Mutationen tragen. Dann kommt der Tag, wo das letzte mutationsfreie Individuum keine Nachkommen hinterlässt, dann ist ein Zahn des Sperrrades eingerastet. Dieser Prozess setzt sich fort, bis schließlich alle Individuen so krank sind, dass sie zugrunde gehen und die Population ausstirbt. Arten mit geschlechtlicher Fortpflanzung bleiben von diesem Schicksal verschont, weil die Mischung der Gene in jeder Generation dafür sorgt, dass es Individuen mit nur wenigen Mutationen gibt.

Müllers Ratchet ist eine elegante Theorie. Doch sie klappt nur, wenn einige Voraussetzungen erfüllt sind. Die wichtigste ist, dass die Population mit ungeschlechtlicher Vermehrung klein ist. In großen Populationen können nämlich immer einige Individuen übrig bleiben, die nur wenige Mutationen aufweisen. Kondrashovs Hatchet (ebenfalls nach seinem Erfinder, einem russischen Genetiker, benannt) dagegen ist frei von solchen Einschränkungen: Die Theorie gilt, egal wie groß die Population ist.

Nehmen wir an, es gibt eine Schwellenzahl, bis zu der ein Individuum leicht schädliche Mutationen verkraften kann. Oberhalb dieser Schwelle fällt das Beil – und Sie sind tot. In einer Population, die sich geschlechtlich fortpflanzt, sorgt die Mischung der Gene dafür, dass es einige glückliche Geschöpfe gibt, die nur wenige schädliche Mutationen besitzen. Doch sie produziert auch einige unglückliche Individuen mit vielen nachteiligen Mutationen. Die Unglücklichen sterben unter dem Beil und nehmen ihre Mutationen mit ins Grab. Das säubert die Population rasch und wirksam von allen nachteiligen Mutationen. Doch Populationen mit ungeschlechtlicher Fortpflanzung ist dieser Ausweg versperrt. In ihnen werden weit mehr Individuen die Schwelle überschreiten, die bedeutet, dass sie zu viele schädliche Mutationen haben. Ist die Mutationshäufigkeit hoch genug, gibt es nach der Theorie keine Möglichkeit, ohne Sexualität zu überleben.

Zusammenfassend meinte ich: »Nachteilige Mutationen könnten der Grund dafür sein, dass die meisten Arten mit ungeschlechtlicher Fortpflanzung aussterben. Im Augenblick können wir die Mutationsraten noch nicht direkt messen, daher lässt sich der Streit auch nicht entscheiden. Sollte sich herausstellen, dass die Mutationsraten in Populationen mit ungeschlechtlicher Vermehrung im Allgemeinen niedrig sind, dann sind die Mutationen nicht verantwortlich zu machen. Doch wenn sich erweist, dass die Mutationsraten in der Regel ziemlich hoch sind, dann ist das unbegreifliche Fortbestehen von Bdelloidea darauf zurückzuführen, dass diese Art irgendeine Möglichkeit zur Senkung der Mutationsrate entwickelt hat, die anderen Populationen mit ungeschlechtlicher Vermehrung verschlossen geblieben ist. Vielleicht …«

Plötzlich unterbrach mich eine düstere Stimme: »Aber was, Miss *Philodina*, ist mit den Infektionskrankheiten?« Der Bildschirm an der Wand leuchtete wieder auf und ein Gesicht erschien. Grotesk, mit riesigen, sensenartigen Mandibeln, sah es aus, als käme es direkt aus einem meiner Albträume. Das Geschöpf fuhr fort: »Ich bin eine namenlose Arbeiterin, gehöre zu den Blattschneiderameisen und stamme aus einer Kolonie in der Nähe des Panamakanals; wir zählen mehr als zwei Millionen Mitglieder. Vor langer Zeit, lange bevor der Mensch ein Blinken im Auge von Mutter Natur war, erfanden meine Vorfahren den Ackerbau, und seither sind wir stolze Landwirte. Während Ameisen anderer Arten Viehzucht betreiben – etwa mit Blattläusen –, bauen wir Pilze an. Warum? Aus dem gleichen Grund, aus dem Menschen Weizen oder Reis anpflanzen. Wir bauen den Pilz an, um ihn zu essen – und wir können ohne ihn nicht leben. Daher schneiden wir Blätter und Blüten von den verschiedensten Pflanzen ab, um Kompost zu haben, auf dem wir den Pilz züchten können. Wir düngen den Pilz mit unseren Exkrementen, jäten Unkraut im Pilzgarten, beschneiden den Pilz, um bessere Erträge zu erzielen, und versuchen, den Pilz vor Schädlingen zu schützen. Doch wir leben in ständiger Furcht vor einem Ereignis, das die gesamte Kolonie in Gefahr bringt: dem Ausbruch von *Escovopsis*.«

Die Ameise erbebte bis in die Spitzen ihrer Antennen. Sie fuhr fort: »*Escovopsis* ist eine virulente Krankheit des Pilzes, und wenn sie ausbricht, zerstört sie den ganzen Garten. Das bringt mich zu meiner Frage. Auch unser Pilz vermehrt sich seit Urzeiten ungeschlechtlich. Nicht ganz so lange wie Sie, Miss *Philodina,* aber immerhin seit gut dreiundzwanzig Millionen Jahren, wie man annimmt. Wir vermehren den Pilz durch Klonen, und wenn eine neue Königin ihr Geburtsnest verlässt, beginnt sie ihre eigene Kolonie, wobei sie einige Zuchtsorten des Pilzes mitnimmt, in Spezialtaschen ihrer Kehle verstaut. Das heißt, unsere Pilzgärten sind wie moderne Anbaugebiete des Menschen: riesige Monokulturen, ein Feld wie das andere. Nach unserer Meinung sind sie deshalb so anfällig für Krankheiten. Wir haben gehört, die Disposition für Krankheiten habe eine genetische Komponente, daher wird eine Krankheit, die in einer Monokultur ausbricht, einen, man verzeihe mir den Kalauer, Mordsspaß daran haben, alles zu zerstören. Einer der Gründe, warum die Sexualität von Vorteil ist, könnte darin liegen, dass die Mischung der Gene die Arten besser für den ewigen Kampf gegen Krankheiten rüstet. Also, Miss *Philodina,* wie bewältigen Sie dieses Problem?«

Nun, damit hatte die Ameise ein ausgezeichnetes Argument vorgetragen und uns zur dritten Theorie geführt, die erklärt, warum wir Sex brauchen.

Wie die Ameise darlegte, hat die Anfälligkeit für Infektionskrankheiten – oder, allgemeiner, für Parasiten, egal ob Viren, Bakterien, Pilze oder andere garstige Zeitgenossen – in der Regel eine genetische Komponente. Da Arten mit ungeschlechtlicher Fortpflanzung die gleichen Gene (von ein oder zwei Mutationen abgesehen) von einer Generation an die nächste weitergeben, können Parasiten im Zuge ihrer Evolution leicht Methoden ausbilden, mit denen sie die Abwehrmechanismen ihrer Wirtsorganismen unterlaufen und alle Klone vernichten können. Im Gegensatz dazu hindert die Sexualität durch Genmischung die Parasiten daran, sich allzu gut an ihre Wirte anzupassen. Sexualität ist ein Vorteil, *weil* sie Genkombinationen aufbricht: Sie erzeugt die genetische Spielart eines beweglichen Ziels. Mit jedem Geschlechtsakt müssen die Parasiten wieder von vorn beginnen. Der Name der Theorie, »Rote Königin«, stammt aus dem Buch *Alice hinter den Spiegeln*. Erinnern Sie sich? Die Rote Königin sagt zu Alice: »Schau *hier,* siehst du? Du musst die Beine in die Hand nehmen, um am selben Fleck zu bleiben.« Mit anderen Worten, man muss sich verändern, um zu bleiben, wo man ist.

Bevor Miss *Philodina* ihre Argumente vorbringen konnte, stand das arrogante Gürteltier auf. Lichtreflexe tanzten auf seinem glänzenden Rückenschild, als es sagte: »Wenn ich dazu etwas ausführen dürfte.« Es machte eine herablassende Bewegung mit einem seiner Vorderbeine: »Ich bin ein Neunbindengürteltier und, wie ich glaube, in einer ungewöhnlichen Position. Gürteltiere nehmen eine ganz besondere – ja, ich möchte in aller Bescheidenheit sagen – einzigartige Stellung unter den Säugetieren ein; wir pflegen üblicherweise sowohl die geschlechtliche wie die ungeschlechtliche Fortpflanzung. Trifft ein Gürteltier-Boy ein Gürteltier-Girl« – er kicherte – »ersparen Sie mir die Einzelheiten, aber Sie wissen sicherlich, dass die diesbezügliche Ausstattung des Gürteltiers von ungewöhnlicher Länge ist. So lang, dass sie mit speziellen Fasern verstärkt werden muss. Sie dürfen mich also getrost Herr Gewaltig nennen. Wie dem auch sei, Eizelle verschmilzt mit Samenzelle, und diese Zelle teilt sich dann und teilt sich noch einmal, sodass vier genetisch identische Embryonen entstehen. Damit bin ich zwar von meinen Eltern genetisch verschieden, aber ein Klon meiner Brüder.

Doch ich schweife ab. Entscheidend für die Rote-Königin-Theorie ist der folgende Aspekt: Sexualität ist von Vorteil, da sie uns zu einer seltenen Erscheinung macht. Monokulturen sind krankheitsanfällig, weil alle Individuen demselben Klon angehören. Ein Feld voller verschiedener Klone wäre nicht im Entferntesten so anfällig wie eins mit Monokultur, oder? Die Krankheit wäre nicht in der Lage, sich auszubreiten und jedes Individuum zu befallen.

Ironischerweise sind erfolgreiche Klone die Ursache für den eigenen Untergang. Wenn ein Klon häufiger wird, erhöht sich seine Krankheitsanfälligkeit aus zwei Gründen: Erstens, eine Krankheit kann sich leicht zwischen Mitgliedern desselben Klons ausbreiten; und zweitens, je häufiger der Klon wird, desto größer die Möglichkeit der Krankheit, sich im Zuge der Evolution die Voraussetzungen zuzulegen, die sie braucht, um ihr Ziel zu befallen.«

Allgemeines Geraune. Das Gürteltier stampfte aufmerksamkeitsheischend mit dem Fuß auf. Als sich die Studiogäste wieder beruhigt hatten, fuhr es fort: »Also, wie vermeidet man, allzu häufig zu werden, wenn man ein Klon ist? Ganz einfach. Man wechselt den Standort. Sehen Sie, wenn ein Klon in einem neuen Gebiet eintrifft, genießt er dort alle Vorteile der Einzigartigkeit. Angenommen, er hat seine Parasiten nicht mitgebracht und die Krankheiten, die er zurückgelassen hat, sind schlimmer als die, die ihn am neuen Standort erwarten, sollte er ohne Sexualität auskommen, solange er in Bewegung bleibt.«

»Natürlich«, sagte die Ameise, »unser Pilz kommt in der Weltgeschichte herum.«

»Exakt, und zwar unter Bedingungen, unter denen es unwahrscheinlich ist, dass *Escovopsis* mitreist«, fuhr das Gürteltier fort. »Ich weiß es zwar nicht, aber ich vermute, dass die Zuchtsorten, die die Königin mitnimmt, sorgfältig ausgesucht werden, ja, und vielleicht sogar desinfiziert werden.«

»Oh, *Escovopsis* reist nie mit der Königin. Das wissen wir«, sagte die Ameise.

»Dann lautet die Frage also, Miss *Philodina*, reisen Sie? Ist das die Methode, mit der Sie die Rote Königin austricksen?«, fragte das Gürteltier herrisch.

Ich hatte allmählich das Gefühl, überflüssig zu sein. Doch ich nehme an, bei diesem Thema wollte jeder seinen Senf dazugeben. Was Miss *Philodina* anging – nun, sie war leichenblass geworden und klang auch so, als sie schnippisch antwortete: »Die Antwort finden Sie in meinem in Kürze erscheinenden Buch *Die sieben Kunstgriffe höchst erfolgreicher ungeschlechtlicher Fortpflanzung*, dessen Inhalt noch einer Nachrichtensperre unterliegt. Aber da Sie das Geheimnis praktisch schon verraten haben, kann ich die Katze auch aus dem Sack lassen.

Ich glaube, dass Reisen tatsächlich das Geheimnis unseres Erfolgs sind. Wir Bdelloidea-Arten reisen sowohl im Raum wie in der Zeit. Natürlich können wir nicht rückwärts in der Zeit reisen, das kann niemand. Aber wir können Zeitreisen in Vorwärtsrichtung unternehmen. Wir haben eine Trick, den wir Anhydrobiose nennen. Es ist eine Art Scheintod. Im Wesentlichen besteht er darin, dass wir uns austrocknen und vom Wind fortwehen lassen.«

Im Publikum spottete jemand, die alte Krähe sei schon längst ausgetrocknet.

Hoheitsvoll überhörte Miss *Philodina* die Bemerkung. »Es ist allerdings gefährlich. Die Anhydrobiose ist schwierig«, sagte sie. »Viele Individuen, die einen Versuch unternehmen, finden nicht ins Leben zurück. Doch wenn es gelingt, nehmen Sie Ihr Leben an einem anderen Ort und in einer anderen Zeit wieder auf, gesünder und glücklicher als zuvor.«

Ich machte einen letzten Versuch, meine eigene Sendung wieder in den Griff zu bekommen. Sich austrocknen und fortwehen zu lassen, sei, so legte ich dar, möglicherweise noch nicht genug, um die ungeschlechtliche Fortpflanzung zu einer Erfolgsgeschichte zu machen. Schließlich würden auch andere Organismen die Anhydrobiose praktizieren, ohne auf eine weit zurückreichende Geschichte ungeschlechtlicher Fortpflanzung verweisen zu können. Doch ich könne mir schon denken, dass die ungewöhnliche Fähigkeit von Bdelloidea, durch Zeit und Raum zu reisen, maßgeblich an ihrem evolutionären Erfolg beteiligt sei. Eine lange währende, erfolgreiche Karriere unter den Bedingungen von ungeschlechtlicher Fortpflanzung sei schwierig – und setze mit einiger Sicherheit mehrere ungewöhnliche Schicksalswendungen voraus.

Ich war jetzt ziemlich erschöpft. Doch die Sendung hatte einen entscheidenden Punkt beleuchtet: Ohne eine endgültige Antwort gebracht zu haben, hatte sie deutlich gemacht, dass wir offenbar Sex brauchen, um gesund zu bleiben. Die Gene zu mischen, kann uns helfen, Parasiten zu vermeiden und die Auswirkungen nachteiliger Mutationen zu vermindern. Kurzum, Sex ermöglicht uns das Überleben.

Ich beschloss die Sendung mit einer doppelten Warnung: Die Mädels der meisten Arten wären nicht gut beraten, wenn sie sich der Männer ganz entledigen würden (das wurde von den radikalen Feministinnen mit Buhrufen quittiert), und die Männchen –

besonders die der Säugetiere – sollten sich hüten, allzu selbstgefällig zu werden: »Ihr Männchen der Säugetiere solltet euch glücklich schätzen. Von allen Tieren sind die Säugetiere die einzigen, bei denen die ungeschlechtliche Fortpflanzung adulter Individuen unbekannt ist. Im Zuge der Evolution ist es den Männchen der Säugetiere gelungen, sich unentbehrlich zu machen – zumindest genetisch unentbehrlich. Das Klonen von adulten Säugetieren ist nicht ohne massiven und gegenwärtig noch unzuverlässigen technischen Hokuspokus möglich.

Also, Männer, im Augenblick seid ihr noch sicher. Doch wenn ihr nicht abgeschafft werden wollt, lasst euch einen Rat geben. Ungeschlechtliche Fortpflanzung ist besonders verlockend für die Mädels in Arten, wo die Männer faul sind und sich nicht an der Brutpflege beteiligen. Die Vorteile der Ungeschlechtlichkeit sind erheblich geringer, wenn die Männer ihren Teil dieser Pflichten übernehmen.«

Puh, ich hatte es geschafft, ohne dass ein Aufstand ausgebrochen oder der Sender mich ausgeschaltet hatte. Ich dankte allen Anwesenden für die lebhafte Beteiligung und bat um einen kräftigen Applaus für Miss *Philodina roseola*: »Lang lebe Bdelloidea!« Das Studio erbebte unter dem Beifall und ich ließ meinen üblichen Spruch ab: »Die Raubtiere wollen bitte so freundlich sein, beim Verlassen des Studios keine Gäste zu fressen. Und Sie alle sind herzlich zu meiner nächsten Sendung in der kommenden Woche eingeladen, wenn es wieder heißt: Deviantes Verhalten *Unter dem Mikroskop* betrachtet.«

Nachwort

Eine letzte Frage möchte ich noch stellen – eine für den Heimweg, sozusagen. Mit der Bitte um Entschuldigung an all die Zuschauer und Leser, deren Fragen ich nicht beantwortet habe, werfe ich ein Problem auf, das mir selbst oft durch den Kopf geht. Wie wir gesehen haben, ist die Sexualität von zentraler Bedeutung für die Evolution, erzeugt sie doch eine wunderbare Vielfalt, ist trotz der Probleme, die sie hervorruft, ein Aspekt des Lebens, auf den die meisten von uns nicht verzichten könnten, und beschwört, falls doch der Versuch unternommen wird, ohne sie auszukommen, die Gefahr des Aussterbens herauf. Doch wie hat es mit dem Sex eigentlich angefangen?

Ganz genau werden wir das leider nie in Erfahrung bringen. Denn irgendeine Form des genetischen Austauschs dürfte schon bald nach der Entstehung des Lebens vor rund vier Milliarden Jahren angefangen haben – und so weit in der Zeit zurückzublicken, ist ein unsicheres Geschäft –, um es vorsichtig auszudrücken. Doch es gibt eine Reihe von Spekulationen. Werfen wir einen Blick auf einige von ihnen.

Kurz nach der Entstehung des Lebens scheinen sich Mikroben entwickelt zu haben, die offenbar nicht sehr verschieden von unseren heutigen Bakterien waren, daher liegt der Gedanke nahe, dass die Gene zwischen diesen Urgeschöpfen ganz ähnlich ausgetauscht wurden wie heute. Doch warum begann dieser Prozess überhaupt? Eine These lautet: Der Genaustausch habe die Reparatur geschädigter DNA erleichtert: Mit einer intakten DNA-Kette, die man von einem Partner erhielt, ließen sich vielleicht lädierte Gene reparieren. Eine zweite, abenteuerlichere Idee besagt, Sex sei einfach ansteckend gewesen. Mit anderen Worten, er entstand, weil ein DNA-Abschnitt den Genaustausch initiierte, damit er sich in der Population ausbreiten konnte. Um es mit einem Vergleich auszudrücken, ist das so, als brächte die gewöhnliche Erkältung die Menschen dazu, sich promisk zu verhalten – ein Effekt, der der Übertragung der Krankheit sicherlich zuträglich wäre. Doch so verrückt ein solches Szenario auch klingt, ganz von der Hand zu weisen ist es nicht. Ein Grund, warum eine moderne Bakterie dazu gebracht werden könnte, Sex zu haben, könnte die Infektion durch einen bestimmten DNA-Abschnitt sein, das so genannte F-(oder Sex-)Plasmid. Ein Individuum, welches das F-Plasmid hat, wird veranlasst, sich mit einem Individuum zu paaren, das es nicht besitzt, und so verbreitet sich das sexuelle Verhalten.

Doch so spekulativ die Ideen über die Ursprünge des bakteriellen Sex auch sein mögen, sie wirken wie ein solides Gedankengebäude im Vergleich zu den Vermutungen, die wir über den Ursprung der Sexualität jener Art anstellen, welche Menschen, Vögel, Bienen, Flöhe, Grünalgen und andere Eukaryonten praktizieren. Sie erinnern sich: Eukaryontensex ist ein komplizierter Prozess, der voraussetzt, dass jedes Elternteil einen kompletten Satz seiner Gene beisteuert. Wahrscheinlich hat sich diese Form sexueller Betätigung nur einmal entwickelt. Doch wie, das ist ein großes Geheimnis. Manche meinen, sie sei durch eine bestimmte Form des Kannibalismus entstanden – eine Zelle frisst eine andere und verleibt sich dabei die DNA des Opfers ein. Andere votieren für DNA-Reparatur. Und wieder andere vertreten die Auffassung, dass auch diese Form der Sexualität als Krankheit entstanden sei, bei der ansteckende genetische Elemente ihre eigene Ausbreitung betrieben hätten.

Ich möchte es mit diesen Gedanken genug sein lassen und hoffe, dass Sie, nachdem Sie gesehen haben, welche bunte Vielfalt an sexuellen Praktiken es gibt, in Zukunft den Vorlieben anderer mit größerer Toleranz begegnen werden. Wenn ich von mir selbst sprechen darf, so haben meine Jahre als Sexpertin meinen Horizont mit Sicherheit erweitert. Ich halte heute sehr viel mehr Dinge für normal. Ich muss sogar zugeben, dass ich einige von Ihnen beneide. (Wen? Tut mir Leid, das bleibt mein Geheimnis.) Auf jeden Fall hoffe ich, Ihnen geholfen zu haben, Ihre Probleme richtig und gelassener zu sehen. In diesem Sinne: Bleiben Sie locker und haben Sie Spaß.

Ich wünschen Ihnen allen – ausgenommen natürlich der energischen Miss *Philodina* – in den kommenden Jahren viel großartigen Sex.

Ciao!
Dr. Tatiana

Danksagung

Dr. Tatiana wurde in Oliver Mortons Küche geboren, wobei Oliver selbst, Jonathan Rauch, Anthony Gottlieb, Brian Barry und Peter David als Geburtshelfer mitwirkten. Ohne ihre Hilfe hätte sie nie das Licht der Welt erblickt. Ihren ersten Auftritt hatte sie in der Zeitschrift *The Economist*. Dank sei Bill Emmott für die Genehmigung, diese erste Kolumne für das vorliegende Buch nutzen zu dürfen.

Unendlich viele Menschen haben zu diesem Buch beigetragen – indem sie Fragen beantworteten, entlegene wissenschaftliche Artikel aufstöberten, Fehler entdeckten, Teile des Manuskripts kommentierten oder sich von mir einfach vollquatschen ließen, als ich mit meinen Ideen und Argumenten kämpfte. Für die Hilfe bei bestimmten Themen oder Organismen gilt mein Dank Phil Agnew, Matz Berggren, Philippe Bouchet, Stuart Butchart, Bill Cade, Tracey Chapman, Adam Chippindale, Andrew Cockburn, Bryan Danforth, Anne-Katrin Eggert, David Funk, David Gems, Darryl Gwynne, Peter Henderson, Rene Hessling, Rolf Hoekstra, Laurence Hurst, David Mark Welch, Nico Michiels, Christine Nalepa, Steve Palnmbi, Charlie Paxton, Scott Pitnick, Heather Proctor, Bill Rice, Scott Sakaluk, Janet Shellman, Steve Shuster, Leigh Simmons, Mike Siva-Jothy, Donald Steinkraus, Willie Swanson, David Tarpy, Scott Taylor, Ethan Temeles, Barbara Thorne, Fritz Vollrath, Dave Walter, Stuart West, Martin Wikelski, Kenneth Yeargan and Larry Young. Die Mitarbeiter mehrerer Bibliotheken haben mir außerordentlich geholfen; mein besonderer Dank gilt der entomologischen Bücherei des Natural History Museum in London, wo man mir unermüdlich Informationen über die exotischsten Insekten zugänglich gemacht hat. Ich bedanke mich beim Imperial College für die unentgeltliche Nutzungsmöglichkeit aller seiner Einrichtungen. Ursula Mittwoch bin ich verpflichtet, die in einem Brief zu meiner Kolumne im *Economist* meine Aufmerksamkeit auf das Bateman-Prinzip lenkte und mich dadurch veranlasste, mich eingehender mit dem Thema auseinander zu setzen. Thomas Bataillon, Austin Burt, Isabelle Chuine, Elodie Gazave, Philippe Jarne, Nicholas Judson, Thomas Lenormand, Armand Leroi, Yannis Michalakis, Ben Normark, Michel Raymond, Francois Rousset und Denis Roze waren regelmäßige und anregende Resonanzböden; ihre Vorschläge und ihre gute Laune waren unentbehrlich.

Peter Barnes, Thomas Bataillon, Bruce Greig, Greg Hurst, Ben Normark, Andrew Pomiankowski, Michel Raymond, Mark Suzinan und Stuart West haben sich freundlicherweise bereit erklärt, für eine frühe Fassung von Teil eins als Versuchskaninchen herzuhalten; Austin Burt, Barbara Mable und David Mark Welch lasen eine Fassung des letzten Kapitels; Caroline Daniel, Thomas Lenormand, Francois Rousset, Anthony Shewell und Mark Suzman haben das ganze Manuskript gelesen. Ihnen allen herzlichen Dank für ihre hilfreichen Anmerkungen und ihre klare Kritik. Bill Hamilton hat mich als Erster auf die Evolution der Sexualität hingewiesen und mir eine Vorstellung davon vermittelt, wie ungeheuer vielfältig die sexuellen Praktiken in der Natur sind. Dieses Buch ist aus der Forschungsarbeit hervorgegangen, die ich während meiner Promotion zusammen mit ihm durchführte, und ich bin traurig, dass er nicht lange genug lebte, um Dr. Tatiana kennen zu lernen.

Ich danke Georges Borchardt und DeAnna Heindel für die Unterstützung bei der Realisierung dieses Projektes. Alison Samuel und Penny Hoare bei Chatto sowie John Sterling und Sara Bershtel bei Metropolitan, für die das Warten auf Dr. Tatiana manchmal wie das Warten auf Godot gewesen sein muss, schulde ich besonderen Dank für die Ermutigung und die Geduld, mit denen sie mir während dieses langen Zeitraums begegnet sind. Vielen Dank auch an Penny Hoare, Roslyn Schloss, Shara Kay und vor allem an Sara Bershtel sowie ihre Kollegin Riva Hocherman für die Kommentare und Vorschläge, die wesentlich zur Verbesserung des Manuskripts beigetragen haben.

Dr. Tatiana war mit einer ganzen Reihe von Briefkastenonkel gesegnet: Ewigen Dank schulde ich Dan Haydon, Horace Judson, Gideon Lichfield und Jonathan Swire, die alle mehrere Fassungen aller Kapitel gelesen hatten, Vorschläge unterbreiteten, die mir den Weg durch unwegsames Gelände zeigten und mir halfen, Anfälle von Schreibblockaden zu überwinden, während sie mir zu allen Tages- und Nachtzeiten Ermutigung und Zuspruch spendeten.

Ich hatte das Glück, mich in geistig anregenden Umgebungen aufhalten zu dürfen. Die entscheidenden theoretischen Fortschritte gelangen mir, während ich mich im Hôtel de l'Orange, in Sommières in Frankreich aufhielt. Philippe de Frémont und seine Familie hießen eine Fremde willkommen und boten mir eine friedliche und schöne Zufluchtstätte (wobei sie nicht zuletzt meinem Französisch auf die Sprünge halfen). Großzügig überließ mir Jonathan Swire Mosewell einen idyllischen Ort zum Schreiben. Sir John und Lady Swire sowie Barnaby und Camilla Swire verwöhnten die Einsiedlerin, die sich in ihre Mitte verirrt hatte, und begegneten meinen Bemühungen mit außerordentlicher Ermutigung und Begeisterung (ganz zu schweigen von den herrlichen Zerstreuungen, die mich hin und wieder für einige Stunden von Dr. Tatiana fortlockten). Philippe und den Swires kann ich gar nicht angemessen danken.

Zum Schluss muss ich Horace danken, dass er mir eine ständige Ermutigung war; Nicholas, dass er immer ein Lachen für mich hatte und ihm keine Bibliothek zu weit war, um sie nach Artikeln zu durchstöbern, die ich gebrauchen konnte; meiner verstorbenen Mutter, von der ich die Neigung zu Streichen und Schabernack habe (obwohl sie sicherlich behauptet hätte, von Dr.

Tatiana schockiert zu sein); Mark, der mir leichtsinnigerweise vorschlug, ein Buch über Sex zu schreiben, und dann vor allem die Folgen zu tragen hatte; und Jonathan für alles.

Anmerkungen

Den Anmerkungen zu jedem Kapitel ist eine Liste mit wissenschaftlichen Artennamen vorangestellt, deren deutsche Bezeichnungen im Text genannt werden. Gattungsnamen, die mehrere Arten bezeichnen, habe ich nicht aufgenommen.

Kapitel eins: Eine Skizze des Schlachtfelds

Stabschrecke	*Necroscia sparaxes*
Erdhörnchen	*Spermophilus brunneus*
Blattkäfer	*Chrysochus colbaltinus*
Luzerne-Blattschneiderbiene	*Megachile rotundata*
Wildkaninchen	*Oryctolagus cuniculus*
Weißschwanzpräriehund	*Cynomys gunnisoni*
Zauneidechse	*Lacerta agilis*
Zweistreifen-Lippfisch	*Halichoeres bivittatus*
Bärenmaki	*Arctocebus calabarensis*
Heckenbraunelle	*Prunella modularis*
Büffelweber	*Bubalornis niger*
Gorilla	*Gorilla gorilla*
Argentinische Schwarzkopfruderente	*Oxyura vittata*
Honigbiene	*Apis mellifera*
Hausmaus	*Mus musculus*
Östliches Fuchshörnchen	*Sciurus niger*
Wanderratte	*Rattus norvegicus*

Hab den Sex satt in Indien

Zu sexuellen Marathonveranstaltungen der Stabschrecken vgl. Gangrade (1963). Zum Bewachen des Paarungspartners bei *Spermophilus brunneus* vgl. Sherman (1989); bei *Chrysochus colbaltinus* vgl. Dickinson (1995). Zur ursprünglichen Formulierung des Bateman-Prinzips und zu den Experimenten von Bateman vgl. Bateman (1948). Zu weiteren Gründen, warum Weibchen so wenig sexuelle Aktivität wie möglich an den Tag legen sollten, vgl. Daly (1978); zur einmaligen Paarung bei der Luzerne-Blattschneiderbiene vgl. Gerber und Klostermeyer (1970). Zum Goldfisch, der von Fröschen ertränkt wird, vgl. Boarder (1968). Zur Begeisterung für Sex bei *Drosophila hydei* vgl. Markow (1982); zur wachsenden Fruchtbarkeit bei einer zunehmenden Zahl von Paarungspartnern bei *Drosophila melanogaster* vgl. Pyle und Gromko (1978). Zur frühen Erkenntnis der Probleme, die das Bateman-Prinzip aufwirft, vgl. Gladstone (1979), Mason (1980) und Dewsbury (1982); zur Vorstellung, dass prosmiskuitive Weibchen unter »Fehlfunktionen« leiden, vgl. Taylor (1967). Parker (1970) hat als einer der Ersten erkannt, dass Weibchen bei einigen Insektenarten generell promiskuitiv sein können, und sich auch frühzeitig mit den Konsequenzen dieses Verhaltens für Männchen beschäftigt; er hat allerdings nicht in Erwägung gezogen, dass Sex vorteilhaft für Weibchen sein könnte. Zu den ersten Daten, die darauf schließen ließen, dass Weibchen generell von mehrfacher Paarung profitieren, vgl. Ridley (1988). Zu höheren Emfängnisraten durch mehrfache Paarung beim Kaninchen vgl. Beatty (1960); beim Weißschwanzpräriehund vgl. Hoogland (1998); bei der Zauneidechse vgl. Olsson and Madsen (2001); beim Zweistreifen-Lippfisch vgl. Petersen (1991).

Entgeistert in Gabun

Zu den wenigen naturgeschichtlichen Daten über den Bärenmaki vgl. Nowak (1999), Seite 495–496; zum Penis des Bärenmaki vgl. Hill (1953), Seite 164–175; zu allgemeinen Beschreibungen von Primatenpenissen vgl. Dixson (1998), Kapitel neun; zu der

Frage, wie der menschliche Penis im Vergleich abschneidet, vgl. Short (1979). Zur Säuberungsaktion bei *Calopteryx maculata* vgl. Waage (1979); zur Überredung bei *Calopteryx haemorrhoidalis asturica* vgl. Cordoba-Aguilar (1999); zu den Genitalien von *Okeclostera seraphica* vgl. Eberhard (1985), Seite 165; bei Termiten vgl. Eberhard (1985), Seite 126–127. Zur Spermienversiegelung bei *Inachus phalangium* vgl. Diesel (1990); zum Picken bei der Heckenbraunelle vgl. Davies (1983). Zum Pseudophallus und der Kopulation beim Büffelweber vgl. Winterbottom u. a. (1999 und 2001). Zur Komplexität des Penis und weiblicher Promiskuität bei Insekten vgl. Arnqvist (1998); bei Primaten vgl. Dixson (1998), Kapitel neun. Zu anekdotischen Berichten über Weibchen, die bei promiskuitiven Arten mehr Orgasmen haben, vgl. Dixson (1998), Seite 131–136. Es sei allerdings darauf hingewiesen, dass die Funktion von Stacheln an den Penissen von Säugetieren umstritten ist. Zum langen und stachligen Penis der Argentinischen Schwarzkopfruderente vgl. McCracken (2000); zur Gruppenstruktur bei Gorillas vgl. Robbins (1999).

Perplex in Cloverhill

Zum gewaltsamen Tod der männlichen Honigbiene vgl. Gary (1963); zu männlichen Zahlen in Schwärmen vgl. Page (1980); zur Zahl der Königinnenflüge vgl. Page (1986). Von David Tarpy habe ich die Zahl der Paarungspartner einer Bienenkönigin. Zu den Vorteilen mehrfacher Paarungen bei Honigbienen vgl. Page (1980), Page (1986) sowie Tarpy und Page (2001); zu den unfruchtbaren Männchen, die lebendig gefressen werden, vgl. Woyke (1963). Mein Dank gilt David Tarpy, Robert Page und J. Woyke, die mir von dem Gebilde an der Spitze des Penis berichtet haben, das zur Entfernung von Pfropfen dient. Zu den Beispielen für Keuschheitspfropfen bei Fledermäusen vgl. Matthews (1941); bei Würmern vgl. Barker (1994); bei Schlangen vgl. Devine (1975); bei Spinnen vgl. Robinson (1982); bei Schmetterlingen vgl. Dickinson und Rutowski (1989); bei Fruchtfliegen vgl. Polak u. a. (1998); bei Meerschweinchen vgl. Martan und Shepherd (1976); bei Eichhörnchen vgl. Koprowski (1992); bei Schimpansen vgl. Tinklepaugh (1930). Zu solchen Pfropfen bei Nagetieren (einschließlich des harten Pfropfens der Hausmaus) vgl. Voss (1979). Zur Entfernung des Pfropfens beim Weibchen des Fuchseichhörnchens vgl. Koprowski (1992); zur Gymnastik des Rattenpenis vgl. Wallach und Hart (1983).

Kapitel zwei: Die Kosten sind entsetzlich

Staffelschwanz	*Malurus spendens*
Kotfliege	*Scopeuma stercoraria*
Seenadel	*Syngnathus schlegeli*
Honigbiene	*Apis mellifera*
Wildkaninchen	*Oryctolagus cuniculus*
Spulwurm	*Caenorhabditis elegans*
Wurzelmilbe	*Rhizoglyphus robini*
Gemalter Scheibenzüngler	*Discoglossus pictus*
Dreiblatt-Feuerkolben	*Arisaema triphyllum*
Zitronensalmler	*Hyphessobrycon pulchripinnis*
Blaukopf-Lippfisch	*Thalassoma bifasciatum*
Prärie-Strumpfbandnatter	*Thamnophis radix*
Zebrafink	*Taeniopygia guttata*
Blaukrabbe	*Callinectes sapidus*
Hausschaf	*Ovis aries*
Kreuzotter	*Vipera berus*
Löwe	*Panthera leo*
Wanderratte	*Rattus norvegicus*
Goldhamster	*Mesocricetus auratus*
Kaktusmaus	*Peromyscus eremicus*
Haubenmeise	*Parus cristatus*
Leopard	*Panthera pardus*
Tiger	*Panthera tigris*
Puma	*Puma concolor*
Jaguar	*Panthera onca*

Gepard	*Acinonyx jubatus*
Schneeleopard	*Panthera uncia*
Sandkatze	*Felis margarita*
Rotluchs	*Lynx rufus*
Langschwanzkatze	*Leopardus wiedi*
Wasserwanze	*Abedus herberti*
Tanzfliege	*Rhamphomyia longicauda*
Wespen-Falter	*Cosmosoma myrodora*
Heuschrecke	*Anabrus simplex*

AUSSER SICH IN AUSTRALIEN

Zur allgemeinen Biologie des Staffelschwanzes vgl. Russell und Rowley (1996); zu ihren Spermienzählungen vgl. Tuttle u. a. (1996); zum Federtragen vgl. Rowley und Russell (1990). Zu Spermienzahlen beim Menschen vgl. Cohen (1971) sowie Harvey und May (1989). Zur Bestäubung und Unterschiede in der Pollenproduktion zwischen Feigenarten vgl. Kjellberg u. a. (2001). Zu Spermien- und Eierzahlen bei Fischen, die extern befruchten, vgl. Stockley u. a. (1996). Zur Entdeckung der Spermienkonkurrenz vgl. Parker (1970); zur Rolle der Spermienkonkurrenz für die Evolution von Spermienzahlen vgl. Parker (1990a); zur Zunahme der Testikelgröße und der Spermienzahlen als Konsequenz weiblicher Promiskuität vgl. Moller (1989); zur experimentellen Manipulation der Spermienkonkurrenz bei der Kotfliege vgl. Hosken und Ward (2001). Zur Spermienzählung bei *Syngnathus schlegeli* vgl. Watanabe u. a. (2000). Zu frühen Beobachtungen hoher Spermiensterblichkeit vgl. van Leeuwenhoek, zitiert in: Cohen (1971). Zur Hypothese, dass der weibliche Fortpflanzungstrakt eine Art Hindernisbahn sei, und zu einer Zusammenfassung der Risiken beim Menschen vgl. Cohen (1971) sowie Birkhead u. a. (1993); zur Spermienverdauung vgl. Tompa (1984) und Michiels (1998); zur Ausscheidung vgl. Morton und Glover (1974); zu anderen Formen der Spermienbeseitigung vgl. Hanlon und Messenger (1996), Seite 117. Zur Zahl und Speicherung von Spermien bei Honigbienen vgl. Laidlaw und Page

(1984). Zum Säuregehalt in der menschlichen Vagina vgl. Masters und Johnson (1989); Roger Short berichtete mir, dass Zitronen gute Empfängnisverhütungsmittel sind. Zu den weißen Blutkörperchen, die sich am Gebärmutterhals von Kaninchen konzentrieren, vgl. Phillips und Mahler (1977); von Menschen vgl. Pandya und Cohen (1985) sowie Barratt u. a. (1990). Zur Zahl der Spermien, die die Eileiter von Kaninchen erreichen, vgl. Cohen und Tyier (1980); von Menschen vgl. Ahlgren (1975). Zu Spermienzählungen beim Menschen, die auf Unfruchtbarkeit schließen lassen, vgl. MacLeod und Gold (1951). Zu Spermienzahlen und Spermienüberleben beim Kaninchen vgl. Morton und Glover (1974). Zu Stoffen in der Samenflüssigkeit, die das weibliche Immunsystem unterdrücken, vgl. Mann und Lutwak-Mann (1981). Zu genetischen Tests an Staffelschwanzjungen vgl. Brookeretal. (1990).

In Erwartung eines Spermiums in Ohio

Zur Spermiengröße bei *Drosophila bifurca* vgl. Pitnick u. a. (1995); bei Menschen vgl. Dixson (1998), Seite 228. Zu den Daten, dass Spermien bei Arten mit externer Befruchtung in der Regel kleiner und einfacher sind, vgl. Franzen (1977). Zu Tandemspermien beim Amerikanischen Opossum vgl. Moore (1992); bei Wasserkäfern vgl. Mackie and Walker (1974); bei Tausendfüßlern vgl. Jamieson u. a. (1999), Seite 281; bei Silberfischchen vgl. Dallai und Afzelius (1984); bei Meeresschnecken vgl. Afzelius und Dallai (1983). Zu hakenförmigen Spermien bei Koalabären vgl. Hughes (1965); bei Nagetieren vgl. Roldan u. a. (1992); bei Grillen vgl. Jamieson u. a. (1999), Kapitel 9. Zu Spermien wie flachen Scheiben bei Beintastlern vgl. Jamieson u. a. (1999), Seite 73; wie Feuerräder bei Flusskrebsen vgl. Moses (1961); wie Korkenzieher bei Landschnecken vgl. Tompa (1984), Seite 120. Zu bärtigen Spermien bei Termiten vgl. Jamieson u. a. (1999), Seite 134; zu amöbenartigen Spermien bei Spulwürmern vgl. Ward und Carrel (1979). Zu Spermatophoren beim Riesenoktopus vgl. Mann u. a. (1966). Zum Vorteil großer Spermien bei Spulwürmern vgl.

LaMunyon und Ward (1998); bei Wurzelmilben vgl. Radwan (1996). Zur allgemeinen Beziehung zwischen großen Spermien und weiblicher Promiskuität vgl. Gomendio sowie Roldan (1991) und Dixson (1993). Zur schrumpfenden Spermienzahl bei wachsender Spermiengröße im Fall der Fruchtfliegen vgl. Pitnick (1996). Zu Riesenspermien bei Federflüglern vgl. Dybas und Dybas (1981) sowie Taylor u. a. (1982); bei Rückenschwimmern vgl. Afzelius u. a. (1976); bei Muschelkrebsen vgl. Lowndes (1935) und Gupta (1968); bei Zecken vgl. Rothschild (1961); bei *Hedleyella falconeri* vgl. Thompson (1973); beim Gemalten Scheibenzüngler vgl. Afzelius u. a. (1976); bei Fruchtfliegen vgl. Pitnick u. a. (1995). Peter Henderson berichtete mir von den kämpfenden Spermien der Muschelkrebse; vgl. ferner Lowndes (1935). Zu der Beobachtung, dass bei Fischen große Spermien keinen Zusammenhang mit großen Eizellen aufweisen, vgl. Stockley u. a. (1996); bei den Fruchtfliegen lässt sich die Eigröße, die Atkinson (1979) nennt, mit den Spermiengrößen vergleichen, die Pitnick u. a. (1995) angeben. Zu der These, Riesenspermien seien eine Art von Geschenken, vgl. Bressac u. a. (1994); zu den Daten, die dagegen sprechen, vgl. Karr und Pitnick (1996). Zu der Funktion von Riesenspermien als Keuschheitsgürtel vgl. Ladle und Foster (1992) und zur Evidenz, dass sie zu diesem Zweck möglicherweise vom Federflügler verwendet werden, vgl. Dybas und Dybas (1981). Peter Henderson berichtete mir davon, dass die Spermien des Muschelkrebses eine Reise außerhalb des weiblichen Körpers zurücklegen müssen, um die Eier zu erreichen. Zur Spermiengröße bei *Drosophila hydei* vgl. Pitnick u. a. (1995); zu weiblichen Paarungsgewohnheiten und Spermienmischungen bei diesen Arten vgl. Markow (1985). Zu den generellen Nachteilen der Produktion von Riesenspermien bei Fruchtfliegen vgl. Pitnick u. a. (1995); zur verzögerten Spermienproduktion und Testikelgröße bei *Drosophila bifurca* vgl. Pitnick u. a. (1995); zum Umstand, dass *Drosophila pachea* die erste Hälfte ihres adulten Lebens fortpflanzungsunfähig verbringt, vgl. Pitnick u. a. (1995). Scott Pitnick unterrichtete mich über die Lebensspanne von *Drosophila bifurca.*

LEER IN LONDON

Zur Unfruchtbarkeit bei Männchen von *Drosophila melanogaster* vgl. Prowse und Partridge (1997); zu Batemans These, der Spermienvorrat sei unbegrenzt, vgl. Bateman (1948). Einen Forschungsüberblick zum Thema der Spermienlimitierung bei Meeresorganismen findet sich bei Levitan und Petersen (1995) sowie Yund (2000); zum Spermienausstoß bei Schwämmen vgl. Reiswig (1970). Zu Bestäubern, die den Pollen lieber fressen, vgl. Bierzychudek (1987); einen Forschungsüberblick zur Pollenlimitierung liefert Burd (1994); zur Pollenlimitierung beim Dreiblatt-Feuerkolben vgl. Bierzychudek (1981). Zur Spermienlimitierung beim Zitronensalmler vgl. Nakatsuru und Kramer (1982); beim Blaukopf-Lippfisch vgl. Shapiro u. a. (1994) sowie Warner u. a. (1995). Zu frühen Hinweisen auf die Kosten von Ejakulaten vgl. Gladstone (1979), Baylis (1981) und Dewsbury (1982). Zur sexuellen Erschöpfung bei Prärie-Strumpfbandnattern vgl. Ross und Crews (1977); zum Spermienabbau bei Zebrafinken vgl. Birkhead u. a. (1995). Zum Spermienabbau bei Blaukrabben vgl. Jivoff (1997); bei Schafböcken vgl. Synnott u. a. (1981). Zu den angeblichen Spermienreserven bei Schafböcken und Menschen vgl. Meller (1989). Zum Gewichtsverlust von Kreuzottern bei Spermienproduktion vgl. Olsson u. a. (1997). Zur Spermienlimitierung, Spermienproduktion und unbefruchteten Eiern bei *Caenorhabditis elegans* vgl. Ward und Carrel (1979); zu den Nachteilen vermehrter Spermienproduktion vgl. Hodgkin und Barnes (1991) sowie Barker (1992). Zur Spermienlimitierung bei Meeresnacktschnecken vgl. beispielsweise *Onchidoris fusca* in: Hadfield (1963) und *Hermissenda crassicornis* in: Rutowski (1983); bei Wasserschnecken vgl. Jarne u. a. (1993); bei Seehasen vgl. Yusa (1996). Zum Spermienabbau bei *Dugesia gonocephala* vgl. Vreys und Michiels (1998); zu Daten, die zeigen, dass *Navanax inermis* lieber die weibliche als die männliche Rolle übernimmt, vgl. Leonard und Lukowiak (1985); zu den Berichten über Bananenschnecken, die den eigenen Phallus abbeißen, vgl. Mead (1942). Zu vorübergehenden Fruchtbarkeitseinbußen bei *Drosophila melanogaster* vgl. Markow u. a. (1978); zur dauerhaften Unfruchtbarkeit vgl. Prowse und Partridge (1997); zur Vorliebe des Weibchens von *Drosophila* für jungfräuliche Männchen vgl. Markow u. a. (1978).

Sexmaschinen sind wir nicht in der Serengeti

Zur Kopulationshäufigkeit bei Löwen vgl. Bygott u. a. (1979) sowie Estes (1991), Seite 376. Die Klassifizierung der Sexsucht wurde von Dr. Tatiana entwickelt. Zu Weibchen, die Stimulation brauchen, um trächtig zu werden, vgl. Wilson u. a. (1965) (Wanderratten); Lanier u. a. (1975) (Goldhamster); Dewsbury und Estep (1975) (Kaktusmäuschen). Zur induzierten Ovulation bei Wildkaninchen, Frettchen und Hauskatzen sowie zum Scheitern von Schwangerschaften bei nicht stimulierten Wanderratten vgl. Wilson u. a. (1965); zu Hinweisen, dass Löwinnen möglicherweise spontan ovulieren vgl. Schmidt u. a. (1979). Zu Belegen für die These, dass Löwinnen nach der Übernahme durch eine neue Männchengruppe besonders selten trächtig werden, vgl. Packer und Pusey (1983). Zu der Beobachtung, dass bei Goldhamstern die Empfängnisbereitschaft des Weibchens nach intensiver sexueller Aktivität vermindert ist, vgl. Huck und Lisk (1986); zu Wanderratten vgl. Lanier u. a. (1979); zu Haubenmeisen vgl. Lens u. a. (1997). Zu den Vaterschaftsdaten bei Löwen vgl. Packer u. a. (1991). Zur Kopulationsfrequenz in der Katzenfamilie vgl. Eaton (1978). Zum Kopulationsverhalten der Wasserwanze *Abedus herberti* vgl. Smith (1979).

Quasimoda in Delaware

Zum Fliegenden-Untertassen-Aussehen der Tanzfliegen *Rhamphomyia longicauda* vgl. Funk und Tallamy (2000). Zu der Beobachtung, dass Männchen mit kleinen Geschenken nur kurzzeitig kopulieren dürfen, vgl. Thornhill (1976) und Svensson u. a. (1990); zu den Geschenken der Listspinne vgl. Austad und Thornhill (1986) sowie Lang (1996). Zu einem allgemeinen Überblick zum Geschenkverhalten von Insekten vgl. Vahed (1998). Zur

Analfütterung der tropischen Schabe *Xestoblatta hamata* vgl. Schal and Bell (1982). Zum Spinnenabschreckstoff bei *Utetheisa ornatrix* vgl. Gonzalez u. a. (1999); beim Wespenfalter *Cosmosoma myrodora* vgl. Conner u. a. (2000). Zu den Ballons bei Ballonfliegen vgl. Aldrich und Turley (1899) sowie Kessel (1955). Zum Gewichtsverlust bei der Heuschrecke *Anabrus simplex* vgl. Gwynne (1981); zur Einbuße an Körpermasse bei Schmetterlingen vgl. Vahed (1998).

Kapitel drei: Früchte der Erkenntnis

Hindublatthühnchen	*Metopidus indicus*
Nandu	*Rhea americana*
Rotschulterstärling	*Angelaius phoeniceus*
Rohrammer	*Emberiza schoeniclus*
Riesenhonigbiene	*Apis dorsata*
Goldbürzel-Honiganzeiger	*Indicator xanthonotus*
Brauner Grashüpfer	*Chorthippus brunneus*
Rübenweißling	*Pieris napi*
Juwelflussbarsch	*Cymatogaster aggregata*
Zebrafink	*Taeniopygia guttata*
Blauer Pfau	*Pavo cristatus*
Stockente	*Anas platyrhynchos*
Pseudoskorpion	*Cordylochernes scorpioides*
Harlekinbock	*Acrocinus longimanus*
Schimpanse	*Pan troglodytes*
Wanderratte	*Rattus norvegicus*
Kotfliege	*Scopeuma stercoraria*
Echter Sepiakalmar	*Sepioteuthis sepioidea*
Haushuhn	*Gallus gallus domesticus*

Vernachlässigter Hausmann in Tamil Nadu

Zum Schreien beim Hindublatthühnchen, vgl. Butchart u. a. (1999). Zur Brutpflege beim Nandu vgl. Handford und Mares (1985); bei Fischen vgl. Blumer (1979). Zu Weibchen, die mehr Hilfe beim Rotschulterstärling bekommen, vgl. Gray (1997); zu Männchen, die promisken Weibchen ihre Hilfe entziehen, vgl. bei der Rohrammer Dixon u. a. (1994). Stuart Butchart berichtete mir von den Vaterschaftstests beim Hindublatthühnchen.

Wachs-am im Himalaya

Zum Brutverhalten des Goldbürzel-Honiganzeigers vgl. Cronin und Sherman (1976). Zu erhöhten Fortpflanzungserfolgen in Verbindung mit Nahrungsaufnahme bei Grashüpfern vgl. Butlin u. a. (1987). Zu den Vorteilen, die die erneute Paarung für die Weibchen des Rübenweißlings hat, vgl. Kaitala und Wiklund (1994). Zur Kontroverse, ob die Fütterung von Weibchen durch Männchen Paarungslist oder Investition in die Nachkommenschaft ist, vgl. Vahed (1998).

Moralisch entrüstet in Baja California

Zum Sexleben des Juwelflussbarschs vgl. Shaw und Alien (1977) sowie Darling u. a. (1980). Zur These, dass sich Weibchen erneut paaren, um sich gegen männliche Unfruchtbarkeit zu sichern, vgl. Darling u. a. (1980); weil ihnen die Spermien ausgegangen sind, vgl. Walker (1980); weil sie die genetische Vielfalt ihrer Nachkommen sichern wollen (und warum genetische Vielfalt aller Wahrscheinlichkeit nach kein wichtiger Faktor für die Mehrfachpaarung von Weibchen ist), vgl. Williams (1975), Seite 129. Zur Rolle der Genetik für die weibliche Tendenz zur Mehrfachpaarung bei *Drosophila melanogaster* vgl. Pyle und Gromko (1981); bei Feldgrillen vgl. Solymar und Cade(1990).

Unzulänglichkeitsgefühle in Malaysia

Zu weiblichen Präferenzen bei *Cyrtodiopsis dalmanni* vgl. Wilkinson and Reillo (1994); Andrew Pomiankowski berichtete mir von der heftigen Promiskuität der Weibchen in dieser Art. Zu Darwin über sexuelle Selektion vgl. Darwin (1871 [1952]). Zur ursprünglichen Formulierung von Fishers Runaway-Prozess vgl. Fisher (1999), Seite 131 ff. Zu den guten Genen, die maßgeblich für die Wahl der Weibchen sein sollen, vgl. Williams (1966), Seite 184. Zu den Fußringen bei Zebrafinken vgl. Burley u. a. (1982); zu Extragelegen, die die Weibchen für Männchen mit roten Fußringen bauen, vgl. Zann (1994). Zur höheren Lebenserwartung von Pfauen, deren Väter prachtvolle Schwanzfedern besaßen, vgl. Petrie (1994); zu weiblichen Stockenten, die größere Eier für sexuell attraktive Enteriche legen, vgl. Cunningham und Russell (2000); zu Weibchen, die die Testosteronkonzentration ihrer Eier anpassen, vgl. Gil u. a. (1999). Zur Abhängigkeit der Augenspanne bei Stielaugenfliegen von Umweltbedingungen vgl. David u. a. (2000).

In Panama gestrandet

Zur allgemeinen Biologie des Pseudoskorpions *Cordylochernes scorpiodes* vgl. Zeh und Zeh (1992); zu den Vorteilen der Mehrfachpaarung vgl. Zeh (1997) und Newcomer u. a. (1999); zu den genetischen Konsequenzen der Mehrfachpaarung vgl. Zeh u. a. (1997); zur Ablehnung früherer Paarungspartner durch das Weibchen vgl. Zeh u. a. (1998). Trivers (1972) hat die Hypothese vorgeschlagen, Weibchen könnten Paarungspartner auf der Grundlage genetischer Verträglichkeit auswählen; doch genetische Unverträglichkeiten als Grund für weibliche Promiskuität ist erst kürzlich vorgeschlagen worden, vgl. Zeh und Zeh (1996) sowie Zeh und Zeh (1997). Zu genetischen Interaktionen und Spermienkonkurrenz bei *Callosobruchus maculatus* vgl. Wilson u. a. (1997). Zu Unfruchtbarkeitsraten und genetischer Unverträglichkeit beim Menschen vgl. Mandelbaum u. a. (1987). Zur Rolle des Haupthistokompatibilitätskomplexes bei spontanen Fehlgeburten vgl. Beer u. a. (1982), Ober u. a. (1998) sowie Creus u.

a. (1998). Zu Menschen, die den unterschiedlichen Geruch von Mäusen wahrnehmen, die sich nur in Hinblick des MHC unterschieden, vgl. Gilbert u. a. (1986); zu Mäusen, die den Unterschied zwischen Mäusen riechen, vgl. Beauchamp u. a. (1985). Zu Menschen, die Angehörige des anderen Geschlechts bevorzugen, deren MHC von dem ihren verschieden ist, vgl. Edwards und Hedrick (1998); zu den Experimenten mit den »riechenden« T-Shirts (sowie mit den Frauen, die die Pille nehmen und die Körpergerüche von Männern mit gleicher MHC mochten) vgl. Wedekind u. a. (1995) sowie Wedekind und Furi (1997).

Indigniert und indiskret an der Elfenbeinküste

Zur Promiskuität weiblicher Schimpansen vgl. Goodall (1986), Seite 443 und 454. Zur These, dass weibliche Schimpansen promisk sind, um die Spermienkonkurrenz zu fördern, vgl. Harvey und May (1989) sowie Keller und Reeve (1995); zur eingehenden Analyse dieser Hypothese vgl. Curtsinger (1991) sowie Keller und Reeve (1995). Zu unterschiedlichen Ergebnissen der Spermienkonkurrenz vgl. Simmons und Siva-Jothy (1998); zu Ergebnissen der Spermienkonkurrenz in verschiedenen Hälften des Fortpflanzungstrakts der Wanderratte vgl. Spinka (1988). Zu Mitochondrien, die Unfruchtbarkeit hervorrufen, vgl. Folgero u. a. (1993), Bourgeron (2000) sowie Wei und Kao (2000). Zu Merkmalen von Spermien, die erblich sind, vgl. die Literaturverweise in: Keller und Reeve (1995). Zur These, dass weibliche Promiskuität der Verschleierung diene, vgl. Hrdy (1979). Zum Kindesmord bei Schimpansen vgl. Nishida und Kawanaka (1985).

Der Dandy auf dem Kuhfladen

Zu einer allgemeinen Diskussion der These, das Weibchen unter Umständen Spermien selektieren, vgl. Eberhard (1996); zu einer Kritik dieser These vgl. Birkhead (1998). Zur Spermienablehnung beim Echten Sepiakalmar vgl. Hanlon und Messenger (1996), Seite 117; beim Haushuhn vgl. Pizzari und Birkhead (2000). Einen

Überblick zur Biologie der Rippenquallen (einschließlich der Schließung der Mundöffnung bei der Melonenqualle) vgl. Margulis und Schwarz (1989); zur Fortpflanzungsbiologie der Rippenqualle vgl. Harbison und Miller (1986); zur Spermienselektion bei der Melonenqualle vgl. Carré und Sardet (1984) sowie Carré u. a. (1991). Zur Polyspermie bei Haien vgl. Wourms (1977). Zu Mustern der Spermiennutzung bei der Stockente vgl. Cunningham und Cheng (1999). Zur These, dass die Kotfliege besondere Spermien auswähle, vgl. Otronen u. a. (1997) sowie Ward (1998); zu Gegenbehauptungen vgl. Simmons u. a. (1996). Zu Spermienverdrängung und Kopulationsdauer bei der Kotfliege vgl. Parker und Simmons (1994).

ZUSAMMENFASSUNG

Zur These, die weibliche Promiskuität sei eine Fehlfunktion, vgl. Taylor (1967); eine Reaktion auf Belästigung, vgl. Alcock u. a. (1977) sowie Parker (1979). Zu der Auffassung, die Weibchen von *Macrocentrus ancylivorus* würden mit Spermien verstopft, vgl. Flanders (1945).

Kapitel vier: Schwerter oder Pistolen?

Feigenwespen	*Idarnes* (die meisten parasitischen Feigenwespen sind nicht so hinreichend beschrieben worden, dass sie vollständige lateinische Namen erhalten hätten)
Rosenberg-Laubfrosch	*Hyla rosenbergi*
Afrikanischer Elefant	*Loxodonta africana*
Indisches Bankivahuhn	*Gallus gallus spadiceus*
Gepard	*Acinonyx jubatus*
Gemeine Spinnmilbe	*Tetranychus urticae*

Europäische Bettwanze	*Cimex lectularius*
Sternascidie	*Botryllus schlosseri*
Jordansalamander	*Plethodon jordani*
Dreistachliger Stichling	*Gasteroteus aculeatus*

GIB DEM FRIEDEN EINE CHANCE IN RIBEIRÃO

Einen Überblick zur Biologie parasitischer Feigenwespen geben West u. a. (1996); zur Beschreibung der Kämpfe parasitischer Feigenwespen vgl. Hamilton (1996), Kapitel fünfzehn. Zur allgemeinen Biologie von Feigenbäumen vgl. Janzen (1979b); über das Fehlen der Feigenwespen auf Kauai und die Folgen hörte ich während meines Aufenthaltes auf der Insel. Zur Biologie der Feigen-Bestäuberwespen vgl. Wiebes (1979) sowie Anstett u. a. (1997). Zum Samenverlust bei Feigenbäumen vgl. Janzen (1979a). Zur Evolution zu geflügelten und flügellosen Männchen bei parasitischen Geigenwespen vgl. Hamilton (1996), Kapitel dreizehn, sowie Cook u. a. (1997). Zu Bedingungen, die die Evolution tödlicher Kämpfe begünstigen, vgl. Enquist und Leimar (1990) und (vor allem in Hinblick auf Feigenwespen) West u. a. (2001). Zu den Kämpfen bei Saisonfischen vgl. Myers (1962). Zur Biologie des Rosenberg-Laubfrosches vgl. Kluge (1981). Zu gewalttätigen Orchideen vgl. Romero und Nelson (1986). Stuart West erzählte mir, er habe versucht, die Kämpfe von Feigenwespen zu untersuchen, sei aber immer zu spät gekommen.

ANGSTVOLL IN AMBOSELI

Zum Syndrom des grünen Penis und anderen Anzeichen für Musth bei Elefanten vgl. Poole und Moss (1981), Poole (1987) und Poole (1989a); zu der Vorliebe von Weibchen für alte, große Männchen vgl. Moss (1983); zu der Beobachtung, dass sie größere Elefantenbullen herbeirufen, vgl. Poole (1989b). Zu Weibchen, die männliche Rivalität bei Nördlichen See-Elefanten hervorrufen, vgl. Cox und Le Boeuf (1977). Zur Aufstachelung der Hähne durch das Indische Bankivahuhn vgl. Thornhill (1988).

Zur Inszenierung von Rivalenkämpfen durch das Weibchen von *Zootermopsis nevadensis* vgl. Shellman-Reeve (1999). Zu der Erregung, die Kämpfe männlicher Rivalen bei Gepardenweibchen auslösen, vgl. Caro (1994), Seite 42. Zu den Kämpfen bei der Gemeinen Spinnmilbe vgl. Potter u. a. (1976). Zu den Kämpfen bei *Boa constrictor* vgl. Tolson (1992); zu einer allgemeinen Erörterung der Vorteile von solchen Kämpfen vgl. Andersson (1994), Kapitel elf; zu den Kampfkonventionen bei Stielaugenfliegen, vgl. de la Motte und Burkhardt (1983). Zum verzögerten Zusammenwachsen der langen Knochen beim Elefanten vgl. Poole (1994). Zu Testosteronspiegeln bei Elefanten in der Musth vgl. Poole (1989a). Zur Elefantenkommunikation und geschlechtsspezifischen Wortschätzen vgl. Poole (1994), zur Eskalation von Elefantenkämpfen vgl. Poole (1989a).

Spass in Interlaken, nein, zwischen den Laken

Zu den Behauptungen, die Männchen von *Xylocoris maculipennis* würden einander besamen, und zu Einzelheiten ihrer Genitalien vgl. Carayon (1974). Im August 2001 hat mir Mike Siva-Jothy in einem Gespräch mitgeteilt, Experimente an der Europäischen Bettwanze hätten keinen Beleg dafür erbracht, dass sich Männchen gegenseitig Spermien injizieren. Zur Unterwanderung fremder Geschlechtsdrüsen bei *Botryllus schlosseri* vgl. Stoner und Weissman (1996). Zum Einbetonieren bei *Moniliformis dubius* vgl. Abele und Gilchrist (1977). Zur Hypothese der Irreführung bei der Afrikanischen Fledermauswanze vgl. Carayon (1959). Zum Zertrampeln und Fressen von Spermatophoren und zu den Spermatophoren-Stalagmiten vgl. Proctor (1998); zur Sabotage beim Jordansalamander vgl. Arnold (1976).

Will meine Eier zurück in Vancouver

Zum Eierdiebstahl bei Stichlingen vgl. Wootton (1971), Rohwer (1978) und Mori (1995); zu Belegen dafür, dass Weibchen Nester mit Eiern bevorzugen, vgl. Ridley und Rechten (1981); zur

These, dass Stichlingseier möglicherweise leichter zu stehlen sind als andere Fischeier, vgl. Jones (1998). Zur allgemeinen Biologie der Laubenvögel vgl. Diamond (1986); zu den Versuchen von Laubenvögeln, Kameras und Socken zu stehlen, und zu einer allgemeinen Beschreibung ihrer künstlerischen Tätigkeit vgl. Diamond (1988). Zu Vandalismus und Diebstahl bei Laubenvögeln vgl. Borgia (1985a) sowie Borgia und Gore (1986). Zu Anhaltspunkten dafür, dass sich Weibchen an den prächtigsten Installationen orientieren, vgl. Borgia (1985b).

Kapitel fünf: Wie man gewinnt, obwohl man ein Verlierer ist

Meerassel	*Paracerceis sculpta*
Amerikanischer Sonnenbarsch	*Lepomis macrochirus*
Atlantischer Schwertschwanz	*Limulus polyphemus*
Seitenfleckenleguan	*Uta stansburiana*
Pfau	*Pavo cristatus*
Blaukopf-Lippfisch	*Thalassoma bifasciatum*
Mähnenrobbe	*Otaria byronia*
Hammerkopf	*Hypsignathus monstrosus*
Birkhuhn	*Tetrao tetrix*
Feldgrille	*Gryllus integer*
Ochsenfrosch	*Rana catesbeiana*
Schmarotzerfliege	*Ormia ochracea*
Fransenlippenfledermaus	*Trachops cirrhosus*
Blaureiher	*Florida coerulea*
Europäischer Halbzehengecko	*Hemidactylus turcicus*
Grille	*Gryllodes supplicans*
Galapagos-Meerechse	*Amblyrhynchus cristatus*
Halsbandmangabe	*Cercocebus torquatus*
Orang-Utan	*Pongo pygmaeus*
Schimpanse	*Pantroglodytes*
Rothirsch	*Cervus elaphus*
Nördlicher Bootsmannfisch	*Porichthys notatus*

Reingelegt am Golf von Kalifornien

Zur Geschichte von Caesar und Pompeia vgl. Sueton; zum Ursprung des Zitats »über jeden Verdacht erhaben« vgl. Plutarch. Zur allgemeinen Biologie der Meerasseln vgl. Shuster (1991). Einen umfassenden Überblick zu Schleichmethoden bei Fischen gibt Taborsky (1994). Zu den Schleichmethoden beim Amerikanischen Sonnenbarsch vgl. Gross und Charnov (1980). Zu den Schleichmethoden älterer Männchen bei der Kleinlibelle *Calopteryx maculata* vgl. Forsyth und Montgomerie (1987); beim Atlantischen Schwertschwanz vgl. Brockmann und Penn (1992). Bryan Danforth hat mich freundlicherweise über die Entwicklung von *Perdita portalis* informiert. Zur Genetik der männlichen Morphologie bei Meerasseln vgl. Shuster und Wade (1991); zu den Präferenzen der Weibchen vgl. Shuster (1990). Zu den Kämpfen bei Meerasseln vgl. Shuster (1989) und Shuster (1990). Zu Beta-Männchen, die sich wie Weibchen verhalten, vgl. Shuster (1989); zu den Proportionen verschiedener männlicher Typen in der Population vgl. Shuster und Wade (1991). Zum Erfolg der Männchen-Typen beim Seitfleckenleguan vgl. Sinervo und Lively (1996) sowie Zamudio und Sinervo (2000).

Unsichtbar in Sri Lanka

Zu Gruppen junger Männchen des Blaukopf-Lippfisches, die in fremde Reviere eindringen, vgl. Bericht in: Warner und Schultz (1992) über die Naturgeschichte dieser Art. Zu den Übergriffen bei Südamerikanischen Seelöwen vgl. Campagna u. a. (1988). Zu einer allgemeinen Diskussion der Evolution von Balzgruppen vgl. Hoglund and Alatalo (1995). Zu den Sandburgen bei *Cyrtocara eucinostomus* vgl. McKaye (1983) und McKaye u. a. (1990). Zum Schreien beim Hammerkopf vgl. Bradbury (1977). Zu einem Beispiel, dass Weibchen größere Balzgruppen vorziehen, vgl. Alatalo u. a. (1992). Zur Gruppenbalz mit Brüdern beim Pfau vgl. Petrie u. a. (1999); zur Gruppenbalz mit Brüdern beim Birkhuhn vgl. Hoglund u. a. (1999). Zur Zusammensetzung von Löwenkoalitionen vgl. Packer u. a. (1991); zu Verschiebung des zahlenmäßigen Geschlechterverhältnisses vgl. vor allem auch Packer and Pusey (1987).

Knallwütend in Texas

Zu »Trabanten-Männchen« bei leuchtenden Muschelkrebsen vgl. Morin (1986) sowie Morin und Cohen (1991). Zum Schweigen bei Ochsenfröschen vgl. Howard (1978). Zu weiblichen Schmarotzerfliegen, die von singenden Feldgrillen angelockt werden, vgl. Cade (1975), Cade (1979) und Gray sowie Cade (1999); zur genetischen Variation in der Neigung von Feldgrillen zum Singen vgl. Cade (1981). Zu einer allgemeinen Darstellung zur Prädation singender Männchen vgl. Burk (1982); zur Fransenlippenfledermaus, die rufende Frösche jagt, vgl. Tuttle und Ryan (1981); zum Blaureiher, der singende Grillen frisst, vgl. Bell (1979); zum Europäischen Halbzehengecko, der auf Grillenweibchen wartet, vgl. Sakaluk und Belwood (1984). Zu den Jagdgewohnheiten adulter Weibchen der Lassospinne vgl. Yeargan (1994); zu jugendlichen Lassospinnen vgl. Yeargan und Quate (1996); zu männlichen Lassospinnen vgl. Yeargan und Quate (1997). Zur Jagd von *Oxybelus exclamans* auf parasitische Fleischfliegen vgl. Peckham und Hook (1980).

Angeekelt auf den Galapagos

Zur Masturbation bei Galapagos-Meerechsen vgl. Wikelski und Baurle (1996). Zu einer allgemeinen Erörterung der Masturbation bei Primaten vgl. Dixson (1998), Seite 139–145; zu den Praktiken der Halsbandmangaben vgl. Gust und Gordon (1991); zu Sexspielzeugen und Orang-Utans vgl. Rijksen (1978), Seite 262–263; zur Masturbation bei Schimpansen vgl. Temerlin (1976), Seite 137–138. Zur Masturbation beim Rothirsch vgl. Darling (1963), Seite 160–161. Zu einer theoretischen Analyse der Spermienkonkurrenz bei Schleichern und Wächtern vgl. Parker (1990b). Zur allgemeinen Biologie des Nördlichen Bootsmannfischs vgl. Brantley und Bass (1994); zur Hirnstruktur vgl. Bass und Andersen (1991); zur Keimdrüsenmasse vgl. Bass (1992). Zu Einzelheiten der Quarantäne und Aussetzung von Mistkäfern in Australien vgl. Tyndale-Biscoe (1996); zur allgemeinen Biologie von *Onthophagus binodis* vgl. Cook (1990); zur allgemeinen Biologie von *Onthophagus taurus* vgl. Hunt und Simmons (1998); zu den unterschiedlichen Investitionen großer Männchen in die Spermienproduktion vgl. Simmons u. a. (1999).

Kapitel sechs: Sex mit Kanibalen

Gottesanbeterin	*Mantis religiosa*
Kreuzspinne	*Araneus diadematus*
Australische Witwenspinne	*Latrodectus hasselti*
Sandtigerhai	*Odontaspis taurus*

Ich mag sie kopflos in Korinth

Zu den Zuckungen des kopflosen Männchens bei der Gottesanbeterin vgl. Roeder (1935); zur vorsichtigen Annäherung vgl. Roeder (1935) und Lawrence (1992). Zu einer langen (aber keineswegs vollständigen) Liste männerfressender Weibchen vgl. Elgar (1992). Zur besonders blutigen Praxis der Zuckmücken vgl. Downes (1978). Zur Hypothese »Ich habe meine Liebhaber aus Versehen aufgefressen« vgl. Elgar (1992); zur Hypothese »Nur in Gefangenschaft« vgl. Edmunds (1988); zu einer Liste der Arten, die man innerhalb und außerhalb des Labors beobachtet hat, vgl. Elgar (1992). Zu einem Vergleich der Europäischen Gottesanbeterin in der freien Natur und im Labor vgl. Lawrence (1992). Zu Spinnen, die ihre Männchen ins Verderben locken, vgl. Robinson und Robinson (1980), Seite 138–141, sowie Jackson und Pollard (1997). Zum Blühen und Gedeihen weiblicher Kreuzspinnen infolge männerfressender Gewohnheiten vgl. Elgar und Nash (1988). Die Vorstellung, dass weiblicher Kannibalismus aus Männchen Fluchtkünstler macht, ist, soweit ich weiß, allein Dr. Tatiana zu verdanken. Zu den Spornen der männlichen Streckerspinne und den Fesselungskünsten des Männchens der Krabbenspinne *Xysticus cristatus* vgl. Bristowe (1958), Seite 252–256 (zu den Spornen) sowie die Seiten 115 und 143–145 (zur Fesselung). Zum Horn des Männchens der Kugelspinne *Argyrodes zonatus* vgl. Legendre und Lopez (1974) sowie Lopez und Emerit (1979). Ein anderes Beispiel dafür, dass Männchen kopulieren, wenn sie ihren Kopf verlieren, vgl. McDaniel und Horsfall (1957). Zur Erektion bei erdrosselten Männern vgl. Goldstein (2000).

Voller Wehmut in der Wildnis

Zum Fluchtverhalten beim Wüstenskorpion *Paruroctonus mesaensis* vgl. Polis und Parley (1979); bei der Wolfsspinne *Lycosa rabida* vgl. Rovner (1972). Zu den gastronomischen Begräbnissen bei *Argiope aemula* vgl. Sasaki und Iwahashi (1995); beim Borstenwurm vgl. Reish (1957). Zu einer allgemeinen Diskussion dessen, was Dr. Tatiana platonischen Kannibalismus nennt, vgl. Elgar und Crespi (1992); zum intrauterinen Kannibalismus beim Sandtigerhai vgl. Springer (1948). Zum Kannibalismus bei Amöben vgl. Waddell (1992); bei der Schwimmkrabbe *Ovalipes catharus* vgl. Haddon (1995). Das Haigedicht stammt aus der Feder von Dr. Tatiana. Von sexuellem Kannibalismus bei Zwittern wurde gelegentlich berichtet, aber kaum Notiz genommen. Doch zu Belegen für Kannibalismus bei der Meeresnacktschnecke vgl. die Anmerkung zur Ernährung auf Seite 212 in: Bürgin (1965); zu ihrer Paarungstechnik vgl. Rutowski (1983). Zu Bedingungen, unter denen die Evolution in Männchen das Bestreben anlegen könnte, Selbstmord durch weiblichen Kannibalismus zu begehen, vgl. Buskirk u. a. (1984); zu einer allgemeinen Beschreibung der Paarung bei der Australischen Witwenspinne *Latrodectus hasselti* vgl. Forster (1992); zu Belegen dafür, dass es für Männchen vorteilhaft ist, gefressen zu werden, vgl. Andrade (1996); zu Belegen dafür, dass Weibchen nur fressen, wenn sie hungrig sind, vgl. Andrade (1998).

Kapitel sieben: Verbrechen aus Leidenschaft

Pelzbiene	*Anthophora plumipes*
Dickhornschaf	*Ovis canadensis*
Hausschaf	*Ovis aries*
Hallsturmvogel	*Macronectes halli*
Zirpfrosch	*Crinia georgiana*
Waldfrosch	*Rana sylvatica*
Kotfliege	*Scopeuma stercoraria*
Nördlicher See-Elefant	*Mirounga angustirostris*
Laysan-Mönchsrobbe	*Monachus schauinslandi*
Tigerhai	*Galeocerdo cuvier*
Wasserläufer	*Gerris odontogaster*
Fasan	*Fasianus colchicus*
Felsentaube	*Columba livia*
Tangfliege	*Gluma musgravei*
Krabbenesser-Robbe	*Lobodon carcinophagus*
Bison	*Bison bison*
Indopazifische Seekuh	*Dugong dugon*
Zwergbachsalamander	*Desmognathus wrighti*
Südlicher See-Elefant	*Mirounga leonina*
Amerikanischer Nerz	*Mustela vison*
Seeotter	*Enhydra lutris*
Blauhai	*Prionace glauca*
Stachelrochen	*Urolophus halleri*
Grille	*Cyphoderris strepitans*
Kleine Braune Fledermaus	*Myotis lucifugus*
Weißstirnspint	*Merops bullockoides*
Schneegans	*Chen caerulescens caerulescens*
Amerikanischer Hummer	*Homarus americanus*

Auf der Suche nach Einsamkeit in Oxford

Zum »Männer-Wegstecken« bei *Polistes dominulus* vgl. Starks und Poe (1997). Zur allgemeinen Biologie der Pelzbiene *Anthophora plumipes* vgl. Stone (1995) und Stone u. a. (1995). Zur sexuellen Belästigung bei *Anthophora plumipes* vgl. Stone (1995); beim Dickhornschaf vgl. Geist (1971), Seite 210. Zur Körperverletzung mit Todesfolge beim Hausschaf auf der Île Longue vgl. Reale u. a. (1996); zum Ertränken beim Zirpfrosch vgl. Byrne und Roberts (1999); zum Ertränken bei Waldfröschen vgl. Banta (1914) und Howard (1980). Zur Zerstückelung bei Solitärbienen vgl. Alcock (1996); bei Solitärwespen vgl. Evans u. a. (1986). Zum Ertränken und zur Zerstückelung der Kotfliege vgl. Borgia (1981). Zur Misshandlung beim Nördlichen See-Elefanten vgl. Le Boeufand Mesnick (1990); bei der Laysan-Mönchsrobbe vgl. Hiruki, Stirling u. a. (1993) sowie Hiruki, Gilmartin, u. a. (1993). Zu den Männchen, deren Libido medikamentös gebremst wird, vgl. Nowak (1999), Seite 869. Zur Bodyguards bei der Kotfliege vgl. Borgia (1980) und Borgia (1981); beim Nördlichen See-Elefanten vgl. Mesnick und Le Boeuf (1991); bei Wasserläufern vgl. Arnqvist (1992); bei Fasanen vgl. Ridley und Hill (1987); bei Tauben vgl. Lovell-Mansbridge and Birkhead (1998). Zur Vermeidung von Männchen bei *Anthophora plumipes* vgl. Stone (1995). Zur Rache an den Männchen beim Bienenwolf *Philanthus basilaris* vgl. O'Neill und Evans (1981).

HERR NETT IST HERR GEFRUSTET IN MALLACOOTA BAY

Zur Paarung bei Tangfliegen vgl. Dunn u. a. (2001). Zu Gewalttätigkeit, einschließlich der Narben, bei Krabbenesser-Robben vgl. Siniff u. a. (1979). Zur Gewalt beim Bison vgl. Lott (1981); bei der Indopazifischen Seekuh vgl. Anderson und Birtles (1978). Zum Beißen beim Zwergbachsalamander vgl. Houck (1980) und eine persönliche Mitteilung von Nancy Reagan, zitiert in: Promislow (1987). Zu Unfällen beim Südlichen See-Elefanten vgl. Carrick und Ingham (1962); beim Amerikanischen Nerz vgl. Enders (1952); bei Seeottern vgl. Foott (1970), Riedman und Estes (1990) sowie Staedler und Riedman (1993). Zu der Annahme, Gewalttätigkeit könnte den Männchen Vorteile bringen, weil sie Weibchen von der Mehrfachpaarung abschreckt, vgl. Johnstone und Keller (2000). Zu einer allgemeinen Erörterung der Fortpflanzung bei Haien vgl. Wourms (1977); zum Beißen bei Blauhaien vgl. Stevens (1974) und Pratt (1979); zur Hautverdickung bei Blauhaien vgl. Pratt (1979); zu Hautverdickung und Beißen beim Stachelrochen *Urolophus halleri* vgl. Nordell (1994); zum Beißen beim fossilen Hai *Falcatus falcatus* vgl. Lund (1990). Zum Penis beim Strudelwurm *Pseudoceros bifurcus* vgl. Michiels und Newman (1998).

Anatomisch ratlos in den Rockies

Zur Vergewaltigung bei der Grille *Cyphoderris strepitans* vgl. Sakaluk u. a. (1995); zum weiblichen Fressverhalten bei der Paarung vgl. Morris u. a. (1989), Eggert und Sakaluk (1994) sowie Sakaluk u. a. (1995). Was die Vergewaltigung angeht, haben Skorpionsfliegen mehr oder weniger dieselbe allgemeine Biologie; vgl. Thornhill (1980). Ich habe bei meiner Darstellung allerdings speziell *Panorpa latipennis* im Blick. Zur Verwendung des Zangenorgans während der Vergewaltigung bei dieser Art vgl. Thornhill (1980); zum Raub in Spinnennetzen vgl. Thornhill (1975). Zu Berichten über Vergewaltigungen bei Hummern vgl. Waddy und Aiken (1991); bei Fischen vgl. Farr (1980); bei Schildkröten vgl. Berry und Shine (1980); bei Fledermäusen vgl. Pearson u. a. (1952) sowie Thomas u. a. (1979); bei Vögeln vgl. McKinney u. a. (1983); bei Primaten vgl. Mitani (1985) und Smuts und Smuts (1993). Zu Vergewaltigungen bei der Kleinen Braunen Fledermaus vgl. Thomas u. a. (1979). Zur Vergewaltigung beim Weißstirnspint vgl. Emien und Wrege (1986); zu ihrer allgemeinen Biologie vgl. Emien und Wrege (1994). Zur Vergewaltigung bei der Schneegans *Chen caerulescens caerulescens* vgl. Mineau und Cooke (1979) sowie Dunn u. a. (1999). Zur Empfängnisrate durch Vergewaltigung beim Weißstirnspint vgl. Emien und Wrege (1986) sowie Wrege und Emien (1987); bei *Chen caerulescens caerulescens* vgl. Dunn u. a. (1999). Zum Fluchtverhalten des Amerikanischen Hummers vgl. Waddy und Aiken (1991); bei Skorpionfliegen vgl. Thornhill (1980); beim Weißstirnspint vgl. Emien und Wrege (1986). Zu einem Beispiel für die Tendenz von männlichen Vögeln, den Weibchen ihre Hilfe zu entziehen, wenn sie Untreue vermuten, vgl. Dixon u. a. (1994); zu weiblichen Skorpionsfliegen, die unter geringeren Prädationsraten leiden, vgl. Thornhill (1980). Zu Belegen für die These, dass Weibchen Vorteile haben, wenn sie ihren Paarungspartner auswählen, vgl. Partridge (1980) (Fruchtfliegen) und Simmons (1987) (Feldgrillen).

Kapitel acht: Die Hölle kennt keine solche Wut wie eine verschmähte Frau

Teichhuhn	*Gallinula chloropus*
Ameise	*Veromessor pergandei*
Typischer Teichmolch	*Triturus vulgaris vulgaris*
Darwin-Nasenfrosch	*Rhinoderma darwinii*
Kardinalbarsch	*Apogon doederleini*
Totengräberkäfer	*Necrophorus defodiens*
Haussperling	*Passer domesticus*
Drosselrohrsänger	*Acrocephalus arundinaceus*
Trauerschnäpper	*Ficedula hypoleuca*
Star	*Sturnus vulgaris*
Kornweihe	*Circus cyaneus*
Blaumeise	*Parus caeruleus*

Auf der Suche nach weiblicher Vernunft in Norfolk

Zu tödlichen Kämpfen unter den Weibchen der Fransenflügler vgl. Crespi (1992); bei Ameisen der Art *Veromessor pergandei* vgl. Kissing und Pollock (1987). Zur Männchenknappheit beim Teichmolch vgl. Waights (1996); zur Spermienlimitierung beim Teichmolch vgl. Verrell (1986) sowie Verrell u. a. (1986). Zu weiblichen Kämpfen bei Laubheuschrecken vgl. Gwynne und Simmons (1990). Zu *Wolbachia* und erheblichem Männchenmangel beim Schmetterling *Acraea encedon* vgl. Jiggins u. a. (1999). Zu

Konflikten zwischen Weibchen bei der Mallorca-Geburtshelferkröte vgl. Bush und Bell (1997). Zu der Biologie des Darwin-Nasenfrosches vgl. Cei (1962), Seite 110–115, und Goicoechea u. a. (1986). Zum Brutkannibalismus beim Kardinalbarsch *Apogon doederleini* vgl. Okuda und Yanagisawa (1996). Zu den Kämpfen zwischen weiblichen Teichhühnern vgl. Petrie (1983).

Möchte ohne Ärger und Streit in Ontario leben

Zur allgemeinen Biologie des Totengräberkäfers *Necrophorus defodiens* vgl. Milne und Milne (1976); zu Konflikten zwischen Männchen und Weibchen bei *Necrophorus defodiens* vgl. Eggert und Sakaluk (1995). Zu der Beobachtung, dass weibliche Totengräberkäfer, die sich einen Kadaver teilen, weniger Nachkommen haben, vgl. Trumbo und Fiore (1994); von dem mörderischen Verhalten bei *Necrophorus defodiens* habe ich durch eine E-Mail von Anne-Katrin Eggert erfahren. Zur Eiervernichtung beim Haussperling vgl. Veiga (1990); beim Drosselrohrsänger vgl. Hansson u. a. (1997). Zu Beobachtungen, dass weibliche Vögel häufig die Hilfe der Männchen verlieren, wenn diese sich zusätzliche Partnerinnen suchen, vgl. Webster (1991) sowie Slagsvold und Lifjeld (1994); zu einer allgemeinen Darstellung weiblicher Feindseligkeit gegenüber Nebenpartnerinnen (bei Vögeln) vgl. Slagsvold und Lifjeld (1994). Zum Schimpfen des Weibchens beim Trauerschnäpper vgl. Slagsvold u. a. (1992). Zur Liebesbedürftigkeit des Weibchens beim Star vgl. Eens und Pinxten (1996). Zur Aggression bei Kornweihen vgl. Simmons (1988); bei Blaumeisen vgl. Kempenaers (1995). Zur Aggression (einschließlich demonstrativem Gesang und Ausfüllen freier Nestlöcher) beim Star vgl. Eens und Pinxten (1996) sowie Sandell und Smith (1997). Zu männlichen Staren, die ihre Partnerin davonjagen, vgl. Eens und Pinxten (1996) sowie Pinxten und Eens (1990). Zur allgemeinen Biologie des Schneckenbuntbarsches *Lamprologus ocellatus* vgl. Brandtmann u. a. (1999). Zu der Abneigung des Einsiedlerkrebses gegen Gehäuse mit Löchern vgl. Pechenik und Lewis (2000). Zu Hydrozoen, die sich lieber auf

Gehäusen ansiedeln, die von Einsiedlerkrebsen bewohnt werden, vgl. Campbell (1974); zum Schutz, den Einsiedlerkrebse von Hydrozoen bekommen, vgl. Brooks und Gwaltney (1993); zu Einsiedlerkrebsen, die Anemonen ernten, vgl. Branch and Branch (1998), Bildunterschrift zu Tafel 67; zu Hydrozoen (und Seeanemonen), die Schutz von Einsiedlerkrebsen erhalten, vgl. Brooks und Gwaltney (1993). Zu Fischen im Tanganjikasee, die gebrauchte Schneckengehäuse verwenden, und zu den Größenunterschieden und Gehäusediebstählen vgl. Sato (1994). Zu den Kämpfen beim Schneckenbuntbarsch *Lamprologus ocellatus* vgl. Walter und Trillmich (1994) sowie Brandtmann u. a. (1999); zum Eingreifen der Männchen vgl. Walter und Trillmich (1994).

Kapitel neun: Aphrodisiaka, Liebestränke und andere Rezepte aus Cupidos Küche

Fruchtfliege	*Drosophila melanogaster*
Australische Feldgrille	*Teleogryllus commodus*
Große Stubenfliege	*Musca domestica*
Rothirsch	*Cervus elaphus*
Riffdach-Bohrseeigel	*Echinometra mathaei*
Seeigel	*Echinometra oblonga*
Nagel-Manati	*Trichechus manatus*
Bonobo	*Pan paniscus*
Adeliepinguin	*Pygoscelis adeliae*
Großer Tümmler	*Tursiops truncatus*
Amazonas-Delphin	*Inia geoffrensis*
Bärenmakak	*Macaca arctoides*
Grüner Pavian	*Papio anubis*
Tordalk	*Alca torda*
Rotgesichtsmakak	*Macaca fuscata*
Rhesusaffe	*Macaca mulatta*

Hoffentlich nicht verhext in San Francisco

Zu einem allgemeinen Überblick der Effekte von Samenflüssigkeiten vgl. Mann und Lutwak-Mann (1981) sowie Chen (1984); zur Stimulation der Eierproduktion bei der Australischen Feldgrille vgl. Loher u. a. (1981); zur Zusammensetzung der Samenflüssigkeit der Stubenfliege vgl. Andres und Arnqvist (2001); zu ihren Effekten vgl. Riemann u. a. (1967). Zur Zusammensetzung der Samenflüssigkeit bei der Fruchtfliege vgl. Chapman (2001); zu der Beobachtung, das die männliche Fruchtfliege chemische Stoffe verwendet, um die Spermien anderer Männchen außer Gefecht zu setzen, vgl. Harshman und Prout (1994); zu männlichen Fruchtfliegen, die ihre eigenen Spermien schützen, vgl. Chapman (2001); zu Antiaphrodisiaka bei Fruchtfliegen vgl. Mane u. a. (1983); zu den Effekten der Sex-Peptide vgl. Wolfner (1997). Zur Gesprenkelten Weinbergschnecke und ihren Liebespfeilen vgl. Koene und Chase (1998) sowie Rogers und Chase (2001). Zu den aphrodisischen Effekten des Rothirsch-Röhrens vgl. McComb (1987); zum Empfängnis-Datum und den Überlebenschancen der Kälber vgl. McComb (1987) sowie Clutton-Brock u. a. (1988). Zur weiblichen Stubenfliege, die einheimischen, aber keinen fremden Männchen widersteht, vgl. Andres und Arnqvist (2001). Zu den Auswirkungen erzwungener Monogamie auf Stubenfliegen vgl. Pitnick u. a. (2001). Informationen über Garnelen, die im Gießkannenschwamm *Euplectella aspergillum* leben, sind spärlich, doch vgl. Berggren (1993) sowie Saito und Konishi (1999). Zur Evolution von Supermännchen bei Fruchtfliegen vgl. Rice (1996).

Verzweifelt auf der Suche nach der neuesten Mode in Hawaii

Zu Affinitäten zwischen Bindin und Eizelle beim Riffdach-Bohrseeigel vgl. Palumbi (1999); zu genetischen Unterschieden zwischen Seeigelarten vgl. Palumbi und Metz (1991). Zur raschen Evolution von Fortpflanzungsproteinen bei Seeigeln vgl. Metz und Palumbi (1996); bei Säugetieren vgl. Swanson u. a. (2001); bei Fruchtfliegen vgl. Aguade (1999); beim Meerohr vgl. Metz

u. a. (1998). Zur These, dass sexuelle Konflikte die Evolution der Arten vorantreiben können, vgl. Rice und Hostert (1993); zum Arten bildenden Effekt und zur raschen Evolution der Fortpflanzungsproteine vgl. Swanson and Vacquier (2002); zum Zusammenhang zwischen der Bildung neuer Insektenarten und Mehrfachpaarung der Weibchen vgl. Arnqvist u. a. (2000). Zur Evolution von VERL und Lysin beim Meerohr vgl. Metz u. a. (1998), Swanson und Vacquier (1997), Swanson und Vacquier (1998), Yang u. a. (2000) sowie Swanson u. a. (2001). Zur Evolution von Genen, die kurze repetitive Abschnitte enthalten, und ihre Rolle in menschlichen Krankheiten vgl. Mitas (1997); zur Koevolution – der Evolution von Genen, die große repetitive Einheiten enthalten – vgl. Elder und Turner (1995).

WILL KEINEN HOMO ALS SOHN IN DEN FLORIDA KEYS

Zum homosexuellen Verhalten von Bonobos vgl. de Waal (1991); bei Pinguinen vgl. Davis u. a. (1998); bei Großen Tümmlern vgl. McBride und Hebb (1948), Brown und Norris (1956) sowie Tavolga (1966); bei Amazonas-Delphinen vgl. Pilleri u. a. (1980), Sylvestre (1985) sowie Best und da Silva (1989); bei Nagel-Manatis vgl. Hartman (1979). Zu einer allgemeinen Quelle über homosexuelles Verhalten bei Tieren vgl. den Anhang zu Bagemihl (1999). Zu Orgasmen bei homosexuellen Interaktionen der Weibchen beim Bärenmakaken vgl. Goldfoot u. a. (1980); bei heterosexuellen Interaktionen vgl. Slob u. a. (1986). Zu homosexuellem Verhalten und Kooperation bei Pavianen vgl. Smuts und Watanabe (1990). Zu homosexuellem Verhalten bei Tordalken vgl. Wagner (1996). Zu homosexuellen Kraken vgl. Lutz und Voight (1994); zu lesbischen Möwen vgl. Kovacs und Ryder (1983), Hunt u. a. (1984) sowie Conover und Hunt (1984). Zu Berichten über Gene, die an menschlicher Homosexualität beteiligt sein könnten, vgl. Hamer u. a. (1993) sowie Hu u. a. (1995); zu gescheiterten Versuchen, diese Ergebnisse zu wiederholen, vgl. Rice u. a. (1999). Zu homosexuellem Verhalten bei Fruchtfliegen vgl. Hall (1994), Ryner u. a. (1996) sowie Yamamoto u. a. (1997). Zu

Fliegen, die keinen Sex im Dunklen wollen, vgl. Sharma (1977). Zur Konkurrenz zwischen Weibchen des Rotgesichtsmakaken vgl. Vasey (1998); zum Analverkehr bei Rhesusaffen vgl. Erwin und Maple (1976). Zu einer Erörterung der Schwierigkeiten, die Häufigkeit menschlicher Homosexualität zu messen, vgl. LeVay (1996), Kapitel zwei. Zu allgemeinen Erörterungen eines verwandtschaftlich orientierten Altruismus vgl. Hamilton (1996); zur These, dies könnte die Homosexualität erklären, vgl. Wilson (1975), Seite 343–344. Zur Sozialstruktur und Unterdrückung der Fortpflanzungsfähigkeit bei Termiten vgl. Wilson (1971), Kapitel 10; bei Wölfen vgl. Nowak (1999), Seite 667; bei Nacktmullen vgl. Faulkes und Bennett (2001); bei Garnelen vgl. Duffy (1996). Meines Wissens hat Hutchinson (1959) den heterozygoten Vorteil als Erster zur Erklärung der Homosexualität vorgeschlagen. Zum heterozygoten Vorteil und Malariaresistenz vgl. ein beliebiges genetisches Lehrbuch. Zu einer theoretischen Erörterung der Ausbreitung von Genen, die für ein Geschlecht von Vorteil sind und dem anderen zum Nachteil gereichen, vgl. Rice (1984); zu empirischen Daten vgl. Chippindale u. a. (2001). Die Idee, dass dies die Evolution der Homosexualität erklären könnte, geht, soweit mir bekannt, auf Dr. Tatiana zurück.

Kapitel zehn: Bis dass der Tod uns scheidet

Rabengeier	*Coragyps atratus*
Weißhandgibbon	*Hylobates lar*
Dohle	*Corvus monedula*
Zügelpinguin	*Pygoscelis antarctica*
Waldohreule	*Asio otus*
Dikdik	*Madoqua kirkii*
Kalifornische Weißfußmaus	*Peromyscus californicus*
Termite	*Reticulitermes flavipes*
Afrikanischer Habichtsadler	*Hieraaetus spilogaster*
Mittlerer Katzenmaki	*Cheirogaleus medius*

Campbell-Zwerghamster	*Phodopus campbelli*
Dshungarischer Zwerghamster	*Phodopus sungorus*
Gebänderte Scherengarnele	*Steopus hispidus*
Furchenhornvogel	*Aceros undulatus*
Zwergschwan	*Cygnus columbianus bewickii*
Präriewühlmaus	*Microtus ochrogaster*
Gebirgswühlmaus	*Microtus montanus*
Weißschwanz-Stachelschwein	*Hystrix indica*
Südlicher See-Elefant	*Mirounga leonina*
Gorilla	*Gorilla gorilla*
Schimpanse	*Pan troglodytes*

BEWEGUNG FÜR FAMILIÄRE UND EHELICHE WERTE IN LOUSIANA

Zu frühen Auffassungen über Monogamie bei Vögeln vgl. Lack (1968), vor allem Kapitel vierzehn. Zum Ehebruch bei Gibbons vgl. Sommer und Reichard (2000). Zur Treue beim Rabengeier vgl. Decker u. a. (1993); bei der Dohle vgl. Henderson u. a. (2000); beim Zügelpinguin vgl. Moreno u. a. (2000); bei der Waldohreule vgl. Marks u. a. (1999); beim Dikdik vgl. Brotherton u. a. (1997); bei der Kalifornischen Weißfußmaus *Peromyscus californicus* vgl. Ribble (1991). Die Monogamie der Termiten betrifft nur die Auszucht vgl. Bulmer u. a. (2001). Zur These, dass ein Männchen eine gemischte Strategie verfolgen könnte – einem Weibchen hilft, die Brut aufzuziehen, während es mit anderen Weibchen Junge zeugt, an deren Aufzucht er sich nicht beteiligt –, vgl. Trivers (1972). Zum Mangel an väterlichem Pflegeverhalten beim Dikdik vgl. Brotherton und Rhodes (1996). Zur Unfähigkeit der Weibchen des Mittleren Katzenmakis, alleine Junge aufzuziehen, vgl. Fietz (1999); zu ihrer Untreue vgl. Fietz u. a. (2000). Zu einer Erörterung der Beziehung zwischen gemeinsamer Brutpflege und Monogamie vgl. Komers und Brotherton (1997). Zur Bedeutung der räumlichen Verteilung der Weibchen bei der Evolution der Monogamie vgl. Komers und Brotherton (1997). Zur Gefahr als Stütze monogamen Verhaltens vgl. Caldwell (1991). Zur allgemeinen Biologie des Campbell-Zwerghamsters vgl. Nowak

(1999), Seite 1419; zum Männchen, das sich als Geburtshelfer betätigt, vgl. Jones und Wynne-Edwards (2000); über den Gegensatz zum Dshungarischen Zwerghamster berichtet Wynne-Edwards (1995). Zur Paarbildung und Gewalt bei der Gebänderten Scherengarnele vgl. Johnson (1969); zum Füttern und zur Häutung vgl. Hoover (1998), Seite 219. Zur Brutbiologie von Hornvögeln vgl. Kemp (1995), Kapitel fünf. Zur Brutbiologie von Dohlen vgl. Henderson u. a. (2000); zur Dauer der Paarbildung und dem Fortpflanzungserfolg bei Zwergschwänen vgl. Rees u. a. (1996), zum prüden Verhalten von Rabengeiern vgl. Decker u. a. (1993).

VOLL GENERVT IN BERKELEY

Zur Zurückhaltung der Männchen bei der Kalifornischen Weißfußmaus *Peromyscus californicus* vgl. Gubernick und Nordby (1993); zur Monogamie bei *Peromyscus californicus* vgl. Ribble (1991). Einen ausgezeichneten Überblick über die hormonellen Mechanismen der Monogamie liefern Young u. a. (1998) sowie Insel und Young (2001). Zur Rolle des Vasopressins für die Monogamie bei der Präriewühlmaus vgl. Winslow u. a. (1993); zu transgenen Mäusen und Vasopressin, vgl. Young u. a. (1999); zum unterschiedlichen Verhalten bei Gebirgswühlmäusen vgl. Shapiro und Dewsbury (1990); zu hormonellen Gegensätzen vgl. Young u. a. (1998). Zur häufigen sexuellen Aktivität beim Weißschwanz-Stachelschwein vgl. Sever und Mendelssohn (1988); bei der Schabe *Cryptocercus punctulatus* vgl. Nalepa (1988). Zu zweieiigen Zwillingen, die verschiedene Väter haben, vgl. Phelan u. a. (1982). Zum Größenunterschied zwischen Männchen und Weibchen beim Südlichen See-Elefanten vgl. Nowak (1999), Seite 880; zwischen männlichen und weiblichen Gorillas, vgl. Nowak (1999), Seite 620. Zu Unterschieden der Testikelgröße zwischen Menschen und anderen Affen vgl. Short (1979). Zu einer ausgezeichneten Erörterung der Fiktion hoher Ehebruchshäufigkeit anhand von Vaterschaftstests vgl. Macintyre und Sooman (1991). Zu Studien, die ein geringes Maß an Untreue zeigen, vgl. Ashton (1980) und Sasse u. a. (1994); zur Rate von 11,8 Prozent vgl. Cerda-Flores u. a. (1999); zur Untreue in der Familie Sykes vgl. Sykes und Irven (2000). Zu einer genetischen Prädisposition für Promiskuität bei Grillen vgl. Solymar und Cade (1990); bei Fruchtfliegen vgl. Pyle und Gromko (1981).

Kapitel elf: Inzucht der Könige

Glänzendschwarzer Getreideschimmelkäfer	*Alphitobius diaperinus*
Landschnecke	*Triodopsis albolabris*
Motte	*Pseudaletia unipuncta*
Rollassel	*Armadillidium vulgare*
Waldlemming	*Myopus schisticolor*
Haussperling	*Passer domesticus*
Kandkrabbe	*Cardisoma guanhumi*
Buckellachs	*Oncorhynchus gorbuscha*
Wanze	*Jadera haematoloma*
Echter Seifenbaum	*Sapindus saponaria*
Blasenbaum	*Koelreuteria paniculata*

Arg in der Klemme in Arkansas

Zur Naturgeschichte der Milbe *Acarophenax mahunkai* vgl. Steinkraus und Cross (1993). Ich danke Don Steinkraus für die Bestätigung, dass die Fähigkeit der Milben, das Geschlecht der Käfer zu erkennen, wahrscheinlich, aber nicht sicher ist. Zu den Auswirkungen von Inzest mit nahen Verwandten beim Menschen vgl. Manova (1971). Zu einer allgemeinen Darstellung der Inzuchtdepression und rezessiver Gene vgl. ein beliebiges Lehrbuch der Genetik; zu einer wissenschaftlicheren Darstellung des Themas (einschließlich der Erörterungen von alternativen, aber nicht generell akzeptierten und von Dr. Tatiana nicht erwähnten Erklärungen der Inzuchtdepression) vgl. Charlesworth und Charlesworth (1987). Zu Eheschließungen in Kibbuzim vgl. Shepher (1971). Zur Selbstkopulation des Regenwurms *Dendrobaena rubida* vgl. André und Davant (1972). Zur Evolution der Autogamieraten bei Zwittern vgl. Jarne und Charlesworth (1993); zur Not-Autogamie bei der Landschnecke *Triodopsis albolabris* vgl. McCracken und Brussard (1980). Zum hawaiianischen Inzest vgl. Malo (1903), Kapitel achtzehn; zum ägyptischen Inzest vgl. Tyidesley (1994), Seite 198–199; zu einer allgemeinen Erörterung des königlichen Inzests (einschließlich der These, dass er ein Ergebnis rigider sozialer Schichtung ist) und des Inzests bei den Inkas vgl. van den Berghe und Mesher (1980). Zu den unabhängigen Ursprüngen von Haplodiploidie und Genomeliminierung vgl. Mable und Otto (1998). Zur Haplodiploidie und Inzucht bei Madenwürmern vgl. Adamson (1989); bei Insekten und Milben (und zur Erörterung der Genomeliminierung) vgl. Wrensch und Ebbert (1993). Zum Inzest beim Käfer *Coccotrypes dactyliperda* vgl. Hamilton (1993), Seite 430. Zum Leben und Treiben der Wespe *Scleroderma immigrans* vgl. Wheeler (1928), Seite 62–64. Der Vorteil haploider Männchen beim Umstieg auf Inzest ist von zahlreichen Autoren erwähnt worden; zu einer eingehenden Behandlung des Themas vgl. Werren (1993).

PIKIERT IN DARIÉN

Zu einem wunderbaren Bericht über die Biologie der Milbe, die das Ohr der Motte befällt, vgl. Treat (1975), Kapitel sieben; zum Geschlechterverhältnis bei diesen Milben und dem Beweis der Genomeliminierung bei ihnen vgl. Treat (1965). Das Schlaflied für Motten stammt von Dr. Tatiana. Zu Milben auf den Fühlern und Füßen von Treiberameisen, zu Milben in den Nasenöffnungen von Kolibris und zu den Milben auf den Augäpfeln von Flughunden vgl. Walter und Proctor (1999), Seite 200–201 (Dave Walter sagt, einige Arten von Treiberameisen hätten beide Milbenarten); zu den Milben in den Follikeln des Menschen vgl. Nutting (1976); zu den Milben in den Federn von Vögeln vgl. Kethley (1971). Zu Fishers Argument bezüglich des Geschlechterverhältnisses vgl. Fisher (1999), Seite 141–143. Zu den Auswirkungen von Kriegen auf das menschliche Geschlechterverhältnis vgl. Graffelman und Hoekstra (2000). Zur Verweiblichung genetischer Männchen bei Rollasseln vgl. Bull (1983), Seite 200; zur Verschiebung des Geschlechterverhältnisses bei Waldlemmingen vgl. Nowak (1999), Seite 1482–1483; zu ihren vereinzelten Chromsomen vgl. Bull (1983), Seite 79–80. Zu den Geschlechterverhältnissen bei *Syringophiloidus minor* vgl. Kethley (1971). Zu den Geschlechterverhältnissen bei *Acarophenax mahunkai* vgl. Steinkraus und Cross (1993). Zur Evolution der Geschlechterverhältnisse bei Inzucht vgl. Hamilton (1996), Kapitel vier. Zu Autogamierate und Anteil an männlichem Gewebe bei *Utterbackia imbecillis* vgl. Johnston u. a. (1998); zu kleineren Blüten bei autogamen Pflanzen vgl. Charnov (1982), Seite 261–268; zu kleinwüchsigen Männchen bei inzestuösen Tierarten vgl. Hamilton (1993). Zur Anpassung des Geschlechterverhältnisses bei *Nasonia vitripennis* vgl. Werren (1980). Zur Kontrolle des Geschlechterverhältnisses im Zuge der Genomeliminierung bei *Typhlodromus occidentalis* vgl. Nagelkerke und Sabelis (1998).

WILD DARAUF IN FLORIDA

Zu Marmorierten Bachlingen, die ihre Baue mit Kandkrabben teilen, und zu ihrer Fähigkeit, außerhalb des Wassers zu überleben, vgl. Taylor (1990). Zur Auszuchtdepression beim Buckellachs vgl. Gharrett u. a. (1999). Meine Erörterung zur Wanze *Jadera haematoloma* ist eine Vereinfachung der Ausführungen von Carroll und Boyd (1992). Zur Häufigkeit des Männchens beim Marmorierten Bachling vgl. Taylor u. a. (2001); zu den Effekten der Auskreuzung vgl. Taylor (2001).

Kapitel zwölf: Evas Testikel

Schwarzer Hamletbarsch	*Hypoplectrus nigricans*
Grüner Igelwurm	*Bonellia viridis*
Riesenangler	*Ceratias hollbolli*
Tüpfelhyäne	*Crocuta crocuta*
Schabrackenhyäne	*Hyaena brunnea*
Streifenhyäne	*Hyaena hyaena*
Erdwolf	*Proteles cristatus*
Streifengnu	*Connochaetes taurinus*
Thomsongazelle	*Gazella thomsonii*
Papierboot	*Argonauta argo*
Goldbaumsteiger	*Dendrobates auratus*
Spritzsalmler	*Copella arnoldi*
Fruchtfledermaus	*Dyacopterus spadiceus*

Auf der Suche nach der ominösen Dreizehn in Rumäniens Wäldern

Zu einer ausgezeichneten Beschreibung des Lebenszyklus von *Physarum polycephalum* vgl. Bailey (1997); zum System der Geschlechter vgl. Kawano u. a. (1987) und Bailey (1997); zur *matA* und der Entfernung der Mitochondrien nach der Verschmelzung vgl. Meland u. a. (1991). Meine Definition der Geschlechter folgt der üblichen Praxis. Zu der Vorhersage, dass isogame Organismen viele Geschlechter haben, wenn die Partnersuche erschwert ist, vgl. Iwasa and Sasaki (1987); zu der These, dass zwei Geschlechter zu besitzen, äußerst merkwürdig ist, vgl. Hurst (1996); zur Effizienz der Inzuchtverhinderung und Auszuchtförderung bei Organismen mit mehreren Paarungstypen vgl. Raper (1966). Zu den Problemen der Evolution von null zu zwei Geschlechtern vgl. Hoekstra (1987) sowie Hutson und Law (1993). Zu der These, dass die Evolution auf die Verhinderung von Konflikten zwischen Zytoplasma-Elementen hinwirkt, vgl. Eberhard (1980), Cosmides und Tooby (1981), Hurst und Hamilton (1992) sowie Hurst (1996). Zur Übertragung von Mitochondrien und Chloroplasten bei *Chlamydomonas reinhardtii* vgl. Gillham (1994). Zur großen Zahl von Geschlechtern bei Pilzen und Wimpertierchen vgl. die Literaturangaben bei Hurst und Hamilton (1992); zu den 20 000 Geschlechtern bei *Schizophyllum commune* vgl. Kothe (1996); zu der These, dass es schwierig ist, die Übertragung genetischer Elemente zu regulieren, wenn es mehr als zwei Geschlechter gibt, vgl. Hurst (1996); zum störenden Verhalten der Mitochondrien von Schleimpilzen vgl. Kawano u. a. (1991).

Zum Prozessieren bereit in Tallahassee

Das Problem, wie sich aus Isogamie Männchen und Weibchen entwickeln können, ist eingehend erörtert worden. Zu einem neueren Forschungsüberblick vgl. Randerson und Hurst (2001). Zur Grünalge *Chlamydomonas moewusii*, die kleine Zellen hervorbringt, vgl. Weise u. a. (1979). Zu den Vorteilen, die es hat, ein Männchen zu sein, vgl. Parker u. a. (1972); zu Problemen, die die Theorie aufwirft, vgl. Randerson und Hurst (2001). In der Argumentation, Größe sei ein Vorteil für die Zellen, weil sie leichter zu finden seien, bin ich Dusenbery (2000) gefolgt. Zu der These, dass sich Männchen und Weibchen für die Kontrolle von Zytoplasma-Elementen entwickelt haben, vgl. Hastings (1992); zu Problemen, die diese These aufwirft, vgl. Randerson und Hurst (2001).

Swinger in Santa Catalina

Zu den Orgien von *Aplysia californica* vgl. Pennings (1991); zum Laichverhalten des Schwarzen Hamletbarsches vgl. Fischer (1980). Zur Verschmelzung bei *Diplozoon gracile,* vgl. Justine u. a. (1985). Zum Sex zwischen Himmel und Erde bei der Großen Egelschnecke vgl. Langlois (1965); bei *Limax redii,* vgl. Baur (1998). Zu einer hervorragenden Erörterung der Frage, wann es angebracht ist, ein Zwitter zu sein, vgl. Charnov (1982); zum Zusammenhang zwischen geringer Dichte und Zwittertum vgl. Ghiselin (1969); zu der Vorhersage, dass Windbestäubung zu zwei Geschlechtern führt, vgl. Charnov u. a. (1976). Zu der Beobachtung, dass windbestäubte Pflanzen in der Regel getrennte Geschlechter haben und Pflanzen, die mit Bestäubern arbeiten, meist zum Zwittertum tendieren, vgl. Renner und Ricklefs (1995). Zum Zwittertum bei Fischen vgl. Charnov (1982), Tabelle 12.1; zu Tiefsee-Rippenquallen mit getrennten Geschlechtern vgl. Harbison und Miller (1986); zur Verteilung von Zwittern bei zweischaligen Muscheln und Entenmuscheln vgl. Charnov (1982), Seite 239; zum Fehlen des Zwittertums in vielen Gruppen vgl. Ghiselin (1974), Kapitel vier. Wenig Literatur gibt es zu der Frage, wie der Übergang von getrennten Geschlechtern zu Zwittertum stattfindet. Zu einigen genetischen Überlegungen vgl. White (1973). Zu männlichen, weiblichen und zwittrigen Pflanzen beim Kaktus *Pachycereus pringlei* vgl. Fleming u. a. (1994).

FALSCHE ATEMTECHNIK BEI MALTA

Zu Zwergmännchen und Geschlechtsbestimmung beim Grünen Igelwurm vgl. Jaccarini u. a. (1983). Vielen Dank an René Hessling für die Berechnung des Größenunterschieds zwischen Männchen und Weibchen. Einen allgemeinen Überblick zur Frage der Geschlechtsbestimmung vgl. Bull (1983); zu Geschlechtschromosomen vgl. insbesondere die Seiten 16–20; zur Geschlechtsbestimmung bei Reptilien vgl. Seite 115–122. Zu den verschiedenen unabhängigen Ursachen dafür, dass Männchen aus unbefruchteten Eiern schlüpfen, vgl. Mable und Otto (1998), Tabelle 1; zur Geschlechtsbestimmung durch Pilzbefall bei *Stictococcus sjoestedti* vgl. Bacci (1965), Seite 154–155. Zur Entstehung von Zwittern durch geringe Dichte bei *Capitella* vgl. Holbrook und Grassle (1984). Zu Geschlechtsumwandlungen der Pantoffelschnecke vgl. Hoagland (1978); bei *Ophryotrocha puerilis* vgl. Berglund (1986). Zu einer allgemeinen Erörterung der Frage, wann es an der Zeit ist, das Geschlecht zu verändern, vgl. Charnov (1982); zum Aspekt des Größenvorteils bei der

Geschlechtsumwandlung vgl. Ghiselin (1969). Zu Beispielen für Zwergmännchen anderer Arten und zu der These, dass Zwergmännchen im Vorteil sind, wenn die Weibchen sesshaft und weit gestreut sind, vgl. Ghiselin (1974), Kapitel sieben; zu Zwergmännchen beim Anglerfisch und zur allgemeinen Biologie der Riesenangler vgl. Bertelsen (1951); zu der Behauptung, dass die Männchen des Riesenanglers die größten Nasen im Verhältnis zu ihrem Körper haben, vgl. Andersson (1994), Seite 257.

MÖCHTE KEINE TRANSE IN TANSANIA SEIN

Zum Jagd- und Fressverhalten der Tüpfelhyäne und zu der Beobachtung, dass Löwen von der Beute fressen, die Hyänen gerissen haben, vgl. Kruuk (1972), insbesondere Kapitel fünf; zu Vergleichen mit anderen Mitgliedern der Hyänenfamilie vgl. Estes (1991), Kapitel zwanzig, sowie Nowak (1999), Seite 786–793. Zur Sozialstruktur der Tüpfelhyäne vgl. Kruuk (1972), Kapitel sechs, sowie Frank (1997). Zu der These, dass die Tüpfelhyäne ein Zwitter sei, und zum Bau der weiblichen Genitalien vgl. Kruuk (1972), Seite 210; zur Kopulation der Tüpfelhyäne vgl. Frank (1997); zum Bau des Geburtskanals und zur geschätzten Todesrate während der Geburt vgl. Frank u. a. (1995). Zur Annahme, der weibliche Phallus habe sich wegen seines Nutzens bei Grußzeremonien entwickelt, vgl. Kruuk (1972), Kapitel sechs, sowie Frank (1997); zur Theorie, dass der Phallus der Verhinderung von Vergewaltigungen diene, vgl. East u. a. (1993); zu einer entschiedenen Abrechnung mit der Antivergewaltigungstheorie vgl. Frank (1997). Über den Zusammenhang zwischen der Aggressivität weiblicher Mäuse und ihrer Lage in der Gebärmutter vgl. vom Saal (1989); zur Einwirkung von Androgenen und Genitalanomalien vgl. Frank (1997). Zum Geschwistermord bei der Tüpfelhyäne vgl. Frank u. a. (1991); zu den größeren Fortpflanzungserfolgen dominanter Weibchen vgl. Frank (1997). Zur Blockierung der Androgene in der Gebärmutter und der Unwirksamkeit dieser Maßnahme, was den Bau der weiblichen Geschlechtsorgane bei der Tüpfelhyäne angeht, vgl. Drea u. a. (1998). Zu Spinnen, die ihre Pedipalpen laden, vgl. Bristowe (1958), Seite 65–67; zu den Genitalien des Seepferds vgl. Eberhard (1985), Seite 68. Zu den Genitalien der Meeresschnecke *Sapha amicorum* vgl. Marcus (1959). Zum Penis des Papierbootes vgl. Müller (1853) und Young (1959). Zum Beutel des Egels *Marsupiobdella africana* vgl. van der Lande und Tinsley (1976); zur Jagd bei *Helobdella striata* vgl. Kutschera und Wirtz (1986). Zur Brutpflege beim Goldbaumsteiger vgl. Wells (1978) und Summers (1989). Zur Eiablage und zum Feuchthalten der Eier beim Spritzsalmler vgl. Krekorian (1976), zum Männchen von *Dyacopterus spadiceus* , das Milch produziert, vgl. Francis u. a. (1994). Das Gedicht, das die Frage erörtert, ob es echt ist, das Geschlecht, stammt von Dr. Tatiana.

Kapitel dreizehn: Vollkommen jungfräulich

Zur allgemeinen Biologie von Bdelloidea vgl. Donner (1973) und Ricci (1987). David Mark Welch hat mir netterweise mitgeteilt, dass das Alter von Bdelloidea aufgrund molekularer Daten fünfundachtzig Millionen Jahre betragen dürfte. Das Problem, wie sich die Sexualität entwickelt haben könnte, ist häufig untersucht worden: vgl. beispielsweise Maynard Smith (1978), Bell (1982) und Kondrashov (1993). Zu dem besonderen Problem, das von Bdelloidea aufgeworfen wird, vgl. Maynard Smith (1986) sowie Judson und Normark (1996). Maynard Smith (1986) hat Bdelloidea als »evolutionären Skandal« bezeichnet. Was die Kosten der Sexualität angeht, stütze ich mich auf Maynard Smith (1978), Seite 3. Bei der Beschreibung der Bakteriensexualität orientiere ich mich an Levin (1988), Maynard Smith u. a. (1993) sowie Davies (1994); zur Sexualität vgl. Chao (1992). Eine Beschreibung der Meiose liefert jedes grundlegende Lehrbuch der Genetik.

Zu weiteren vermeintlichen Arten, die sich seit langem ungeschlechtlich vermehren, vgl. Judson und Normark (1996), zum Alter der Muschelkrebse aus der Familie der Darwinulidae vgl.

jedoch Butlin u. a. (1999). Zur Entlarvung der Chaetonotida vgl. Weiss und Levy (1979); der Blattläuse vgl. Normark (1999). Ben Normark war so freundlich, mir von der Entdeckung der Männchen zu berichten. Hurst u. a. (1992) sowie Little und Hebert (1996) zogen überhaupt in Zweifel, dass es Arten gibt, die sich seit sehr langer Zeit ungeschlechtlich fortpflanzen. Zum Muster molekularer Evolution, das man in sehr alten ungeschlechtlichen Linien zu beobachten erwartet, vgl. Judson und Normark (1996) sowie Birky (1996). Zum Beweis, dass die Bdelloidea-Arten das erwartete Muster aufweisen und daher seit Jahrmillionen keine Sexualität mehr kennen, vgl. Mark Welch und Meselson (2000).

Die Vorstellung, dass Arten mit ungeschlechtlicher Fortpflanzung nicht an der Evolution teilnehmen können, ist außerordentlich verbreitet. Zur Zahl und allgemeinen Verbreitung der Bdelloidea-Arten vgl. Ricci (1987); zu Belegen, dass diese Arten auch in der Antarktis vorkommen, vgl. Everitt (1981); zu den Lebensumständen der Seisonidea-Arten vgl. Ricci (1992). Wenn Miss *Philodina* die Auffassung vertritt, die meisten Mutationen seien neutral, übernimmt sie die These von Kimura (1987).

Müller (1964) hat die Ratchet-Theorie vorgeschlagen. Es hat viel Resonanz in der Literatur gefunden; zu der Frage, wie Arten mit ungeschlechtlicher Fortfplanzung die Konsequenzen des Ratchet vermeiden können, vgl. Judson und Normark (1996). Der Hatchet-Mechanismus wurde vorgeschlagen von Kondrashov (1984) und Kondrashov (1988). Zu einer allgemeinen Beschreibung der Blattschneiderameisen und ihrer Pilzzucht vgl. Wilson (1971), Seite 41–48; zum Beweis, dass der Pilz eine Art ist, die sich seit langem ungeschlechtlich fortpflanzt, vgl. Chapela u. a. (1994), insbesondere Anmerkung 19; zu allen Einzelheiten von *Escovopsis*, vgl. Currie u. a. (1999). Die These, dass Parasiten entscheidend sind für die Aufrechterhaltung von Sexualität und Variation, wurde vorgeschlagen von Haldane (1949), Bremermann (1980), Hamilton (1980) und Tooby (1982); Bell (1982) gab dieser Theorie den Namen Rote Königin. Zur klonalen Vermehrung bei Gürteltieren vgl. Loughry u. a. (1998); zum Penis des Gürteltiers vgl. Wassersug (1997). Von Ladle u. a. (1993) stammt die Hypothese, dass Arten mit lange währender ungeschlechtlicher Fortpflanzung dem Rote-Königin-Effekt entgehen können, wenn sie sich ohne Parasiten verbreiten. Zum Überleben der Bdelloidea-Arten nach Anhydrobiose vgl. Ricci (1987).

Nachwort

Zu der These, dass die Sexualität durch Kannibalismus entstanden ist, vgl. Margulis und Sagan (1993); zu der Vorstellung, dass sie durch die Wirkung genetischer Elemente hervorgebracht wurde, die um die eigene Ausbreitung bemüht waren, vgl. Hickey und Rose (1988); zu der Auffassung, sie sei entstanden, um die DNA-Reparatur zu ermöglichen, vgl. Bernstein u. a. (1988).

Literatur

Abele, L. G., S. Gilchrist, 1977. Homosexual rape and sexual selection in Acanthocephalan worms. *Science* 197: S. 81–83.

Adamson, M. L., 1989. Evolutionary biology of the oxyurida (Nematoda): Biofacies of a haplodiploid taxon. *Advances in Parasitology* 28: S. 175–228.

Afzelius, B. A., B. Baccetti, R. Dallai, 1976. The giant spermatozoon of *Notonecta. Journal of Submicroscopic Cytology* 8: S. 149–61.

Afzelius, B. A., R. Dallai, 1983. The paired spermatozoa of the marine snail, *Turritella communis* Lamarck (Mollusca, Mesogastropoda). *Journal of Ultrastructure Research* 85: S. 311–19.

Aguadé, M., 1999. Positive selection drives the evolution of the Acp29AB accessory gland protein in Drosophila. *Genetics* 152: S. 543–51.

Alatalo, R. V., J. Högland, A. Lundberg, W. J. Sutherland, 1992. Evolution of black grouse leks: Female preferences benefit males in larger leks. *Behavioral Ecology* 3: S. 53–59.

Alcock, J., 1996. The relation between male body size, fighting, and mating success in Dawson's burrowing bee, *Amegilla dawsoni* (Apidae, Apinae, Anthophorini). *Journal of Zoology* 239: S. 663–74.

Alcock, J., G. C. Eickwort, K. R. Eickwort, 1977. The reproductive behavior of *Anthidium maculosum* (Hymenoptera: Megachilidae) and the evolutionary significance of multiple copulations by females. *Behavioral Ecology and Sociobiology* 2: S. 385–96.

Aldrich, J. M., L. A. Turley, 1899. A balloon-making fly. *American Naturalist* 33: S. 809–12.

Anderson, P. K., A. Birtles, 1978. Behaviour and ecology of the dugong, *Dugong dugon* (Sirenia): Observations in Shoalwater and Cleveland Bays, Queensland. *Australian Wildlife Research* 5: S. 1–23.

Andersson, M. 1994: *Sexual Selection.* Princeton University Press.

Andrade, M. C. B., 1996. Sexual selection for male sacrifice in the Australian redback spider. *Science* 271: S. 70–72.

Ders., 1998. Female hunger can explain variation in cannibalistic behavior despite male sacrifice in redback spiders. *Behavioral Ecology* 9: S. 33–42.

André, F., N. Davant, 1972. L'autofécondation chez les lombriciens Observation d'un cas d'autoinsémination chez *Dendrobaena rubida* f. *subrubicunda Eisen. Bulletin de la Société Zoologique de France* 97: S. 725–28.

Andrés, J. A., G. Arnqvist, 2001. Genetic divergence of the seminal signalreceptor system in houseflies: The footprints of sexually antagonistic coevolution? *Proceedings of the Royal Society of London B* 268: S. 399–405.

Anstett, M. C., M. Hssaert-McKey, F. Kjellberg, 1997. Figs and fig pollinators: Evolutionary conflicts in a coevolved mutualism. *Trends in Ecology and Evolution* 12: S. 94–99.

Arnold, S. J., 1976. Sexual behavior sexual interference, and sexual defense in the salamanders *Ambystoma maculatum Ambystoma tigrinun* and *Plethodon jordani. Zeitschrift für Tierpsychologie* 42: S. 247–300.

Arnqvist, G., 1992. Pre-copulatory fighting in a water strider: Inter-sexual conflict or mate assessment? *Animal Behaviour* 43: S. 559–67.

Ders., 1998. Comparative evidence for the evolution of genitalia by sexual selection. *Nature* 393: S. 784–86.

Arnqvist, G., M. Edvardsson, U. Friberg, T. Nilsson, 2000. Sexual conflict promotes speciration in insects. *Proceedings of the National Academy of Sciences USA* 97: S. 10460–64.

Ashton, G. C., 1980. Mismatches in genetic markers in a large family study. *American Journal of Human Genetics* 32: S. 601–13.

Atkinson, W. D., 1979. A comparison of the reproductive strategies of domestic species of *Drosophila. Journal of Animal Ecology* 48: S. 53–64.

Austad, S. N., R. Thornhill, 1986. Female reproductive variation in a nuptial-feeding spider, *Pisaura mirabilis. Bulletin/British Arachnological Society* 7: S. 48–52.

Bacci, G., 1965. *Sex Determination.* Pergamon Press.

Bagemihl, B., 1999. *Biological Exuberance.* St. Martin's Press.

Bailey, J., 1997. Building a plasmodium: Development in the acellular slime mould *Physarum polycephalum. BioEssays* 19: S. 985–92.

Banta, A. M., 1914. Sex recognition and the mating behavior of the wood frog, *Rana sylvatica. Biological Bulletin* 26: S. 171–83.

Barker, D. M., 1992. Evolution of sperm shortage in a selfing hermaphrodite. *Evolution* 46: S. 1951–55.

Ders., 1994. Copulatory plugs and paternity assurance in the nematode *Caenorhabditis elegans. Animal Behavior* 48: S. 147–56.

Barratt, C. L. R., A. E. Bolton, I. D. Cooke, 1990. Functional significance of white blood cells in the male and female reproductive tract. *Human Reproduction* 5: S. 639–48.

Bass, A., 1992. Dimorphic male brains and alternative reproductive tactics in a vocalizing fish. *Trends in Neuroscience* 15: S. 139–45.

Bass, A., K. Andersen, 1991. Inter- and intrasexual dimorphisms in the vocal control system of a teleost fish: Motor axon number and size. *Brain Behavior and Evolution* 37: S. 204–14.

Bateman, A. J., 1948. Intra-sexual selection in *Drosophila. Heredity* 2: S. 349–68.

Baur, B., 1998. Sperm competition in molluscs. In *Sperm Competition and Sexual Selection,* ed. T. R. Birkhead and A. P. Møller. Academic Press.

Baylis, J. R., 1981. The evolution of parental care in fishes, with reference to Darwin's rule of male sexual selection. *Environmental Biology of Fishes* 6: S. 223–51.

Beatty, R. A., 1960. Fertility of mixed semen from different rabbits. *Journal of Reproduction and Fertility* 1: S. 52–60.

Beauchamp, G. K., K. Yamazaki, E. A. Boyse, 1985. The chemo-

sensory recognition of genetic individuality. *Scientific American* 253: S. 66–72.
Beer, A. E., J. f. Quebbeman, J. W. T. Ayers, 1982. The immunobiology of abortion. In *Immunological Factors in Human Reproduction*, ed. S. Shulman, F. Dondero, and M. Nicotra. Academic Press.
Bell, G., 1982. *The Masterpiece of Nature: The Evolution and Genetics of Sexuality*. University of California Press.
Bell, P. D., 1979. Acoustic attraction of herons by crickets. *New York Entomological Society* 87: S. 126–27.
Berggren, M., 1993. *Spongiocaris hexactinellicola*, a new species of stenopodidean shrimp (Decapoda: Stenopodidae) associated with hexactinellid sponges from Tartar Bank, Bahamas. *Journal of Crustaceon Biology* 13: S. 784–92.
Berglund, A., 1986. Sex change by a polychaete: Effects of social and reproductive costs. *Ecology* 67: S. 837–45.
Bernstein, H., F. A. Hopf, R. E. Michod, 1988. Is meiotic recombination an adaptation for repairing DANN, producing genetic variation, or both? In *The Evolution of Sex: An Examination of Current Ideas*, ed. R. E. Michod and B. R. Levin. Sinauer.
Berry, J. F., R. Shine, 1980. Sexual size dimorphism and sexual selection in turtles (Order Testudines). *Oecologia* 44: S. 185–91.
Bertelsen, E., 1951. The Ceratioid Fishes: Ontogeny, Taxonomy, Distribution and Biology. *DANA-Report* 39. Carlsberg Foundation.
Best, R. C., V. M. F. da Silva, 1989. Amazon river dolphin, Boto *Inia geoffrensis* (de Blanville, 1817). In *Handbook of Marine Mammals: River Dolphins and the Larger Toothed Whales*, ed. S. H. Ridgway and R. Harrison. Academic Press.
Bierzychudek, P., 1981. Pollinator limitation of plant reproductive effort. *American Naturalist* 117: S. 838–40.
Ders., 1987. Pollinators increase the cost of sex by avoiding female flowers. *Ecology* 68: S. 444–47.
Birkhead, T. R., 1998. Cryptic female choice: Criteria for establishing female sperm choice. *Evolution* 52: S. 1212–18.
Birkhead, T. R., F. Fletcher, E. J. Pellatt, A. Staples, 1995. Ejaculate quality and the success of extra-pair copulations in the zebra finch. *Nature* 377: S. 422–23.

Birky, C. W. J., 1996. Heterozygosity, heteromorphy, and phylogenetic tress in asexual eukaryotes. *Genetics* 144: S. 427–37.
Blumer, L. S., 1979. Male parental care in the bony fishes. *Quarterly Review of Biology* 54: S. 149–161.
Boarder, A., 1968. Coldwater queries. *Aquarist and Pondkeeper* 23: S. 430–31.
Borgia, G., 1980. Sexual competition in *Scatophaga stercoraria*: Size- and densityrelated changes in male ability to capture females. *Behaviour* 75: S. 185–206.
Ders., 1981. Mate selection in the fly *Scatophage stercoraria*: Female choice in a male-controlled system. *Animal Behaviour* 29: S. 71–80.
Ders., 1985a. Bower destruction and sexual competition in the satin bowerbird *(Ptilonorhynchus violaceus)*. *Behavioral Ecology and Sociobiology* 18: S. 91–100.
Ders., 1985b. Bower quality, number of decorations, and mating success of male satin bowerbirds *(Ptilonorhynchus violaceus)*: An experimental analysis. *Animal Behaviour* 33: S. 266–71.
Borgia, G., M. A. Gore, 1986. Feather stealing in the satin bowerbird *(Ptilonorhynchus violaceus)*: Male competition and the quality of display. *Animal Behaviour* 34: S. 727–38.
Bourgeron, T., 2000. Mitochondrial function and male infertility. *Results and Problems in Cell Differentiation* 28: S. 187–210.
Bradbury, J. W., 1977. Lek mating behavior in the hammer-headed bat. *Zeitschrift für Tierpsychologie* 45: S. 225–55.
Branch, G., M. Branch, 1998. *The Living Shore of Southern Africa.* Struik.
Brandtmann, G., M. Scandura, F. Trillmich, 1999. Female-female conflict in the harem of a snail cichlid *(Lamprologus ocellatus)*: Behavioral interactions and fitness consequences. *Behaviour* 136: S. 1123–44.
Brantley, R. K., A. H. Bass, 1994. Alternative male spawning tactics and acoustic signals in the plainfin midshipman fish. *Porichthys notatus* Girard (Teleostei, Batrachoididae.) *Ethology* 96: S. 213–44.
Bremermann, H. J., 1980. Sex and polymorphism as strategies in host-parasite interactions. *Journal of Theoretical Biology* 87: S. 671–702.

Bressec, C., A. Fleury, D. Lachaise, 1994. Another way of being anisogamous in *Drosphila* subgenus species: Giant sperm, one-ton-one gamete ratio, and high zygote provisioning. *Proceedings of the National Academy of Sciences, USA* 91: S. 10399–402.
Bristowe, W. S., 1958. *The World of Spiders.* Collins.
Brockmann, H. J., D. Penn, 1992. Male mating tactics in the horseshoe crab, *Limulus polyphemus. Animal Behaviour* 44: S. 653–65.
Brooker, M. G., I. Rowley, M. Adams, P. R. Baverstock, 1990. Promiscuity: An inbreeding avoidance mechanism in a socially monogramous species? *Behavorial Ecology and Sociobiology* 26: S. 191–99.
Brooks, W. R., C. L. Gwaltney, 1993. Protection of symbiotic cnidarians by their hermit crab hosts: Evidence for mutualism. *Symbiosis* 15: S. 1–13.
Brotherton, P. N. M., J. M. Pemberton, P. E. Komers, G. Malarky, 1997. Genetic and behavioural evidence of monogramy in a mammal, Kirk's dikdik *(Madoqua kirkii). Proceedings of the Royal Society of London, B* 264: S. 675–81.
Brotherton, P. N. M., A. Rhodes, 1996. Monogamy without biparental care in a dwarf antelope. *Proceedings of the Royal Society of London, B* 263: S. 23–29.
Brown, D. H., K. S. Norris, 1956. Observations of captive and wild cetaceans. *Journal of Mammalogy* 37: S. 311–26.
Bull, J. J., 1983. *Evolution of Sex Determining Mechanisms.* Benjamin/Cummings.
Burd, M., 1994. Bateman's Principle and plant reproduction: The role of pollen limitation in fruit and seed set. *Botanical Review* 60: S. 83–139.
Bürgin, U. F., 1965. The color pattern of *Hermissenda crassicornis* (Eschscholtz, 1831) (Gastropoda: Opisthobranchia: Nudibranchia). *Veliger* 7: S. 205–15.
Burk, T., 1982. Evolutionary significance of predation on sexually signalling males. *Florida Entomologist* 65: S. 90–104.
Burley, N., G. Krantzberg, P. Radman, 1982. Influence on colour-banding on the conspecific preferences of zebra finches. *Animal Behaviour* 30: S. 444–55.
Bush, S. L., D. J. Bell, 1997. Courtship and female competition in

the Majorcan midwife toad, *Alytes muletensis. Ethology* 103: S. 292–303.
Buskirk, R. E., C. Frohlich, K. G. Ross, 1984. The natural selection of sexual cannibalism. *American Naturalist* 123: S. 612–25.
Butchart, S. H. M., N. Seddon, J. M. M. Ekstrom, 1999. Yelling for sex: Harem males compete for female access in bronze-winged jacanas. *Animal Behaviour* 57: S. 637–46.
Butlin, R. K., I. Schön, K. Martens, 1999. Origin, age, and diversity of clones. *Journal of Evolutionary Biology* 12: S. 1020–22.
Butlin, R. K., C. W. Woodhatch, G. M. Hewitt, 1987. Male spermatophore investment increases female fecundity in a grasshopper. *Evolution* 41: S. 221–25.
Bygott, J. D., B. C. R. Bertram, J. P. Hanby, 1979. Male lions in large coalitions gain reproductive advantages. *Nature* 282: S. 839–41.
Byrne, P. G., J. D. Roberts, 1999. Simultaneous mating with multiple males reduces fertilization success in the myobatrachid frog *Crinia georgiana. Proceedings of the Royal Society of London, B* 266: S. 717–21.
Cade, W., 1975. Acoustically orienting parasitoids: Fly phonotaxis to cricket song. *Science* 190: S. 1312–13.
Ders., 1979. The evolution of alternative male reproductive strategies in field crickets. *Sexual Selection and Reproductive Competition in Insects,* ed. M. S. Blum and N. A. Blum. Academic Press.
Cade, W. H., 1981. Alternative male strategies: Genetic differences in crickets. *Science* 212: S. 563–64.
Caldwell, R. L., 1991. Variation in reproductive behavior in stomatopod crustacea. In *Crustacean Sexual Biology,* ed. R. T. Bauer and J. W. Martin. Columbia University Press.
Campagna, C., B. J. Le Boeuf, H. L. Cappozzo, 1988. Group raids: A mating strategy of male southern sea lions. *Behaviour* 105: S. 224–49.
Campbell, R. D., 1974. Cnidaria. In *Reproduction of Marine Invertebrates: Acoelomate and Psuedocoelamte Metazoans,* ed. A. C. Giese and J. S. Pearse. Academic Press.
Carayon, J., 1959. Insémination par »spermalège« et cordon conducteur de spermatozïdes chez *Stricticimex brevispinosus* Usin-

ger (Heteroptera, Cimicidae). *Revue de zoologie et de botanique africaines* 60: S. 81–104.
Ders., 1974. Insémination traumatique hétérosexuelle et homosexuelle chez *Zylocoris maculipennis* (Hem. Anthocoridae). *Comptes rendus del l'Académie des Sciences, Paris* 278: S. 2803–06.
Caro, T. M., 1994. *Cheetahs of the Serengeti Plains.* University of Chicago Press.
Carré, D., C. Bouvière, C. Sardet, 1991. *In vitro* fertilization in ctenophores: Sperm entry, mitosis, and the establishment of bilateral symmetry in *Beroe ovata. Developmental Biology* 147: S. 381–91.
Carré, D., C. Sardet, 1984. Fertilization and early development in *Beroe ovata. Developmental Biology* 105: S. 188–95.
Carrick, R., S. E. Ingham, 1962. Studies on the southern elephant seal, *Mirounga leonina* (L.). *C.S.I.R.O. Wildlife Research* 7: S. 198–206.
Carroll, L., 1871. *Through the Looking-Glass, and What Alice Found There.* Macmillan.
Carroll, S. P., C. Body, 1992. Host race radiation in the soapberry bug: Natural history with the history. *Evolution* 46: S. 1052–69.
Cei, J. M., 1962. *Batracios de Chile.* Ediciones de la Universidad de Chile.
Cerda-Flores, R. M., S. A. Barton, L. F. Marty-Gonzales, R. Rivas, R. Chakraborty, 1999. Estimation of nonpaternity in the Mexican population of Nuevo Leon: A validation study with blood group markers. *American Journal of Physical Anthropology* 109: S. 281–93.
Chao, L., 1992. Evolution of sex in RNA viruses. *Trends in Ecology and Evolution* 7: S. 147–51.
Chapela, I. H., S. A. Rehner, T. R. Schultz, U. G. Mueller, 1994. Evolutionary history of the symbiosis between fungus-growing ants and their fungi. *Science* 266: 1691–94.
Chapman, T., 2001. Seminal fluid-medicated fitness traits in *Drosophila. Heredity* 87: S. 511–21.
Charlesworth, D., B. Charlesworth, 1987. Inbreeding depression and its evolutionary consequences. *Annual Review of Ecology and Systematics* 18: S. 237–68.

Charnov, E. L., 1982. *The Theory of Sex Allocation*. Princeton University Press.

Charnov, E. L., J. Maynard Smith, J. J. Bull, 1976. Why be an hermaphrodite? *Nature* 263: S. 126–26.

Chen, P. S., 1984. The functional morphology and biochemistry of insect male accessory glands and their secretions. *Annual Review of Entomology* 29: S. 233–55.

Clutton-Brock, T. H., S. D. Albon, F. E. Guinness, 1988. Reproductive success in male and female red deer. In *Reproductive Success. Studies of Individual Variation in Contrasting Breeding Systems*, ed. Clutton-Brock. University of Chicago Press.

Cohen, J., 1971. The comparative physiology of gamete populations. *Advances in Comparative Physiology and Biochemistry* 4: S. 267–380.

Cohen, J., K. R. Tyler, 1980. Sperm population in the female genital tract of the rabbit. *Journal of Reproduction and Fertility* 60: S. 213–18.

Conner, W. E., R. Boada, F. C. Schroeder, A. González, J. Meinwald, T. Eisner, 2000. Chemical defense: Besotwal of a nuptial alkaloidal garment by a male moth on its mate. *Proceedings of the National Academy of Sciences, USA* 97: S. 14406–11.

Conover, M. R., G. L. J. Hunt, 1984. Experimental evidence that female-female pairs in gulls result from a shortage of breeding males. *Condor* 86: S. 472–76.

Cook, D. F., 1990. Differences in courtship, mating, and postcopulatory behaviour between male morphs of the dung beetle *Onthophagus binodis* Thunberg (Coleoptera: Scarabaediae). *Animal Behaviour* 40: S. 428–36.

Cook, J. M., S. G. Compton, E. A. Herre, S. A. West, 1997. Alternative mating tactics and extreme male dimorphism in fig wasps. *Proceedings of the Royal Society of London, B* 264: S. 747–54.

Córdoba-Aguilar, A., 1999. Male copulatory sensory stimulation induces female ejection of rival sperm in a damselfly. *Proceedings of the Royal Society of London, B* 266: S. 779–84.

Cosmides, L. M., J. Tooby, 1981. Cytoplasmic inheritance and intragenomic conflict. *Journal of Theoretical Biology* 89: S. 83–129.

Cox, C. R., B. J. Le Boeuf, 1977. Female incitation of male compe-

tition: A mechanism in sexual selection. *American Naturalist* 111: S. 317–35.
Crespi, B. J., 1992. Behavioural ecology of Australian gall thrips (Insecta, Thysanoptera). *Journal of Natural History* 26: S. 769–809.
Creus, M., J. Balasch, F. Fábregues, J. Martorell, M. Boada, J. Peñarrubia, P. N. Barri, J. A. Vanrell, 1998. Parental human leukocyte antigens and implantation failure after in-vitro fertilization. *Human Reproduction* 13: S. 39–43.
Cronin, E. W. J., P. W. Sherman, 1976. A resource-based mating system. The orange-rumped honeyguide. *Living Bird* 15: S. 5–32.
Cunningham, E. J. A., K. M. Cheng, 1999. Biases in sperm use in the mallard: No evidence for selection by females based on sperm genotype. *Proceedings of the Royal Society of London, B* 266: S. 905–10.
Cunningham, E. J. A., A. F. Russell, 2000. Egg investment is influenced by male attractiveness in the mallard. *Nature* 404: S. 74–77.
Currie, C. R., U. G. Mueller, D. Malloch, 1999. The agricultural pathology of ant fungus gardens. *Proceedings of the National Academy of Sciences, USA* 96: S. 7998–8002.
Curtsinger, J. W., 1991. Sperm competition and the evolution of multiple mating. *American Naturalist* 138: S. 93–102.
Dallai, R., B. A. Afzelius, 1984. Paired spermatozoa in *Thermobia* (Insecta, Thysanura). *Journal of Ultrastructure Research* 86: S. 67–74.
Daly, M., 1978. The cost of mating. *American Naturalist* 112: S. 771–74.
Darling, F. F., 1963. *A Herd of Red Deer.* Oxford University Press.
Darling, J. D. S., M. L. Noble, E. Shaw, 1980. Reproductive strategies in the surfperches. I. Multiple insemination in natural populations of the shiner perch, *Cymatogaster aggregata. Evolution* 34: S. 271–77.
Darwin, C., 1871 (1952). *Die Abstammung des Menschen und die geschlechtliche Zuchtwahl.* Reclam.
David, P., T. Bjorksten, K. Fowler, A. Pomiankowski, 2000. Conditiondependent signalling of genetic variation in stalk-eyed flies. *Nature* 406: S. 186–88.

Davies, J., 1994. Inactiviation of antibiotics and the dissemination of resistance genes. *Science* 264: S. 375–82.
Davies, N. B., 1983. Polyandry, cloaca-pecking, and sperm competition in dunnocks. *Nature* 302: S. 334–36.
Davis, L. S., F. M. Hutner, R. G. Harcourt, S. M Heath, 1998. Reciprocal homosexual mounting in Adélie penguins *Pygoscelis adeliae. Emu* 98: S. 136–37.
de la Motte, I., D. Burkhardt, 1983. Portrait of an Asian stalk-eyed fly. *Naturwissenschaften* 70: S. 451–61.
de Waal, F., 1991. *Wilde Diplomaten. Versöhnung und Entspannungspolitik bei Affen und Menschen.* Hanser.
Decker, M. D., P. G. Parker, D. J. Minchella, K. N. Rabenold, 1993. Monogamy in black vultures: Genetic evidence from DNA fingerprinting. *Behavioral Ecology* 4: S. 29–35.
Devine, M. C., 1975. Copulatory plugs in snakes: Enforced chastity. *Science* 187: S. 844–45.
Dewsbury, D. A., 1982. Ejaculate cost and male choice. *American Naturalist* 119: S. 601–10.
Dewsbury, D. A., D. Q. Estep, 1975. Pregnancy in cactus mice: Effects of prolonged copulation. *Science* 1975: S. 552–53.
Diamond, J., 1986. Biology of birds of paradise and bowerbirds. *Annual Review of Ecology and Systematics* 17: S. 17–37.
Ders., 1988. Experimental study of bower decoration by the bowerbird *Amblyornis inornatus,* using colored poker chips. *American Naturalist* 131: S. 631–53.
Dickinson, J. L., 1995. Trade-offs between postcopulatory riding and mate location in the blue milkweed beetle, *Behavorial Ecology* 6: S. 280–86.
Dickinson, J. L., R. L. Rutowski, 1989. The function of the mating plug in the chalcedon checkerspot butterfly. *Animal Behaviour* 38: S. 154–62.
Diesel, R., 1990. Sperm competition and reproductive success in the decapod *Inachus phalangium* (Majidae): A male ghost spider crab that seals off rivals' sperm. *Journal of Zoology* 220: S. 213–23.
Dixson, A., D. Ross, Sl. L. C. O'Malley, T. Burke, 1994. Paternal investment inversely related to degreee of extra-pair paternity in the reed bunting. *Nature* 371: S. 698–700.

Dixson, A. F., 1993. Sexual selection, sperm competition, and the evolution of sperm length. *Folio Primatologica* 61: S. 221–27.

Ders., 1998. *Primate Sexuality: Comparative Studies of the Prosimians, Monkeys, Apes, and Human Beings.* Oxford University Press.

Donner, J., 1973. *Rädertiere.* Franckh.

Downes, J. A., 1978. Feeding and mating in the insectivorous Creatopogoninae (Diptera). *Memoirs of the Entomological Society of Canada* 104: S. 1–62.

Drea, C. M., M. L. Weldele, N. G. Forger, E. M. Coscia, L. G. Frank, P. Licht, S. E. Glickman, 1998. Androgens and masculinization of genitalia in the spotted hyaena *(Crocuta crocuta)*. 2. Effects of prenatal anti-androgens. *Journal of Reproduction and Fertility* 113: S. 117–27.

Dunn, D. W., C. S. Crean, A. S. Gilburn, 2001. Male mating preferences for female survivorship in the seaweed fly *Gluma musgravei* (Diptera: Coelopidae). *Proceedings of the Royal Society of London, B* 268: S. 1255–58.

Dunn, P. O., A. D. Afton, M. L. Gloutney, R. T. Alisauskas, 1999. Forced copulation results in few extrapair fertilization in Ross's and lesser snow geese. *Animal Behaviour* 57: S. 1071–81.

Dusenberry, D. B., 2000. Selection for high gamete encounter rates explains the success of male and female mating types. *Journal of Theoretical Biology* 202: S. 1–10.

Dybas, L. K., H. S. Dybas, 1981. Coadaptation and taxonomic differentiation of sperm and spermathecae in featherwing beetles. *Evolution* 35: S. 168–74.

East, M. L., H. Hofer, W. Wickler, 1993. The erect »penis« is a flag of submission in a female-dominated society: Greetings in Serengeti spotted hyaenas. *Behavioral Ecology and Sociobiology* 33: S. 335–70.

Eaton, R. L., 1978. Why some felids copulate so much: A model for the evolution of copulation frequency. *Carnivore* 1: S. 42–51.

Eberhard, W. G., 1980. Evolutionary consequences of intracellular organelle competiton. *Quarterly Review of Biology* 55: S. 231–49.

Eberhard, W. G., 1985. *Sexual Selection and Animal Genitalia.* Harvard University Press.

Ders., 1996. *Female Control: Sexual Selection by Cryptic Female Choice.* Princeton University Press.

Edmunds, M., 1988. Sexual cannibalism in mantids. *Trends in Ecology and Evolution* 3: S. 77.

Edwards, S. V., P. W. Hedrick, 1998. Evolution and ecology of MHC molecules: From genomics to sexual selection. *Trends in Ecology and Evolution* 13: S. 305–11.

Eens, M., R. Pinxten, 1996. Female European starlings increase their copulation solicitation rate when faced with the risk of polygyny. *Animal Behaviour* 51: S. 1141–47.

Eggert, A.-K., S. K. Sakaluk, 1994. Sexual cannibalism and its relation to male mating success in sagebrush crickets, *Cyphoderris strepitans* (Haglidae: Orthoptera). *Animal Behaviour* 47: S. 1171–77.

Dies., 1995. Female-coerced monogamy in burying beetles. *Behavioral Ecology and Sociobiology* 37: S. 147–53.

Elder, J. F. J., B. J. Turner, 1995. Concerted evolution of repetitive DNA sequences in eukaryotes. *Quarterly Review of Biology* 70: S. 297–320.

Elgar, M. A. 1992. Sexual cannibalism in spiders and other invertebrates. In Elgar and Crespi, *Cannibalism: Ecology and Evolution among Diverse Taxa.* Oxford University Press.

Elgar, M. A., B. J. Crespi, 1992. *Cannibalism: Ecology and Evolution among Diverse Taxa.* Oxford University Press.

Elgar, M. A., D. R. Nash, 1988: Sexual cannibalism in the garden spider *Araneus diadematus. Animal Behaviour* 36: S. 1511–17.

Emlen, S. T., P. H. Wrege, 1986. Forced copulations and intra-specific parasitism: Two costs of social living in the white-fronted bee-eater. *Ethology* 71: S. 2–29.

Dies., 1994. Gender, status, and family fortunes in the white-fronted beeeater. *Nature* 367: S. 129–32.

Enders, R. K., 1952. Reproduction in the mind *(Mustela vison). Proceedings of the American Philosophical Society* 96: S. 691–755.

Enquist, M., O. Leimar, 1990: The evolution of fatal fighting. *Animal Behaviour* 39: S. 1–9.

Erwin, J., T. Maple, 1976. Ambisexual behavior with male-male anal penetration in male rhesus monkeys. *Archives of Sexual Behaviour* 5: S. 9–14.

Estes, R. D., 1991. *The Behaviour Guide of African Mammals*. University of California Press.
Evans, H. E., K. M. O'Neill, R. P. O'Neill, 1986: Nesting site changes and nocturnal clustering in the sand wasp *Bembecinus quinquespinosus* (Hymenoptera: Sphecidae). *Journal of the Kansas Entomological Society* 59: S. 280–86.
Everitt, D. A., 1981. An ecological study of an Antarctic freshwater pool with particular reference to Tardigrada and Rotifera. *Hydrobiologia* 83: S. 225–37.
Farr, J. A., 1980. The effects of sexual experience and female receptivity on courtship-rape decisions in male gruppies, *Poecilia reticulata* (Pisces: Poeciliidae). *Animal Behaviour* 28: S. 1195–201.
Faulkes, C. G., N. C. Bennett, 2001. Family values: Group dynamics and social control of reproduction in African mole-rats. *Trends in Ecology and Evolution* 16: S. 184–90.
Fietz, J., 1999. Monogamy as a rule rather than exception in nocturnal lemurs: The case of the tat-tailed dwarf lemur, *Cheirogaleus medius. Ethology* 105: S. 259–72.
Fietz, J., H. Zischler, C. Schwiegk, J. Tomiuk, K. H. Dausmann, J. U. Ganzhorn, 2000. High rates of extra-pair young in the pair-living fat-tailed lemur, *Cheirogaleus medius. Behavioral Ecology and Sociobiology* 49: S. 8–17.
Fischer, E. A., 1980. The relationship between mating system and simultaneous hermaphroditism in the coral reef fish, *Hypoplectrus nigricans* (Serranidae). *Animal Behaviour* 28: S. 620–33.
Fischer, R. A., 1999. *The Genetical Theory of Natural Selection: A Complete Variorum Edition*. Oxford University Press.
Flanders, S. E., 1945. The role of spermatophore in the mass propagation of *Macrocentrus ancylivorus. Journal of Economic Entomology* 38: S. 323–27.
Fleming, T. H., S. Maurice, S. L. Buchmann, M. D. Tuttle, 1994. Reproductive biology and relative male and female fitness in a trioecious cactus, *Pachycereus pringlei* (Cactaceae). *American Journal of Botany* 81: S. 858–67.
Folgerø, T., K. Bertheussen, S. Lindal, T. Torbergsen, P. Øian, 1998. Mitochondrial disease and reduced sperm motility. *Human Reproduction* 8: S. 1863–68.

Foott, J. O., 1970. Nose scars in female sea otters. *Journal of Mammalogy* 51: S. 621–22.

Forster, L. M., 1992. The sterotyped behaviour of sexual cannibalism in *Lactrodectus hasselti* Thorell (Araneae: Theridiidae), the Australian redback spider. *Australian Journal of Zoology* 40: S. 1–11.

Forsyth, A., R. D. Montgomerie, 1987. Alternative reproductive tactics in the territorial damselfly *Calopteryx maculata:* Sneaking by older males. *Behavioral Ecology and Sociobiology* 21: S. 73–81.

Francis, C. M., E. L. P. Anthony, J. A. Brunton, T. H. Kunz, 1994. Lactation in male fruit bats. *Nature* 367: S. 691–92.

Frank, L. G., 1997. Evolution of genital masculinization: Why do female hyaenas have such a large »penis«? *Trends in Ecology and Evolution* 12: S. 58–62.

Frank, L. G., S. E. Glickman, P. Light, 1991. Fatal sibling aggression, precocial development, and androgens in neonatal spotted hyaenas. *Science* 252: S. 702–04.

Frank, L. G., M. L. Weldele, S. E. Glickman, 1995. Masculinization costs in hyaenas. *Nature* 377: S. 584–85.

Franzén, A., 1977. Sperm structure with regard to fertilization biology and phylogenetics. *Verhandlungen der Deutschen Zoologischen Gesellschaft* 70: S. 123–38.

Funk, D. H., D. W. Tallamy, 2000. Courtship role reversal and deceptive signals in the long-tailed dance fly, *Rhamphomyia longicauda. Animal Behaviour* 59: S. 411–21.

Gangrade, G. A., 1963. A contribution to the biology of *Necroscia sparaxes* Westwood (Phasmidae: Phasmida). *The Entomologist* 96: S. 83–93.

Gary, N. E., 1963. Observation of mating behaviour in the honeybee. *Journal of Apicultural Research* 2: S. 3–13.

Geist, V., 1971. *Mountain Sheep: A study in Behavior and Evolution.* University of Chicago Press.

Gerber, H. S., E. C. Klostermeyer, 1970. Sex control by bees: A voluntary act of egg fertilization during oviposition. *Science* 167: S. 82–84.

Gharrett, A. J., W. W. Smoker, R. R. Reisenbichler, S. G. Taylor, 1999. Outbreeding depression in hybrids between odd- and even-broodyear pink salmon. *Aquaculture* 173: S. 117–29.

Ghiselin, M. T., 1969. The evolution of hermaphroditism among animals. *Quarterly Review of Biology* 44: S. 189–208.

Ders., 1974. *The Economy of Nature and the Evolution of Sex.* University of California Press.

Gil, D., J. Graves, N. Hazon, A. Wells, 1999. Male attractiveness and differential testosterone investment in zebra finch eggs. *Science* 286: S. 126–28.

Gilbert, A. N., K. Yamazaki, G. K. Beauchamp, L. Thomas, 1986. Olfactory discrimination of mouse strains *(Mus musculus)* and major histocompatibility types by humans *(Homo sapiens). Journal of Comparative Psychology* 100: S. 262–65.

Gillham, N. W., 1994. *Organelle Genes and Genomes.* Oxford University Press.

Gladstone, D. E., 1979. Promiscuity in monogamous colonial birds. *American Naturalist* 114: S. 545–47.

Goicoechea, O., O. Garrido, B. Jorquera, 1986. Evidence for a trophic paternal-larval relationship in the frog *Rhinoderma darwinii. Journal of Herpetology* 20: S. 168–78.

Goldfoot, D. A., H. Westerborg-van Loon, W. Groeneveld, A. K. Slob, 1980. Behavioral and physiological evidence of sexual climax in the female stumptailed macaque *(Macaca arctoides). Science* 208: S. 1477–79.

Goldstein, I., 2000. Male sexual circuitry. *Scientific American* 283: S. 56–61.

Gomendio, M., E. R. s. Roldan, 1991. Sperm competition influences sperm size in mammals. *Sroceedings fo the Royal Society of London, B* 243: S. 181–85.

Gonzalez, A., C. Rossini, M. Eisner, T. Eisner, 1999. Sexually transmitted chemical defense in a moth *(Utetheisa ornatrix). Proceedings of the National Academy of Sciences, USA* 96: S. 5570–74.

Goodall, J., 1986. *The Chimpanzees of Gombe: Patterns of Behavior.* Belknap Press.

Graffelman, J., R. F. Hoekstra, 2000. A statistical analysis of the effect of warfare on the human secondary sex ration. *Human Biology* 72: S. 433–45.

Gray, D. A., W. H. Cade, 1999. Sex, death, and genetic variation: Natural and sexual selection on cricket song. *Proceedings of the Royal Society of London, B* 266: S. 707–09.

Gray, E. M., 1997. Female red-winged blackbirds accrue material benefits from copulating with extra-pair males. *Animal Behaviour* 53: S. 625–39.
Gross, M. R., E. L. Charnov, 1980. Alternative male life histories in bluegill sunfish. *Proceedings of the National Academy of Sciences, USA* 77: S. 6937–40.
Gubernick, D. J., J. C. Nordby, 1993. Mechanisms of sexual fidelity in the monogamous California mouse, *Peromyscus californicus. Behavioral Ecology and Sociobiology* 32: S. 211–19.
Gupta, B. L., 1968. Aspects of motility in the mon-flagellate spermatozoa of freshwater ostracods. In *Aspects of Cell Motility*, ed. P. L. Miller. Cambridge University Press.
Gust, D. A., T. P. Gordon, 1991. Male age and reproductive behaviour in sooty mangabeys, *Cercocebus torquatus atys. Animal Behaviour* 41: S. 277–83.
Gwynne, D. T., 1981. Sexual difference theory: Mormon crickets show role reversal in mate choice. *Science* 213: S. 779–80.
Gwynne, D. T., L. W. Simmons, 1990. Experimental reversal of courtship roles in a insect. *Nature* 346: S. 172–74.
Haddon, M., 1995. Avoidance of post-coital cannibalism in the brachyurid paddle crab. *Ovalipes catharus. Oecologia* 104: S. 256–58.
Hadfield, M. G., 1963. The biology of nudibranch larvae. *Oikos* 14: S. 85–95.
Haldane, J. B. S., 1949. Disease and evolution. *La Ricerca Scientifica, Supplement* 19: S. 68–76.
Hall, J. C., 1994. The mating of a fly. *Science* 264: S. 1702–14.
Hamer, D. H., S. Hu, V. L. Magnuson, N. Hu, A. M. L. Pattatucci, 1993. A linkage between DNA markers on the X chromosome and male sexual orientation. *Science* 261: S. 321–27.
Hamilton, W. D., 1980. Sex versus non-sex versus parasite. *Oikos* 35: S. 282–90.
Ders., 1993. Inbreeding in Egypt and in ths book: A child perspective. In *The Natural History of Inbreeding and Outbreeding: Theoretical and Empirical Perspectives*, ed. N. W. Thornhill. University of Chicago Press.
Ders., 1996. *Narrow Roads of Gene Land: Evolution of Social Behaviour.* W. H. Freeman.

Handford, P., M. A. Mares, 1985. The mating systems of ratites and tinamous: An evolutionary perspective. *Biological Journal of the Linnean Society* 25: S. 77–104.
Hanlon, R. T., J. B. Messenger, 1996. *Cephalopod Behaviour.* Cambridge University Press.
Hansson, B., S. Bensch, D. Hasselquist, 1997. Infanticide in great reed warblers: Secondary females destroy eggs of primary females. *Animal Behaviour* 54: S. 297–304.
Harbison, G. R., R. L. Miller, 1986. Not all ctenophores are hermaphrodites: Studies on the systematics, distribution, sexuality, and development of two species of *Ocyropsis. Marine Biology* 90: S. 413–24.
Harshman, L. G., T. Prout, 1994. Sperm displacement without sperm transfer in *Drosophila melanogaster. Evolution* 48: S. 413–24.
Harshman, D. S., 1979. Ecology and behavior of the manatee *(Trichechus manatus)* in Florida. *Special Publications of the American Society of Mammalogists* 5: S. 1–153.
Harvey, P. H., R. M. May, 1989. Out for the sperm count. *Nature* 337: S. 508–09.
Hastings, I. M., 1992. Population genetic aspects of deleterious cytoplasmic genomes and their effect on the evolution of sexual reproduction. *Genetical Research* 59: S. 215–25.
Henderson, I. G., P. J. B. Hart, T. Burke, 2000. Strict monogamy in a semicolonial passerine: The jackdaw *Corvus monedula. Journal of Avian Biology* 31: S. 177–82.
Hickey, D. A., M. R. Rose, 1988. The role of gene transfer in the evolution of eukaryotic sex. In *The Evolution of Sex: An Examiniation of Current Ideas,* ed. R. E. Michod and B. R. Levin. Sinauer.
Hill, W. C. O., 1953. *Primates: Comparative Anatomy and Taxonomy.* University of Edinburgh Press.
Hiruki, L. M., W. G. Gilmartin, B. L. Becke, I. Stirling, 1993. Wounding in Hawaiian monk seals *(Monachus schauinslandi). Canadian Journal of Zoology* 71: S. 458–68.
Hiruki, L. M., I. Stirling, W. G. Gilmartin, T. C. Johanos, B. L. Becker, 1993. Significance of wounding to female reproductive success in Hawaiian monk seals *(Monachus schauinslandi)* at Laysan Island. *Canadian Journal of Zoology* 71: S. 469–74.

Hoagland, K. E., 1978. Protandry and the evolution of environmentally-medicated sex change: A study of the mollusca. *Malacologia* 17: S. 365–91.
Hodgkin, J., T. M. Barnes, 1991. More is not better: Brood size and population growth in a self-fertilizing nematode. *Proceedings of the Royal Society of London, B* 246: S. 19–24.
Hoekstra, R. F., 1987. The evolution of sexes. In *The Evolution of Sex and Its Consequences*, ed. S. C. Stearns. Birkhäuser Verlag.
Höglund, J., R. V. Alatalo, 1995. *Leks*. Princeton University Press.
Höglund, J., R. V. Alatalo, A. Lunderg, P. T. Rintamäki, J. Lindell 1999. Microsatellite markers reveal the potential for kin selection on black grouse leks. *Proceedings of the Royal Society of London, B* 266: S. 813–16.
Holbrook, M. J. L., J. P. Grassle, 1984. The effect of low density on the development of simultaneous hermaphroditism in male *Capitella* species I (Polychaeta). *Biological Bulletin* 166: S. 103–09.
Hoogland, J. L., 1998. Why do female Gunnison's prairie dogs copulate with more than one male? *Animal Behaviour* 55: S. 351–59.
Hoover, J. P., 1998. *Hawaii's Sea Creatures: A Guide to Hawaii's Marine Invertebrates*. Mutual Publishing.
Hosken, D. J., P. I. Ward, 2001. Experimental evidence for testis size evolution via sperm competition. *Ecology Letters* 4: S. 10–13.
Houck, L. D., 1980. Courtship behavior in the plethodontid salamander, *Desmognathus wrighti*. *American Zoologist* 20: S. 825.
Howard, R. D., 1978. The evolution of mating strategies in bullfrogs, *Rana catesbeiana*. *Evolution* 32: S. 850–71.
Ders., 1980. Mating behaviour and mating success in woodfrogs, *Rana sylvatica*. *Animal Behaviour* 28: S. 705–16.
Hu, S., A. M. L. Pattatucci, C. Patterson, L. Li, D. W. Fulker, S. S. Cherny, L. Kruglyak, D. H. Hamer, 1995. Linkage between sexual orientation and chromosome Xp28 in males but not in females. *Nature Genetics* 11: S. 248–56.
Huck, U. W., R. D. Lisk, 1986. Mating-induced inhibition of receptively in the female golden hamster. *Behavioral and Neural Biology* 45: S. 107–19,
Hughes, R. L., 1965. Comparative morphology of spermatozoa

from five marsupial families. *Australian Journal of Zoology* 1965: S. 533–43.

Hunt, G. L. J., A. L. Newman, M. H. Warner, J. C. Wingfield, J. Kaiwi, 1984. Comparative behavior of male-female and female-female pairs among western gulls prior to egg-laying. *Condor* 86: S. 157–62.

Hunt, J., L. W. Simmons, 1998. Patterns of parental provisioning covary with male morphology in a horned beetle *(Onthophagus taurus)* (Coleoptera: Scarabaeidae). *Behavioral Ecology and Sociobiology* 42: S. 447–51.

Hurst. L. D., 1996. Why are there only two sexes? *Proceedings of the Royal Society of London, B* 263: S. 415–22.

Hurst, L. D., W. D. Hamilton, 1992. Cytoplasmic fusion and the nature of sexes. *Proceedings of the Royal Society of London, B.* 247: S. 189–94.

Hurst, L. D., W. D. Hamilton, R. J. Ladle, 1992. Covert sex. *Trends in Ecology and Evolution* 7: S. 144–45.

Hutchinson, G. E., 1959. A speculative consideration of certain possible forms of sexual selection in man. *American Naturalist* 93: S. 81–91.

Hutson, V., R. Law, 1993. Four steps to two sexes. *Proceedings of the Royal Society of London, series B* 253: S. 43–51.

Insel, T. R., L. J. Young, 2001. The neurobiology of attachment. *Nature Reviews Neuroscience* 2: S. 129–36.

Iwasa, Y., A. Sasaki, 1987. Evolution of the number of sexes. *Evolution* 41: S. 49–65.

Jaccarini, V., L. Agius, P. J. Schembri, M. Rizzo, 1988. Sex determination and larval sexual interaction in *Bonellia viridis* Rolando (Echiura: Bonelliidae). *Journal of Experimental Marine Biology and Ecology* 66: S. 25–40.

Jackson, R. R., S. D. Pollard, 1997. Jumping spider mating strategies: Sex among cannibals in and out of webs. In *the Evolution of Mating Systems in Insects and Arachnids*, eds. J. C. Choe and B. J. Crespi. Cambridge University Press.

Jamieson, B. G. M., R. Dallai, B. A. Afzelius, 1999. *Insects: Their Spermatozoa and Phylogeny.* Science Publishers.

Janzen, D. H., 1979. How many babies do figs pay for babies? *Biotropica* 11: S. 48–50.

Ders., 1979, How to be a fig. *Annual Review of Ecology and Systematics* 10: S. 13–51.
Jarne, P., D.Charlesworth, 1993. The evolution of the selfing rate in functionally hermaphrodite plants and animals. *Annual Review of Ecology and Systematics* 24: S. 441–66.
Jarne, P., M. Vianey-Liaud, B. Delay, 1993. Selfing and outcrossing in hermaphrodite freshwater gastropods (Basommatophora): Where, when, and why? *Biological Journal of the Linnean Society* 49: S. 99–125.
Jiggins, F. M., G. D. D. Hurst, M. E. N. Majerus, 1999. Sex ratio distorting *Wolbachia* causes sex role reversal in its butterfly host. *Proceedings of the Royal Society of London, B* 266: S. 1–5.
Jivoff, P., 1997. Sexual competition among male blue crab, *Callinectes sapidus. Biological Bulletin* 193: S. 368–80.
Johnson, V. R. J., 1969. Behavior associated with pair formation in the banded shrimp *Stenopus hispidus* (Olivier). *Pacific Science* 23: S. 40–50.
Johnston, M. O., B. Das, W. R. Hoeh, 1998. Negative correlation between male allocation and rate of self-fertilization in a hermaphroditic animal. *Proceedings of the National Academy of Sciences, USA* 95: S. 617–20.
Johnstone, R. A., L. Keller, 2000. How males can gain by harming their mates: Sexual conflict, seminal toxins, and the cost of mating. *American Naturalist* 156: S. 368–77.
Jones, A. G., S. Östlund-Nilsson, J. C. Avise, 1998. A microsatellite assessment of sneaked fertilization and egg theory in the fifteenspine stickleback. *Evolution* 52: S. 848–58.
Jones, J. S., K. E. Wynne-Edwards, 2000. Paternal hamsters mechanically assist the delivery, consume amniotic fluid and placenta, remove fetal membranes, and provide parental care during the birth process. *Hormones and Behavior* 37: S. 116–25.
Judson, O. P., and B. B. Normark, 1996. Ancient asexual scandales. *Trends in Ecology and Evolution* 11: S. 41–46.
Justine, J.-L., N. le Brun, X. Mattei, 1985: The aflagellate spermatozoon of *Diplozoon* (Platyhelminthes: Monogenea: Polyopisthocotylea): A demonstrative case of relationship between sperm ultrustructure and biology of reproduction. *Journal of Ultrastructure Research* 92: S. 47–54.

Kaitala, A., C. Wiklund, 1994. Polyandrous female butterflies forage for matings. *Behavioral Ecology and Sociobiology* 35: S. 385–88.
Karr, T. L., S. Pitnick, 1996. The ins and outs of fertilization. *Nature* 379: S. 405–06.
Kawano, S., T. Kuroiwa, R. W. Anderson, 1987. A third multiallelic matingtype locus in *Physarum polycephalum. Journal of General Microbiology* 133: S. 2539–46.
Kawano, S., H. Takano, K. Mori, T. Kuroiwa, 1991. A mitochondrial plasmid that promotes mitochondrial fusion in *Physarum polycephalum. Protoplasma* 160: S. 167–69.
Keller, L., H. K. Reeve, 1995. Why do females mate with multiple males? The sexually selected sperm hypothesis. *Advances in the Study of Behaviour* 24: S. 291–315.
Kemp, A. 1995. *The Hornbills.* Oxford University Press.
Kempenaers, B., 1995. Polygyny in the blue tit: Intra- and intersexual conflicts. *Animal Behaviour* 49: S. 1047–64.
Kessel, E. L., 1955. The mating activities of balloon flies. *Systematic Zoology* 4: S. 97–104.
Kethley, J., 1971. Population regulation in quill mites (Acarina: Syringophilidae). *Ecology* 52: S. 1113–18.
Kimura, M., 1987. *Die Neutralitätstheorie der molekularen Evolution.* Parey.
Kjellberg, F., E. Jousselin, J. L. Bronstein, A. Patel, J. Yokoyama, J.-Y. Rasplus, 2001. Pollination mode in fig wasps: The predictive power of correlated traits. *Proceedings of the Royal Society of London, B* 268: S. 1113–21.
Kluge, A. G., 1981. The life history, social organization, and parental behavior of *Hyla rosenbergi* Boulenger, a nest-building gladiator frog. *Miscellaneous Publications of the Museum of Zoology, University of Michigan* 160: S. 1–170.
Koene, J. M., R. Chase, 1998. Changes in the reproductive system of the snail *Heliz aspersa* caused by mucus from the love dart. *Journal of Experimental Biology* 201: S. 2313–19.
Komers, P. E., P. N. M. Brotherton. 1997. Female space use is the best predictor of monogamy in mammals. *Proceedings of the Royal Society of London, B* 264: S. 1261–70.
Kondrashov, A. S., 1984. Deleterious mutations as an evolutiona-

ry factor. 1. The advantage of recombination. *Genetical Research* 44: S. 199–217.
Ders., 1988. Deleterious mutations and the evolution of sexual reproduction. *Nature* 336: S. 435–40.
Ders., 1993. Classification of hyptheses on the advantage of amphimixis. *Journal of Heredity* 84: S. 372–87.
Koprowski, J. L., 1992. Removal of copulatory plugs by female tree squirrels. *Journal of Mammalogy* 73: S. 572–76.
Kothe, E., 1996. Tetrapolar fungal mating types: Sexes by the thousands. *FEMS microbiology Reviews* 18: S. 65–87.
Kovacs, K. M., J. P. Ryder, 1983. Reproductive performance of female-female pairs and polygynous trios of ring-billed gulls. *Auk* 100: S. 658–69.
Krekorian, C. O. N., 1976. Field observations in Guyana on the reproductive biology of the spraying characid, *Copeina arnoldi* Regan. *American Midland Naturalist* 96: S. 88–97.
Kruuk, H., 1972. *The Spotted Hyena: A Study of Predation and Social Behavior.* University of Chicago Press.
Kutschera, U., P. Wirtz, 1986. Reproductive behaviour and parental care of *Helobdella striata* (Hirudinea, Glossiphoniidae): A leech that feeds its young. *Ethology* 72: S. 132–42.
Lack, D., 1968. *Ecological Adaptations for Breeding in Birds.* Methuen and Company.
Ladle, R. J., E. Foster, 1992. Are giant sperm copulatory plugs? *Acta Œcologica* 13: S. 635–38.
Ladle, R. J., R. A. Johnstone, O. P. Judson, 1993. Coevolutionary dynamics of sex in a metapopulation: Escaping the Red Queen. *Proceedings of the Royal Society of London, B* 253: S. 155–60.
Laidlaw, H. H. J., R. E. J. Page, 1984. Polyandry in honey bees *(Apis mellifera L.)*: Sperm utilization and intracolony genetic relationship. *Genetics* 108: S. 985–97.
LaMunyon, C. W., S. Ward, 1998. Larger sperm outcompete smaller sperm in the nematode *Caenorhabditis elegans. Proceedings of the Royal Society of London, B* 265: S. 1997–2002.
Lang, A., 1996. Silk investment in gifts by males of the nuptial feeding spider *Pisaura mirabilis* (Araneae: Pisauridae). *Behaviour* 133: S. 697–716.
Langlois, T. H., 1963. The conjugal behavior of the introduced Euro-

pean giant garden slug, *Limax maxismus* L., as observed on South Bass Island, Lake Erie. *Ohio Journal of Science* 65: S. 298–304.
Lanier, D. L., D. Q. Estep, D. A. Dewsbury, 1975. Copulatory behavior of golden hamsters: Effects on pregnancy. *Physiology and Behavior* 15: S. 209–12.
Dies., 1979. Role of prolonged copulatory behavior in facilitating reproductive success in a competitve mating situation in laboratory rats. *Journal of Comparative and Physiological Psychology* 93: S. 781–92.
Lawrence, S. E., 1992. Sexual cannibalism in the praying mantis, *Mantis religiosa:* A field study. *Animal Behaviour* 43: S. 569–83.
Le Boeuf, B. J., S. Mesnick, 1990. Sexual behavior of male northern elephant seals. I. Lethal injuries to adult females. *Behaviour* 116: S. 143–62.
Legendre, R., A. Lopez, 1974. Étude histologique de quelques formations glandulaires chez les araignées du genre *Argyrodes* (Theridiidae) et description d'un nouveau typüe de glande: La glande clypéale des males. *Bulletin de la Société Zoologique de France* 99: S. 453–60.
Leonard, J. L., K. Lukowiak, 1985. Courtship, copulation, and sperm trading in the sea slug, *Navanax inermis* (Opistobranchia: Cephalaspidae). *Canadian Journal of Zoology* 63: S. 2719–29.
LeVay, S., 1996. *Queer Science: The Use and Abuse of Research into Homosexuality.* MIT Press.
Levin, B. R., 1988. The evolution of sex in bacteria. In *The Evolution of Sex: An Examination of Current Ideas,* ed. R. E. Michod and B. R. Levin. Sinauer.
Levitan, D. R., C. Petersen, 1995. Sperm limitation in the sea. *Trends in Ecology and Evolution* 10: S. 228–31.
Little, T. J., P. D. N. Hebert, 1996. Ancient asexuals: scandal or artifact? *Trends in Ecology and Evolution* 11: S. 296.
Loher, W., I. Ganjian, I. Kubo, D. Stanley-Samuelson, S. S. Tobe, 1981. Prostaglandins: Their role in egg-laying of the cricket *Telegryllus commodus. Proceedings of the National Academy of Sciences, USA* 78: S. 7835–38.
Lopez, A., M. Emerit, 1979. Données complémentaires sur la glande clypéale des *Argyrodes* (Araneae, Theridiidae): Utilisation du

microscope électronique à balayage. *Revue Arachnolgique* 2: S. 143–53.
Lott, D. F., 1981. Sexual behavior and intersexual strategies in American bison. *Zeitschrift für Tierpsychologie* 56: S. 97–114.
Loughry, W. J., P. A. Prodöhl, C. M. McDonough, J. C. Avise, 1998. Polyembryony in armadillos. *American Scientist* 86: S. 274–79.
Lovell-Mansbridge, C., T. R. Birkhead, 1998. Do female pigeons trade pair copulations for protection? *Animal Behaviour* 56: S. 235–41.
Lowndes, A. G., 1935. The sperms of freshwater Ostracods. *Proceedings of the Zoological Society of London* 35–48.
Lund, R., 1990. Chondrichthyan life history styles as revealed by the 320 million years old Mississippian of Montana. *Environmental Biology of Fishes* 27: S. 1–19.
Lutz, R. A., J. R. Voight, 1994. Close encounter in the deep. *Nature* 371: S. 563.
Mable, B. K., S. P. Otto, 1998. The evolution of life cycles in haploid and diploid phases. *BioEssays* 20: S. 453–62.
Macintyre, S., A. Sooman, 1991. Non-paternity and prenatal genetic screening. *The Lancet* 338: S. 869–71.
Mackie, J. B., M. H. Walker, 1974. A study of the conjugate sperm of the dytiscid water beetles *Dytiscus marginalis* and *Colymbetes fuscus. Cell and Tissue Research* 148: S. 505–19.
MacLeod, J., R. Z. Gold, 1951. The male factor in fertility and interfility. II. Spermatozöon counts in 1000 men of known fertility and in 1000 cases of infertile marriage. *Journal of Urology* 66: S. 436–49.
Malo, D., 1903. *Hawaiian Antiquities.* Hawaiian Gazette.
Mandelbaum, S. L., M. P. Diamond, A. H. DeCherney, 1987. The impact of antisperm antibodies on human infertility. *Journal of Urology* 138: S. 1–8.
Mane, S. D., L. Tompkins, R. C. Richmond, 1983. Male esterase 6 catalyzes the synthesis of a sex pheromone in *Drosophila melanogaster* females. *Science* 222: S. 419–21.
Mann, T., C. Lutwak-Mann, 1981. *Male Reproductive Function and Semen: Themes and Trends in Physiology, Biochemistry, and Investigative Andrology.* Springer-Verlag.
Mann, T., A. W. Martin, J. B. Thiersch, 1966. Spermatophores and

spermatophoric reaction in the gaint octopus of the North Pacific, *Octopus dofleini martini. Nature* 211: S. 279–82.
Marcus, E., 1959. Eine neue Gattung der Philinoglossacea. *Kieler Meeresforschungen* 15: S. 117–19.
Margulis, L., D. Sagan, 1993. *Gehimnis und Ritual: Die Evolution der menschlichen Sexualität.* Byblos-Verlag.
Margulis, L., K. V. Schwarz, *1989. Die fünf Reiche der Organismen: Ein Leitfaden.* Spektrum-der-Wissenschaft-Verlagsgesellschaft.
Mark Welch, D., M. Meselson, 2000. Evidence for the evolution of Bdelloid rotifers without sexual reproduction or genetic exchange. *Science* 1211–15.
Markow, T. A., 1982. Mating systems of cactophilic *Drosophila.* In *Ecological Genetics and Evolution: the Cactus-Yeast-Drosophila Model System,* ed. J. S. F. Barker and W. T. Starmer. Academic Press.
Ders., 1985. A comparative investigation of the mating system of *Drosophila hydie. Animal Behaviour* 33: S. 775–81.
Markow, T. A., M. Quaid, S. Kerr, 1978. Male mating experience and competitive courtship success in *Drosophila melanogaster. Nature* 276: S. 821–22.
Martan, J., B. A. Shepherd, 1976. The role of the copulatory plug in reproduction of the guinea pig. *Journal of Experimental Zoology* 196: S. 79–84.
Mason, L. G., 1980. Sexual selection and the evolution of pair-bonding in soldier beetles. *Evolution* 34: S. 174–80.
Masters, W. H., V. E. Johnson, 1989. *Die sexuelle Reaktion.* Rowohlt.
Matthews, L. H., 1941. Notes on the genitalia and reproduction of some African bats. *Proceedings of the Zoological Society of London, B* 111: S. 289–346.
Maynard Smith, J., 1978. *The Evolution of Sex.* Cambridge University Press.
Ders., 1986. Contemplating life without sex. *Nature* 324: S. 300–301.
Maynard Smith, J., H. N. Smith, M. O'Rourke, B. G. Spratt, 1993. How clonal are bacteria? *Proceedings of the National Academy of Sciences, USA* 90: S. 4384–88.

McBride, A. F., D. O. Hebb, 1948. Behavior of the captive bottle-nose dolphin, *Tursiops truncatus. Journal of Comparative and Physiological Psychology* 41: S. 111–23.
McComb, K., 1987. Roaring by red deer stags advances the date of oestrus in hinds. *Nature* 330: S. 648–49.
McCracken, G. F., P. F. Brussard, 1980. Self-fertilization in the white-lipped land smail *Tridopsis albolabris. Biological Journal of the Linnean Society* 14: S. 429–34.
McCracken, K. G., 2000. The 20-cm spiny penis of the Argentine lake duck *(Oxyura vittata). Auk* 117: S. 820–25.
McDaniel, I. N., W. R. Horsfall, 1957. Induced copulation of aedine mosquitoes. *Science* 125: S. 745.
McKaye, K. R., 1983. Ecology and breeding behavior of a cichlid fish, *Cyrtocara eucinostomus,* on a large lek in Lake Malawi, Africa. *Environmental Biology of Fishes* 8: S. 81–96.
McKaye, K. R., S. M. Louda, J. R. J. Stauffer, 1990. Bower size and male reproductive success in a cichlid fish lek. *American Naturalist* 135: S. 597–613.
McKinney, F., S. R. Derrickson, P. Mineau, 1983. Forced copulation in waterfowl. *Behaviour* 86: S. 250–94.
Mead, A. R., 1942. *The taxonomy, biology, and genital physiology of the gaint West Coast land slugs of the genus* Ariolimax *Morch (Gastropoda: Pulmonata).* Ph. D. thesis, Cornell University.
Meland, S., S. Johansen, T. Johansen, K. Haugli, F. Haugli, 1991. Rapid disappearance of one parental mitochondrial genotype after isogamous mating in the myxomycete *Physarum polycephalum. Current Genetics* 19: S. 55–60.
Mesnick, S. L., B. L. Le Boeuf, 1991. Sexual behavior of male northern elephant seals: II. Female response to potentially injurious encounters. *Behaviour* 117: S. 262–80.
Metz, E. C., S. R. Palumbi, 1996. Positive selection and sequence rearrangements generates extensive polymorphism in the gamete recognition protein bindin. *Molecular Biology and Evolution* 13: S. 397–406.
Metz, E. C., R. Robles-Sikisaka, V. D. Vacquir, 1998. Nonsynonymous substitution in abalone sperm fertilization genes exceeds substitution in introns and mitochondrial DNA. *Proceedings of the National Academy of Sciences, USA* 95: S. 10 676–81.

Michiels, N. K., 1998. Mating conflicts and sperm competition in simultaneous hermaphrodites. In *Sperm Competition and Sexual Selection*, ed. T. R. Birkhead and A. P. Møller. Academic Press.

Michiels, N. K., L. J. Newman, 1998. Sex and violence in hermaphrodites. *Nature* 391: S. 647.

Milne, L. J., M. Milne, 1976. The social behavior of burying beetles. *Scientific American* 235: S. 84–89.

Mineau, P., F. Cooke, 1979. Rape in the lesser snow goose. *Behaviour* 70: S. 280–91.

Mitani, J. C., 1985. Mating behaviour of male orangutans in the Kutai Game Reserve, Indonesia. *Animal Behaviour* 33: S. 392–402.

Mitas, M., 1997. Trinucleotide repeats associated with human disease. *Nucleic Acids Research* 25: S. 2245–53.

Møller, A. P., 1989. Ejaculate quality, testes size, and sperm production in mammals. *Functional Ecology* 3: S. 91–96.

Moore, H. D. M., 1992. Reproduction in the gray short-tailed opossum, *Monodelphis domestica*. In *Reproductive Biology of South American Invertebrates*, ed. W. C. Hamlett, Springer-Verlag.

Mori, S., 1995. Factors associated with and fitness effects of nest-raiding in the three-spined stickleback, *Gasterosteus aculeatus*, in a natural population. *Behaviour* 132: S. 1011–23.

Morin, J. G., 1986. »Firefleas« of the sea: Luminescent signaling in marine ostracode crustaceans. *Florida Entomologist* 69: S. 105–21.

Morin, J. G., A. C. Cohen, 1991. Bioluminescent displays, courtship, and reproduction in ostracodes. In *Crustacean Sexual Biology*, ed R. T. Bauer and J. W. Martin. Columbia University Press.

Morris, G. K., D. T. Gwynne, D. E. Klimas, S. K. Sakaluk, 1989. Virgin male mating advantage in a primitive acoustic insect (Orthoptera: Haglidae). *Journal of Insect Behavior* 2: S. 173–85.

Morton, D. B., T. D. Glover, 1974. Sperm transport in the female rabbit: The effect of inseminate volume and sperm density. *Journal of Reproduction and Fertility* 38: S. 139–46.

Moses, M. J., 1961. Spermiogenesis in the crayfish *(Procambarus clarkii)*. *Journal of Biophysical and Biochemical Cytology* 9: S. 222–28.

Moss, C. J., 1983. Oestrous behaviour and female choice in the African elephant. *Behaviour* 86: S. 167–96.

Müller, H., 1853. Über das Männchen von *Argonauta argo* und die Hectocotylen. *Zeitschrift für Wissenschaftliche Zoologie* 4: S. 1–35.
Muller, H. J., 1964. The relation of recombination to mutational advance. *Mutation Research* 1: S. 2–9.
Myers, G. S., 1952. Annual fishes. *Aquarium Journals* 23: S. 125–41.
Nagelkerke, C. J., M. W. Sabelis, 1998. Precise control of sex allocation in pseudo-arrhenotokous phytoseiid mites. *Journal of Evolutionary Biology* 11: S. 649–84.
Nakatsuru, K., D. L. Kramer, 1982. Is sperm cheap? Limited male fertility and female choice in the lemon tetra (Pisces, Characidae). *Science* 216: S. 753–55.
Nalepa, C. A., 1988. Reproduction in the woodroach *Crypotcercus puntculatus* Scudder (Dictyoptera: Cryptocercidae): Mating, oviposition, and hatch. *Annals of the Entomological Society of America* 81: S. 637–41.
Newcomer, S. D., J. A. Zeh, D. W. Zeh, 1999. Genetic benefits enhance the reproductive success of polyandrous females. *Proceedings of the National Academy of Sciences, USA* 96: S. 10 236–41.
Nishida, T., K. Kawanaka, 1985. Within-group cannibalism my adult male chimpanzees. *Primates* 26: S. 274–84.
Nordell, S. E., 1994. Observations of the mating behavior and dentition of the round stingray, *Urolophus halleri. Environmental Biology of Fishes* 39: S. 219–29.
Normark, B. B., 1999. Evolution of putatively ancient asexual aphid lineage: Recombination and rapid karyotype change. *Evolution* 1999: S. 1458–69.
Nowak, R. M., 1999. *Walker's Mammals of the World.* Johns Hopkins University Press.
Nutting, W. B., 1976. Hair follicle mites (Acari: Demodicidae) of man. *International Journal of Dermatology* 15: S. 79–98.
O'Neill, K. M., H. E. Evans, 1981. Predation on conspecific males by females of the beewolf *Philanthus basilaris* Cresson (Hymenoptera: Specidae). *Journal of the Kansas Entomological Society* 54: S. 553–56.
Ober, C., T. Hyslop, S. Elias, L. R. Weitkamp, W. W. Hauck, 1998. Human leukocyte antigen matching and fetal loss: Results of a 10 year prospective study. *Human Reproduction* 13: S. 33–38.

Okusa, N., Y. Yanagisawa, 1996. Filial cannibalism in a paternal mouthbrooding fish in relation to mate availability. *Animal Behaviour* 52: S. 307–14.

Olsson, M., T. Madsen, 2001. Promiscuity in sand lizards *(Lacerta agilis)* and adder snakes *(Vipera berus)*: Causes and consequences. *Journal of Heredity* 92: S. 190–97.

Otronen, M., P. Reguera, P. I. Ward, 1997. Sperm storage in the yellow dung fly *Scathophaga stercoraria* identifying the sperm of competing males in separate female spermathecae. *Ethology* 103: S. 844–54.

Packer, C., D. A. Gilbert, A. E. Pusey, S. J. O'Brien, 1991. A molecular genetic analysis of kinship and cooperation in African lions. *Nature* 351: S. 562–65.

Packer, C., A. E. Pusey, 1983. Adaptations of female lions to infanticide by incoming males. *American Naturalist* 121: S. 716–28.

Dies., 1987. Intrasexual cooperation and the sex ratio in African lions. *American Naturalist* 130: S. 636–42.

Page, R. E. J., 1980. The evolution of multiple mating behavior by honey bee queens *(Apis mellifera* L.*). Genetics* 96: S. 263–73.

Ders., 1986. Sperm utilization in social insects. *Annual Review of Entomology* 31: S. 297–320.

Palumbi, S. R., 1999. All males are not created equal: Fertility differences depend on gamete recognition polymorphisms in sea urchins. *Proceedings of the National Academy of Sciences, USA* 96: S. 12632–37.

Palumbi, S. R., E. C. Metz, 1991. Strong reproductive isolation between closely related tropical sea uchins (genus *Echinometra*). *Molecular Biology and Evolution* 8: S. 227–39.

Pandya, I. J., J. Cohen, 1985. The leukocytic reaction of the human uterine cervix to spermatozoa. *Fertility and Sterility* 43: S. 417–21.

Parker, G. A., 1970. Sperm competition and its evolutionary consequences in the insects. *Biological Reviews* 45: S. 525–67.

Ders., 1979. Sexual selection and sexual conflict. In *Sexual Selection and Reproductive Competition in Insects,* ed. M. S. Blum and N. A. Blum. Academic Press.

Ders., 1990. Sperm competition games: Raffles and roles. *Proceedings of the Royal Society of London B* 242: S. 120–26.

Ders., 1990. Sperm competition games: Sneaks and extra-pair copulations. *Proceedings of the Royal Society of London B* 242: S. 127–33.

Parker, G. A., R., R. Baker, V. G. F. Smith, 1972. The origin and evolution of gamete dimorphism and the male-female phenomenon. *Journal of Theoretical Biology* 36: S. 529–53.

Parker, G. A., L. W. Simmons, 1994. Evolution of phenotypic optima and copula duration in dungflies. *Nature* 370: S. 53–56.

Patridge, L., 1980. Mate choice increases a component of offspring fitness in fruit flies. *Nature* 283: S. 290–91.

Pearson, O. P., M. R. Koford, A. K. Pearson, 1952. Reproduction of the lump-nosed bat *(Corynorhinus rafinesquei)* in California. *Journal of Mammalogy* 33: S. 273–320.

Pechenik, J. A., S. Lewis, 2000. Avoidance of drilled gastropods shells by the hermit crab *Pagurus longicarpus* at Nahant, Massachusetts. *Journal of Experimental Marine Biology and Ecology* 253: S. 17–32.

Peckham, D. J., A. W. Hook, 1980. Behavioral observations on *Oxybelus* in southern North America. *Annals of the Entomological Society of America* 73: S. 557–67.

Pennings, S. C., 1991. Reproductive behavior of *Aplysia californica* Cooper: Diel patterns, sexual roles and mating aggregations. *Journal of Experimental Marine Biology and Ecology* 149: S. 249–66.

Petersen, C. W., 1991. Variation in fertilization rate in the tropical reef fish, *Halichoeres bivattatus*: Correlates and implications. *Biological Bulletin* 181: S. 232–37.

Petrie, M., 1983. Female moorhens compete for small fat males. *Science* 220: S. 413–15.

Ders., 1994. Improved growth and survival of offspring of peacocks with more eleborate trains. *Nature* 371: S. 598–99.

Petrie, M., A. Krupa, T. Burke, 1999. Peacocks lek with relatives even in the absence of social and environmental cues. *Nature* 401: S. 155–57.

Phelan, M. C., J. M. Pellock, W. E. Nance, 1982. Discordant expression of fetal hydantoin syndrome in heteropaternal dizygotic twins. *New England Journal of Medicine* 307: S. 99–101.

Pilleri, G., M. Gihr, C. Kraus, 1980. Play behaviour in the Indus and Orinoco dolphin *(Platanista indi* and *Inia geoffrensis). Investigations on Cetacea* 11: S. 57–108.

Pinxten, R., M. Eens 1990. Polygyny in the European starling: Effect on female reproductive success. *Animal Behaviour* 40: S. 1035–47.

Pitnick, S., 1996. Investment in testes and the cost of making long sperm in *Drosophila. American Naturalist* 148: S. 57–80.

Pitnick, S., W. D. Brown, G. T. Miller, 2001. Evolution of female remating behaviour following experimental removal of sexual selection. *Proceedings of the Royal Society of London, B* 268: S. 557–63.

Pitnick, S., T. A. Markow, G. S. Spcer, 1995. Delayed male maturity is a cost of producing large sperm in *Drosophila. Proceedings of the National Academy of Sciences, USA* 92: S. 10 614–18.

Pitnick, S., G. S. Spicer, T. A. Markow, 1995. How long is a giant sperm? *Nature* 375: S. 109.

Pizzair, T., T. R. Birkhead, 2000. Female feral fowl eject sperm of subdominant males. *Nature* 405: S. 787–89.

Plutarch, 1986. *Leben und Taten berühmter Griechen und Römer.* Aufbau-Verlag.

Polak, M., W. T. Starmer, J. S. F. Barker, 1998. A mating plug and male mate choice in *Drosophila hibisci* Bock. *Animal Behaviour* 56: S. 919–26.

Polis, G. A., R. d. Farley, 1979. Behavior and ecology of mating in the cannibalistic scorpion, *Paruroctonus mesaensis* Stahnke (Scorpionida: Vaejovidae). *Journal of Arachnology* 7: S. 33–46.

Poole, J. H., 1987. Rutting behavior in African elephants: The phenomenon of musth. *Behaviour* 102: S. 283–316.

Ders., 1989a. Announcing intent: The aggressive state of musth in African elephants. *Animal Behaviour* 37: S. 140–52.

Ders., 1989b. Mate guarding, reproductive success and female choice in African elephants. *Animal Behaviour* 37: S. 842–49.

Ders., 1994. Sex differences in the behaviour of African elephants. In *The Differences between the Sexes,* ed. R. V. Short and E. Balaban. Cambridge University Press.

Poole, J. H., C. J. Moss, 1981. Musth in the African elephant, *Loxodonta africana. Nature* 292: S. 830–31.

Potter, D. A., D. L. Wrensch, D. E. Johnston, 1976. Aggression and mating success in male spider mites. *Science* 193: S. 160–61.

Pratt, H. L. J., 1979. Reproduction in the blue shark, *Prionace glauca. Fishery Bulletin* 77: S. 445–70.
Proctor, H. C., 1998. Indirect sperm transfer in arthropods: Behavioral and evolutionary trends. *Annual Review of Entomology* 43: S. 153–74.
Promislow, D. E. L., 1987. Courtship behavior of a plethodontid salamander, *Desmognathus aeneus. Journal of Herpetology* 21: S. 298–306.
Prowse, N., L. Partridge, 1997. The effects of reproduction on longevity and fertility in male *Drosophila melanogaster. Journal of Insect Physiology* 43: S. 501–12.
Pyle, D. W., M. H. Gromko, 1978. Repeated mating by female *Drosophila melanogaster*: The adaptive importance. *Experientia* 34: S. 449–50.
Dies., 1981. Genetic basis for repeated mating in *Drosophila melanogaster. American Naturalist* 117: S. 133–46.
Radwan, J., 1996. Intraspecific variation in sperm competition success in the bulb mite: A role for sperm size. *Proceedings of the Royal Society of London, B* 263: S. 855–59.
Randerson, J. P., L. D. Hurst, 2001: The uncertain evolution of the sexes. *Trends in Ecology and Evolution* 16: S. 571–79.
Raper, J. R., 1966. *Genetics of Sexuallity in Higher Fungi.* Ronald Press.
Réale, D., P. Boussès, J.-L. Chapuis, 1996. Female-biased mortality induced by male sexual harassment in a feral sheep population. *Canadian Journal of Zoology* 74: S. 1812–18.
Rees, E. C., P. Lievesley, R. A. Pettifor, C. Perrins, 1996. Mate fidelity in swans: An interspecific comparsion. In *Partnerships in Birds: The Study of Monogamy,* ed. M. J. Black. Oxford University Press.
Reish, D. J., 1957. The life history of the polychaetous annelid *Neanthes caudata* (delle Chiaje), including a summary of development in the family Nereidae. *Pacific Science* 11: S. 216–28.
Reiswig, H. M., 1970. Porifera: Sudden sperm release by tropical demospongiae. *Science* 170: S. 538–39.
Renner, S. S., R. E. Ricklefs, 1995. Dioecy and its correlates in the flowering plants. *American Journal of Botany* 82: S. 596–606.
Ribble, D. O., 1991. The monogamous mating system of *Pero-*

myscus californicus as revealed by DNA fingerprinting. *Behavioral Ecology and Sociobiology* 29: S. 161–66.
Ricci, C., 1992. Rotifera: Parthenogenesis and heterogony. In *Sex Origin and Evolution*, ed. R. Dallai, Modena.
Ricci, C. N., 1987. Ecology of bdelloids: How to be successful. *Hydrobiologia* 147: S. 117–27.
Rice, G., C. Anderson, N. Risch and G. Ebers, 1999. Male homosexuality: Absence of linkage to microsatellite markers at Xq28. *Science* 284: S. 665–67.
Rice, W. R., 1984. Sex chromosomes and the evolution of sexual dimorphism. *Evolution* 38: S. 735–42.
Dies., 1996. Sexually antagonistic male adaptation triggered by experimental arrest of female evolution. *Nature* 381: S. 232–34.
Rice, W. R., E. E. Hostert, 1993. Laboratory experiments on speciation: What have we learned in 40 years? *Evolution* 47: S. 1637–53.
Ridley, M., 1988. Mating frequency and fecundity in insects. *Biological Review* 63: S. 509–49.
Ridley, M., C. Rechten, 1981. Female sticklebacks prefer to spawn with males whose nests contain eggs. *Behaviour* 76: S. 152–61.
Ridley, M. W., D. A. Hill, 1987. Social organization in the pheasant *(Phasianus colchiucus)*: Harem formation, mate selection, and the role of mate guarding. *Journal of Zoology* 211: S. 619–30.
Riedman, M. L., J. A. Estes, 1990. The sea otter *(Enhydra lustris)*: Behavior, ecology, and natural history. *Biological Report of the US Department of the Interior, Fish and Wildlife Service* 90.
Riemann, J. G., D. J. Moen, B. J. Thorson, 1967. Female monogamy and its control in houseflies. *Journal of Insect Physiology* 13: S. 407–18.
Rijksen, H. D., 1978. *A Field Study on Sumatran Orang Utans* (Pongo pygmaeus abelii *Lesson* 1827): *Ecology, Behaviour, and Conservation.* H. Veenman and Zonen, B. V.
Rissing, S. W., G. B. Pollack, 1987. Queen aggression, pleometrotic advantage, and brood raiding in the ant *Veromessor pergandei* (Hymenoptera: Formicidae). *Animal Behaviour* 35: S. 975–81.
Robbins, M. M., 1999. Male mating patterns in wild multimale mountain gorilla groups. *Animal Behaviour* 57: S. 1013–20.

Robinson, M. H., 1982. Courtship and mating behavior in spiders. *Annual Review of Entomology* 27: S. 1–20.
Robinson, M. H., B. Robinson, 1980. Comparative studies of the courtship and mating behavior of tropical araneid spiders. *Pacific Insects Monographs* 36: S. 1–218.
Roeder, K. D., 1935. An experimental analysis of the sexual behavior of the praying mantis (*Mantis religiosa* L.). *Biological Bulletin* 69: S. 203–20.
Rogers, D. W., R. Chase, 2001. Dart receipt promotes sperm storage in the garden snail. *Helix aspersa. Behavioral Ecology and Sociobiology* 50: S. 122–27.
Rohwer, S., 1978. Parent cannibalism of offspring and egg raiding as a courtship strategy. *American Naturalist* 112: S. 429–40.
Roldan, E. R. S., M. Gomendio, A. D. Vitullo, 1992. The evolution of eutherian spermatozoa and underlying selective forces: Female selection and sperm competition. *Biological Reviews* 67: S. 551–93.
Romero, G. A., G. E. Nelson, 1986. Sexual dimorphism in *Catasetum* orchids: Forcible pollen emplacement and male flower competition. *Science* 232: S. 1538–40.
Ross, P. J., D. Crews, 1977. Influence of the seminal plug on mating behaviour in the garter snake. *Nature* 267: S. 344–45.
Rothschild, L., 1961. Structure and movements of tick spermatozoa (Arachnida, Acari). *Quarterly Journal of Microscopical Science* 102: S. 239–47.
Rovner, J. S., 1972. Copulation in the lycosid spider (*Lycosa rabida* Walckenaer): A quantative study. *Animal Behaviour* 1972: S. 133–38.
Rowley, I., E. Russell, 1990. »Philandering« – A mixed mating strategy in the splendid fairy-wren *Malurus splendens. Behavioral Ecology and Sociobiology* 27: S. 431–37.
Russell, E., I. Rowley, 1996. Partnerships in promiscuous splendid fairywrens. In *Partnerships in Birds: The Study of Monogamy*, ed. J. M. Black. Oxford University Press.
Rutowski, R. L., 1983. Mating and egg mass production in the aeolid nudibranch *Hermissenda crassicornis* (Gastropoda: Opisthobranchia). *Biological Bulletin* 165: S. 276–85.
Reyner, L. C., S. F. Goodwin, D. H. Castrillon, A. Anand, A. Villel-

la, B. S. Baker, J. C. Hall, B. J. Taylor, S. A. Wasserman, 1996. Control of male sexual behavior and sexual orientation in *Drosophila* by the *fruitless* gene. *Cell* 87: S. 1079–89.
Saito, T., K. Konishi, 1999. Direct development in the sponge-associated deep-sea shrimp *Spongicola japonica* (Decapoda: Spongicolidae). *Journal of Crustacean Biology* 19: S. 46–52.
Sakaluk, S. K., P. J. Bangert, A.-K. Eggert, C. Gack, L. V. Swanson, 1995. The gin trap as a device facilitating coercive mating in sagebrush crickets. *Proceedings of the Royal Society of London, B* 261: S. 65–71.
Sakaluk, S. K., J. J. Belwood, 1984. Gecko phonotaxis to cricket calling song: A case of satellite predation. *Animal Behaviour* 32: S. 659–62.
Sandell, M. I., H. G. Smith, 1997. Female aggression in the European starling during the breeding season. *Animal Behaviour* 53: S. 13–23.
Sasaki, T., O. Iwahashi, 1995. Sexual cannibalism in an orb-weaving spider *Argiope aemula. Animal Behaviour* 49: S. 1119–21.
Sasse, G., H. Müller, R. Chakraborty, J. Ott, 1994: Estimating the frequency of nonpaternity in Switzerland. *Human Heredity* 44: S. 337–43.
Sato, T., 1994. Active accumulation of spawning substrate: A determinant of extreme polygyny in a shell-brooding cichlid fish. *Animal Behaviour* 48: S. 669–78.
Schal, C., W. J. Bell, 1982. Ecological correlates of paternal investment of urates in a tropical cockroach. *Science* 218: S. 170–73.
Schmidt, A. M., L. A. Nadal, M. J. Schmidt, N. B. Beamer, 1979. Serum concentrations of oestradiol and progesterone during the normal oestrous cycle and early pregnancy in the lion *(Panthera leo). Journal of Reproduction and Fertility* 57: S. 267–72.
Seemanová, E., 1971. A study of children of incestuous matings. *Human Heredity* 21: S. 108–28.
Sever, Z., H. Mendelssohn, 1988. Copulation as a possible mechanism to maintain monogramy in porcupines, *Hystrix indica. Animal Behaviour* 36: S. 1541–42.
Shapiro, D. Y., A. Marconato, T. Yoshikawa, 1994: Sperm economy in a coral reef fish, *Thalassoma bifasciatum. Ecology* 75: S. 1334–44.

Shapiro, L. E., D. A. Dewbury, 1990. Differences in affiliative behavior, pair bonding, and vaginal cytology in two species of vole *(Microtus ochrogaster* and *M. montanus). Journal fo Comparative Psychology* 104: S. 268–74.
Sharma, R. P., 1977. Light-dependent homosexual activity in males of a mutant of *Drosophila melanogaster. Experientia* 33: S. 171–73.
Shaw, E., J. Allen, 1977. Reproductive behavior in the female shiner perch *Cymatogaster aggregata. Marine Biology* 40: S. 81–86.
Shellman-Reeve, J. S., 1999. Courting strategies and conflicts in a monogamous, biparental termite. *Proceedings of the Royal Society of London, B* 266: S. 137–44.
Shepher, J., 1971. Mate selection among second-generation kibbutz adolescents and adults: Incest avoidance and negative imprinting. *Archives of Sexual Behavior* 1: S. 293–307.
Sherman, P. W., 1989. Mate guarding as paternity insurance in Idaho ground squirrels. *Nature* 338: S. 418–20.
Short, R. V., 1979. Sexual selection and its component parts, somatic and genital selection, as illustrated by man and the great apes. *Advances in the Study of Behavior* 9: S. 131–58.
Shuster, S. M., 1989. Male alternative reproductive strategies in a marine isopod crustacean *(Paracerceis sculpta)*: The use of genetic markers to measure differences in fertilization success among a-, b-, and g-males. *Evolution* 43: S. 1683–98.
Ders., 1990. Courtship and female mate selection in a marine isopod crustacean, *Paracerceis sculpta. Animal Behavior* 40: S. 390–99.
Ders., 1991. The ecology of breeding females and the evolution of polygyny in *Paracerceis sculpta,* a marine isopod crustacean. In *Crustacean Sexual Biology,* ed. R. T. Bauer, J. W. Martin. Columbia University Press.
Shuster, S. M., M. J. Wade, 1991. Equal mating success among male reproductive strategies in a marine isopod. *Nature* 350: S. 608–10.
Simmons, L. W., 1987. Female choice contributes to offspring fitness in the field cricket, *Gryllus bimacultatus* (De Geer). *Behavioral Ecology and Sociobiology* 21: S. 313–21.

Simmons, L. W., M. T. Siva-Jothy, 1998. Sperm competition in insects: Mechanisms and the potential for selection. In *Sperm Competition and Sexual Selection,* ed. T. R. Birkhead and A. P. Møller. Academic Press.

Simmons, L. W., P. Stockley, R. L. Jackson, G. A. Parker, 1996. Sperm competition or sperm selection: No evidence for female influence over paternity in yellow dung flies *Scatophaga stercoraria. Behavioral Ecology and Sociobiology* 38: S. 199–206.

Simmons, L. W., J. L. Tomkins, J. Hunt, 1999. Sperm competition games played by dimorphic males beetles. *Proceedings of the Royal Society of London, B* 266: S. 145–50.

Simmons, R. E., 1988. Food and the deceptive acquisition of mates by polygynous male harriers. *Behavorial Ecology and Sociobiology* 23: S. 83–92.

Sinervo, B., C. M. Lively, 1996. The rock-paper-scissors game and the evolution of alternative male strategies. *Nature* 380: S. 240–43.

Siniff, D. B., I. Stirling, J. L. Bengston, R. A. Reichle, 1979. Social and reproductive behavior of crabeater seals *(Lobodon carcinophagus)* during the austral spring. *Canadian Journal of Zoology* 57: S. 2243–55.

Slagsvold, T., T. Amundsen, S. Dale, H. Lampe, 1992. Female-female aggression explains polyterritoriality in male pied flycatchers. *Animal Behavior* 43: S. 397–407.

Slagsvold, T., J. T. Lifjeld, 1994. Polygyny in birds: The role of competition between females for male parental care. *American Naturalist* 143: S. 59–94.

Slob, A. K., W. H. Groeneveld, J. J. van der Werff Ten Bosch, 1986. Physiological changes during copulation in male and female stumptail macaques *(Macaca arctoides). Physiology and Behavoir* 38: S. 891–95.

Smith, R. L., 1979. Repeated copulation and sperm precedence: Paternity assurance for a male brooding water bug. *Science* 205: S. 1029–31.

Smuts, B. B., R. W. Smuts, 1993. Male aggression and sexual coercion of females in nonhuman primates and other mammals: Evidence and theoretical implications. *Advances in the Study of Behavior* 22: S. 1–63.

Smuts, B. B., J. M. Watanabe, 1990. Social relationships and ritualized greetings in adult male baboons *(Papio cynocephalus anubis). International Journal of Primatalogy* 11: S. 147–72.
Solymar, B. D., W. H. Cade, 1990. Heritable variation for female mating frequency in field crickets, *Gryllus integer. Behavioral Ecology and Sociobiology* 26: S. 73–76.
Sommer, V., U. Reichard, 2000. Rethinking monogamy: The gibbon case. In *Primate Males: Causes and Consequences of Variation in Group Composition*, ed. P. M. Kappeler. Cambridge University Press.
Spinka, M., 1988. Different outcomes of sperm competition in right and left sides of the female reproductive tract revealed by thymidine-3 H-labeled spermatozoa in the rat. *Gamete Research* 21: S. 313–21.
Springer, S., 1948: Oviphagous embryos of the sand shark, *Carcharias taurus. Copeia* 153–56.
Staedler, M., M. Riedmann, 1993. Fatal mating injuries in female sea otters *(Enhydra lutris nereis). Mammalia* 57: S. 135–39.
Starks, P. T., E. S. Poe, 1997. »Male-stuffing« in wasp societies. *Nature* 389: S. 450.
Steinkraus, D. C., E. A. Cross, 1993. Description and life history of *Acarophenax mahunkai*, n. sp. (Acari, Tarsonemina: Acarophenacidae), an egg parasite of the lesser mealworm (Coleoptera: Tenebrionidae). *Annals of the Entomological Society of America* 86: S. 239–49.
Stevens, J. D., 1974. The occurrence and significance of tooth cuts on the blue shark (*Prionace glauca* L.) from British waters. *Journal of the Marine Biological Association of the United Kingdom* 54: S. 373–78.
Stockley, P., M. J. G. Gage, G. A. Parker, A. P. Møller, 1996. Female reproductive biology and the coevolution of ejaculate characteristics in fish. *Proceedings of the Royal Society of London, B* 263: S. 451–58.
Stone, G. N., 1995. Female foraging responses to sexual harrassment in the solitary bee *Anthophora plumipes. Animal Behavior* 50: S. 405–12.
Stone, G. N., P. M. Loder, T. M. Blackburn, 1995. Foraging and courtship behaviour in males of the solitary bee *Anthophora*

plumips (Hymenopgera: Anthophoridae): Thermal physiology and the roles of body size. *Ecological Entomology* 20: S. 169–83.

Stoner, D. S., I. L. Weissman, 1996. Somatic and germ cell parasitism in a colonial ascidian: Possible role for a highly polymorphic allorecognition system. *Proceedings of the National Academy of Sciences, USA* 93: S. 15254–59.

Suetonius, 1986. *Cäsarenleben*. Kröner.

Summers, K., 1989. Sexual selection and intra-female competition in the green poison-dart frog, *Dendrobates auratus. Animal Behaviour* 37: S. 797–805.

Svensson, B. G., E. Petersson, M. Frisk, 1990. Nuptial gift size prolongs copulation duration in the dance fly *Empis borealis. Ecological Entomology* 15: S. 225–29.

Swanson, W. J., C. F. Aquadro, V. D. Vacquier, 2001. Polymorphism in abalone fertilization proteins is consistent with the neutral evolution of the egg's receptor for lysin (VERL) and positive Darwinian selection of sperm lysin. *Molecular Biology and Evolution* 18: S. 376–83.

Swanson, W. J., V. D. Vacquier, 1997. The abalone egg vitelline envelope receptor for sperm lysin in a giant multivalent molecule. *Proceedings of the National Academy of Sciences, USA* 94: S. 6724–29.

Dies., 1998. Concerted evolution in an egg receptor for a rapidly evolving abalone sperm protein. *Science* 281: S. 710–12.

Swanson, W. J., Z. Yang, M. F. Wolfner, C. F. Aquadro, 2001. Positive Darwinian selection drives the evolution of several female reproductive proteins in mammals. *Proceedings of the National Academy of Sciences, USA* 98: S. 2509–14.

Sykes, B., C. Irven, 2000. Surnames and the Y chromosome. *American Journal of Human Genetics* 66: S. 1417–19.

Sylvestre, J.-P., 1985. Some observations on behaviour of two Orinoco dolphins (*Inia geoffrensis humboldtiana*, Pilleri and Gihr 1977), in captivity, at Duisburg Zoo. *Aquatic Mammals* 11: S. 58–65.

Synnott, A. L., W. J. Fulkerson, D. R. Lindsay, 1981. Sperm output by rams and distribution amongst ewes under conditions of continual mating. *Journal of Reproduction and Fertility* 61: S. 355–61.

Taborsky, M., 1994. Sneakers, satellites, and helpers: Parasitic and cooperative behavior in fish reproduction. *Advances in the Study of Behavior* 23: S. 1–100.

Tarpy, D. R., R. E. J. Page, 2001. The curious promiscuity of queen honey bees *(Apis mellifera)*: Evolutionary and behavioral mechanisms. *Annales Zoologici Fennici* 38: S. 255–65.

Tavloga, M. C., 1966. Behavior of the bottlenose dolphin *(Tursiops truncatus)*: Social interactions in a captive colony. In *Whales, Dolphins, and Porpoises*. University of California Press.

Taylor, D. S., 1990. Adaptive specializations of the cyprinodont fish *Rivulus marmoratus. Florida Scientist* 53: S. 239–48.

Ders., 2001. Physical variability and fluctuating asymmetry in heterozygous and homozygous populations of *Rivulus marmoratus. Canadian Journal of Zoology* 79: S. 766–78.

Taylor, D. S., M. T. Fisher, B. J. Turner, 2001. Homozygosity and heterozygosity in three populations of *Rivulus marmoratus. Environmental Biology of Fishes* 61: S. 455–59.

Taylor, O. R. J., 1967. Relationship of multiple mating to fertility in *Atteva punctella* (Lepidoptera: Yponomeutidae). *Annals of the Entomological Society of America* 60: S. 583–90.

Taylor, V. A., B. M. Luke, M. B. Lomas, 1982. The giant sperm of a minute beetle. *Tissue and Cell* 14: S. 113–23.

Temerlin, M. K., 1976. *Lucy: Growing Up Human*. Souvenir Press.

Thomas, D. W., M. B. Fenton, R. M. R. Barcaly, 1979. Social behavior of the little brown bat, *Myotis lucifungis* I. Mating behavior. *Behavorial Ecology and Sociobiology* 6: S. 129–36.

Thompson, T. E., 1973. Euthyneuran and other molluscan spermatozoa. *Malacologia* 14: S. 167–206.

Thornhill, R., 1975. Scorpionflies as kleptoparasites of web-building spiders. *Nature* 258: S. 709–11.

Ders., 1976. Sexual selection and nuptial feeding behavior in *Bittacus apicalis* (Insecta: Mecoptera). *American Naturalist* 110: S. 529–48.

Ders., 1980. Rape in *Panorpa* scorpionflies and a general rape hypothesis. *Animal Behavior* 28: S. 52–59.

Ders., 1988. The jungle fowl hen's crackle incites male competition. *Verhandlungen der Deutschen Zoologischen Gesellschaft* 81: S. 145–54.

Tinklepaugh, O. L., 1930. Occurrence of vaginal plug in a chimpanzee. *Anatomical Record* 46: S. 329–32.

Tolson, P. J., 1992. The reproductive biology of the neotropical boid genus *Epicrates* (Serpentes: Boidae). In *Reproducitve Biology of South American Invertebrates*, ed. W. C. Hamlett. Springer-Verlag.

Tompa, A. S., 1984. Land snails (Stylommatophora). In *The Mollusca: Reproduction*, ed. A. S. Tompa, N. H. Verdonk, J. A. M. van den Biggelaar. Academic Press.

Tooby, J., 1982. Pathogens, polymorphism, and the evolution of sex. *Journal of Theoretical Biology* 97: S. 557–76.

Treat, A. E., 1965. Sex-distinctive chromatin and the frequency of males in the moth ear mite. *New York Entomological Society* 73: S. 12–18.

Ders., 1975. *Mites of moths and butterflies.* Cornell University Press.

Trivers, R. L., 1972. Parental investment and sexual selection. In *Sexual Selection and the Descent of Man*, 1871–1971, ed. B. Campbell. Heinemann.

Trumbo, S. T., A. J. Fiore, 1994: Interspecific competition and the evolution of communal breeding in burying beetles. *American Midland Naturlist* 131: S. 169–74.

Tuttle, E. M., S. Pruett-Jones, M. S. Webster, 1996. Cloacal protuberances and extreme sperm production in Australian fairywrens. *Proceedings of the Royal Society of London, B* 263: S. 1359–64.

Tuttle, M. D., M. J. Ryan, 1981. Bat predation and the evolution of frog vocalizations in the Neotropics. *Science* 214: S. 677–78.

Tyldesley, J., 1998. *Töchter der Isis: Die Frau im alten Ägypten.* Heyne.

Tyndale-Biscoe, M., 1996. Australia's introduced dung beetles: Original releases and redistributions. *CSIRO Division of Entomology Technical Report* 62: S. 1–149.

Vahed, K., 1998. The function of nupital feeding in insects: A review of empiricial studies. *Biological Reviews* 73: S. 43–78.

van den Berghe, P. L., G. M. Mesher, 1980. Royal incest and inclusive fitness. *American Ethnologist* 7: S. 300–17.

van der Lande, V. M., R. C. Tinsley, 1976. Studies on the anatomy, life history, and behaviour of *Marsupiobdella africana* (Hirudinea: Glossiphoniidae). *Journal of Zoology* 180: S. 537–63.

Vasey, P. L., 1998. Female choice and inter-sexual competition for female sexual partners in Japanese macaques. *Behaviour* 135: S. 579–97.

Veiga, J. P., 1990. Sexual conflict in the house sparrow: Interference between polygynously mated females versus asymmetric male investment. *Behavioral Ecology and Sociobiology* 27: S. 345–50.

Verrell, P. A., 1986. Limited male mating capacity in the smooth newt, *Triturus vulgaris vulgaris* (Amphibia). *Journal of Comparative Psychology* 100: S. 291–95.

Verrell, P. A., T. R. Halliday, M. L. Griffiths, 1986. The annual reproductive cycle of the smooth newt *(Triturus vulgaris)* in England. *Journal of Zoology, A* 210: S. 101–19.

Vincent, A. C. J., L. M. Sadler, 1995. Faithful pair bonds in wild seahorses, *Hippocampus whitei. Animal Behaviour* 50: S. 1557–69.

vom Saal, F. S., 1989. Sexual differentiation in litter-bearing mammals: Influence of sex of adjacent fetsuses in *utero. Journal of Animal Science* 67: S. 1824–40.

Voss, R., 1979. Male accessory glands and the evolution of copulatory plugs in rodents. *Occasional Papers of the Museum of Zoology, University of Michigan* 689: S. 1–27.

Vreys, C. and N. K. Michiels, 1998. Sperm trading by volume in a hermaphroditic flatworm with mutual penis intromission. *Animal Behaviour* 56: S. 777–85.

Waage, J. K., 1979. Dual function of the damselfly penis: Sperm removal and transfer. *Science* 203: S. 916–18.

Waddell, D. R., 1992. Cannibalism in lower eukaryotes. In *Cannibalism: Ecology and Evolution among Diverse Taxa,* ed. M. A. Elgar and B. J. Crespi. Oxford University Press.

Waddy, S. L., D. E. Aiken, 1991. Mating and insemination in the American lobster, *Homarus americanus.* In *Crustacean Sexual Biology,* ed. R. T. Bauer and J. W. Martin. Columbia University Press.

Wagner, R. H., 1996. Male-male mountings by a sexually monomorphic bird: Mistaken identity of fighting tactic? *Journal of Avian Biology* 27: S. 209–14.

Waights, V., 1996. Female sexual interference in the smooth newt, *Triturus vulgaris vulgaris. Ethology* 102: S. 736–47.

Walker, W. F., 1980. Sperm utilization strategies in nonsocial insects. *American Naturalist* 115: S. 780–99.

Wallach, S. J. R., B. L. Hart, 1983. The role of the striated penile muscles of the male rat in seminal plug dislodgement and deposition. *Physiology and Behavior* 31: S. 815–21.

Walter, B., F. Trillmich, 1994. Female aggression and male peacekeeping in a cichlid fish harem: Conflict between and within the sexes in *Lamprologus ocellatus. Behavioral Ecology and Sociobiology* 34: S. 105–12.

Walter, D. E., H. C. Proctor, 1999. *Mites: Ecology, Evolution, and Behaviour.* CABI Publishing.

Ward, P. I., 1998. A possible explanation for crytpic female choice in the yellow dung fly, *Scathophaga stervoraria* (L.). *Ethology* 104: S. 97–110.

Ward, S., J. S. Carrel, 1979. Fertilization and sperm competition in the nematode *Caenorhabditis elegans. Developmental Biology* 73: S. 304–21.

Warner, R. R., E. T. Schultz, 1992. Sexual selection and male characteristics in the bluehead wrasse, *Thalassoma bifasciatum:* Making site acquisition, mating site defense, and female choice. *Evolution* 46: S. 1421–42.

Warner, R. R., D. Y. Shapiro, A. Marcanato, C. W. Petersen, 1995. Sexual conflict: Males with highest mating success convey the lowest fertilization benefits to females. *Proceedings of the Royal Society of London, B* 262: S. 135–39.

Wasserug, R., 1997. Wrapping the armadillo's penis. *Nature* 388: S. 826–27.

Watanabe, S., M. Hara, Y. Watanabe, 2000. Male internal fertilization and introsperm-like sperm of the seaweed pipefish *(Syngathus schlegeli). Zoological Science* 17: S. 759–67.

Webster, M. S., 1991. Male parental care and polygyny in birds. *American Naturalist* 137: S. 274–80.

Wedekind, C., S. Füri, 1997. Body odour preferences in men and women. Do they aim for specific MHC combinations or simply heterozygosity? *Proceedings of the Royal Society of London,* B 264: S. 1471–79.

Wedekind, C., T. Seebeck, F. Bettens, A. J. Paepke, 1995. MHC-dependent mate preferences in humans. *Proceedings of the Royal Society of London, B* 260: S. 245–49.

Wedell, N., 2001. Female remating in butterflies: Interaction between female genotype and nonfertile sperm. *Journal of Evolutionary Biology* 14: S. 746–54.

Wie, Y.-H., S.-H. Kao, 2000. Mitochondrial DNA mutation and depletion are associated with decline of fertility and motility of human sperm. *Zoological Studies* 39: S. 1–12.

Weiss, M. J., D. P. Levy, 1979. Sperm in »parthenogenetic« freshwater grastrotrichs. *Science* 205: S. 302–03.

Wells, K. D., 1978. Courtship and parental behavior in a Panamanian poisonarrow frog *(Dendrobates auratus). Herpetologica* 34: S. 148–55.

Werren, J. H., 1980. Sex ratio adaptations to local mate competition in a parasitic wasp. *Science* 208: S. 1157–59.

Ders., 1993. The evolution of inbreeding in haplodiploid organisms. In *The Natural History of Inbreeding and Outbreeding: Theoretical and Empirical Perspectives,* ed. N. W. Thornhill. University of Chicago Press.

West, S. A., E. A. Herre, D. M. Windsor, P. R. S. Green, 1996. The ecology and evolution of the New World non-pollinating fig wasp communities. *Journal of Biogeography* 23: S. 447–58.

West, S. A., M. G. Murray, C. A. Machado, A. S. Griffin, E. A. Herre, 2001. Testing Hamilton's rule with competition between relatives. *Nature* 409: S. 510–13.

Wheeler, W. M., 1928. *The Social Insects: Their Origin and Evolution.* Harcourt Brace.

White, M. J. D., 1973. *Animal Cytology and Evolution.* Cambridge University Press.

Wiebes, J. T., 1979. Co-evolution of figs and their insect pollinators. *Annual Review of Ecology and Systematics* 10: S. 1–12.

Wiese, L., W. Wiese, D. A. Edwards, 1979. Inducible anisogamy and the evolution of oogamy from isogamy. *Annals of Botany* 44: S. 131–39.

Wilkelski, M., S. Bäurle, 1996. Pre-copulatory ejaculation solves time constraints during copulations in marine iguanas. *Proceedings of the Royal Society of London, B* 263: S. 439–44.

Wilkinson, G. S., P. R. Reillo, 1994. Female choice response to artificial selection on an exaggerated male trait in a stalk-eyed fly. *Proceedings of the Royal Society of London, B* 255: S. 1–6.
Williams, G. C., 1966. *Adaptations and Natural Selection: A Critique of Some Current Evolutionary Thought.* Princeton University Press.
Ders., 1975. *Sex and Evolution.* Princeton University Press.
Wilson, E. O., 1971. *The Insect Societies.* Belknap Press.
Wilson, J. R., N. Adler, B. Le Boeuf, 1965. The effects of intromission frequency on successful pregnancy in the female rat. *Proceedings of the National Academy of Sciences, USA* 53: S. 1392–95.
Wilson, N., S. C. Tubman, P. E. Eady, G. W. Robertson, 1997. Female genotype affects male success in sperm competition. *Proceedings of the Royal Society of London, B* 264: S. 1491–95.
Winslow, J. T., N. Hastings, C. S. Carter, C. R. Harbaugh, T. R. Insel, 1993. A role for central vasopressin in pair bonding in monogamous prairie voles. *Nature* 365: S. 545–48.
Winterbottom, M., T. Burke, T. R. Birkhead, 1999. A stimulatory phalloid organ in a weaver bird. *Nature* 399: S. 28.
Dies., 2001. The phalloid organ, orgasm, and sperm competition in a polygynandrous bird: The red-billed buffalo weaver *(Bubalornis niger). Behavioral Ecology and Sociobiology* 50: S. 474–82.
Wolfner, M. F., 1997. Tokens of love: Functions and regulations of *Drosophila* male accessory gland products. *Insect Biochemistry and Molecular Biology* 27: S. 179–92.
Wootton, R. J., 1971. A note on the nest-raiding behavior of male sticklebacks. *Canadian Journal of Zoology* 49: S. 960–62.
Wourms, J. P., 1977. Reproduction and development in chondrichthyan fishes. *American Zoologist* 17: S. 379–410.
Woyke, J., 1963. What happens to diploid drone larvae in a honeybee colony? *Journal of Apicultural Research* 2: S. 73–75.
Wrege, P. H., S. T. Emlen, 1987. Biochemical determination of parental uncertainty in white-fronted bee-eaters. *Behavioral Ecology and Sociobiology* 20: S. 153–60.
Wrensch, D. L., M. A. Ebbert, 1993. *Evolution and Diversity of Sex Ratio in Insects and Mites.* Chapman and Hall.
Wynne-Edwards, K. E., 1995. Biparental care in Djungarian but

not Siberian dwarf hamsters *(Phodopus)*. *Animal Behaviour* 50: S. 1571–85.

Yamamoto, D., J.-M. Jallon, A. Komatsu, 1997. Genetic dissection of sexual behavior in *Drosophila melanogaster*. *Annual Review of Entomology* 42: S. 551–85.

Yang, Z., W. J. Swanson, V. D. Vacquier, 2000. Maximum-likelihood analysis of molecular adaptation in abalone sperm lysin reveals variable selective pressures among lineages and sites. *Molecular Biology and Evolution* 17: S. 1446–55.

Yeargan, K. V., 1994. Biology of bolas spiders. *Annual Review of Entomology* 39: S. 81–99.

Yeargan, K. V., L. W. Quate, 1996. Juvenile bolas spiders attract psychodid flies. *Oecologia* 106: S. 266–71.

Yeargan, K. V., L. W. Quate, 1997. Adult male bolas spiders retain juvenile hunting tactics. *Oecologia* 112: S. 572–76.

Young, J. Z., 1959. Observations on *Argonauta* and especially its method of feeding. *Proceedings of the Zoological Society of London* 133: S. 471–79.

Young, L. J., R. Nilsen, K. G. Waymire, G. R. MacGregor, T. R. Insel, 1999. Increased affiliative response to vasopressin in mice expressing the V_{1a} receptor from a monogramous vole. *Nature* 400: S. 766–68.

Young, L. J., Z. Wang, T. R. Insel, 1998. Neuroendocrine bases of monogamy. *Trends in Neuroscience* 21: S. 71–75.

Yund, P. O., 2000. How severe in sperm limitation in natural populations of marine free-spawners? *Trends in Ecology and Evolution* 15: S. 10–13.

Yusa, Y., 1996. Utilization and degree of depletion of exogenous sperm in three hermaphroditic sea hares of the genus *Aplysia* (Gastropoda: Opisthobranchia). *Journal of Molluscan Studies* 62: S. 113–20.

Zamudio, K. R., B. Sinervo, 2000. Polygyny, mate-guarding, and posthumous fertilization as alternative male mating strategies. *Proceedings of the National Academy of Sciences, USA* 97: S. 14427–32.

Zann, R., 1994. Effects of band color on survivorship, body condition, and reproductive effort of free-living Australian zebra finches. *Auk* 111: S. 131–42.

Zeh, D. W., J. A. Zeh, 1992. Dispersal-generated sexual selection in a beetle-riding pseudoscorpion. *Behavioral Ecology and Sociobiology* 30: S. 135–42.
Zeh, D. W., J. A. Zeh, E. Bermingham, 1997. Polyandrous, sperm-storing females: Carriers of male genotypes through episodes of adverse selection. *Proceedings of the Royal Society of London, B* 1997: S. 119–25.
Zeh, J. A., 1997. Polyandry and enhanced reproductive success in the harlequin-beetle-riding pseudoscorpion. *Behavioral Ecology and Sociobiology* 40: S. 111–18.
Zeh, J. A., D. W. Zeh, 1996. The evolution of polyandry I: Intragenomic conflict and genetic incompatibility. *Proceedings of the Royal Society of London, B* 263: S. 1711–17.
Dies., 1997. The evolution of polyandry II: Post-copulatory defences against genetic incompatibility. *Proceedings of the Royal Society of London, B* 264: S. 69–75.
Zeh, R. A., S. D. Newcomer, D. W. Zeh, 1998. Polyandrous females discriminate against previous mates. *Proceedings of the National Academy of Sciences, USA* 95: S. 13732–36.